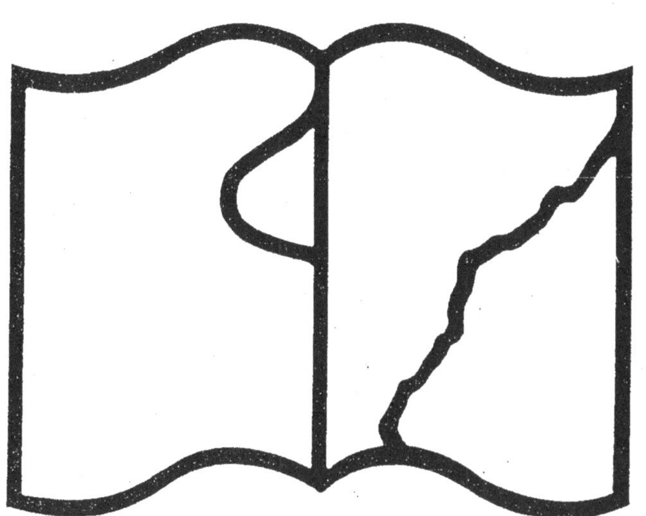

O. D. CHWOLSON
PROFESSEUR ORDINAIRE A L'UNIVERSITÉ IMPÉRIALE DE ST-PÉTERSBOURG

TRAITÉ DE PHYSIQUE

OUVRAGE TRADUIT SUR LES ÉDITIONS RUSSE & ALLEMANDE

PAR

E. DAVAUX
INGÉNIEUR DE LA MARINE

Edition revue et considérablement augmentée par l'Auteur

SUIVIE DE

Notes sur la Physique théorique

PAR

E. COSSERAT
Professeur à la Faculté des Sciences,
Directeur
de l'Observatoire de Toulouse

F. COSSERAT
Ingénieur en Chef des Ponts et Chaussées,
Ingénieur en Chef
à la Cie des Chemins de fer de l'Est

TOME TROISIÈME

TROISIÈME FASCICULE

Propriétés des vapeurs.
Equilibre des substances en contact.

Avec 93 figures dans le texte.

PARIS
LIBRAIRIE SCIENTIFIQUE A. HERMANN ET FILS
LIBRAIRES DE S. M. LE ROI DE SUÈDE
6, RUE DE LA SORBONNE, 6

1911

TRAITÉ DE PHYSIQUE

O. D. CHWOLSON

PROFESSEUR ORDINAIRE A L'UNIVERSITÉ IMPÉRIALE DE ST-PÉTERSBOURG

TRAITÉ DE PHYSIQUE

OUVRAGE TRADUIT SUR LES ÉDITIONS RUSSE & ALLEMANDE

PAR

E. DAVAUX

INGÉNIEUR DE LA MARINE

Edition revue et considérablement augmentée par l'Auteur

SUIVIE DE

Notes sur la Physique théorique

PAR

E. COSSERAT
Professeur à la Faculté des Sciences,
Directeur
de l'Observatoire de Toulouse

F. COSSERAT
Ingénieur en Chef des Ponts et Chaussées,
Ingénieur en Chef
à la Cie des Chemins de fer de l'Est

TOME TROISIÈME

TROISIÈME FASCICULE

Propriétés des vapeurs.

Equilibre des substances en contact.

Avec 93 figures dans le texte.

PARIS

LIBRAIRIE SCIENTIFIQUE A. HERMANN ET FILS

LIBRAIRES DE S. M. LE ROI DE SUÈDE

6, RUE DE LA SORBONNE, 6

1911

TABLE DES MATIÈRES

DU TROISIÈME FASCICULE DU TOME TROISIÈME

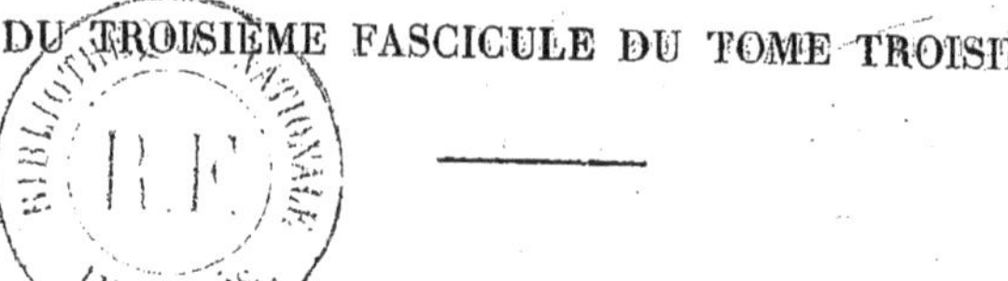

NEUVIÈME PARTIE

L'ÉNERGIE CALORIFIQUE (*suite*)

Chapitre XII. — Propriétés des vapeurs saturantes. Hygrométrie.

Chapitre XIII. — Vapeurs non saturantes. Etat critique. Etats correspondants.

CHAPITRE XIV. — **Equilibre des substances en contact. Règle des Phases. Solutions.**

CHAPITRE XII

PROPRIÉTÉS DES VAPEURS SATURANTES. HYGROMÉTRIE

1. Introduction. — On appelle ordinairement vapeur toute substance à l'état gazeux, qui se trouve à saturation, c'est-à-dire qui possède la plus grande tension possible à la température donnée, ou qui n'est pas éloignée de la saturation et diffère beaucoup, par ses propriétés, d'un gaz parfait. La notion de vapeur saturante est bien définie ; il n'en est pas de même de la notion de vapeur non saturante, et on ne peut tracer une limite scientifique entre une telle vapeur et un gaz, à moins d'admettre comme telle la température critique, ce qui serait d'ailleurs peu commode au point de vue pratique pour les raisons exposées précédemment. Des deux propriétés d'une vapeur, à savoir qu'elle est voisine de la liquéfaction et qu'elle ne suit pas les lois de Mariotte et de Gay-Lussac, la première est de beaucoup la plus importante, comme nous le verrons dans la suite. D'une part, nous avons vu, dans le Tome I, que les écarts manifestés par les gaz, l'air lui-même par exemple, à l'égard de la loi de Mariotte, étaient très sensibles, et cependant il n'a pas paru nécessaire de comprendre l'étude des phénomènes correspondants dans celle des vapeurs. D'autre part, dans certaines conditions, quand leur densité est très faible, on peut admettre que les vapeurs suivent approximativement les deux lois fondamentales d'un gaz parfait. Il en est ainsi, par exemple, pour la vapeur d'eau à 0° et pour la vapeur de mercure à une température inférieure à 100°. Nous avons vu, page 692, qu'un kilogramme de vapeur d'eau saturante à 0° occupe un volume d'environ 210^{mc} ; sa densité est 210 000 fois plus petite que celle de l'eau et environ 300 fois plus petite que celle de l'air.

Nous appellerons quelquefois les vapeurs non saturantes *vapeurs surchauffées*, parce qu'elles se trouvent à une température supérieure à celle où la quantité de substance en présence sature l'espace donné.

Nous parlerons plus tard des propriétés des vapeurs qui se dégagent des *solutions* ; nous rattacherons de plus aux solutions, les mélanges de liquides miscibles en toutes proportions (Tome I).

2. Méthodes de détermination de la tension des vapeurs saturantes. — La tension de la vapeur saturante d'une substance donnée est une fonction de la température ; nous désignerons cette fonction par $p = f(t)$.

Lorsque l'espace occupé par la vapeur possède à des endroits différents des températures inégales, par exemple $t = t_1$ à un endroit A, $t = t_2$ à un autre endroit B, avec $t_1 < t_2$, la tension de la vapeur doit avoir, dans tout l'espace, la pression p_1 correspondant à la température *la plus basse* t_1. En effet, d'une part la tension de la vapeur ne peut pas être différente en des endroits différents d'un même espace fermé, d'autre part la tension à l'endroit A, où $t = t_1$, ne peut pas être supérieure à p_1. Mais alors la vapeur en B n'est pas saturante et, si du liquide se trouve en B, il se vaporise continuellement ; la tension en B est supérieure à p_1 de la très petite quantité Δp_1, de sorte que la vapeur s'en va sans cesse vers A, où elle se condense aussitôt. Une distillation du liquide a lieu ainsi de B en A ; l'équilibre s'établit, quand tout le liquide a passé de B en A. La grandeur Δp_1 est en tout cas extrêmement petite, pourvu qu'une grande différence de pression ne soit pas nécessaire pour faire passer la vapeur de B en A, ce qui arrive, par exemple, quand A et B sont reliés l'un à l'autre par des tubes longs et étroits. La méthode ordinaire de distillation des liquides est basée sur le principe précédent.

Knudsen (1910) a montré que l'égalité de pression dans deux réservoirs en communication, qui se trouvent respectivement à des températures absolues différentes T_1 et T_2, ne se réalise pas, si la largeur du tuyau de communication est très petite vis-à-vis du chemin moyen des molécules. Si p_1 et p_2 sont les pressions, on obtient, au lieu de $p_1 = p_2$, l'équation

$$p_1 : p_2 = \sqrt{T_1} : \sqrt{T_2}.$$

Lorsque la vapeur satisfait aux lois d'un gaz parfait, et que δ_1 et δ_2 sont les densités dans les deux réservoirs, on trouve, au lieu de $\delta_1 : \delta_2 = \sqrt{T_2} : \sqrt{T_1}$, l'équation

$$\delta_1 : \delta_2 = T_2 : T_1.$$

D'ailleurs, ces intéressants résultats ne peuvent avoir d'importance que si la densité de vapeur est très faible et si le tuyau de communication a un diamètre extrêmement petit, ce qui n'est jamais le cas dans la pratique. Nous mentionnons ici le travail récent de Knudsen, en raison des conclusions remarquables qu'il contient, mais il se rapporte plutôt au Tome I (Théorie cinétique des gaz).

On a fait de nombreuses recherches expérimentales, pour déterminer comment la tension p de la vapeur saturante d'un liquide donné dépend de la température t. Les résultats fournissent une série de nombres p, correspondant à des températures t différentes. On a cherché, à l'aide de ces nombres, à exprimer la grandeur p en fonction de t par des formules *empiriques*, sur lesquelles nous reviendrons plus loin. Mais en outre, beaucoup d'auteurs ont essayé de déduire de *considérations théoriques* la forme générale de la fonction $p = f(t)$; il reste alors à comparer la formule établie théoriquement avec les nombres donnés par l'expérience. Nous indiquerons également dans la suite quelques-unes de ces formules théoriques.

Il existe trois méthodes pour la détermination expérimentale des valeurs correspondantes de la tension p et de la température t ; ce sont la méthode statique, la méthode dynamique et la méthode isothermique (étude des isothermes).

La *méthode statique* est basée sur la mesure de la tension de la vapeur saturante en contact avec un excès de liquide, à une température déterminée t qu'on peut régler à volonté. La tension p est mesurée par l'abaissement de la colonne de mercure dans le tube barométrique (*fig.* 203), qui se produit lorsqu'on introduit, dans le vide de Torricelli, assez de liquide, pour que l'espace au-dessus du mercure soit rempli de vapeur saturante et pour qu'il reste encore une certaine quantité de liquide non vaporisé. La tension p est déterminée par la différence entre les hauteurs des colonnes de mercure en A et B, dans l'hypothèse où A et B se trouvent à la même température t. Il est nécessaire de faire une correction relative à la pression de la colonne de liquide subsistant à la tension p et de ramener la différence des hauteurs des colonnes de mercure de t° à 0°.

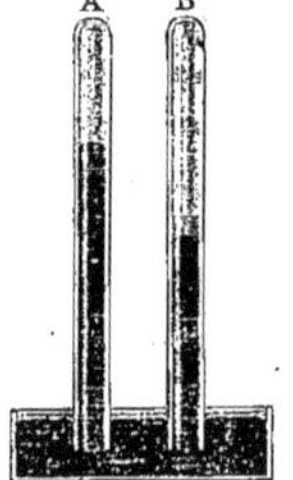

Fig. 203

La *méthode dynamique* repose sur la mesure de la température d'ébullition t du liquide, qui se trouve sous une pression déterminée p réglable à volonté. Nous savons qu'à la température d'ébullition d'un liquide, la tension de la vapeur saturante de ce liquide est égale à la pression sous laquelle se trouve le liquide, et, par suite, la mesure de la pression p et du point d'ébullition t donne un couple de valeurs correspondantes des grandeurs liées par l'équation cherchée $p = f(t)$.

Regnault a montré que les deux méthodes donnent exactement les mêmes résultats, pourvu que l'on prenne des liquides *parfaitement purs*. La moindre trace de substance étrangère peut avoir une grande influence, notamment sur les résultats obtenus par la méthode statique, comme Tammann entre autres l'a montré. En 1883, s'est élevée une longue controverse entre Kahlbaum d'une part et Ramsay et Young d'autre part ; le premier prétendait que les méthodes statique et dynamique donnent des résultats tout à fait différents, mais il dut finalement abandonner cette opinion.

Il existe encore une *troisième méthode*, qui donne non seulement la tension p, mais aussi le volume spécifique σ de la vapeur saturante ; elle fournit, en particulier aux températures élevées, des résultats très exacts et peut être appelée méthode *isothermique* (étude des isothermes). Elle consiste dans la détermination de la relation entre la tension p et le volume de la vapeur *non saturante* à température constante. Cette relation peut se représenter par une courbe, si on prend v et p comme coordonnées. Chaque courbe est une isotherme, qui correspond à une température déterminée t. Pour de grandes valeurs de v et de petites valeurs de p l'isotherme s'écarte peu d'une hyperbole, car son équation ne diffère guère de $pv = const.$ A mesure que le volume v diminue et que la tension p augmente, la courbe s'écarte de plus en plus de l'hyperbole ; en un certain point, elle présente une *brisure* et devient une droite parallèle à l'axe des v, c'est-à-dire que son équation est alors $p = const.$; la tension ne dépend plus par conséquent du volume, dont la diminution n'a pour conséquence que la condensation d'une partie de la vapeur. Les coordonnées du point, où la courbe est brisée, sont les valeurs de p et de σ pour la vapeur saturante à la température correspondant à l'isotherme considéré. Cette méthode a été d'abord employée par ANDREWS et ensuite en particulier par AMAGAT en France, RAMSAY et YOUNG en Angleterre et BATTELLI en Italie.

3. Mesures de la tension des vapeurs saturantes avant Regnault (1843). — Parmi les déterminations expérimentales de la tension p des vapeurs saturantes, celles qui sont relatives à la *vapeur d'eau* présentent un intérêt particulier, notamment pour la technique.

Les premières mesures de cette grandeur ont été effectuées par ZIEGLER (1759) ; il plaçait dans une marmite de PAPIN un vase avec du mercure, duquel partait un tube ouvert M (*fig.* 204) traversant le couvercle de la marmite ; la hauteur de la colonne de mercure dans M et le thermomètre T déterminaient la tension p et la température t.

BÉTANCOURT (1792) et WATT (1814) ont fait des mesures par cette même méthode très inexacte. WATT a introduit le premier de l'eau au-dessus de la colonne de mercure du baromètre B (*fig.* 205) ; il entourait la partie supé-

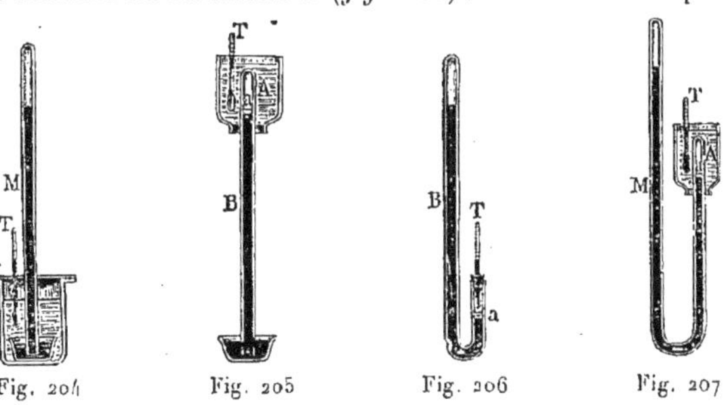

Fig. 204 Fig. 205 Fig. 206 Fig. 207

rieure A du vase avec de l'eau, dont la température était mesurée au moyen d'un thermomètre. SOUTHERN s'est servi de la même méthode. On peut également mentionner ici les recherches de KAEMTZ, qui a comparé, pendant plusieurs années, les indications de deux baromètres, dont l'un renfermait une certaine quantité d'eau au-dessus du mercure ; les températures variaient de — 19° à + 26°.

G. C. SCHMIDT (1800) a imaginé une nouvelle méthode : dans la branche courte a (*fig.* 206) d'un baromètre à siphon, se trouve le liquide étudié ; par ébullition, on chasse tout l'air que contient cette branche, après quoi on la ferme hermétiquement avec un bouchon que traverse le thermomètre T. Il ne reste en a que la vapeur dont on mesure la tension par la différence entre les hauteurs des colonnes de mercure dans B et G. URE (1818) a procédé un peu autrement : il allongeait la branche courte du baromètre à siphon (*fig.* 207), introduisait le liquide dans A et entourait la partie supérieure du baromètre d'un vase renfermant de l'eau ; en versant du mercure dans M, on pouvait maintenir le mercure dans l'autre branche à un niveau constant.

La tension cherchée p est $H + h$, où H est la pression atmosphérique, h la différence des hauteurs de mercure dans la branche ouverte et dans la branche fermée ; sur la figure, h est positif. Arzberger et Christian ont effectué des mesures purement techniques, en déterminant la charge sur une soupape que peut soulever la vapeur à différentes températures.

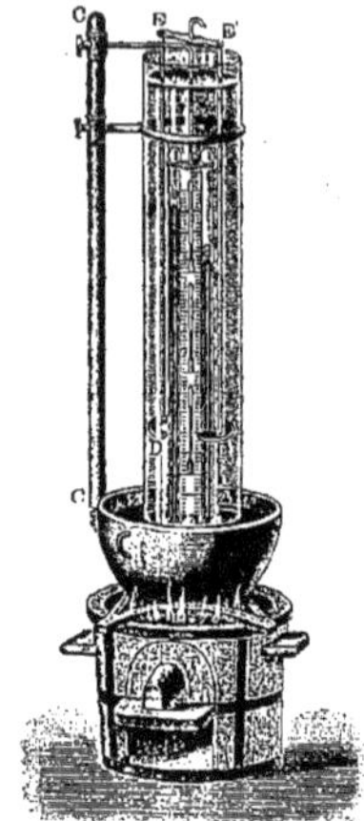
Fig 208

Pour la première fois, Dalton a entouré deux baromètres, sur toute leur longueur, avec de l'eau dont on pouvait faire varier la température par échauffement. Son appareil est représenté par la figure 208 ; b est un baromètre ordinaire, a renferme au-dessus du mercure une certaine quantité de liquide. Les deux baromètres sont entourés par un manchon en verre rempli d'eau. Tout l'appareil est chauffé par le bas ; EE'DD' est un agitateur. Le défaut de cette méthode tient à l'impossibilité où l'on est de maintenir une température uniforme dans toute la colonne d'eau.

La tension de vapeur aux températures inférieures à 0° a été mesurée pour la première fois par Gay-Lussac ; il utilisait la propriété des vapeurs, indiquée à la page 746, de prendre, dans toutes les parties d'un espace fermé et inégalement chauffé, la tension correspondant à la plus basse des températures régnant dans cet espace. Son appareil est représenté dans la figure 209 ; AB est un baromètre ordinaire, CD un second baromètre dont le tube est coudé et se termine par un réservoir sphérique E ; ce dernier contient le liquide étudié et se trouve dans un mélange réfrigérant de glace et de sel de cuisine ; l'inconvénient de ce mélange est la difficulté de le remuer pour obtenir une température uniforme. La tension cherchée p est déterminée par la différence entre les hauteurs des colonnes de mercure A et C dans les deux baromètres.

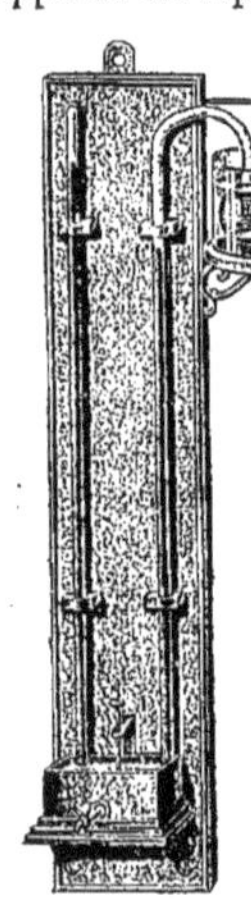
Fig. 209

En 1830, a paru le travail de Dulong et Arago, qui ont déterminé, comme délégués de l'Académie des Sciences de Paris, la tension de la vapeur d'eau jusqu'à une pression de 24^{atm}, c'est-à-dire jusqu'à une température de 224°. La disposition des appareils de Dulong et Arago, qui ont employé la méthode d'observation du point d'ébullition t de l'eau sous différentes pressions, est représentée par la figure 210. L'eau bouillait dans une chaudière a ; la charge bb' de la soupape de sûreté placée sur le couvercle de la chaudière pouvait être modifiée ; le couvercle était traversé par deux canons de fusil L et F, s'enfonçant le premier jusqu'au milieu du générateur, le second jusqu'au fond ; tous deux contenaient du mercure dans lequel plongeaient deux thermomètres,

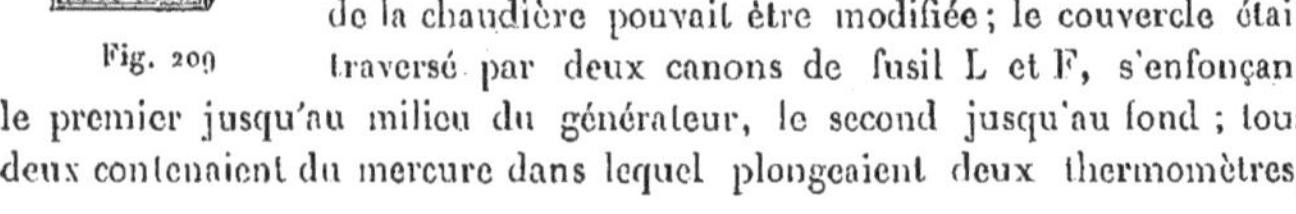

qui, garantis de la pression par la résistance des tubes, prenaient et mesuraient la température, l'un de l'eau, l'autre de la vapeur de la chaudière. Du couvercle partait en outre un tube $dd'd''x$, allant à un manomètre fG ; le tube G, fermé en haut, renfermait de l'air, dont le volume déterminait la tension de la vapeur. Cette tension se transmettait par l'eau qui remplissait tout le tube $d'd''x$ et l'espace tt' au-dessus du mercure dans f. Un tube en verre po, réuni par le tube ox avec $d''x$, servait à la détermination du niveau k du mercure dans le vase f. L'eau à la partie supérieure du tube $d'd''$ était constamment refroidie par un courant d'eau V. On voit, par cette description, que la vapeur exerçait une pression sur l'eau dans d' ; c'était là une cause d'erreur possible, car la température en d' était inférieure à celle de la chaudière et, par suite, la tension de la vapeur devait être aussi partout un peu plus basse

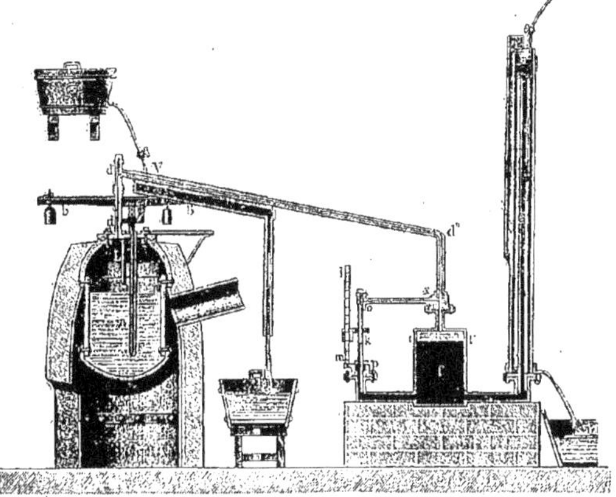

Fig. 210

que la tension correspondant à la température de l'eau et de la vapeur dans la chaudière elle-même.

Une commission de savants américains a reproduit en 1830 les expériences de Dulong et Arago, mais est arrivée à des résultats différant notablement de ceux des physiciens français ; à 180°, par exemple, la différence était déjà de $0^{atm},65$, c'est-à-dire de 500^{mm} de colonne de mercure.

Nous ne nous arrêterons pas aux travaux de Despretz (1821 à 1822) et de Plücker (1854).

4. Mesures de la tension des vapeurs saturantes par Regnault et par Magnus. — Regnault et Magnus ont exécuté presque simultanément en 1843 leurs recherches classiques ; le premier a déterminé la tension p de la vapeur d'eau à des températures comprises entre — 32° et + 230° et le second à des températures allant de — 20° à + 110°.

Regnault s'est servi de trois méthodes différentes.

1. *Pour les températures inférieures à* 0°, il employait la méthode de Gay-Lussac (page 749, *fig.* 209), mais en prenant la précaution essentielle de préparer un mélange réfrigérant liquide (chlorure de calcium et neige), par conséquent facile à agiter.

2. *Pour les températures de* 0° à 50°, il se servait de la méthode de Dalton (page 749, *fig.* 208), considérablement perfectionnée. La figure 211 représente l'un des divers appareils construits par Regnault dans ce but ; il n'est pas besoin de le décrire pour le comprendre. L'échauffement de l'eau est produit par une lampe à alcool, que l'on soulève ou qu'on abaisse à volonté, ce qui permet d'atteindre des températures plus ou moins élevées. Dans une autre

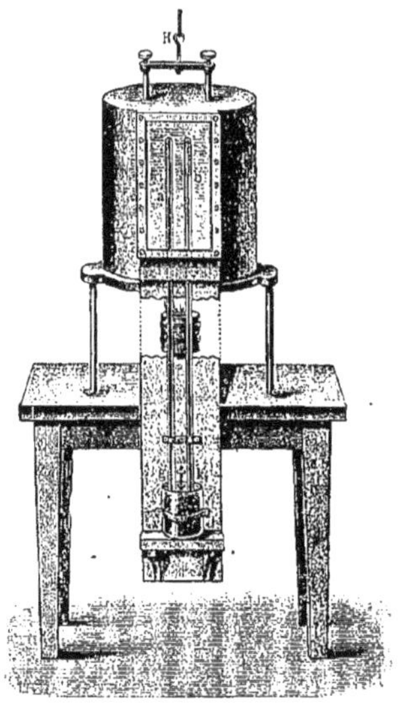

Fig. 211

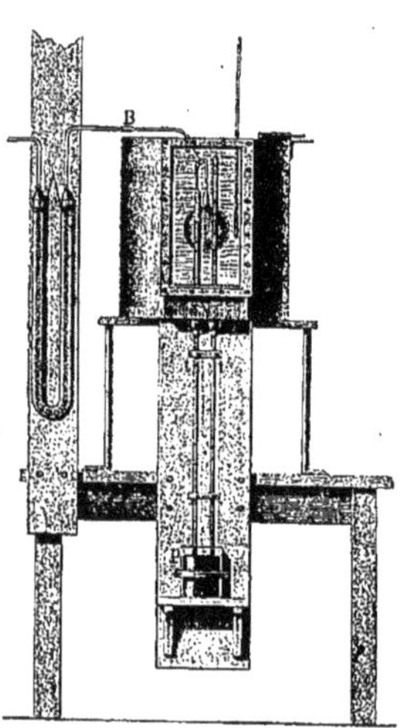

Fig. 212

série d'expériences, Regnault s'est servi d'un appareil, dans lequel l'un des tubes était coudé et muni d'un réservoir sphérique A (*fig.* 212). Dans ce réservoir, était mise à l'avance une petite ampoule, représentée dans la figure 213, qui renfermait le liquide étudié. Entre le ballon A et le tube barométrique était intercalé un petit barillet métallique, dont la branche latérale recevait un tube B, se raccordant par un appareil desséchant avec une machine pneumatique. Regnault commençait par pomper à différentes reprises l'air du tube barométrique, en le remplaçant chaque fois par de l'air sec; après avoir fait le vide le plus parfait possible, il fermait le tube de communication B à la lampe et déterminait la pression de l'air resté dans le ballon A. En chauffant ensuite le ballon, il faisait éclater la petite ampoule ; une partie du liquide contenu dans celle-ci se vaporisait, la vapeur ainsi formée ajoutant sa tension à celle de l'air.

Fig. 213

3. *Pour les observations aux températures élevées*, REGNAULT appliquait la méthode dynamique. La figure 214 représente l'appareil employé pour les déterminations de la tension de la vapeur d'eau saturante entre 42° et 150°. L'eau était versée dans la cornue A, dont une coupe est donnée séparément. Un petit fourneau servait à entretenir l'ébullition du liquide ; la température de l'eau et de la vapeur était mesurée avec des thermomètres plongés dans de l'huile, que contenaient des tubes soudés au couvercle de la cornue, ouverts par le haut et fermés par le bas, descendant en outre à l'intérieur à diverses profondeurs. Le col de la cornue était constitué par un tube BD, qui se dirigeait en montant vers un grand ballon G, entouré d'eau pour maintenir une température constante, et où il débouchait. Ce réservoir était en communication par un tube à robinet HJ, soit avec une machine pneumatique, soit avec une pompe de compression, ce qui permettait de maintenir

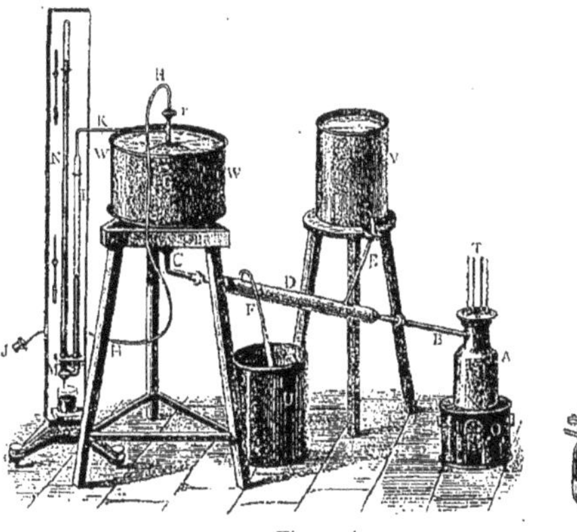

Fig 214

dans tout l'appareil une pression p déterminée, constante et aussi faible ou aussi grande qu'on voulait. Quand une pression déterminée p était atteinte dans G, le robinet r était fermé ; pour mesurer cette pression, on se servait du manomètre à mercure MN ouvert à l'air libre, qui communiquait avec G par le tube horizontal K. La vapeur sortant de la cornue A était condensée par un courant d'eau passant par le manchon D ; l'eau formée retombait dans la cornue. Pour les températures supérieures à 150°, REGNAULT a construit un appareil semblable, mais plus solide et plus grand, muni d'un manomètre à mercure de 22^{m} de hauteur, permettant de mesurer des pressions allant jusqu'à 30^{atm}. Dans quelques mesures, REGNAULT a remplacé le thermomètre à mercure par un thermomètre à air, dont le réservoir se trouvait au-dessous de la chaudière où bouillait le liquide étudié.

ZEUNER et BROCH ont dressé à l'aide des observations de REGNAULT des tables de la tension p de la vapeur d'eau pour différentes températures t.

L'appareil de MAGNUS est représenté sur la figure 215. La partie principale de cet appareil est constituée par un large tube en U, *aedb*, dont part le tube horizontal *bc*. La branche de gauche *ca*, où se trouve la vapeur étudiée, est élargie à sa partie supérieure *a*, pour augmenter un peu l'espace offert à la vapeur. Le tube *aedb* est placé dans une caisse, entourée elle-même de trois autres caisses, ce qui permet d'établir dans l'espace intérieur une température très constante, en chauffant, par exemple, longtemps la caisse extérieure, au moyen de lampes disposées au-dessous. De petites fenêtres, percées dans les parois des caisses, rendent visible de l'extérieur le niveau du mercure dans les deux branches du tube *aedb*. La mesure de la température t de l'espace intérieur se faisait au moyen de thermomètres à mercure et surtout d'un thermomètre à air, dont le réservoir doublement coudé entourait le tube *aedb* des deux côtés ; T est le manomètre du thermomètre à air (page 24). Le tube *bc* est en communication en *c* avec le tube *gfi*, dont la

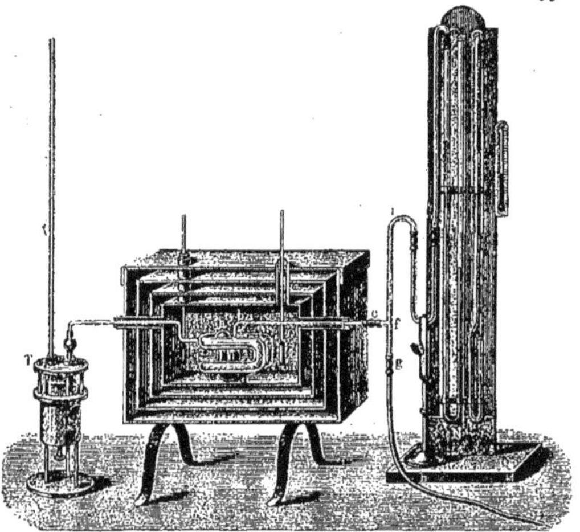

Fig. 215

branche *fi* aboutit au manomètre à mercure ordinaire N ; auprès de ce manomètre, se trouvent le baromètre et le thermomètre. L'autre branche *fg* aboutit à une machine pneumatique, remplacée pour quelques observations par une pompe de compression. Les observations étaient faites de la façon suivante : la branche fermée *aed* était remplie de mercure, que l'on chauffait ensuite jusqu'à l'ébullition : on versait ensuite par le tube *cb* une certaine quantité d'eau chaude, soigneusement bouillie. En inclinant le tube, on faisait passer une certaine quantité d'eau en *a* au-dessus du mercure, où elle ne pouvait se vaporiser, étant soumise à une pression presque égale à la pression atmosphérique. Après avoir disposé les différentes parties de son appareil, comme le montre la figure 215. MAGNUS pompait l'air par le tube *gh*, jusqu'à formation de vapeur d'eau dans *a* et de manière à amener finalement le mercure à peu près à la même hauteur dans les deux branches *ca* et *db*. Aux basses températures t, où la tension de la vapeur est faible, il fallait raréfier considérablement l'air dans *dbc* ; quand *t* était voisin de 100°, la pression dans *dbc* était presque égale à la pression atmosphérique ; pour $t > 100°$ on refoulait de l'air, de sorte que le mercure se trouvait plus haut dans la branche de droite du manomètre N que dans celle de gauche. La tension cherchée *p* de la vapeur saturante est $H - h_1 - h_2$, où H désigne la pression atmosphérique, h_1 la différence entre les hauteurs de mercure dans le manomètre et h_2 la différence entre les hauteurs de mercure dans *ac* et *db* ; h_1 et h_2 sont positifs, quand le mercure se tient plus haut dans les branches de gauche du manomètre et du tube *aedb* que dans celles de droite. Dans la détermination de h_2, il faut faire une correction relative à la pression de l'eau sur le mercure dans *ac*.

Les résultats des mesures de la tension *p* de la vapeur d'eau faites par Regnault et par Magnus concordent extrêmement bien ; pour le montrer, nous indiquerons quelques-uns des nombres des tableaux calculés par les formules empiriques $p = f(t)$ proposées par ces physiciens et sur lesquelles nous reviendrons plus loin.

t	Regnault *p*	Magnus *p*	*t*	Regnault *p*	Magnus *p*
— 20°	0,927	0,916	40°	54,906	54,969
— 10	2,093	2,109	60	148,579	148,791
0	4,600	4,525	80	354,643	353,926
20	17,391	17,396	110	1075,370	1077,261

Regnault a encore déterminé, en dehors de l'eau, la tension *p* des vapeurs saturantes de 28 autres substances, entre différentes limites de température et de pression. Nous mentionnons ci-dessous quelques-unes de ces substances, et nous indiquons entre parenthèses les limites de température entre lesquelles chaque substance a été étudiée : alcool (— 20° à 155°), éther éthylique (— 20° à 120°), sulfure de carbone (— 20° à 150°), chloroforme (+ 20° à 165°), benzine (— 20° à 170°), tétrachlorure de carbone (— 20° à 190°), alcool méthylique (— 30° à 150°), acétone (+ 20° à 140°), chlorure de silicium (— 25° à 65°), essence de térébenthine (0° à 200°), essence de citron (98° à 240°), mercure (0° à 520), soufre (390° à 570°), acide sulfureux (— 30° à 65°), ammoniaque (— 30° à 100°), sulfure d'hydrogène (— 25° à 70°), acide carbonique (— 25° à 45° (?), cette dernière température est supérieure à la température critique, égale à 31°), protoxyde d'azote (— 25° à + 40°).

5. Autres mesures de la tension des vapeurs saturantes. — De très nombreuses recherches ont été publiées après Regnault, et il en paraît encore aujourd'hui, sur la tension des vapeurs saturantes de différentes substances ; nous nous contenterons d'indiquer un très petit nombre de ces travaux. On trouvera des tableaux détaillés et des indications bibliographiques dans les *Physikalisch-chemischen Tabellen* de Landolt et Börnstein ; le *Hand-*

buch der Physik de A. Winkelmann, Tome II, 2e Partie, donne les résultats des mesures de la tension des vapeurs saturantes d'un très grand nombre de substances diverses ; on y trouve, en même temps que toute la bibliographie de la question, des indications sur la détermination du *volume spécifique* σ des vapeurs saturantes, dont il sera parlé plus loin.

Nous avons déjà fait connaître (page 746) les trois méthodes principales dont on peut se servir pour la mesure de la tension p des vapeurs saturantes. Des propriétés particulières des liquides conduisent dans plusieurs cas à apporter des modifications dans les appareils. Ainsi, Regnault s'est servi de l'appareil représenté schématiquement par la figure 216, pour déterminer la tension p relative aux substances qui ne peuvent se liquéfier que sous de fortes pressions, comme SO^2 et CO^2 par exemple. Les deux vases communicants A et B renferment du mercure. On refoule la substance gazeuse étudiée par le tube P, dans A, où elle se condense ; B communique au moyen du tube M avec un manomètre et une pompe qui comprime de l'air dans ce second vase. Tout l'appareil est placé dans l'eau ou un autre liquide, ou encore dans un mélange réfrigérant, en vue d'obtenir une température constante. La différence entre les niveaux du mercure dans A et B peut être négligée.

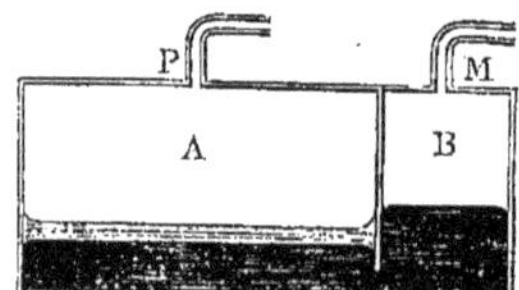

Fig. 216

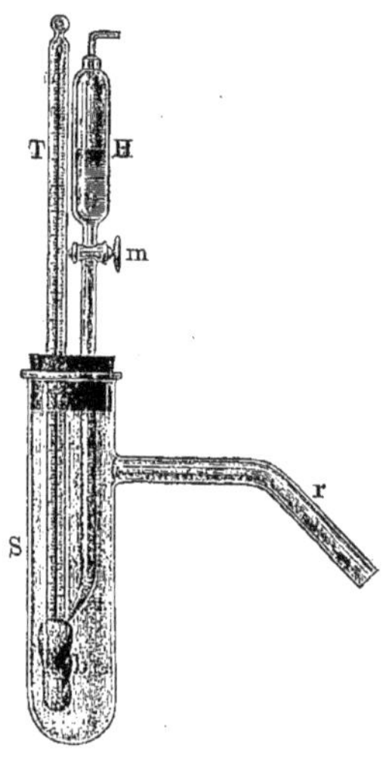

Fig. 217

Ramsay et Young ont employé l'appareil représenté dans la figure 217, pour déterminer la fonction $p = f(t)$ par la méthode dynamique, avec de petites quantités de liquide. Le réservoir du thermomètre T est entouré d'une substance poreuse, d'amiante ou de laine par exemple ; la substance étudiée se trouve dans l'entonnoir H muni d'un robinet m ; le tube au-dessous de ce robinet traverse le bouchon qui ferme l'éprouvette S et se termine par une pointe capillaire, juste à la surface de la substance b qui entoure le réservoir du thermomètre. Le tube r met l'éprouvette S en communication avec un réfrigérant, un manomètre et un grand récipient, dans lequel est établie, à l'aide d'une pompe, la pression voulue p, qui cependant ne doit pas être supérieure à la pression atmosphérique. L'éprouvette S est placée dans de l'eau ou un autre liquide, dont la température est *supérieure* à la température d'ébullition cherchée t du liquide étudié. Ayant ouvert le robinet m, on sature d'abord b du liquide, et on laisse ensuite le robinet suffisamment ouvert, pour que le liquide qui afflue compense constamment la perte due à l'ébullition et au passage de la vapeur par le tube r dans le réfrigérant, où elle se condense de nouveau. Le thermomètre T indique le point d'ébullition t correspondant à la tension p.

Lord Kelvin (1897) a mesuré la *différence* entre la tension de vapeur p d'un liquide donné et la tension de vapeur p_0 de l'eau, à la même température, p_0 étant supposé connu; il a obtenu de cette manière la grandeur cherchée p.

La tension de la vapeur d'*eau* saturante a été déterminée, après Regnault et Magnus, d'abord par Cailletet et Colardeau, Ramsay et Young et enfin Battelli; les travaux de ces physiciens ont été publiés presque simultanément en 1892. Cailletet et Colardeau sont allés presque jusqu'à la température critique de l'eau, c'est-à-dire jusqu'à 365° et jusqu'à une pression voisine de 200^{atm}; les mesures de Ramsay et Young s'étendent jusqu'à 270° et jusqu'à une pression de 41 101^{mm}. Cailletet et Colardeau chauffaient l'eau dans un tube en acier, en maintenant constant le volume total du liquide et de la vapeur et en mesurant la pression au moyen d'un manomètre à hydrogène.

Les courbes $p = f(t)$ obtenues étaient indépendantes de la quantité d'eau employée et les mêmes jusqu'à la température critique, au-dessus de laquelle elles divergeaient (voir plus loin Chap. XIV). Ramsay et Young prenaient, au lieu d'un tube en acier, un tube en verre vert, sur lequel l'eau n'agit pas non plus à température élevée, et ils déterminaient la pression au moyen d'un manomètre à air. Battelli a employé la méthode isothermique (page 747). Nous donnons ici quelques-uns des nombres trouvés par ces auteurs pour la *tension de la vapeur d'eau saturante*.

t	Regnault	Battelli	Ramsay et Young	Cailletet et Colardeau
	mm.	mm.	mm.	atm.
100°,0	760	760,00	760	1,0
150 ,0	3532	3 578,00	3 568	4,7
200 ,0	11 360	11 625,00	11 625	15,1
230 ,0	20 160	20 775,00	20 936	—
250 ,0	—	29 951,00	29 734	39,5
270 ,0	—	43 368,00	41 101	—
275 ,0	—	—	—	59,3
300 ,0	—	67 620,00	—	86,2
320 ,0	—	88 343,00	—	—
325 ,0	—	—	—	121,1
350 ,0	—	126 924,00	—	167,3
360 ,0	—	141 865,00	—	—
364 ,3	—	147 990,00 = 194^{atm},61	—	—
365 ,0	—	—	—	200,5

Les deux derniers nombres de la troisième et de la cinquième colonnes se rapportent à la température critique, égale à 365° d'après CAILLETET et COLARDEAU, à 364°,3 d'après BATTELLI.

Après ces recherches de l'année 1892 ont été publiés les travaux de WIEBE (1893, entre 82° et 100°), méthode dynamique), de CHAPPUIS (1900, entre 96° et 102°, méthode dynamique), de KNIPP (1900, entre 180° et 359°, méthode statique), de KNOBLAUCH, de LINDE et KLEBE (1905, entre 100° et 180°, méthode dynamique). Une étude critique de toutes ces recherches a été faite ensuite par HENNING (1907), qui a calculé les valeurs les plus probables de la tension p et de la grandeur $\frac{dp}{dt}$, entre 0° et 200°.

Récemment a paru un travail très soigné de HOLBORN et HENNING (1908), qui ont déterminé p par la méthode dynamique entre 50° et 200°; les températures étaient mesurées avec un thermomètre de platine. L'erreur dans le résultat final ne dépasse pas 0°,02 même à 200° et en général n'est pas de 0°,01. Nous donnons quelques-uns de ces nombres les plus récents.

t	p	t	p	t	p
	mm.		mm.		mm.
50°	92,30	110°	1 074,5	160	4 633
60	149,19	120	1 488,9	170	5 937
70	253,53	130	2 025,6	180	7 515
80	355,1	140	2 709,5	190	9 404
90	525,8	150	3 568,7	200	11 647
100	760,0				

Nous avons déjà mentionné à la page 732 les recherches sur la tension de la vapeur de l'*eau surfondue* et nous avons indiqué à cet endroit la formule donnée par THIESEN (1899). Nous avons aussi déjà donné les résultats de JUHLIN (1892), de SCHEEL (1905) et ceux tout à fait récents de SCHEEL et HENSE (1909).

La tension p des vapeurs saturantes des divers *autres liquides* a été mesurée, comme nous l'avons dit, par beaucoup d'auteurs. Différentes substances organiques et inorganiques ont été étudiées, après REGNAULT, par NACCARI et PAGLIANI, STÄDEL, SCHUMANN, YOUNG, RAMSAY et YOUNG, RICHARDSON, G. C. SCHMIDT, BATTELLI, FERCHE, G. KAHLBAUM et d'autres encore. On trouvera les résultats de ces mesures dans les Tables de grandeurs physiques. BARUS a étudié le *soufre*, le *cadmium*, le *zinc* et le *bismuth*, pour diverses pressions p entre zéro et 1^{atm}, en utilisant un appareil qui supportait de hautes températures. Nous donnons ici quelques-uns des nombres de BARUS :

Soufre		Cadmium		Bismuth		Zinc	
t	p	t	p	t	p	t	p
	mm.		mm.		mm.		mm.
390°	272,3	549°	22	1 199°	32	684°	28
420	472,1	574	32	1 211	86	699	35
450	779,9	620	75	1 260	97	710	42
480	1 232,7	667	157			736	62
500	1 635,3	702	262			758	99
530	2 422,0	729	381			802	166
550	3 086,6	750	517			838	264
570	3 877,1	760	624			863	368
		770	766			900	557
						933	767

La tension de vapeur du *sodium* a été mesurée par Jewett (1902) et Gebhardt (1905). Gebhardt a trouvé les valeurs suivantes :

$t =$ 380°	400°	420°	440°	460°	480°	500°	520°	540°	560°	570°
$p =$ 1,2	1,4	2,0	2,9	4,2	6,1	8,6	12,4	18,5	33,2	80^{mm}.

La tension de vapeur du *soufre* a été encore déterminée par la méthode d'ébullition par Callendar et Griffiths (1891), Bodenstein (1899) et enfin par Matthies (1906). Nous indiquerons quelques nombres de Matthies :

$t =$ 210°,2	230°,6	265°,0	306°,5	341°,7	363°,0	379°,4
$p =$ 1,35	4,48	20,5	53,5	105,3	133	250^{mm},1.

La tension de la vapeur saturante de *mercure* a été étudiée par Regnault, Ramsay et Young (1881 et 1886), Hagen (1882), H. Hertz (1882), Mac Leod (1883), Young (1891), Pfaundler (1897), van der Plaats, Cailletet, Colardeau et Rivière (1900), Müller-Erzbach (1901), Jewett (1902), Morley (1904), Gebhardt (1905), Laby (1908) et Knudsen (1909). Les nombres trouvés par Regnault et Hagen sont probablement trop grands aux basses pressions et ce sont ceux de Hertz qui paraissent mériter le plus de créance ; Hertz *a calculé*, à l'aide des observations faites à des températures plus élevées, la tension aux basses températures, en employant une formule que nous donnerons plus loin. Nous indiquons ci-dessous les nombres de Hertz, ainsi que quelques-uns de ceux de Regnault et de Hagen :

t	REGNAULT	HAGEN	HERTZ	t	HERTZ
	mm.	mm.	mm.		mm.
0°	0,0200	0,015	0,00019	110°	0,478
10	0,0268	0,018	0,00050	120	0,779
20	0,0372	0,021	0,0013	130	1,24
30	0,0530	0,026	0,0020	140	1,93
40	0,0767	0,033	0,0063	150	2,93
50	0,1120	0,042	0,013	160	4,38
60	0,1643	0,055	0,026	170	6,41
70	0,2410	0,074	0,050	180	9,23
80	0,3253	0,102	0,093	190	13,07
90	0,5142	0,144	0,165	200	18,25
100	0,7455	0,210	0,285	210	25,12
				220	34,90

RAMSAY et YOUNG, ainsi que PFAUNDLER ont obtenu des nombres qui concordent bien avec ceux de HERTZ. HAGEN a trouvé qu'à 15° la tension est de $0^{mm},0195$; par le calcul, HERTZ a trouvé $0^{mm},00082$; les expériences de PFAUNDLER donnent $0^{mm},00081$.

MÜLLER-ERZBACH a calculé la tension de vapeur d'après la vitesse de vaporisation observée. Il a obtenu pour le mercure :

$$t = 14° \qquad 16°,5$$
$$p = 0^{mm},000955 \qquad 0^{mm},00181 ;$$

VAN DER PLAATS a trouvé $p = 0^{mm},0047$ à 0° et $0^{mm},008$ à 10°. Plus récemment, les mesures de MORLEY (1904) ont donné les valeurs suivantes :

$$t = 16° \qquad 30° \qquad 40° \qquad 50° \qquad 60° \qquad 70°$$
$$p = 0^{mm},0010 \quad 0^{mm},0027 \quad 0^{mm},0052 \quad 0^{mm},0113 \quad 0^{mm},0214 \quad 0^{mm},0404.$$

En appliquant une formule empirique, il a trouvé que $p = 0^{mm},0004$ à 0°.

REGNAULT et YOUNG (1891) ont déterminé la tension p de la vapeur de *mercure* à des températures *plus élevées*. Nous donnons ici quelques-uns de leurs nombres :

t	REGNAULT	YOUNG	t	REGNAULT	YOUNG
	mm.	mm.		mm.	mm.
180°	11,00	8,41	360°	797,74	803,7
200	19,90	16,81	380	1 139,65	1 127,5
220	34,70	31,64	400	1 587,96	1 548,5
240	58,82	56,55	420	2 177,53	2 085,0
260	96,73	96,46	440	2 933,99	2 757,0
280	155,17	157,8	460	3 888,14	3 586,0
300	242,15	248,6	480	5 072,43	4 596,0
320	368,73	378,5	500	6 520,25	—
340	548,43	559,1	520	8 264,96	—

Cailletet, Colardeau et Rivière (1900) ont trouvé les valeurs suivantes :

$t =$	400°	450°	500°	550°	600°	700°	800°	880°
$p =$	$2^{atm},1$	$4^{atm},25$	$8^{atm},0$	$13^{atm},8$	$22^{atm},0$	$50^{atm},3$	$102^{atm},0$	$162^{atm},0$.

Gebhardt (1905) a donné les nombres suivants (nous en indiquons seulement quelques-uns) :

$t =$	130°	160°	200°	230°	260°	300°	310°
$p =$	1,337	4,013	17,015	44,9	100,0	249,0	309,0.

Laby (1908) a calculé, au moyen des observations des différents auteurs, les formules suivantes : entre 15° et 270°,

$$\log p = 15,24431 - \frac{3623,932}{T} - 2,367233 \log T$$

et de 270° jusqu'à 700°,

$$\log p = 10,04087 - \frac{3271,245}{T} - 0,7020537 \log T.$$

où T signifie la température absolue. Knudsen (1909) a déterminé p entre 0° et 50°,8. Il trouve $p = 0^{mm},0001846$ à 0° et en général

$$\log p = 10,5724 - \frac{3342,26}{T} - 0,847 \log T.$$

Bien que cette formule ne se rapporte pas à des températures élevées, elle est très analogue à la seconde formule de Laby.

La tension de vapeur des *gaz liquéfiés* a été déterminée par Faraday, Bunsen, Pictet, Cailletet, Vincent et Chappuis, Wroblewski, Olszewski, Amagat, Chappuis et Rivière, Ansdell, Estreicher, Blümcke, Knietsch, Baly, Travers et Jaquerod (1903), Fischer et Alt (1902), Du Bois et Wills, Kuenen et Robson, et d'autres encore. Nous avons considéré, en parlant de la liquéfaction des gaz (pages 675 à 694), les méthodes employées par beaucoup de ces auteurs.

Faraday (1845) a étudié Cl^2, SO^2, AzH^3, SH^2, CO^2, Az^2O, C^2H^4, HCl, HI, AsH^3, $BoFl^3$ et C^2Az^2. Nous donnons ci-dessous les températures auxquelles la tension de SO^2, C^2Az^2 et AzH^3 s'exprime, d'après les observations de Faraday, en nombre entier d'atmosphères :

p	SO^2	C^2Az^2	AzH^3
1 atm.	— 10°,75	— 21°,75	— 36°,8
2	+ 0,60	— 8,00	— 25,0
3	8,75	+ 2,50	— 14,5
4	16,00	11,50	— 5,0
5	22,10	20,00	+ 1,5
6	—	—	+ 6,5

Nous donnerons en outre les résultats d'observation pour quelques autres substances :

I. HYDROGÈNE. — Les seules mesures étendues effectuées jusqu'ici sont dues à TRAVERS et JAQUEROD (1903) ; T est la température *absolue* d'après le thermomètre à *hélium*.

Nous ne citerons que quelques nombres :

p	T	p	T
800^mm	20°,60	500^mm	19°,03
780	20 ,51	400	18 ,35
760	20 ,41	300	17 ,57
740	20 ,31	200	16 ,58
720	20 ,21	150	15 ,95
700	20 ,12	100	15 ,14
650	19 ,87	50	14 ,11
600	19 ,61		(— 258°,89)

II. OXYGÈNE. — Observateurs : WROBLEWSKI (— 145° à — 125°), OLSZEWSKI (— 211°,5 à — 146°,8 et — 130° à — 118°). ESTREICHER (— 221° à — 182°), TRAVERS, SENTER et JAQUEROD (— 195°,8 à — 182°,3), BALY (— 196° à — 182°) et BESTELMEYER (— 188°,96 à — 182°,30).

WROBLEWSKI		ESTREICHER		OLSZEWSKI			
t	p	t	p	t	p	t	p
	atm.		mm.		mm.		atm.
— 145°,2	17,20	— 221°,0	7,5	— 211°,5	9,00	— 130°,3	32,6
					atm.		
— 135 ,1	29,46	— 208 ,6	14,5	— 181 ,4	1,00	— 129 ,0	34,4
— 125 ,2	41,15	— 204 ,8	31,8	— 175 ,4	2,16	— 128 ,0	36,3
		— 198 ,7	91,8	— 166 ,1	4,25	— 126 ,8	38,1
		— 194 ,0	179,1	— 159 ,9	6,23	— 125 ,6	40,4
		— 190 ,5	279,1	— 155 ,6	8,23	— 124 ,0	43,0
		— 185 ,8	479,1	— 151 ,6	10,24	— 122 ,6	45,5
		— 183 ,1	629,1	— 148 ,6	12,3	— 121 ,6	46,7
		— 182 ,56	743,8	— 146 ,8	13,7	— 120 ,7	47,6
						— 119 ,5	49,7
						— 118 ,8	50,8

Baly (temp. absolues)		Travers, Senter et Jaquerod (températures absolues)				Bestelmeyer (températures absolues)	
T	p	p	T	p	T	T	p
	mm.	mm.		mm.			mm.
77°	138,4	800	90°,70	500	86°,39	84°,08	374,7
80	220,0	780	90 ,45	450	85 ,47	85 ,33	435,8
82	281,8	760	90 ,20	400	84 ,49	88 ,07	596,3
84	359,0	740	89 ,95	350	83 ,41	90 ,74	739,6
86	449,0	720	89 ,68	300	82 ,19		
88	560,0	700	89 ,43	250	80 ,80		
90	687,5	650	88 ,75	200	79 ,17		
91	761,5	600	88 ,01	150	77 ,17 (— 195°,83)		

III. — Azote. Observateurs : Wroblewski (— 158°,4 à — 146°,3), Olszewski (— 225° à — 146°), Baly, Fischer et Alt.

Wroblewski		Olszewski		Fischer et Alt (azote chimiquement pur)			
t	p	t	p	p	t	p	t
	atm		mm.	mm.		mm.	
— 158°,42	14,82	— 225°,0 (solide)	4	760	— 195°,67	150	— 206°,95
— 154 ,95	18,38	— 214 ,0	60	700	— 196 ,35	120	— 208 ,24
— 151 ,85	23,48	— 194 ,4	1atm	600	— 197 ,56	110	— 208 ,77
— 146 ,35	32,08	— 156 ,5	17	500	— 198 ,97	100	— 209 ,35
		— 148 ,2	31	400	— 200 ,60	95	— 209 ,68
		— 146 ,0	35	300	— 202 ,58	90	— 210 ,06
				200	— 205 ,20	86 ± 4	— 210 ,52 (solide)

Baly a comparé les tensions de vapeur de l'azote chimiquement pur et de l'azote atmosphérique ; les premières sont *plus grandes*.

IV. Chlore. — Observateur : Knietsch.

t	p	t	p	t	p
	mm.		atm.		atm.
— 88°	37,5	— 20°,0	1,84	+ 60°	18,60
— 80	62,5	— 10 ,0	2,63	+ 70	23,00
— 70	118,0	0 ,0	3,66	+ 80	28,40
— 60	210,0	+ 10 ,0	4,95	+ 90	34,50
— 50	350,0	+ 20	6,62	+ 100	41,70
— 40	560,0	+ 30	8,75	+ 110	50,80
— 37°,6	760,0	+ 40	11,50	+ 120	60,40
— 30°,0	1atm,2	+ 50	14,70	+ 146	71,70

V. Brome et Iode. — Observateurs : Ramsay et Young.

p	Br (solide) t	I (solide) t	p	Br t	I (liquide) t
20^{mm}	$-16°,65$	$+85°,0$	200^{mm}	$+23°,45$	$+137°,05$
30	$-12,0$ (liquide)	$+92,2$	300	$+33,04$	$+150,7$
50	$-5°,05$	$+102,15$	400	$+40,45$	$+160,9$
70	—	$+109,05$	500	$+46,8$	$+169,05$
90	—	$+114,15$ (liquide)	600	$+51,95$	$+176,0$
100	$+8,20$	$+117°,0$	700	$+56,3$	$+182,0$
150	$+16,95$	$+178,9$	760	$+58,75$	$+185,3$

VI. Ammoniaque. — Observateurs ; Faraday, Regnault, Pictet, Blümcke, Brill et Davies. Blümcke a trouvé

$$t^{o} = -18°,5 \quad 0° \quad 34°,0 \quad 63°,5$$
$$p^{atm} = 1,91 \quad 4,22 \quad 12,80 \quad 28,04.$$

Brill (1906) a donné les valeurs de p entre $-80°,0$ et $-33°$. Nous indiquons quelques-uns de ses nombres :

$$t^{o} = -80° \quad -70° \quad -60° \quad -50° \quad -40° \quad -33°$$
$$p^{atm} = 35,2 \quad 77,2 \quad 166,6 \quad 323,3 \quad 563,1 \quad 761,0.$$

VII. Acide chlorhydrique. — Observateurs : Faraday, Ansdell. Ce dernier a obtenu

$$t^{o} = +4°,0 \quad 13°,8 \quad 22°,0 \quad 33°,4 \quad 44°,8 \quad 50°,56$$
$$p^{atm} = 29,8 \quad 37,75 \quad 45,75 \quad 58,85 \quad 75,20 \quad 85,33.$$

VIII. Oxyde de carbone. — Observateurs : Wroblewski, Olszewski, Baly et Donnan. Nous donnons quelques nombres de Wroblewski :

$$t^{o} = -143°,33 \quad -148°,46 \quad -151°,57 \quad -155°,00 \quad -157°,45$$
$$p^{atm} = 30,98 \quad 22,76 \quad 19,32 \quad 15,98 \quad 14,22.$$

Baly et Donnan (1902) ont donné les valeurs suivantes :

$$t^{o} = -205° \quad -200° \quad -195° \quad -190° \quad -185° \quad -183°$$
$$p^{mm} = 114,30 \quad 248,80 \quad 483,96 \quad 863,06 \quad 1429,98 \quad 1722,63.$$

IX. Protoxyde d'azote. — Observateurs : Faraday ($-17°$ à $+1°$), Regnault ($-25°$ à $+40°$), Cailletet ($-92°$ à $-34°$), Janssen ($25°$ à $36°$), Kuenen ($4°,8$ à $36°$), Villard ($0°$ à $20°$). Cailletet a donné les nombres suivants :

$$t^{o} = -92° \quad -80° \quad -70° \quad -60° \quad -50° \quad -40° \quad -34°$$
$$p^{atm} = 1 \quad 1,90 \quad 3,15 \quad 5,05 \quad 7,63 \quad 11,02 \quad 13,19.$$

Villard a trouvé :

$$t^{o} = 0° \quad 5° \quad 8° \quad 12° \quad 16° \quad 20°$$
$$p^{atm} = 30,75 \quad 34,8 \quad 37,4 \quad 41,2 \quad 45,3 \quad 49,4.$$

X. Bioxyde d'azote. — Observateurs : Olszewski, Adwentowski. Le premier a trouvé :

t	p	t	p	t	p
	mm.		atm.		atm.
— 176°,5 (solide)	18	— 129°	10,6	— 100°,9	49,9
— 167°,0 (solide)	138	— 119	20,0	— 97 ,5	57,8
	atm.				
— 153°,6 (liquide)	1,0	— 110	31,6	— 93 ,5	71,2
— 138°,0	5,4	— 105	41,0		

Adwentowski (1909) a déterminé p pour les températures entre — 174°,4 et — 150°,2, et entre — 128°,2 et — 92°,9. Nous indiquerons d'abord quelques nombres pour p inférieur à 1^{atm} :

t° = —174°,4 —170°,7 —167°,7 —164°,5 —160°,6 —156°,8 —154°,1 —150°,2
p^{mm} = 23 42 65 107 168 360 519 760.

Pour les pressions supérieures :

t° = —128°,2 —120°,3 —115°,7 —109°,2 —102°,9 —97°,3 —94°,1 —92°,9
p^{atm} = 8,95 14,1 18,2 27,7 41,0 53,1 61,7 64,6.

XI. Sulfure d'hydrogène. — Observateurs : Faraday, Regnault, Olszewski. Ce dernier a trouvé :

t° = — 63°,5 0° 18°,2 50°,0 52°,0
p^{atm} = 1 10,25 16,95 35,56 37,17.

XII. Anhydride sulfureux. — Observateurs : Faraday, Regnault, Zaiontschewski, Pictet, Blümcke. Nous citons ici quelques nombres :

Zaiontschewski		Pictet		Blümcke	
t	p	t	p	t	p
	atm.		atm		atm.
+ 50°	8,43	— 30°	0,36	— 19°,5	0,60
+ 70	14,31	— 20	0,61	— 11 ,5	0,95
+ 90	22,47	— 10	1,00	0	1,51
+ 100	27,82	0	1,51	+ 35 ,0	5,45
+ 120	41,56	+ 10	2,35	+ 46 ,7	7,55
+ 140	60,00	+ 30	4,60	+ 65 ,0	12,83
+ 150	71,45	+ 50	8,30	+ 77 ,5	17,12
				+ 98 ,2	26,96

XIII. Acide carbonique. — Observateurs : Faraday, Regnault, Andrews,

Cailletet, Amagat, Du Bois et Wills, Kuenen et Robson, Villard. Nous citons quelques nombres :

Andrews		Cailletet		Amagat		Kuenen et Robson	
t	p	t	p	t	p	t	p
	atm.		atm.		atm.		atm.
0°	35,04	— 80°	1,00	0°	34,3	0°	34,3
5 ,45	40,44	— 70	2,08	10 ,0	44,2	— 5	30,0
11 ,45	47,04	— 60	3,90	20 ,0	56,3	— 10	26,0
16 ,92	53,76	— 50	6,80	30 ,0	70,7	— 15	22,4
22 ,22	61,13	— 40	10,25	30 ,5	71,5	— 20	19,3
25 ,39	65,79	— 34	12,70	31 ,0	72,3	— 30	14,0
28 ,30	70,39			31 ,35	72,9	— 40	9,82
31 ,21	77,00					— 50	6,60
						— 55	5,35
						— 60	4,30 (liquide) 3,97 (solide)

Nous avons déjà signalé à la page 734 les expériences sur l'acide carbonique solide.

XIV. Ethylène. — Observateurs : Cailletet, Olszewski, Amagat, Villard.

Cailletet				Olszewski			
t	p	t	p	t	p	t	p
	atm.		atm.		mm.		mm.
— 103°	1	+ 8°	56	— 122°	146,0	— 132°,0	57,0
+ 1	45	+ 10	60	— 126	107,0	— 139 ,0	31,0
+ 4	50	—	—	— 129,7	72,0	— 150 ,4	9,8

XV. Méthane. — Observateur : Olszewski.

t	p	t	p
	mm.		atm.
— 201°,5 (solide)	5	— 126°,8	11,0
— 185 ,5 »	80	— 110 ,6	21,4
Point de fusion		— 105 ,8	26,3
	atm.		
— 164 ,0	1,0	— 93 ,3	40,0
— 153 ,8	2,24	— 85 ,4	49,0
— 138 ,5	6,2	— 81 ,8	54,9

XVI. Émanation du radium. — Observateur : Rutherford (1909) :

t° =	— 65°	— 78°	— 101°	— 127°
p^{cm} =	76	25	5	0,9.

Nous nous contenterons de ces quelques exemples. Grätz a rassemblé les mesures de tension de vapeur pour 43 substances inorganiques et 141 substances organiques (jusqu'à la fin de 1905). Nous nous occuperons plus loin des différents essais que l'on a faits pour déterminer empiriquement ou théoriquement la fonction $p = f(t)$.

Remarquons encore pour terminer que la tension de vapeur d'un *mélange de plusieurs liquides, qui ne se dissolvent pas l'un dans l'autre* (Tome I), est égale à la somme des tensions de vapeur des liquides pris séparément, comme l'exige la loi de Dalton (Tome I). Les expériences de Regnault sur l'eau et le sulfure de carbone, sur l'eau et le tétrachlorure de carbone et enfin sur l'eau et la benzine ont pleinement confirmé cette égalité. Nous étudierons ultérieurement la *tension de vapeur des mélanges ou des solutions de liquides.*

6. Formules pour la tension des vapeurs saturantes. — On a souvent mis en doute que la tension de vapeur p d'un liquide dépend seulement de la température t. Quelques physiciens ont trouvé que p dépend aussi des quantités respectives de liquide et de vapeur ; d'autres ont remarqué que p s'élève durant la condensation de la vapeur. Sidney Young (1906) a montré, dans un travail étendu, que p dépend seulement de t, si le liquide est parfaitement pur au point de vue chimique, si aucune trace d'air ne s'ajoute à la vapeur et si la vaporisation ne s'accompagne d'aucun changement chimique.

On n'a pas réussi jusqu'ici à exprimer la fonction $f(t)$ par une voie purement rationnelle, c'est-à-dire en se basant seulement sur les principes de la Thermodynamique et sur des hypothèses déterminées quant à la structure de la substance. Les nombreuses formules données par les différents auteurs sont pour une grande part *purement empiriques* ; mais elles sont précieuses, parce qu'elles représentent brièvement et souvent assez exactement un grand nombre de valeurs observées, remplaçant ainsi de longs tableaux ; elles permettent en outre de trouver les valeurs de p, pour les températures intermédiaires entre celles auxquelles ont été faites les observations ; autrement dit elles servent à interpoler, mais on peut les employer également pour extrapoler, c'est-à-dire pour déterminer les valeurs de p relatives aux températures t en dehors de l'intervalle étudié.

Il existe de plus un assez grand nombre de *formules théoriques*, établies par voie mathématique. On ne peut cependant les considérer comme ayant une origine purement rationnelle, car elles reposent ou bien sur des hypothèses qui ne sont qu'approximativement vérifiées, ou bien sur des expressions *empiriques* d'autres grandeurs, dont on peut déduire la tension p. Ainsi la fonction $p = f(t)$ est connue, lorsqu'on admet que les vapeurs saturantes possèdent les propriétés d'un gaz parfait. De même, la fonction $p = f(t)$ a une forme déterminée, si on suppose que la grandeur $\frac{p\sigma}{\rho}$, où ρ est la chaleur latente de vaporisation, σ le volume spécifique de la vapeur, est une fonction linéaire de la température, ce qui est à peu près exact pour beaucoup de substances. Il est évident que la forme de la fonction $p = f(t)$ établie à l'aide d'une telle hypothèse doit être considérée comme empirique.

La dépendance entre la grandeur p et la température t, qui a été déterminée expérimentalement, peut être représentée par une courbe. Regnault a procédé ainsi ; il traçait sur une grande feuille de cuivre des axes de coordonnées, représentait par des points les différents couples de valeurs correspondantes de p et t obtenues expérimentalement et faisait passer ensuite une courbe continue par ces points, ou plus exactement dans la bande où ils se trouvaient plus ou moins régulièrement groupés.

On a cherché à maintes reprises à trouver une relation entre les grandeurs p relatives à des *liquides différents*, qui permettrait, ayant déterminé la fonction $p = f(t)$ pour l'un d'entre eux, de l'obtenir pour tous les autres. La loi de Dalton est le premier essai fait dans cette direction : la tension de vapeur saturante est la même pour tous les liquides, à des températures également éloignées du point d'ébullition normal. Ure et Regnault ont montré que cette loi n'est pas généralement exacte : les recherches plus récentes de G. C. Schmidt ont cependant établi que cette loi est très approchée pour quelques groupes de substances, dans des intervalles suffisamment étroits. Ainsi, pour les six acides, formique, acétique, propionique, butyrique normal, isobutyrique et isovalérianique, à des variations égales de la pression p correspondent des variations de température également presque égales, bien que les températures elles-mêmes soient différentes, puisque le premier des acides mentionnés bout à $t_1 = 100°,5$, le dernier à $t_2 = 174°,7$; ces dernières températures correspondent à $p = 760^{mm}$. Pour $p = 10^{mm}$, on a $t_1' = -2°,3$ et $t_2' = 70°,9$; ces nombres donnent $t_1 - t_1' = 102,8$ et $t_2 - t_2' = 103,8$, c'est-à-dire un résultat dont l'accord avec la loi de Dalton est remarquable. Landolt a donné un autre exemple. Pour les alcools, la loi ne se vérifie déjà plus, comme l'a fait voir G. C. Schmidt dans un autre travail et, pour les substances qui n'ont aucune parenté chimique, elle se montre tout à fait inexacte. Il suffit par exemple, d'indiquer que la tension de vapeur de la benzine au-dessous de 80° est supérieure à celle de l'alcool, mais qu'elle lui est inférieure au-dessus de 80°. Kahlbaum a trouvé un grand nombre de cas semblables ; ainsi, le point d'ébullition du phénol à 760^{mm} est $181°,4$ et celui de l'aniline $183°,9$; au contraire, à 6^{mm} ces points sont respectivement $65°,3$ et $60°,5$. Kahlbaum a reconnu que les substances, pour lesquelles la différence des températures d'ébullition (à 760^{mm} et 10^{mm}) est grande, se distinguent aussi par une grande dispersion moléculaire ; mais les mesures de Mangold (1893) et Woringer (1900) n'ont pas confirmé cette loi.

Il semble que, dans nombre de cas, la loi de Dühring se rapproche beaucoup plus de la réalité ; elle s'exprime par l'égalité

$$\frac{t_1' - t_1}{t_2' - t_2} = q, \qquad (1)$$

où t_1' et t'_2 sont les températures où les tensions de vapeur de deux substances sont égales à $p' = 760^{mm}$, t_1 et t_2 les températures où les tensions ont une même valeur quelconque p ; enfin q est une grandeur constante pour chaque couple de substances. Avec la loi de DALTON, on a $q = 1$ pour tous les couples de substances. Si on rapporte toutes les substances à l'eau, on a $t_2 = 100$ et alors

$$(1, a) \qquad \frac{t_1' - t_1}{100 - t_2} = q.$$

DÜHRING a déterminé la grandeur q pour beaucoup de substances, en les rapportant à l'eau ($q = 1$) ; il a obtenu des valeurs variant depuis 0,522 (CO^2) jusqu'à 2,292 (soufre). MANGOLD (1893) a trouvé, dans ses expériences, une confirmation satisfaisante de la formule (1 a).

RAMSAY et YOUNG ont employé la formule

$$(2) \qquad \frac{T_1'}{T_2'} = \frac{T_1}{T_2} + c(T_2' - T_2),$$

où T_1 et T'_1 désignent les températures *absolues* pour l'une des substances, T_2 et T'_2 pour l'autre, aux pressions p et p' ; le facteur c est en général très petit. Si $c = 0$, (2) se change dans (1), comme on le voit facilement. Les recherches de RICHARDSON et autres ont pleinement confirmé l'exactitude de la formule (2), qu'EVERETT (1902) et PORTER (1907) ont étudiée théoriquement. MOSS (1903) a donné la formule

$$(2, a) \qquad \frac{1}{T_2} = \frac{c}{T_1} + b,$$

où T_1 et T_2 se rapportent à la pression p, c et b étant des constantes, c'est-à-dire des quantités indépendantes de p. Dans un travail ultérieur, il a appliqué la formule (2 a) à l'eau et à l'acide carbonique et l'a trouvée remarquablement confirmée.

Nous passons maintenant aux formules qui ont été proposées pour représenter la fonction $p = f(t)$; leur nombre est très grand, mais cinq d'entre elles sont, pour différentes raisons, d'une importance particulière; nous les considérerons tout d'abord.

1. FORMULE DE YOUNG (1807). — Elle s'écrit

$$(3) \qquad p = (a + bt)^m,$$

a, b, m étant des constantes. TREDGOLD, CORIOLIS, DULONG, MELLET, PAMBOUR et d'autres encore, cités par EGEN dans un exposé qui date de 1833, se sont servis de la formule de YOUNG.

Pour la vapeur *d'eau*, on a les expressions suivantes :

TREDGOLD $\qquad p = 10\left(\frac{t + 75}{85}\right)^5,$

CORIOLIS $\qquad p = 760\left(\frac{1 + 0{,}01878\,t}{2{,}878}\right)^{5,355},$

DULONG $\qquad p = 760\,[1 + 0{,}007153(t - 100)]^5.$

2. Formule de Roche. — Elle a été proposée également par Auguste et s'écrit

$$p = p_0 \, b^{\frac{t}{1+ct}}, \tag{4}$$

p_0 étant la tension pour $t = 0$ et b et c des nombres constants. On peut aussi la mettre sous la forme

$$\log \frac{p}{p_0} = \frac{ht}{1 + ct}. \tag{4,a}$$

Roche lui-même écrivait cette formule

$$p = 760 \, . \, 10^{\frac{ax}{1+cx}}, \tag{4,b}$$

où $x = t - 100$. Il a trouvé pour la vapeur d'*eau* $a = 0,1644$, $c = 0,03$.

Dulong a réuni dans un tableau les nombres que l'on obtient, pour la vapeur d'eau, à l'aide des formules de Tredgold, Coriolis, Dulong et Roche ; Regnault a également employé l'expression de Roche sous la forme

$$p = a \, . \, \alpha^{\frac{x}{1+mx}}, \tag{4,c}$$

où $x = t + 20$. Clapeyron, Auguste, Wrede et Holtzmann ont cherché, mais sans succès, à obtenir théoriquement la formule de Roche. Clausius a montré qu'on peut l'établir en supposant que les vapeurs suivent jusqu'à la saturation les lois de Mariotte et de Gay-Lussac.

Magnus a exprimé les résultats de ses recherches sur la vapeur d'*eau* par la formule de Roche, en l'écrivant

$$p = p_0 \, . \, 10^{\frac{at}{b+t}}, \tag{4d}$$

où $p_0 = 4^{mm},525$, $a = 7,4475$, $b = 234,69$. En général, la formule de Roche s'applique très bien ; Brown et Zaiontschewski s'en sont servis dans différentes transformations.

3. Formule de Biot. — En 1801, Dalton a déduit de ses observations que p croît en progression géométrique, quand t augmente en progression arithmétique. Ceci conduit à la formule $p = p_0 a^t$, qui donne $\log p = b + ct$. Biot, le premier, a proposé une autre formule pour $\log p$, savoir :

$$\log p = a + b\alpha^t + c\beta^t. \tag{5}$$

Cette formule doit être considérée comme *la plus importante* de toutes ; c'est elle qui a été le plus souvent employée et on s'en sert encore aujourd'hui, en se contentant souvent de deux termes, c'est-à-dire en prenant

$$\log p = a + b\alpha^t. \tag{5,a}$$

On entend par $\log p$ le logarithme ordinaire de Briggs, qui est plus commode en pratique que le logarithme naturel. Naccari et Pagliani (1881), ainsi que Schumann (1881), ont montré que α a presque la même valeur pour les différents liquides. BARTOLI et STRACCIATI (1890) ont trouvé que, pour 156 liquides, la valeur $\alpha = 0,9932$ fournit un accord excellent avec les observations.

REGNAULT s'est servi de la formule de BIOT, pour exprimer les résultats de ses nombreuses recherches sur la tension de la vapeur d'eau et des autres liquides. Dans beaucoup de cas, REGNAULT a écrit la formule de BIOT sous la forme

$$(5, b) \qquad \log p = a + b\alpha^{\tau} + c\beta^{\tau},$$

où $\tau = t + n$, n étant un nombre déterminé ; en d'autres termes, τ est une température qui n'est pas comptée à partir du zéro de l'échelle de CELSIUS, mais à partir d'un autre point fixe.

Pour la *vapeur d'eau*, REGNAULT a donné trois formules :

a) Pour t compris entre 0° et 100° :

$$(6, a) \qquad \log p = a - b\alpha^{t} + c\beta^{t}.$$

Les valeurs numériques des constantes données par REGNAULT n'étaient pas tout à fait exactes, comme l'a montré MORITZ (de Tiflis); les valeurs corrigées sont les suivantes :

$a = 4,7393707$, $\log\alpha = 0,996725536 - 1$, $\log\beta = 0,006864937$,
$\log b = 0,611740767$, $\log c = 0,131990711 - 2$.

b) Pour t compris entre — 20° et 0° :

$$(6, b) \qquad p = a + b\alpha^{t+32}$$

$a = -0,08038$, $\log b = 0,6024724 - 1$, $\log\alpha = 0,0333980$.

c) *Pour toutes les valeurs de t* de 20° à + 230°, en particulier de 100° à 230° :

$$(6, c) \qquad \log p = a - b\alpha^{t+20} - c\beta^{t+20}$$

$a = 6,2640348$, $\log\alpha = 0,9983438862 - 1$, $\log\beta = 0,994049292 - 1$,
$\log b = 0,6924351$, $\log c = 0,1397743$.

GNOUZINE (1899) a montré que les trois formules de REGNAULT pour la vapeur d'eau peuvent être remplacées par la formule unique

$$\sqrt[5]{p} = a + bt + ct^2 + dt^3,$$

les coefficients ayant des valeurs numériques différentes dans les trois intervalles — 20° à 46°, 46° à 157° et 157° à 230°.

Nous donnons ci-dessous les valeurs des constantes dans la formule générale

$$(7) \qquad \log p = a + b\alpha^{t+n} + c\beta^{t+n},$$

qui ont été trouvées par REGNAULT pour quelques substances.

Substance	n	a	b	c	log α	log β
Ether éthylique	+ 20	5,0286298	+ 0,0002284	— 3,1906390	0,0145775	0,9968777 — 1
Alcool éthylique	+ 20	5,4562028	— 4,9809960	+ 0,0485397	0,9970857 — 1	0,9409485 — 1
Acétone	— 22	5,6092711	— 3,1660222	— 0,1479018	0,9369193 — 1	0,9827856 — 1
Chloroforme	— 20	5,2253893	— 2,9531281	— 0,0668673	0,9974144 — 1	0,9868176 — 1
CCl^4	+ 20	12,0962331	— 9,1375180	— 1,9674890	0,9997120 — 1	0,9949780 — 1
CS^2	+ 20	5,4011662	— 3,4405663	— 0,2857386	0,9977623 — 1	0,9911997 — 1
Mercure	0	5,6640459	— 7,7449870	+ 0,3819711	0,9987562 — 1	0,9880938 — 1
CO^2	+ 26	5,6771989	— 2,2651888	+ 0,6888035	0,9947089 — 1	0,9910406 — 1
SH^2	+ 28	5,5881602	— 2,0718690	+ 0,0145224	0,9966926 — 1	0,9579740 — 1
AzH^3	+ 22	11,5043330	— 7,4503520	— 0,9449674	0,9996014 — 1	0,9939729 — 1
SO^2	+ 28	5,6663790	— 3,0146890	— 0,1465400	0,9962989 — 1	0,9872900 — 1

On doit à Zeuner des tables très commodes pour le calcul de p à l'aide des formules de Regnault ; il a donné des tables analogues pour le calcul de

$$\frac{1}{p}\frac{dp}{dt}.$$

Regnault a remarqué que le troisième terme de la formule (5) n'a pas une grande importance et que α est presque le même pour toutes les substances. On a en moyenne $\alpha = 0,9932$; Bartoli et Stracciati ont pris par suite la formule

$$\log p = a + b\,(0,9932)^t, \tag{7, a}$$

laquelle, comme nous l'avons déjà dit, exprime très bien les résultats de 156 séries différentes d'observations.

La formule de Biot a été utilisée sous la forme (5), (5, a) ou (7) par beaucoup d'auteurs après Regnault, parmi lesquels Ramsay et Young, Battelli, S. Young, Naccari et Pagliani, G. C. Schmidt, Grassi, Schumann, Landolt, Vincent et Chappuis, etc.

Nous citerons deux exemples qui offrent un intérêt particulier.

Mercure. Ramsay et Young ont pris

$$\log p = a + b\alpha^{t-160},$$

$$a = 4,493745, \qquad b = -3,890276, \qquad \log \alpha = \bar{1},9980029.$$

Eau. Battelli a adopté la formule

$$\log p = a + b\alpha^t + c\beta^t$$

et a trouvé

Température	a	b	c	log α	log β
— 10 à 100°	4,7325067	0,0137486	— 4,101985	0,00701402	0,99670488 — 1
100 à 200°	6,2098803	— 2,190434	— 5,015341	0,98524460 — 1	0,99824205 — 1
200 à 300°	6,3210426	— 2,248200	— 5,025107	0,98640132 — 1	0,99824089 — 1

4. Formules de Bertrand. — Nous passons aux formules qui ont été établies théoriquement, mais en se basant sur certaines hypothèses ou d'autres formules, dont le caractère est certainement *empirique*. Telles sont les formules de Bertrand, ainsi que celle de Dupré-Hertz dont nous parlerons plus loin. Elles sont toutes obtenues en partant de la formule fondamentale (52), page 734, dans laquelle on peut ici négliger s vis à vis de σ. Nous prendrons donc

$$\rho = AT\sigma \frac{\partial p}{\partial t}, \tag{8}$$

où ρ désigne la chaleur latente de vaporisation, σ le volume spécifique de la vapeur saturante ; nous considérerons plus tard les méthodes de détermination de cette dernière grandeur. Bertrand a donné quatre formules différentes, que nous indiquerons en montrant brièvement comment on les déduit de la formule (8).

a). Bertrand trouve qu'on peut poser pour la vapeur d'eau $p\sigma = R(T + a)$ et $\rho = m - nT$; (8) donne alors

$$\frac{dp}{p} = \frac{m - nT}{ART(T + a)}\, dt.$$

On a donc, par intégration,

$$p = K \frac{T^{\alpha}}{(T + a)^{\beta}}. \tag{9, a}$$

Pour l'eau, $\alpha = 79{,}623$; $\beta = 88{,}578$; $a = 126{,}37$ et $\log K = 34{,}21083$.

b). Zeuner a établi, pour diverses substances, des tables de la grandeur $\varphi = \frac{Ap\sigma}{\rho}$. Pour quelques substances, φ ne varie pas très rapidement avec la température. Si on pose $\varphi = \frac{1}{n}$, où n est un nombre constant, (8) donne $np = T \frac{dp}{dt}$, d'où

$$p = KT^{n}. \tag{9, b}$$

Bertrand donne les valeurs de K et de n pour Hg ($n = 13{,}35$), CO^2 ($n = 7{,}5$) et l'alcool ($n = 17{,}2$).

c). Pour beaucoup de substances, on peut poser

$$\varphi = \frac{Ap\sigma}{\rho} = aT - b.$$

Ainsi, pour l'eau, $\varphi = 0{,}000254758\,T - 0{,}01913$. La formule (8) donne

$$\frac{dt}{T(aT - b)} = \frac{dp}{p}.$$

On peut facilement mettre l'intégrale sous la forme

$$p = K\left(\frac{T-\lambda}{T}\right)^n, \tag{9, c}$$

où K, $n = \frac{1}{b}$ et $\lambda = \frac{b}{a}$ sont des constantes. C'est cette formule (9, c) qu'on appelle ordinairement formule de Bertrand.

Bertrand a remarqué, en déterminant n et λ pour différentes substances, qu'on peut faire varier l'exposant n entre de larges limites et obtenir, par un choix correspondant de la valeur de λ, des formules qui concordent presque également bien avec les résultats des observations. Par exemple, on peut prendre, pour la vapeur d'eau,

$n =$	43	50	74	100
$\lambda =$	88,3	78,3	56,7	43,2.

Bien entendu, le facteur K change en même temps que n et λ.

Bertrand a pris, pour beaucoup de substances, $n = 50$, et a posé

$$p = K\left(\frac{T-\lambda}{T}\right)^{50};$$

on obtient alors pour λ les nombres suivants :

Substance	λ	Substance	λ
Eau	78,3	CCl^4	61,667
Alcool.	76,0	SO^2	49,459
Ether.	65,4	CO^2	35,00
AzH^3	46,728	S	134,89
CS^2.	54,784		

On a pour le chloroforme $n = 20$, $\lambda = 120$; pour le *protoxyde d'azote* $n = 200$, $\lambda = 8,583$; pour la benzine $n = 25$, $\lambda = 106,92$, etc. Pour la vapeur de *mercure*, Bertrand a donné la formule

$$p = K\left(\frac{T}{T+186}\right)^{50}.$$

d). On a constaté, pour quelques substances, que la formule (9, c) exprime d'autant mieux les résultats des mesures qu'on prend n plus grand. Bertrand a fait par suite $n = \infty$, de sorte que

$$p = K\,10^{-\frac{\lambda}{T}}. \tag{9, d}$$

On a pour le *protoxyde d'azote* $\log \lambda = 2,8855481$, pour l'hydrogène sulfuré $\lambda = 923,97$; Herrmann (1879, avant Bertrand par conséquent) a proposé une formule identique à (9, c).

5. Formule de Dupré-Hertz. — Elle s'écrit

$$\log p = k - m \log T - \frac{n}{T}, \tag{10}$$

où m, n et k sont des constantes. On peut la mettre sous la forme

$$p = KT^{-m} e^{-\frac{n}{T}}. \tag{11}$$

Cette formule a été établie de bien des manières, les constantes m et n étant exprimées diversement par d'autres grandeurs physiques. La formule (10) est très souvent employée et peut, après la formule de Biot, être regardée comme la plus importante; elle est aussi appelée formule de Rankine (1866), mais Kirchhoff (1858) l'avait déjà proposée et utilisée. On l'obtient, en supposant que la vapeur saturante suit les lois de Mariotte et de Gay-Lussac et que la chaleur latente de vaporisation ρ est une fonction linéaire de la température ; on pose donc

$$p\sigma = RT, \qquad \rho = \alpha - \beta T, \tag{11, a}$$

R étant la constante de la formule de Clapeyron pour un gaz parfait. La formule (8) donne, en remplaçant σ et ρ par leurs valeurs,

$$\alpha - \beta T = \frac{AT^2R}{p}\frac{dp}{dt},$$

ou

$$\frac{dp}{p} = \frac{\alpha}{AR}\frac{dt}{T^2} - \frac{\beta}{AR}\frac{dt}{T}.$$

En posant

$$\left\{\begin{aligned} m &= \frac{\beta}{AR} = \frac{\beta}{c_p - c_v}, \\ n &= \frac{\alpha}{AR} = \frac{\alpha}{c_p - c_v}, \end{aligned}\right. \tag{11, b}$$

(pour un gaz parfait, on a $AR = c_p - c_v$, voir (4, c), page 554), on a la formule (10)

$$\log p = k - m \log T - \frac{n}{T},$$

k étant une constante ; (11, a) et (11, b) indiquent la signification physique des grandeurs m et n.

Hertz a établi autrement cette formule. Il part de l'expression de la chaleur *interne* de vaporisation, voir page 695,

$$\rho_i = A(\sigma - s)\left(T\frac{\partial p}{\partial t} - p\right). \tag{12}$$

La formule (38), page 696, peut en outre s'écrire

$$\rho_i = \rho'_i - (C - c_v)(T - T'), \tag{12, a}$$

où C désigne la chaleur spécifique du liquide, c_v celle de la vapeur sous volume constant. Soit T' la *température d'ébullition normale* ($p = 760^{mm}$) ; introduisons la grandeur

(12, *b*) $$L = \rho'_i + (C - c_v)T';$$

(12, *a*) devient alors

(12, *c*) $$\rho_i = L - (C - c_v)T.$$

En portant (12, *c*) dans (12), en négligeant *s* et en remplaçant σ par sa valeur tirée de $p\sigma = RT$, on obtient une équation qui, par intégration, conduit à la formule (10), avec

(12, *d*) $$\begin{cases} m = \dfrac{C - c_v}{AR} - 1 = \dfrac{C - c_p}{c_p - c_v} \\ n = \dfrac{L}{AR} = \dfrac{L}{c_p - c_v}. \end{cases}$$

On peut établir une formule analogue pour la tension p' de la vapeur d'une substance solide et trouver ensuite le rapport $p : p'$; les nombres donnés à la page 731 ont été déterminés de cette manière.

HERTZ a calculé, à l'aide de la formule (10), les tensions p de la vapeur de *mercure* qui ont été données à la page 759 ; dans ce cas

$$k = 20,30018, \qquad m = 3,8628, \qquad n = 2792,2.$$

D'autres manières d'établir la formule (10) sont dues à GIBBS, J. J. THOMSON, BERTRAND, KRAIÉWITSCH (1891), GRÄTZ et d'autres encore. Bien qu'on s'appuie, pour établir la formule (10), sur l'égalité $p\sigma = RT$, qui ne convien qu'à de petites valeurs de p, on constate pourtant que cette formule exprime très bien les résultats des observations, si on la considère comme une formule *empirique*, c'est-à-dire si on détermine les constantes k, m et n au moyen des résultats des observations elles-mêmes. C'est ce qu'ont fait remarquer GULDBERG, BERTRAND, BARUS et en particulier JULIUSBURGER (1900).

BERTRAND a montré que la formule (10) était applicable à 16 des vapeurs étudiées par REGNAULT. Il a trouvé :

Substance	k	m	n
Eau	17,44324	3,8682	2795,0
Ether	13,42311	1,9787	1729,97
Alcool	21,44687	4,2248	2734,8
Chloroforme	19,29793	3,9158	2179,1
SO^2	16,99036	3,2198	1604,8
AzH^3	13,37156	1,8726	1449,8
CO^2	6,41443	— 0,4186	819,77
S	19,1074	3,4048	4684,5

Barus a exprimé les résultats de ses observations sur la tension de vapeur de S, Cd, Zn et Bi par la formule (10). Il a trouvé que la grandeur m est la même pour ces substances, comme le montre le tableau suivant :

Substance	k	m	n
S	19,776	3,868	4458
Cd	20,63	3,868	7443
Zn	20,98	3,868	8619
Bi	21,51	3,868	12862

Juliusburger (1900) a soumis la formule (10) à une étude théorique très complète et en a vérifié l'application sur une centaine de substances. Il est arrivé à ce résultat que cette formule n'est valable théoriquement que pour de très faibles tensions, mais que sa portée empirique et son emploi pratique s'étendent beaucoup plus loin et vont même, pour quelques substances, jusqu'à l'état critique.

6. Formule de Nernst. — En 1906 a été publié un travail très important de Nernst, dans lequel, parmi beaucoup d'autres résultats, est donnée la formule générale

$$(12, e) \qquad \log p = -\frac{\lambda_0}{4,571\,T} + 1,75 \log T - \frac{\varepsilon}{4,571} T + C,$$

où les constantes λ_0, ε et C ont une signification théorique bien déterminée. Soit λ la chaleur de vaporisation ; Nernst pose

$$\lambda = (\lambda_0 + 3,5\,T - \varepsilon T^2)\left(1 - \frac{p}{\pi}\right),$$

où π est la pression critique ; les grandeurs λ_0 et ε sont définies par cette formule. La constante d'intégration C a une interprétation que nous n'indiquerons pas ici. La formule (12, e) a été employée par Nernst et Levy (1909) pour H^2O, par Brill (1906) pour AzH^3 et par Falck (1908) pour Cl.

7. Parmi les diverses autres formules, nous mentionnerons encore les suivantes :

Prony . . . $p = a\alpha^t + b\beta^t + c\gamma^t$.

Kessler. . . $\log p = a - b \operatorname{arctg} \dfrac{\alpha}{\beta + t}$.

Broch . . . $p = a\,10^{\frac{f(t)}{1+\alpha t}}, \qquad \alpha = 0,00367$.

$$f(t) = b + ct + dt^2 + et^3 + ft^4.$$

Antoine. . . $\log p = A - \dfrac{B}{t + c}$.

Pour l'*eau*, la formule d'ANTOINE est

$$\log p = 5{,}4310 - \frac{1956}{t + 260};$$

elle exprime bien les résultats des observations de CAILLETET et COLARDEAU. BOGAIEWSKI a montré que la formule d'ANTOINE ne peut s'appliquer qu'à des vapeurs qui suivent, jusqu'à la saturation, les lois de MARIOTTE et de GAY-LUSSAC.

JARONILEK . . . . . $\mathrm{T} = a + bp^{\frac{1}{4}} + \frac{\mathrm{C}}{p}.$

Pour l'*eau*, cette formule devient

$$t = 8 + 97p^{\frac{1}{4}} - \frac{5}{p}.$$

Pour de grandes valeurs de p, on obtient la formule

$$p = \left(\frac{t - a}{b}\right)^4,$$

donnée par DUPERNAY pour la vapeur d'eau.

THIESEN (1899) a établi, pour l'*eau*, la formule empirique

$$(12, f)\quad (t + 273)\log\frac{p}{760} = 5{,}409\,(t - 100) - 0{,}508.10^{-8}\left[(365 - t)^4 - 265^4\right],$$

qui contient seulement deux constantes, puisque 100° est la température d'ébullition à la pression $p = 760^{mm}$, et 365° la température critique ($265 = 365 - 100$). HENNING (1907) a montré que cette formule correspond d'une manière remarquable aux meilleures mesures.

GRÄTZ (1903) a remplacé la formule (10) ou (11) de DUPRÉ-HERTZ par une formule plus générale, en substituant, dans le raisonnement indiqué plus haut, à la relation $p\sigma = \mathrm{RT}$ de BOYLE et GAY-LUSSAC, celle de VAN DER WAALS qui est plus exacte. Il a obtenu la formule

$$(12, g)\qquad pe^{-\frac{\alpha p}{\mathrm{T}}} = k\mathrm{T}^{-m}e^{-\frac{n}{\mathrm{T}}},$$

qui ne se distingue de (11) que par le second facteur du membre de gauche; α est un nombre très petit, de sorte que c'est seulement pour une pression p élevée qu'une différence entre (11) et (12, g) est sensible. On déduit de (12, g) la formule approchée

$$\log p = k - m\log\mathrm{T} - \frac{n}{\mathrm{T}} + \alpha e^{k - \frac{n}{\mathrm{T}}}\,\mathrm{T}^{-(m+1)},$$

qui ne diffère de (10) que par le dernier terme. Pour l'eau, GRÄTZ a obtenu, par comparaison avec les observations de CAILLETET et COLARDEAU, $k = 22{,}8843$; $m = 4{,}717$; $n = 2\,936{,}6$ et $\alpha = 0{,}0005547$. WORINGER (1900) a aussi généralisé la formule (11).

DÜHRING d'abord et WINKELMANN ensuite ont établi une formule très simple et cependant très utile ; elle peut s'écrire

$$\frac{p}{p_0} = \left(\frac{T - T_1}{T_0 - T_1}\right)^y = \left(\frac{t - t_1}{t_0 - t_1}\right)^y,$$

où p et p_0 sont les tensions aux températures T et T_0 ; T_1 et y sont des constantes.

D'autres formules ont été proposées par DE HEEN, GERBER, DITTMAR et FAWSITT, PICTET, SCHLEMÜLLER, etc. Dans le Chap. XIII, § 9, nous ferons connaître une formule de VAN DER WAALS, qui repose sur la théorie des états correspondants.

8. Quelques auteurs ont proposé des formules exprimant une relation entre la *tension* p et le *volume spécifique* σ d'une vapeur saturante. Telle est la formule de RANKINE pour la vapeur d'eau,

$$p\sigma^{\frac{17}{16}} = C,$$

et celle de ZEUNER

$$p\sigma^{\mu} = C,$$

où l'on a $\mu = 1,0646$, $C = 1,7049$ pour la vapeur d'eau.

D'autres formules ont été indiquées par CICCONE, WINKELMANN et ANTOINE.

9. PLANCK, CLAUSIUS et MAXWELL ont démontré que, si on connaît pour une vapeur *non saturante* l'équation d'état $p = F(v, t)$, on peut trouver la tension de la vapeur saturante en fonction de la température. Nous reviendrons plus loin sur cette question.

7. Tension d'une vapeur saturante en fonction de la courbure de la surface du liquide et des forces extérieures agissant sur cette surface. — W. THOMSON (LORD KELVIN) a montré en 1870 que la tension d'une vapeur saturante doit dépendre de la courbure de la surface du liquide. Quand, à une température donnée, la tension de vapeur au-dessus d'une surface liquide plane est p, et au-dessus d'une surface courbe p_1, on a

$$p_1 = p + \frac{\alpha\delta}{D - \delta}\left(\frac{1}{R_1} + \frac{1}{R_2}\right), \tag{13}$$

où D est la densité du liquide, δ la densité de la vapeur (rapportée à l'eau), α la tension superficielle (Tome I), R_1 et R_2 les rayons de courbure principaux comptés positivement vers l'intérieur du liquide.

D'après la formule (13), *la tension de vapeur est plus grande au-dessus d'une surface convexe qu'au-dessus d'une surface plane, et plus petite au-dessus d'une surface concave.*

La formule (13) peut être établie de bien des manières ; nous nous bornerons à la plus simple. Considérons, sous une cloche vide d'air (*fig.* 218), un vase qui renferme un liquide et, dans celui-ci, un tube capillaire vertical, où le liquide s'élève jusqu'au plan horizontal AB à la hauteur h. La tension de vapeur, qui est égale à p à la surface CD du liquide dans le vase, doit diminuer à mesure qu'on s'éloigne de cette surface vers le haut, de la même manière que la densité de l'air diminue quand on s'élève au-dessus de la surface de la Terre. Si p' est la tension de vapeur au niveau AB dans la cloche, on a

$$p = p' + h\delta, \tag{14}$$

δ désignant la densité *moyenne* de la vapeur entre CD et AB, et, par suite, $h\delta$ le poids de la colonne de vapeur qui presse sur l'unité d'aire de CD. La tension de vapeur p_1 à l'intérieur du tube capillaire, au-dessus du ménisque courbe, est nécessairement égale à p', sinon un *perpetuum mobile* serait possible. En effet, si on avait $p_1 > p'$, par exemple $p_1 = p$, une vaporisation continue se produirait dans le tube E ; la vapeur descendrait et se condenserait sur la surface CD, et on aurait dans le tube un écoulement permanent de liquide du bas vers le haut, qui pourrait servir de source de travail. A cela, on peut objecter que la vaporisation dans E produirait un refroidissement du liquide dans ce tube, et la condensation sur CD un dégagement de chaleur dans le liquide CD ; mais ceci aurait pour conséquence une diminution de p_1 et un accroissement de p et par suite aussi de p'. Comme CD et E sont en communication par la colonne capillaire de liquide, le résultat serait un écoulement de chaleur de CD vers E, et par conséquent la vaporisation en E ne pourrait s'arrêter, l'équilibre serait impossible. On ne peut donc avoir $p_1 > p'$; pour la même raison on n'a pas $p_1 < p'$; par suite $p_1 = p'$, c'est-à-dire, d'après (14),

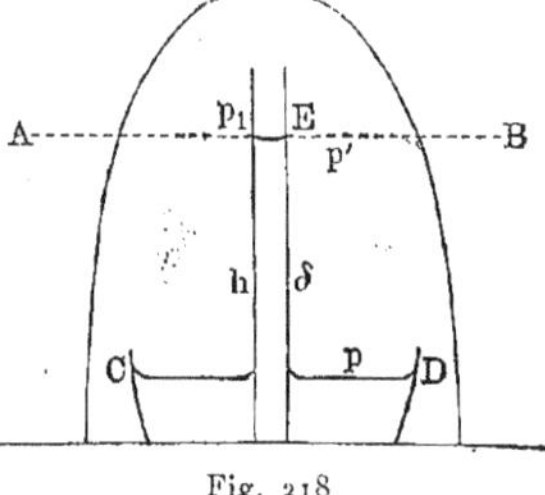

Fig. 218

$$p_1 = p - h\delta. \tag{15, a}$$

La pression totale supportée par le plan horizontal CD, doit être la même à l'extérieur et à l'intérieur du tube ; c'est la condition de l'équilibre hydrostatique du liquide. La pression P à la surface du liquide est déterminée par la formule de Laplace (Tome I)

$$P = K + \alpha\left(\frac{1}{R_1} + \frac{1}{R_2}\right).$$

K désignant la pression lorsque la surface du liquide est plane. A l'extérieur du tube, on a par suite une pression totale dans le liquide, *sous* la surface CD, qui est $p = K$; à l'intérieur du tube cette pression totale est égale à $p_1 + hD + P$, D désignant la densité du liquide. En égalant ces pressions, en remplaçant P par sa valeur et en supprimant K de part et d'autre, on obtient

$$p_1 = p - hD - \alpha\left(\frac{1}{R_1} + \frac{1}{R_2}\right). \tag{15, b}$$

Déterminons h à l'aide de (15, a) et portons sa valeur dans (15, b), il vient

$$p_1 - p = (p_1 - p)\frac{D}{\delta} - \alpha\left(\frac{1}{R_1} + \frac{1}{R_2}\right),$$

d'où la formule (13)

$$p_1 = p + \frac{\delta\alpha}{D - \delta}\left(\frac{1}{R_1} + \frac{1}{R_2}\right).$$

Si le ménisque est concave, comme dans la figure, R_1 et R_2 sont négatifs, c'est-à-dire dirigés dans l'espace au-dessus du liquide, et on a par suite $p_1 < p$. Quand la paroi du tube n'est pas mouillée par le liquide, AB est au-dessous de CD et la surface du liquide dans le tube est convexe ; on a alors $p_1 > p$.

D'autres démonstrations de la formule (13) de W. Thomson sont dues à Warburg, R. Helmholtz (fils), Prince Galitzine, Fitzgerald, Stefan, et en particulier à Duhem. A la surface d'une *petite sphère liquide* de rayon R, on a, en négligeant au dénominateur la grandeur δ vis-à-vis de D,

$$(15, c) \qquad p_1 = p + \frac{2\alpha\delta}{DR}.$$

Pour une petite sphère d'eau, $\alpha = 7^{mgr},6$ par millimètre (Tome I) ; en faisant $D = 1$, $\delta = 0,000017$ à la température ordinaire, on obtient

$$(15, d) \qquad p_1 - p = \frac{0,00026}{R},$$

où R doit être exprimé en *millimètres*, l'excès de pression $p_1 - p$ étant évalué en *millimètres de colonne d'eau*. La formule (15, d) montre que, pour $R = 1^{mm}$, la différence entre les tensions de vapeur à la surface d'une petite sphère et à la surface d'un plan est égale à $0^{mm},0003$ d'eau environ ou à $0^{mm},00002$ de mercure. Pour les gouttes qui constituent les nuages, on peut poser approximativement $R = 0^{mm},01$ et on a $p_1 - p = 0^{mm},03$ d'eau. Si le diamètre des gouttes est égal à la longueur d'onde d'une radiation lumineuse dans la partie moyenne du spectre, on obtient à peu près $p_1 - p = 1^{mm}$ de colonne d'eau. On voit sur ces exemples que $p_1 - p$ est en général une grandeur très petite. Quand la température *augmente*, δ croît, tandis que α diminue. A la *température critique*, on a $\delta = D$; la formule (13) indique que l'équilibre n'est possible que pour $\alpha = 0$ et $p_1 = p$, ce qui est confirmé par l'expérience, comme nous le verrons plus loin. Les formules (15, a) et (15, b) donnent, pour $R_1 = R_2 = -R$,

$$(16) \qquad h = \frac{2\alpha}{(D - \delta)R}.$$

Nous avons établi, dans le Tome I, une formule pour la hauteur d'ascension h, qui devient avec les notations actuelles :

$$(16, a) \qquad h = \frac{2\alpha}{DR}.$$

La formule (16) est plus exacte, en particulier aux températures relativement élevées, alors que $\frac{\delta}{D}$ n'est pas une grandeur très petite.

Bacon (1905) a démontré par une expérience simple que les considérations précédentes se trouvaient justifiées. Dans un vase fermé, se trouve de l'éther à l'état liquide et à l'état de vapeur. Quatre tubes verticaux de même diamètre plongent par leur extrémité inférieure dans le liquide. L'un de ces tubes est ouvert aux deux extrémités et l'éther s'y élève jusqu'à une certaine hauteur. Les trois autres tubes sont fermés à leur extrémité inférieure et remplis d'éther à des hauteurs différentes. Après un temps assez long (jusqu'à 9 mois), on constate qu'une distillation a eu lieu et que les quatre tubes contiennent tous la même hauteur de liquide.

De la formule (13) découlent une série de conséquences, qui montrent que le fait remarquable découvert par W. Thomson ne doit pas jouer un rôle secondaire dans certains phénomènes naturels. Considérons un grand nombre de très petites gouttes de liquide de grandeurs différentes, par exemple un nuage, un courant de vapeur d'eau ou le dépôt liquide qui se forme dans une condensation de vapeur (notamment quand on respire contre une vitre froide) ; plus une goutte est petite, plus sa tension de vapeur est grande ; *les petites gouttes doivent donc être absorbées par les grosses*, la grandeur des gouttes doit s'égaliser. R. Helmholtz a indiqué le fait suivant : lorsqu'une mince couche de vapeur se condense sur un disque de verre et que parmi les gouttes il s'en trouve quelques-unes de plus grande dimension que les autres, un anneau sec se forme autour d'elles à la surface du disque ; chaque grande goutte absorbe les petites gouttes voisines.

J.-J. Thomson et Bock ont signalé le rôle de cette absorption des plus petites gouttes dans un jet de vapeur, en s'appuyant sur les intéressantes observations de R. Helmholtz et d'Aitken. J.-J. Thomson a indiqué le rôle des petites poussières dans la précipitation de la vapeur, après que R. Helmholtz eut trouvé que la tension de vapeur en l'absence des particules de poussière peut dépasser plusieurs fois (jusqu'à dix fois) sa limite normale, sans que la vapeur se condense. La vapeur ne peut en effet donner naissance à des germes de gouttes, en raison de sa *très grande* tension. Autour des particules de poussière, se forment, au contraire, des gouttes relativement grandes, autour desquelles la tension de vapeur diffère peu de la tension normale.

La condensation de la vapeur par les substances poreuses hygroscopiques s'explique par le fait que la tension de la vapeur saturante à l'intérieur des canaux les plus déliés, remplis de liquide, est moindre qu'à l'air libre.

Le phénomène découvert par W. Thomson joue également un rôle important dans l'ébullition des liquides, dont nous avons parlé à la page 661. Il explique parfaitement bien l'action d'une bulle d'air introduite dans un liquide. Avec une très petite bulle, c'est-à-dire autour d'une surface à *forte courbure positive*, la tension de vapeur est notablement *diminuée* ; dans un liquide absolument pur, il ne peut donc pas se produire de petites bulles.

D'autres travaux théoriques sont dus à divers savants, en particulier à Bakker (1907); on peut également mentionner ici les recherches de O. Lehmann relatives à l'influence de la courbure des surfaces sur certains phénomènes dans les cristaux liquides.

CANTOR (1895) a montré théoriquement et expérimentalement que le « *point de rosée* », auquel une vapeur se condense à la surface d'un corps à l'état solide, est plus élevé ou plus bas que la température de saturation, suivant que le liquide mouille ou non la surface.

BLONDLOT et WARBURG ont montré qu'un *champ électrique* peut agir sur la tension d'une vapeur saturante. Soit p la tension de vapeur en dehors du champ électrique et p' la tension à la surface électrisée, σ la densité électrique, H l'intensité du champ à la surface, par conséquent $H = -4\pi\sigma$ (Tome IV). En outre, soit δ la densité de la vapeur, D la densité du liquide. On a, d'après BLONDLOT,

$$(16, b) \qquad p' - p = -\frac{2\pi\sigma^2\delta}{D} = -\frac{H^2\delta}{8\pi D},$$

et par suite $p' < p$. Mais GOUY (1909) a montré que cette relation doit être remplacée par la formule plus exacte

$$(16, c) \qquad p' - p = \frac{H^2}{8\pi}\left(K - 1 - \frac{\delta}{D}\right),$$

où K est la constante diélectrique (Tome IV) de la *vapeur*. Pour beaucoup de vapeurs, cette formule pourrait donner $p' > p$; $K - 1$ et $\delta : D$ sont ici de petites fractions. DUHEM (1890) et KOENIGSBERGER (1898) ont établi des formules analogues pour l'influence d'un *champ magnétique* sur la tension de vapeur.

SCHILLER a généralisé le résultat de W. THOMSON et BLONDLOT. Il a établi que toute force f, qui agit à la surface de séparation d'un liquide et d'une vapeur, en sus de la pression K relative à une surface plane, doit influer sur la tension de vapeur p en la rendant, d'une manière générale, égale à

$$(17) \qquad p_1 = p + \frac{\delta}{D - \delta} f,$$

δ désignant, comme plus haut, la densité de la vapeur, D celle du liquide. Dans le cas d'une surface courbe, f est l'accroissement positif ou négatif de la pression normale et est égal à $\alpha\left(\frac{1}{R_1} + \frac{1}{R_2}\right)$, de sorte que la formule (13) est une particularisation de la formule (17) de SCHILLER. SOKOLOFF a présenté diverses objections contre le raisonnement par lequel SCHILLER a établi sa formule. KISTIAKOWSKI a donné une démonstration originale de cette formule.

SCHILLER a indiqué un cas nouveau très remarquable de l'application de la formule (17), celui où un *gaz* est mélangé à la vapeur. *Le gaz, qui presse sur la surface du liquide, doit augmenter la tension de la vapeur*; il doit en quelque sorte pressurer le liquide, pour en dégager la vapeur. SCHILLER (1896) a réussi à montrer, par une série d'expériences, que la vaporisation du liquide est activée par la pression qu'un gaz exerce à sa surface. Il a constaté que sous une pression de 115^{atm}, à une température et dans un volume donnés, il se vaporise presque 2,9 fois plus d'éther et 2,4 fois plus de chloroforme que sous la presssion de 1^{atm}. Les intéressantes expériences de SCHILLER expliquent les phénomènes de dissolution des corps à l'état liquide ou solide dans les gaz comprimés, observés par HANNAY et HOGARTH (1880), CAILLETET (1880) et VILLARD (1896) (Tome I, Chap. VI).

G. LIPPMANN (1911) a proposé de considérer l'action de la pesanteur sur un gaz dissous dans une colonne liquide verticale, et d'en déduire l'explication du phénomène de LORD KELVIN.

8. Calcul du volume spécifique et de la densité des vapeurs saturantes. — Le volume spécifique σ et la densité δ d'une vapeur saturante peuvent être mesurés par diverses méthodes que nous considérerons plus loin. La grandeur σ peut en outre être calculée par la formule

$$\sigma = s + \frac{\rho E}{T \frac{dp}{dt}}, \tag{18}$$

voir (25,c), page 691, dans laquelle E est l'équivalent mécanique de la chaleur, ρ la chaleur latente de vaporisation, p la tension de la vapeur saturante, les deux dernières grandeurs étant supposées bien connues pour la substance donnée. Le poids spécifique s du liquide peut être négligé. Le volume spécifique σ (page 692) est une fonction *décroissante* de la température. Pour la vapeur d'*eau*, ρ et p et par suite aussi $\frac{dp}{dt}$ sont bien connus; CLAUSIUS a calculé les valeurs de σ pour les températures entre 58°,21 et 144°,74 auxquelles FAIRBAIRN et TATE ont déterminé expérimentalement cette grandeur; nous donnons plus loin un tableau des valeurs trouvées par ces auteurs et de celles calculées par CLAUSIUS à l'aide de la formule (18).

On pensait autrefois qu'une vapeur suit, jusqu'à la saturation, les lois de MARIOTTE et de GAY-LUSSAC, c'est-à-dire que sa densité Δ, *rapportée à l'air* sous la même pression p et à la même température t, est une grandeur constante égale à la densité Δ_0 de la vapeur fortement surchauffée obtenue par l'une des méthodes considérées dans le Tome I ou au moyen de la formule théorique $\mu = 28,88\,\Delta_0$, μ désignant le poids moléculaire de la vapeur. Pour la vapeur d'eau, on a $\mu = 17,9$ et par suite $\Delta_0 = 0,622$.

Nous allons établir les expressions de σ et de δ, *en supposant que la vapeur suit jusqu'à la saturation les lois de* MARIOTTE *et de* GAY-LUSSAC, c'est-à-dire que $\Delta = \Delta_0$. Comme on entend, en général, par σ, *le volume en mètres cubes occupé par un kilogramme de vapeur*, on doit prendre δ égal au nombre de kilogrammes que pèse un mètre cube de vapeur. Si D est le nombre de kilogrammes que pèse un mètre cube d'air à la pression p_1 de la vapeur saturante à $t°$, on a évidemment $\delta = D\Delta_0$.

Mais puisque $D_0 = 1,293$ est le poids en kilogrammes d'un mètre cube d'air à 0° et sous 760^{mm}, on a

$$D = \frac{D_0 p}{760(1+\alpha t)} = \frac{1,293 \times 273 p}{760 T} = 0,4645 \frac{p}{T},$$

T étant la température absolue ; par conséquent

$$(18, a) \qquad \delta = 0,4645 \frac{p\Delta_0}{T} \frac{\text{kilogr.}}{\text{m. cub.}},$$

et la valeur inverse est

$$(18, b) \qquad \sigma = 2,1528 \frac{T}{p\Delta_0} \frac{\text{m. cub.}}{\text{kilogr.}};$$

p est ici la tension de la vapeur saturante à la température absolue T, exprimée en millimètres de colonne de mercure. La comparaison des valeurs de σ trouvées à l'aide de la formule (18, b) avec celles que donne l'expérience va nous permettre de reconnaître si les vapeurs suivent jusqu'à la saturation les lois de Mariotte et de Gay-Lussac. On a $\Delta_0 = 0,622$ pour la vapeur d'eau et par suite

$$\delta = 0,2889 \frac{p}{T} \frac{\text{kilogr.}}{\text{m. cub.}}$$

$$\sigma = 3,4611 \frac{T}{p} \frac{\text{m. cub.}}{\text{kilogr.}};$$

pour $t = 100°$, c'est-à-dire $T = 373$, et pour $p = 760$, on obtient $\sigma = 1,70$. Si donc la vapeur d'eau à 100° suivait la loi de Mariotte jusqu'à la pression de 760^{mm}, autrement dit jusqu'à la saturation, un kilogramme occuperait un volume σ de $1^{mc},70$; mais en réalité σ est plus petit et, d'après Zeuner, on a $\sigma = 1,65$; la densité Δ par rapport à l'air est par conséquent *supérieure* à $\Delta_0 = 0,622$ et on a

$$\Delta = \frac{1,70}{1,65} 0,622 = 0,641.$$

Clausius a donné les valeurs suivantes de la densité Δ de la vapeur saturante par rapport à l'air :

$t° =$	0°	50°	100°	150°	200°
$\Delta =$	0,622	0,631	0,645	0,666	0,698.

D'autres auteurs ont trouvé un accroissement moins rapide de Δ avec la température, mais en tout cas Δ est à toute température différent de Δ_0. *On obtient cependant aux températures peu élevées une densité de vapeur saturante, qui diffère très peu de la densité théorique Δ_0 de la vapeur très éloignée de la saturation.* Il en résulte qu'*aux températures relativement peu élevées*, la vapeur satisfait sensiblement jusqu'à la saturation aux lois de Mariotte et de Gay-Lussac.

Des expériences directes de Dieterici ont confirmé qu'à 0° la vapeur d'eau suit jusqu'à la saturation la loi de Mariotte.

De ce qui précède résulte que le volume spécifique σ d'une vapeur saturante ne peut être calculé par la formule (18, b) que dans des cas particuliers. Quand cela est possible, il faut calculer σ par la formule (18) et c'est ce qui a été fait souvent pour diverses vapeurs. Behn, par exemple, a calculé σ pour la vapeur de l'air liquide à — 183° et pour celle de CO^2 à — 79° (toutes deux sous la pression atmosphérique) au moyen de la formule (18).

9. Détermination expérimentale de la densité et du volume spécifique des vapeurs saturantes. — Nous allons maintenant considérer les méthodes de mesure les plus importantes des grandeurs δ et σ.

1. Méthode de Fairbairn et Tate (1861). — La figure schématique 219 fait comprendre le principe ingénieux sur lequel est basée cette méthode. Deux ballons A et B sont reliés par un tube renfermant du mercure. Les deux ballons sont maintenus à la même température t, qu'on élève lentement. Le ballon A, dont le volume V est connu, renferme un poids déterminé P de la substance étudiée : dans le ballon B, se trouve une quantité quelconque de la même substance, mais beaucoup plus grande. La tension de la vapeur est la même dans les deux ballons, tant que la vapeur est saturante. A une certaine température t, tout le liquide dans A se vaporise, en remplissant le volume V ; à ce moment, la pression est p dans A ainsi que dans B. Mais, pour la moindre élévation ultérieure de la température, la vapeur dans A n'est plus saturante (et se trouve surchauffée), tandis qu'elle est encore saturante dans B, où une nouvelle vaporisation se produit, ce qui ne peut avoir lieu dans A où il n'y a plus de liquide. La pression dans B l'emporte alors et un déplacement du mercure s'effectue de B vers A. En déterminant la température t au moment où le mercure commence à se déplacer, on sait que le poids P de vapeur saturante à t° occupe le volume V. Si on exprime V en mètres cubes, P en kilogrammes, on obtient, pour une valeur déterminée de la température t, la valeur correspondante de

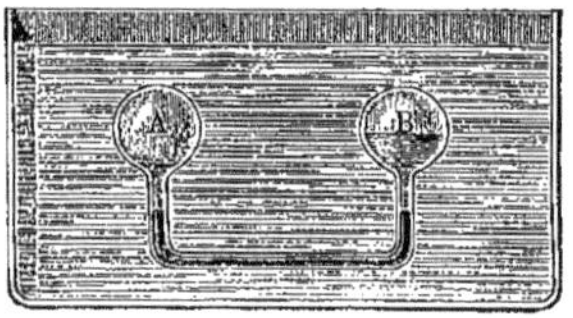

Fig 219

$$\sigma = \frac{V}{P}. \tag{19}$$

En faisant varier la quantité P de liquide dans A, on obtient différentes valeurs correspondantes de t et de σ.

Fairbairn et Tate ont construit un appareil, dans lequel le vase A se trouve à l'intérieur du vase B ; cet appareil est représenté en coupe longitudinale sur la figure 220. Au vase métallique B, muni d'un manomètre G et d'un thermomètre t, est fixé un long tube en verre oo fermé en bas. A l'intérieur du vase B, se trouve le ballon en verre A, duquel part vers le bas un tube en verre, ouvert à son extrémité, qui descend presque jusqu'au fond du tube *oo*.

Les deux tubes renferment une certaine quantité de mercure, dont le niveau se trouve en *a* dans le tube intérieur, en *b* dans le tube extérieur. Le vase A renferme un certain poids P d'*eau*, pour la vapeur de laquelle Fairbairn et Tate se proposaient de déterminer σ ; le vase B renferme une grande quan-

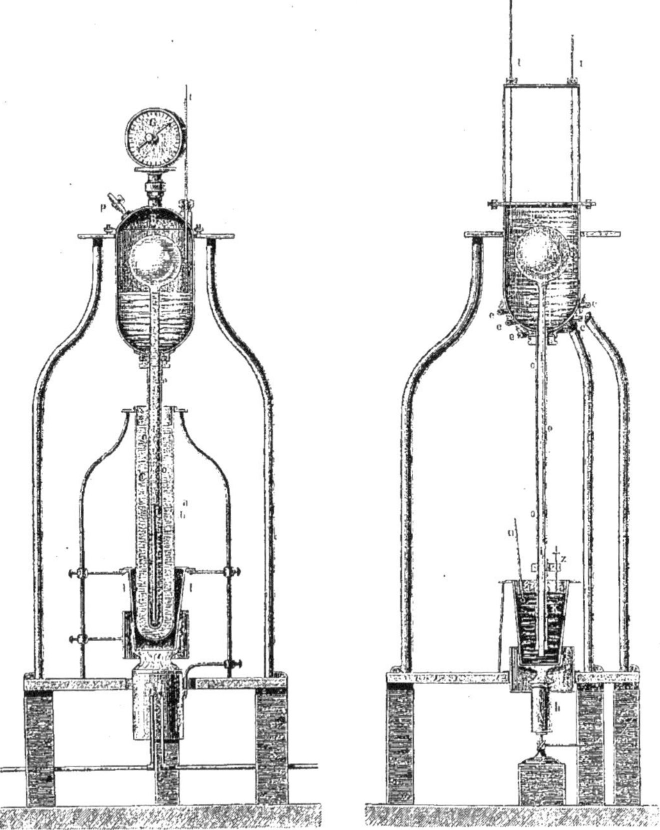

Fig. 220 Fig. 221

tité du même liquide. Le tube C contient de l'huile, le vase *ll* du sable. Pour échauffer l'appareil, on se sert du brûleur *h* et d'un tube à gaz muni d'ouvertures, qui s'enroule en trois spires autour de la partie inférieure du vase B (voir *fig.* 220) ; chaque ouverture donne une petite flamme, qui produit l'échauffement. Le niveau *a* du mercure s'observe à une certaine distance au moyen d'une lunette ; on lit en même temps sur le thermomètre t la température, qui monte progressivement. Le reste se comprend d'après l'exposition de la méthode donnée plus haut. La température t doit être notée à l'instant où le mercure commence à monter dans a et alors que par suite tout le poids P remplit le volume V à l'état de vapeur saturante.

Pour les températures inférieures à 100°, Fairbairn et Tate se sont servis de l'appareil représenté dans la figure 221, qui est basé sur un principe tout différent. Le tube oo est ouvert en bas ; il est fermé par un bouchon en caoutchouc traversé par le tube intérieur ii soudé au ballon A ; dans le mercure que contient le vase K, plongent les extrémités des deux tubes. Le vase A, dont le volume est V, renferme le poids P d'eau ; le vase B est presque entièrement rempli d'eau ; la température est mesurée au moyen des thermomètres t et t'. L'échauffement de tout l'appareil est produit à l'aide du brûleur h et du brûleur en spirale eee. Cette description montre que Aii constitue un baromètre, dans le vide duquel est introduite la quantité P d'eau. Si H est la pression barométrique, h la hauteur du mercure dans oo au-dessus du niveau dans K, h' la pression, en millimètres de colonne de mercure, de l'eau dans oo au-dessus du mercure, la tension p de la vapeur saturante est $p = H - h - h'$. La tension p de la vapeur saturante était connue en fonction de la température par les expériences de Regnault. Fairbairn et Tate faisaient monter peu à peu la température t et observaient d'une manière continue la pression de vapeur p. Ils ont obtenu ainsi une série de nombres qui, jusqu'à une température t déterminée, coïncidaient avec ceux de Regnault ; mais la tension de vapeur devenait ensuite brusquement plus petite que celle donnée par Regnault. Ceci montre qu'au-dessus de cette température t, la vapeur cesse d'être saturante et qu'à cette température t elle-même le poids P de vapeur sature exactement le volume V.

Fairbairn et Tate ont trouvé que le volume σ d'un kilogramme de vapeur en mètres cubes peut être représenté, en fonction de la tension p exprimée en kilogrammes par mètre carré, par la formule

$$\sigma = 0{,}02562 + \frac{17098}{p + 246{,}67}.$$

Si p est exprimé en millimètres de colonne de mercure, on a

$$\sigma = 0{,}02562 + \frac{1257{,}605}{p + 18{,}29}. \tag{20}$$

Nous donnons ci-après les valeurs numériques de σ trouvées par Fairbairn et Tate, ainsi que les nombres obtenus par Clausius à l'aide de (18) et ceux que fournit la formule (18, b), basée sur l'hypothèse que la vapeur suit jusqu'à la saturation les lois de Mariotte et de Gay-Lussac, c'est-à-dire possède une densité constante $\Delta = \Delta_0 = 0{,}622$ par rapport à l'air.

t	Fairbairn et Tate		Clausius formule (18)	Lois de Mariotte et Gay-Lussac formule (18 *b*)
	σ observé	σ calculé formule (20)		
58°,20	8,27	8,18	8,23	8,38
68 ,51	5,33	5,33	5,29	5,41
70 ,75	4,92	4,90	4,83	4,94
79 ,40	3,44	3,48	3,43	3,52
92 ,65	2,15	2,12	2,11	2,18
117 ,16	0,943	0,937	0,947	0,991
124 ,16	0,759	0,758	0,769	0,809
130 ,67	0,635	0,628	0,639	0,674
134 ,86	0,584	0,562	0,569	0,602
139 ,21	0,497	0,496	0,505	0,537
144 ,74	0,432	0,428	0,437	0,466

Ces nombres montrent que la formule (20) exprime bien les résultats d'observation. On voit en outre quelle concordance remarquable existe entre les valeurs calculées théoriquement à l'aide de la formule (18) et les valeurs observées. Enfin, il résulte de la dernière colonne que les lois de Mariotte et de Gay-Lussac ne sont pas applicables aux vapeurs saturantes.

II. Méthodes de Perot. — Perot (1888) a déterminé σ par deux méthodes.

Première méthode. — Un vase en cuivre (*fig.* 222) est placé dans un bain

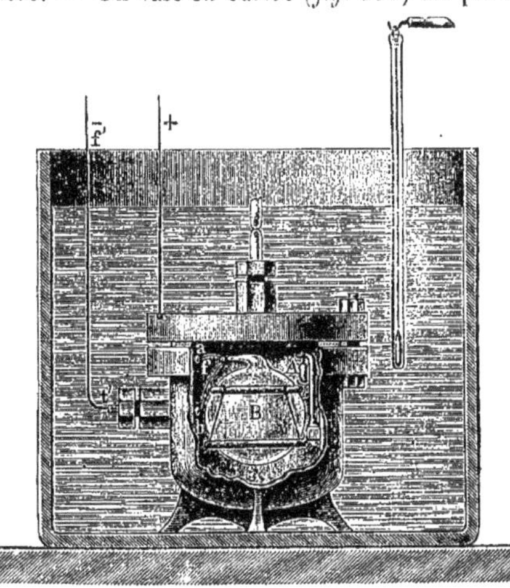

Fig. 222

de température déterminée. L'air est enlevé du vase par le tube t. A l'intérieur de ce vase se trouve un ballon en verre B avec un col étiré et un petit cylindre en verre fermé à la lampe, rempli du liquide étudié. Quand on échauffe l'appareil, le cylindre éclate et la chaudière ainsi que le ballon B se remplissent de vapeur saturante. Au bout de quelque temps, on fond l'extrémité a du col étiré, en envoyant un fort courant électrique dans un fil qui entoure ce col. En pesant ensuite le ballon B, on détermine facilement le poids P de vapeur, qui sature à la température t le volume V du ballon.

Deuxième méthode. — Les vases A et B (*fig.* 223) communiquent par le robinet R ; dans B, se trouve le liquide étudié ; le vase A peut être mis en communication avec une machine pneumatique. Tout l'appareil est placé dans un espace de température déterminée t. R est d'abord fermé et on épuise l'air par S ; S est ensuite fermé et on ouvre R, de sorte que A se remplit de vapeur ; R est alors fermé et on aspire la vapeur par S, en lui faisant traverser un vase rempli d'une substance absorbante. On répète ces opérations plusieurs fois. En pesant le vase qui a absorbé la vapeur, on peut trouver le poids P de vapeur qui sature à t^0 le volume V du vase A.

Fig. 223

Perot a trouvé pour la vapeur d'*eau* :

$t^0 =$	68,2	88,6	98,1	99,6	101,6	124,1
$\sigma =$	5,747	2,531	1,782	1,657	1,583	0,766,

et pour la vapeur d'*éther* :

$t^0 =$	28,4	30,0	31,7	31,9	57,9	85,5	110,5
$\sigma =$	0,4262	0,4000	0,3751	0,373	0,168	0,0778	0,0439.

Perot s'est servi des valeurs de σ qu'il a ainsi obtenues, pour calculer à l'aide de la formule (18) l'*équivalent mécanique de la chaleur* ; il a trouvé $E = 424,63$. Il a mesuré aussi directement la grandeur $\frac{dp}{dt}$ par une méthode très ingénieuse qui consiste à déterminer séparément les deux termes de ce quotient différentiel ; nous renverrons sur ce point à son mémoire de 1888.

Fig. 224

III. Méthode de S. Young. — La détermination de σ a été effectuée par S. Young, pour divers liquides, par une méthode nouvelle qui a été publiée en 1891 ; nous nous bornerons à indiquer schématiquement le principe de cette méthode. Un tube en verre, fermé à la lampe, renferme le liquide et sa vapeur. La partie inférieure du tube, que l'on dispose verticalement, est maintenue à une certaine température t ; la partie supérieure, qui renferme la vapeur et une partie du liquide, se trouve à une température plus élevée T. Deux observations sont effectuées, dans lesquelles des quantités différentes de liquide sont à la température t. Par exemple, dans la première expérience, da (*fig.* 224) est à t^0, ac à T^0 ; dans la seconde, da' est à t^0, $a'c$ à T^0 ; les niveaux du liquide : b

dans la première expérience, b' dans la seconde, ne sont par les mêmes. Une formule assez compliquée, que nous ne mentionnerons pas ici, permet d'obtenir le rapport des volumes σ et s de la vapeur et du liquide à T°. YOUNG entourait la partie inférieure *da* ou *da'* avec un tube où circulait un courant d'eau ; et la partie supérieure *ac* ou *a'c* avec un tube traversé par la vapeur d'un liquide quelconque en ébullition.

D'autres physiciens, en particulier le baron VON HIRSCH (1899), se sont servis de la présente méthode. Dans plusieurs mémoires récents (1909, 1910), S. YOUNG a montré qu'on peut poser, pour beaucoup de vapeurs, dans le voisinage du point d'ébullition normal ($p = 760^{mm}$),

$$\log \sigma = a + b \log p. \tag{20, a}$$

IV. MÉTHODE DE CAILLETET ET MATHIAS. — Ces auteurs ont déterminé la densité δ, *par rapport à l'eau à 4°*, de la vapeur saturante du protoxyde d'azote, de l'éthylène, de l'acide carbonique et de l'acide sulfureux, en liquéfiant le gaz dans un tube calibré. Ils diminuaient peu à peu la pression et notaient l'instant où les dernières traces de liquide disparaissaient. Comme le volume V de la vapeur à ce moment et le poids P étaient connus, ils pouvaient déterminer δ. Pour la détermination de la densité d du liquide, ils ont employé l'appareil représenté dans la figure 225. Par un fort refroidissement, il y a distillation de la colonne liquide dans A ; la différence entre les niveaux du mercure dans A et B permet de déterminer d, connaissant δ. CAILLETET et MATHIAS ont trouvé :

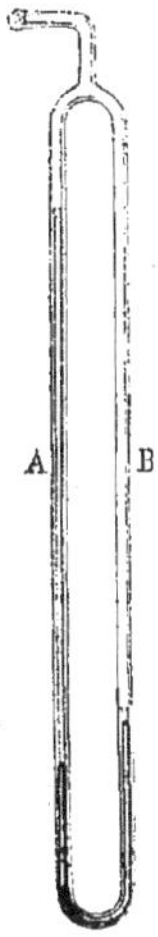

Fig. 225

pour le *protoxyde d'azote* entre $-28°$ et $+33°,9$,

$$\delta = 0{,}5099 - 0{,}00361\,t - 0{,}0714\sqrt{36{,}4 - t};$$

pour l'*éthylène* entre $-30°$ et $+8°,9$,

$$\delta = 0{,}1929 - 0{,}00188\,t - 0{,}0346\sqrt{9{,}2 - t};$$

pour CO^2 entre $-29°,8$ et $+30°,2$,

$$\delta = 0{,}5668 - 0{,}00426\,t - 0{,}084\sqrt{31 - t};$$

pour SO^2 entre $+7°,3$ et $154°,9$,

$t° =$	7,3	24,7	58,2	78,7	100,6	135,0	154,9
$\delta =$	0,00626	0,0112	0,310	0,0464	0,0786	0,1888	0,4017.

V. MÉTHODE DE BAUER. — BAUER (1895) a déterminé la densité d'une vapeur saturante, en mesurant la *perte de poids* d'une sphère métallique creuse plongée dans cette vapeur. Il a étudié la vapeur d'eau, d'éther, de chloroforme, d'alcool, de SO^2 et de CCl^4. BAUER a trouvé, pour la vapeur d'*eau*, les valeurs suivantes de la densité Δ rapportée à l'air (voir page 783) correspondant aux valeurs indiquées de la tension de vapeur p (en millimètres de mercure) :

$p =$	500	580	660	700	760
$\Delta =$	0,630	0,637	0,643	0,646	0,650.

VI. Méthode isothermique. — Nous avons exposé le principe de cette méthode à la page 747, et nous avons indiqué qu'elle conduit à la détermination de la tension p et du volume spécifique σ de la vapeur saturante à une température donnée. On peut rattacher à cette méthode les recherches de Herwig, Wüllner et Grotrian, Battelli, Amagat, Ramsay et Young, Schoop et d'autres encore. Nous reviendrons sur quelques-uns de ces travaux, quand nous étudierons les propriétés des vapeurs *non saturantes*, qui en font l'objet principal. Nous mentionnerons seulement ici quelques résultats relatifs aux vapeurs saturantes.

Herwig a déduit de ses observations que, si p_0 et v_0 sont la tension et le volume spécifique de la vapeur éloignée de la saturation et suivant par suite la loi de Mariotte, p et σ les mêmes grandeurs pour la vapeur saturante, T la température absolue à laquelle se rapportent p_0, v_0, p et σ, on a

$$\frac{p_0 v_0}{p\sigma} = 0{,}0595\sqrt{T}, \tag{21}$$

le facteur 0,0595 étant le même pour toutes les substances et pour tous les isothermes, c'est-à-dire pour toutes les valeurs de T. Si la vapeur suivait jusqu'à la saturation la loi de Mariotte, son volume v serait déterminé par l'égalité $pv = p_0 v_0$; par suite, (21) donne

$$\frac{v}{\sigma} = 0{,}0595\sqrt{T}. \tag{21, a}$$

Δ étant la densité de la vapeur saturante par rapport à l'air, Δ_0 la densité théorique (page 783), on a évidemment $\Delta : \Delta_0 = v : \sigma$, et (21 a) devient

$$\Delta = \Delta_0 . 0{,}0595\sqrt{T}. \tag{22}$$

La formule d'Herwig n'est valable, pour la vapeur d'eau, qu'à des températures supérieures à $T = 282°{,}46$ ou $t = 9°{,}46$; pour cette dernière valeur, on a $\Delta = \Delta_0$. Au-dessous de $9°{,}46$, on a toujours $\Delta = \Delta_0$.

Les expériences de Wüllner et Grotrian, Schoop et d'autres ont montré que la formule d'Herwig n'est pas exacte. Wüllner et Grotrian ont trouvé, pour les vapeurs d'eau, d'éther et de sulfure de carbone, des valeurs de σ très voisines de celles qu'on calcule à l'aide de la formule (18). Ils ont obtenu, pour la vapeur d'eau,

$t^0 =$	80,1	90,1	99,8	110,39	119,50	134,58
σ observé $=$	3,400	2,352	1,666	1,207	0,885	0,580
σ calculé $=$	3,380	2,343	1,655	1,197	0,883	0,577
$\Delta =$	0,6325	0,6388	0,6481	0,6437	0,6594	0,6605.

Ils ont reconnu que, jusqu'à la pression de 2^{atm}, on peut prendre

$$\Delta = \Delta_0 c\sqrt{T}. \tag{23}$$

Mais ici c varie avec la substance ; c'est ainsi que, pour le chloroforme,

$c=0{,}0550$; pour l'éther, $c=0{,}0576$; pour le sulfure de carbone, $c=0{,}0572$; pour l'eau (seulement jusqu'à 1^{atm}), $c=0{,}0536$. SCHOOP a trouvé, au contraire, $c=0{,}0595$, pour beaucoup de substances à certaines températures T. Quand t croît, le coefficient c diminue. PEROT a constaté que la formule d'HERWIG est exacte, pour la vapeur d'eau, entre 68°,2 et 110°,5. BATTELLI a donné les valeurs suivantes de σ et de Δ pour la vapeur d'*eau* :

$t^{\circ}=$	14,91	27,15	57,01	78,52	99,60	130,32	182,90	231,41
$\sigma=$	80,311	39,53	8,739	3,63	1,690	0,6615	0,1876	0,0724
$\Delta=$	0,6273	0,6286	0,6298	0,6302	0,6338	0,6376	0,6568	0,7056

BATTELLI a proposé de remplacer la formule d'HERWIG par une relation de la forme

$$\frac{p_0 v_0}{p\sigma} = A\sqrt{T}\left(aT + \frac{b}{T-\alpha}\right),$$

où A, a, b et α sont des constantes.

VII. AVENARIUS, le prince GALITZINE, HORSTMANN, ANSDELL, JEWETT (1902, Na et Hg), etc., ont employé d'autres méthodes ou des variantes des méthodes précédentes.

Le prince GALITZINE échauffe un poids donné P d'un liquide dans un tube fermé à la lampe et observe la température au moment où la dernière goutte de liquide disparaît. Connaissant le volume V du tube, on trouve facilement σ.

Nous avons indiqué les résultats des mesures de différents auteurs, tout particulièrement ceux relatifs à la vapeur d'eau. Parmi les formules empiriques qui lient p et σ, nous avons déjà cité celles de RANKINE et de ZEUNER (page 778), ainsi que d'autres relations plus complexes. On trouvera toutes les mesures de σ qui ont été faites, dans WINKELMANN, *Handbuch der Physik*, 2e édition, 1906, Vol. III, p. p. 962 à 1086 (revu par GRAETZ). Nous empruntons quelques résultats à cet ouvrage.

1. *Vapeur d'eau*. — Aux nombres cités plus haut, qui ont été obtenus par FAIRBAIRN et TATE, PEROT, WÜLLNER et GROTRIAN, et enfin par BATTELLI, nous ajouterons les nombres donnés par RAMSAY et YOUNG pour les températures élevées; Δ' est la densité rapportée à *l'hydrogène*, de sorte que

$$\Delta' = 14{,}44\ \Delta :$$

$t^{\circ}=$	230	240	250	260	270
$\sigma=$	0,07306	0,06128	0,05143	0,04219	0,03615
$\Delta'=$	10,22	10,40	10,63	10,94	11,36.

KNOBLAUCH, LINDE et KLEBE (1905) ont trouvé les valeurs suivantes de σ :

t	σ	t	σ	t	σ
100°	1,674	130°	0,6690	160°	0,3073
110	1,211	140	0,5091	170	0,2430
120	0,8922	150	0,3921	180	0,1943.

2. *Vapeur de* CO^2. — CAILLETET et MATHIAS (voir page 790) et AMAGAT (1892) ont donné les nombres suivants :

CAILLETET et MATHIAS		AMAGAT		
t^0	Densité de la vapeur saturante par rapport à l'eau	t^0	Densité de la vapeur saturante par rapport à l'eau	Densité du liquide par rapport à l'eau
— 29°,8	0,0352	0°	0,096	0,914
— 21 ,8	0,0526	+ 10,0	0,133	0,856
— 12 ,0	0,0692	+ 20,0	0,190	0,766
— 1 ,4	0,0953	+ 25,0	0,240	0,703
+ 8 ,2	0,1304	+ 30,0	0,334	0,598
+ 17 ,3	0,1835	+ 30,5	0,356	0,574
+ 25 ,0	0,2543	+ 31,0	0,392	0,536
+ 30 ,2	0,3507	+ 31,35	0,464	0,464

La formule empirique a été donnée à la page 790 ; la température critique, à laquelle la densité de la vapeur et celle du liquide sont les mêmes, est de 31°,35.

3. *Oxygène*. — La densité δ de la vapeur saturante n'a été mesurée jusqu'ici que par DEWAR (1902). Il a trouvé les nombres suivants, dont le premier se rapporte à $t = -182°,5$:

$p^{mm} =$	760	310,2	287,5	281,5	279,0	159,4
$\delta =$	0,00442	0,001776	0,001688	0,001607	0,001588	0,000907.

4. *Azote*. — DEWAR (1902) a obtenu les valeurs suivantes :

$t^o =$	— 188,95	— 188,46	— 187,96	— 186,5	— 182,5
$\delta =$	0,00419	0,00417	0,00414	0,00402	0,00389.

5. *Ethylène*. — CAILLETET et MATHIAS ont trouvé :

$t^o =$	— 30,0	— 23,0	— 11,5	— 2,0	+ 4,5	+ 8,9
$\delta =$	0,0329	0,0389	0,0528	0,0831	0,1127	0,1500.

6. *Sulfure de carbone*. — Nous donnons quelques nombres de BATTELLI, qui montrent que la densité Δ par rapport à l'air n'est pas constante :

$t^o =$	— 29,34	+ 22,44	99,24	159,10	209,32	229,46	273,0
$\sigma =$	20,482	0,733	0,0857	0,0287	0,01009	0,00704	0,00272
$\Delta =$	2,6205	2,6792	2,7992	3,0759	3,8057	4,3468	7,8280.

7. *Hydrogène sulfuré*. — CAILLETET et MATHIAS (1887) ont mesuré δ à différentes températures. Voici quelques-uns de leurs chiffres :

$t^o =$	7,3	24,7	45,4	91,0	123,0	135,0	154,9	156,0
$\delta =$	0,00624	0,0112	0,0218	0,0626	0,1340	0,1888	0,4017	0,52.

Le dernier nombre se rapporte à la température critique.

Bauer (1895) a trouvé $\delta = 0{,}00286$ pour $p = 760^{mm}$ (t environ $-10°$).

Les résultats des observations d'Ansdell sur HCl, de S. Young sur $SnCl^4$, CCl^4, C^6H^6, de Ramsay et Young et de Battelli sur l'éther éthylique et l'alcool éthylique, de Young sur l'alcool méthylique présentent également un grand intérêt.

La vapeur d'*acide acétique*, dont la densité est *supérieure* à la densité théorique (Tome I) aux basses températures et quand elle est éloignée de la saturation, est particulièrement intéressante. Il y a, dans cette vapeur, des molécules composées, qui se décomposent quand la température augmente ; c'est ce qui explique pourquoi la densité Δ' (par rapport à $H = 1$) décroît d'abord et augmente ensuite. Nous donnons ici quelques-uns des nombres de Ramsay et Young (1886) et de Young (1891) :

t	σ	Δ'	t	σ	Δ'
20°	13,08	59,3	230°,0	0,0329	53,5
50	3,326	55,0	250 ,0	0,0193	56,5
100	0,546	50,95	280 ,0	—	67,1
150	0,142	50,06 (min.)	300 ,0	0,00581	83,1
200	0,0487	51,06	321 ,65 (temp. crit.)	0,00246	137,7

Nous ferons connaître, pour terminer, la *loi du diamètre rectiligne*, qui est due à Mathias. Si on prend comme abscisses les températures et si on porte en ordonnées les densités d du liquide et δ de la vapeur saturante, on obtient

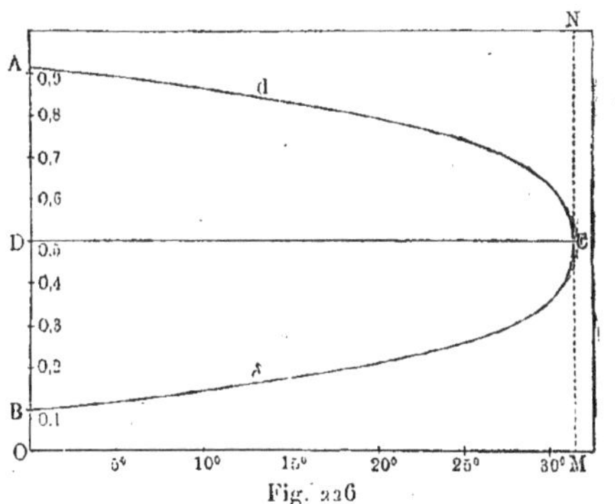

Fig. 226

deux courbes AC et BC (*fig.* 226), qui se joignent en un point déterminé C correspondant à la température critique (la figure se rapporte à CO^2). Le lieu géométrique des milieux des cordes parallèles à l'axe des ordonnées est une *droite* CD, légèrement inclinée sur l'axe des abscisses. La courbe totale ACB diffère peu d'une *parabole*.

Cette loi du diamètre rectiligne a été confirmée par beaucoup de physiciens pour un très grand nombre de substances, par exemple par ROTHMUND, v. HIRSCH, DEWAR, etc. Elle a été vérifiée tout récemment pour l'*oxygène* par MATHIAS et KAMERLINGH ONNES (1910). BATSCHINSKI a montré qu'on peut la déduire de l'équation d'état de VAN DER WAALS. Nous étudierons de plus près sa signification, quand nous nous occuperons de l'état critique, mais nous indiquerons dès à présent quelques-unes des conséquences que MATHIAS en a tirées. Soit $y = \frac{1}{2}(\delta + d)$ l'ordonnée d'un point de la droite DC et t l'abscisse correspondante ; soient θ et Δ les coordonnées de C, de sorte que Δ est la densité critique. Désignons par T et T_c les températures absolues qui correspondent respectivement à t et θ. L'équation de la droite DC s'écrit

$$y = \Delta - \alpha(T_c - T). \tag{23, a}$$

Le coefficient angulaire α est toujours très petit et varie, pour les différentes substances, entre — 0,0005 et — 0,0023. De (23, a), il résulte que

$$\frac{y}{\Delta} = 1 - \frac{\alpha T_c}{\Delta}\left(1 - \frac{T}{T_c}\right). \tag{23, b}$$

D'après la théorie des états correspondants (Chap. XIII, § 9), *la grandeur*

$$a = -\frac{\alpha T_c}{\Delta} \tag{23, c}$$

doit posséder la même valeur pour toutes les substances. Mais MATHIAS a montré que si, pour un très grand nombre de substances, le nombre a est voisin de l'unité, pour d'autres il prend une valeur sensiblement plus petite, en particulier pour les gaz difficilement liquéfiables. On a, par exemple, $a = 0,713$ pour l'oxygène, $a = 0,685$ pour l'azote, $a = 0,236$ pour l'hydrogène. MATHIAS (1905) a trouvé, dans un nouveau travail, que la grandeur

$$b = \frac{a}{\sqrt{T_c}} \tag{23, d}$$

possède, à un beaucoup plus haut degré que a, la même valeur pour toutes les substances. Il a proposé de diviser les substances en *séries* (substances où b est approximativement le même) et en *groupes* (substances où a est approximativement le même). Dans un travail encore plus récent (1909), MATHIAS a obtenu, pour l'*acétylène* aux températures comprises entre — 23°,75 et + 32°,93, comme équation du diamètre, $y = 0,25431 - 0,00064\,t$; on a en outre $a = 0,850$ et $b = 0,493$. Pour CO^2, on a $b = 0,489$, de sorte que l'acétylène et CO^2 appartiennent évidemment à la même série.

10. Chaleur spécifique c des vapeurs saturantes. — Nous avons établi à la page 691 les deux formules fondamentales (25, a) et (25, b) :

$$\frac{\partial \rho}{\partial t} + C - c = A(\sigma - s)\frac{\partial p}{\partial t}, \tag{24}$$

$$\frac{\partial \rho}{\partial t} + C - c = \frac{\rho}{T}, \tag{25}$$

dans lesquelles ρ désigne la chaleur latente de vaporisation, σ et s les volumes spécifiques de la vapeur saturante et du liquide, p la tension de la vapeur saturante à la température $T = t + 273$, C la chaleur spécifique du liquide et c la *chaleur spécifique de la vapeur saturante*, c'est-à-dire la quantité de chaleur nécessaire pour transformer 1^{kg} de vapeur saturante à t°, occupant un certain volume σ, en vapeur *saturante* à $(t + 1)^{\circ}$ occupant un volume *moindre* σ'. Dans cette transformation, la vapeur doit être comprimée par les forces extérieures et une certaine quantité de chaleur se dégage qui l'échauffe de t° à $(t + \tau)^{\circ}$. Selon que l'on a $\tau < 1$, $\tau = 1$, ou $\tau > 1$, on obtient $c > 0$, $c = 0$ ou $c < 0$. Nous avons étudié cette question en détail à la page 692, quand nous avons introduit la grandeur c. *La chaleur spécifique c d'une vapeur saturante peut être une grandeur négative.* Nous en avons déjà déduit à la page 693 une conséquence importante :

Lorsqu'on a $c > 0$, la vapeur saturante se condense en partie quand on la comprime ; elle devient surchauffée par détente.

Lorsqu'on a $c = 0$, la vapeur reste saturante dans la compression et dans la détente.

Lorsqu'on a $c < 0$, la vapeur se surchauffe dans la compression ; elle se condense en partie dans la détente.

Les formules (24) et (25) permettent de calculer c ; c'est ce qu'ont fait Clausius et Rankine (1850), qui ont découvert que *la chaleur spécifique de la vapeur d'eau saturante est une grandeur négative.* La formule (25) donne

$$c = C + \frac{\partial \rho}{\partial t} - \frac{\rho}{T}. \tag{26}$$

Si on introduit la chaleur totale de vaporisation, voir (12), page 675,

$$\lambda = \int_0^t C\,dt + \rho, \tag{27}$$

on obtient

$$c = \frac{d\lambda}{dt} - \frac{\rho}{T}. \tag{28}$$

Pour *l'eau*, Regnault a donné l'expression $\lambda = 606{,}5 + 0{,}305\,t$ (page 676), d'où l'on tire $\frac{d\lambda}{dt} = 0{,}305$. Nous avons obtenu (page 676) $\rho = 606{,}5 - 0{,}695\,t$ ou la formule plus exacte (16 *a*), à la place de laquelle Clausius a proposé la formule (18), page 677, $\rho = 607 - 0{,}708\,t$. En portant ces valeurs de ρ et de λ dans (28), il vient

$$c = 0{,}305 - \frac{607 - 0{,}708\,t}{273 + t}, \tag{29}$$

ce qui donne

$t^{\circ} =$	0	40	80	100	120	160	200
$c =$	−1,908	−1,538	−1,250	−1,130	−1,021	−0,832	−0,675.

Les valeurs de c sont non seulement négatives, mais aussi relativement très grandes, car la chaleur spécifique de toute substance, sauf l'eau et l'hydrogène, est inférieure à l'unité. Quand la température augmente, la chaleur spécifique c *croît* et se rapproche de zéro. Si on pouvait se servir de la formule (29) pour de grandes valeurs de t, on aurait $c = 0$ pour $t = 520°$; mais une telle conséquence est inadmissible, car les recherches de Duhem et de Mathias ont montré qu'il faut prendre *à la température critique*

$$c = -\infty. \tag{30}$$

Nous reviendrons sur cette question dans le Chapitre XIII.

Pour l'eau, la température critique est de 365°, et par suite il est douteux que la valeur $c = 0$ existe pour la vapeur d'eau.

Le fait que la formule (24) donne pour c des valeurs négatives analogues est très important. D'après cette formule on a

$$c = C + \frac{\partial \rho}{\partial t} - A(\sigma - s)\frac{\partial p}{\partial t},$$

ou, en introduisant λ et en négligeant le volume s,

$$c = \frac{d\lambda}{dt} - A\sigma\frac{\partial p}{\partial t}.$$

En remplaçant $\frac{\partial p}{\partial t}$ par son expression déduite des expériences de Regnault, σ par l'expression résultant des expériences de Fairbairn et Tate, et en faisant $A = \frac{1}{424}$ et $\frac{d\lambda}{dt} = 0{,}305$, on obtient les nombres suivants :

$t° =$	55,21	77,49	92,65	117,17	131,77	144,74
$c =$	— 1,40	— 1,26	— 1,21	— 1,02	— 0,90	— 0,81.

Wüllner a exprimé les résultats des déterminations de la grandeur λ dues à Regnault par une autre formule empirique et a obtenu pour c

$$c = 1 - \frac{605{,}24}{T} - 0{,}001246\,T.$$

Cette formule ne donne pas en général $c > 0$; elle accuse un maximum $c = -0{,}736$ à 697° et ensuite une diminution de c pour $t > 697°$.

Tous les calculs de c sont très incertains. Ainsi, Callendar (1901) a calculé pour l'*eau* des valeurs, dont quelques-unes sont les suivantes :

$t° =$	0	20	40	60	100	140	— 180	— 200
$c =$	—1,680	—1,502	—1,351	—1,223	—1,028	—0,895	—0,801	—0,750.

Ces nombres diffèrent d'une manière très importante de ceux que Clausius a calculés et que nous avons indiqués plus haut.

Lorsqu'on calcule c, à l'aide de la formule (25), pour les différentes substances, on reconnaît que toutes les substances étudiées peuvent être distribuées dans *trois groupes*. Dans le premier groupe, entre les limites de température accessibles aux expériences, on a $c < 0$; dans le second, $c > 0$; dans le troisième, la grandeur c change de signe, en passant d'une valeur négative à une valeur positive. Si la conclusion (30) de DUHEM et de MATHIAS est exacte, on doit avoir, pour les substances du troisième groupe, $c = 0$ à *deux* températures ; pour celles du second groupe, $c = 0$ au moins à *une* température.

PREMIER GROUPE, $c < 0$. — A ce groupe appartient l'*eau*, comme nous l'avons vu ; en outre, le sulfure de carbone et l'acétone.

REGNAULT a donné, pour le *sulfure de carbone*, $C = 0{,}23523 + 0{,}0001630\,t$, $\lambda = 90{,}00 + 0{,}14601\,t - 0{,}0004123\,t^2$. On en déduit :

$t° =$	0	40	80	100	120	150
$c =$	$-0{,}183$	$-0{,}160$	$-0{,}143$	$-0{,}140$	$-0{,}137$	$-0{,}132$.

Pour l'*acétone* (C^3H^6O), $C = 0{,}50643 + 0{,}000793\,t$, $\lambda = 140{,}50 + 0{,}3664\,t - 0{,}000516\,t^2$, d'où

$t° =$	0	40	80	100	140
$c =$	$-0{,}146$	$-0{,}100$	$-0{,}065$	$-0{,}051$	$-0{,}040$.

On peut s'attendre à ce que c s'annule vers $t = 200°$.

SECOND GROUPE, $c > 0$. — A ce groupe appartient l'*éther éthylique* ($C^4H^{10}O$), pour lequel REGNAULT donne $C = 0{,}52901 + 0{,}0005916\,t$, $\lambda = 94{,}00 - 0{,}4500\,t - 0{,}0005556\,t^2$. D'après la formule (25) :

$t° =$	0	40	80	100
$c =$	$+0{,}106$	$+0{,}120$	$+0{,}128$	$+0{,}133$.

On peut s'attendre à ce que c s'annule à une certaine température basse ($-120°$ environ).

TSURUTA (1898) a calculé pour l'éther une valeur négative de c, mais ce résultat se trouve contredit par les expériences de CAZIN (voir plus loin).

TROISIÈME GROUPE. — c change de signe à une température τ facilement réalisable. — Il en est ainsi pour la *benzine*, le *tétrachlorure de carbone*, le *chloroforme* et probablement l'*alcool*. On obtient, pour la *benzine* :

$t° =$	0	40	80	112	120	160
$c =$	$-0{,}155$	$-0{,}087$	$-0{,}040$	$0{,}000$	$+0{,}009$	$+0{,}052$.

Pour CCl^4 :

$t° =$	0	40	80	120	127	160
$c =$	$-0{,}044$	$-0{,}026$	$-0{,}012$	$-0{,}002$	$0{,}000$	$+0{,}006$.

Pour le *chloroforme* :

$t° =$	0	40	80	120	125	160
$c =$	$-0{,}108$	$-0{,}065$	$-0{,}031$	$-0{,}003$	$0{,}000$	$+0{,}020$.

Il ne faut pas attribuer à tous ces nombres, comme nous l'avons déjà dit, une trop grande importance ; ils ne peuvent être considérés que comme des valeurs approximatives.

Pour l'*alcool*, le changement de signe de c a lieu vers 135°. ALT (1903) a montré que c est *également négatif* pour la vapeur saturante d'*oxygène* et celle d'*azote*. MATHIAS (1898) a trouvé que pour SO^2, $c = 0$ à deux températures.

VAN DER WAALS (1878) a trouvé, en se basant sur son équation d'état, que $c > 0$ lorsque $k = c_p : c_v < 1{,}07$ et $c < 0$ quand $k > 1{,}08$. DALTON (1907) est arrivé à un autre résultat. Soit $k_0 = c_p : c_v$ dans l'état de gaz parfait ; on a $c < 0$, pour toutes les températures, si $k_0 > 1{,}202$. Lorsque $k_0 < 1{,}202$, on a à température croissante d'abord $c < 0$, puis $c > 0$, et enfin de nouveau $c < 0$; la grandeur c change donc deux fois de signe. En regardant les nombres indiqués ci-dessus pour H^2O, CS^2, l'éther, le chloroforme, la benzine et CCl^4 comme exacts, nous pouvons dire que *quand on comprime brusquement la vapeur saturante d'eau ou de sulfure de carbone, elle doit cesser d'être saturante ou se surchauffer* ; *si au contraire on la détend, une partie de la vapeur doit se condenser*. La vapeur saturante d'*éther* doit se condenser en partie dans la compression et devenir non saturante dans la détente. Les vapeurs de *chloroforme*, de *benzine* et de CCl^4 doivent posséder les propriétés de la vapeur d'eau à des températures respectivement inférieures à 125°, 127°, 112°, les propriétés de la vapeur d'éther à des températures plus élevées.

Les expériences de HIRN et de CAZIN ont pleinement confirmé ces conséquences remarquables de la théorie. HIRN remplissait de vapeur d'eau sous

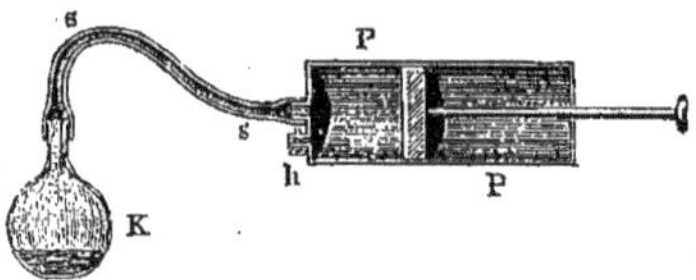

Fig. 227

pression élevée un cylindre muni de fonds en verre ; quand le robinet, par lequel la vapeur pouvait s'échapper à l'extérieur, était ouvert, on apercevait à l'intérieur du cylindre un nuage épais : une partie de la vapeur se condensait dans la détente. HIRN a étudié en outre les vapeurs de CS^2 et d'éther, qui étaient échauffées dans le ballon K (*fig.* 227) et remplissaient le cylindre en verre P, dont l'air était enlevé par le robinet h, que l'on fermait ensuite. Quand le piston se trouvait à l'extrémité de droite du cylindre, HIRN le déplaçait rapidement vers la gauche pour exercer une compression. La vapeur de CS^2 restait transparente, mais celle d'éther donnait un nuage, comme l'exige la théorie.

CAZIN a observé la détente des vapeurs s'échappant d'un cylindre muni de fonds en verre, et en outre la compression et la détente dans un cylindre communiquant avec un autre cylindre où on pouvait déplacer rapidement d'un bout à l'autre un piston. Ces expériences ont pleinement confirmé les résultats de HIRN sur les vapeurs d'eau et d'éther ; CAZIN a étudié aussi les vapeurs de benzine et de chloroforme et a trouvé qu'il se formait un nuage à certaines températures, quand ces vapeurs se détendaient, tandis qu'elles restaient transparentes dans la compression. A des températures plus élevées, on observait le phénomène inverse. CAZIN a conclu de ses observations que $c = 0$ pour le chloroforme à 130° et pour la benzine à 120° ; ces températures ne diffèrent pas beaucoup de celles que l'on calcule théoriquement.

WILSON a montré que la *poussière* joue un grand rôle dans la formation du nuage par détente d'une vapeur saturante.

En se détendant dans le cylindre d'une machine à vapeur, une partie de la vapeur d'eau se condense.

Nous avons établi à la page 623 la formule (17, *b*)

$$c = c_p - AT\left(\frac{\partial \sigma}{\partial t}\right)_p \left(\frac{\partial p}{\partial t}\right)_\mu;$$

cette formule a été utilisée par DIETERICI (1903) par exemple, en vue de calculer c pour l'acide carbonique et pour l'isopentane.

Nous allons traiter maintenant quelques problèmes intéressants relatifs aux vapeurs saturantes. Proposons-nous de déterminer *quelle partie* μ *de l'unité de poids de vapeur saturante à la température absolue* T_0 *reste à l'état de vapeur, quand il se produit une détente adiabatique, qui abaisse la température de la vapeur de* T_0 *à* T.

A la page 700, nous avons obtenu, dans le cas du changement d'état adiabatique d'un système de vapeur et de liquide, la formule (44, *b*) :

$$C \log T + \frac{\mu \rho}{T} = K, \tag{31}$$

C étant la chaleur spécifique du liquide, K une constante. Pour $T = T_0$, on a ici $\rho = \rho_0$, $\mu = 1$, et par suite

$$K = C \log T_0 + \frac{\rho_0}{T_0}. \tag{32}$$

On a donc, en général,

$$\mu = \frac{T}{\rho}\left(\frac{\rho_0}{T_0} + C \log \frac{T_0}{T}\right), \tag{33}$$

et pour l'*eau* où $C = 1$,

$$\mu = \frac{T}{\rho}\left(\frac{\rho_0}{T_0} + \log \frac{T_0}{T}\right). \tag{34}$$

Ces formules résolvent complètement notre problème. Nous donnerons quelques exemples dus à BERTRAND.

1. *Vapeur d'eau* saturante à 150° ($T_0 = 423$; $\rho_0 = 500{,}78$) ; on a jusqu'à $t = 40°$ ($T = 313$) :

$t° =$	150	130	110	90	70	50	40
$\mu =$	1	0,9640	0,9283	0,8927	0,8571	0,8221	0,8041.

2. *Vapeur d'eau* saturante à 200° ($T_0 = 473$; $\rho_0 = 464{,}3$) ; on a jusqu'à $t = 100°$ ($T = 373$) :

$t° =$	200	180	160	140	120	100
$\mu =$	1	0,9692	0,9387	0,9083	0,8780	0,8476.

3. *Vapeur d'éther* saturante à 40° ($T_0 = 313$) ; on a, pour les diverses températures jusqu'à $t = 120°$, obtenues dans la *compression* de la vapeur :

$t° =$	40	60	80	100	120
$\mu =$	1	0,8651	0,7109	0,5313	0,3169.

La formule (31) permet de résoudre encore beaucoup d'autres problèmes, relatifs au cas où μ n'est pas égal à l'unité dans l'état initial. Voici l'un de ces problèmes résolu par BERTRAND.

4. L'unité de poids d'eau est donnée à 100° ; on la vaporise, de sorte qu'elle se refroidit, et il s'agit de trouver μ aux différentes températures que prend le système. Dans ce cas, la valeur initiale est $\mu_0 = 0$ et par suite $K = \log T_0$. La formule (31) donne

$$\mu = \frac{T}{\rho} \log \frac{T_0}{T},$$

où $T_0 = 373$; on obtient alors les nombres

$t° =$	200	150	100	50	0
$\mu =$	0	0,0944	0,1651	0,2156	0,2474.

L'eau se refroidit jusqu'à 0°, avant qu'il s'en vaporise un quart.

Il nous reste à indiquer une formule intéressante de LIPPMANN sur la variation du volume v en fonction de μ, dans les changements d'état *adiabatiques*. Cette formule est la suivante :

$$\frac{\partial v}{\partial \mu} = \sigma - s - \frac{\rho}{c} \frac{\partial \sigma}{\partial t} ;$$

elle diffère par le dernier terme de la formule (7), page 621, qui se rapporte à un changement d'état *isothermique*. MATHIAS (1898) a pris cette formule pour base d'une étude approfondie des différentes propriétés des vapeurs saturantes. Nous devons mentionner les travaux remarquables de ce savant qui a montré *expérimentalement* pour la première fois en 1896 que c peut être négatif. Il a réussi à mesurer par voie calorimétrique la quantité de chaleur q nécessaire pour porter de 20° à $t°$ la température de la vapeur de SO^2, cette vapeur demeurant saturante ; on a évidemment $c = \frac{dq}{dt}$. *Les expériences ont donné pour q des valeurs négatives.* MATHIAS a trouvé $c < 0$ à 20° ; au-dessus de 20°, c augmente et à 97°,5, on obtient $c = 0$; à 106°, c atteint un maximum positif ; il diminue ensuite et, pour $t = 114°$, on a de nouveau $c = 0$. Au-dessus de 114°, la chaleur spécifique est négative et croît rapidement en valeur absolue.

A la température critique (156°), on doit, d'après MATHIAS, avoir $c = -\infty$, comme nous l'avons dit précédemment : ses recherches sur la chaleur latente de vaporisation ρ de CO^2, SO^2 et Az^2O liquides l'ont conduit à cette conclusion qu'à la température critique t', on a non seulement $\rho = 0$, mais aussi $\frac{d\rho}{dt} = -\infty$, c'est-à-dire que la courbe $\rho = \varphi(t)$ coupe l'axe des t à angle droit ; MATHIAS en a déduit, en se basant aussi sur la formule (25), que l'on a $c = -\infty$ pour $t = t'$. Dans deux nouveaux mémoires (1908, 1909), MATHIAS a fait une étude graphique très élégante de la dilatation adiabatique du système liquide et vapeur.

11. Chaleur spécifique c_p des vapeurs saturantes. — Nous avons établi à la page 623, la formule (17, c), qui donne

$$c_p = C_p + \frac{\partial \rho}{\partial t} - \frac{\rho}{T} - \left[\left(\frac{\partial s}{\partial t}\right)_p - \left(\frac{\partial \sigma}{\partial t}\right)_p\right]\frac{\rho}{\sigma - s},$$

ce que l'on peut écrire plus simplement

$$(34, a) \qquad c_p = C_p + \frac{\partial \rho}{\partial t} + \rho \frac{\partial}{\partial t} \log \frac{\sigma - s}{T}.$$

Si on applique cette formule à la vaporisation, c_p est la chaleur spécifique de la vapeur saturante échauffée sous *pression constante*, la vapeur *cessant d'être saturante* ; au même cas se rapporte la grandeur $\left(\frac{\partial \sigma}{\partial t}\right)_p$, où σ est le volume spécifique de la vapeur saturante ; C_p est la chaleur spécifique du liquide, ρ la chaleur latente de vaporisation, s le volume spécifique du liquide. Appliquons avec PLANCK cette formule à la vapeur d'*eau* saturante à 100°, en prenant les valeurs suivantes (nous choisissons pour unité de poids le kilogramme et pour unité de volume le mètre cube) : $T = 373$, $C_p = 1{,}03$, $\rho = 536$, $\frac{\partial \rho}{\partial t} = -0{,}708$ (d'après les données de REGNAULT pour 100°), $s = 0{,}001$, $\left(\frac{\partial s}{\partial t}\right)_p = 0{,}000001$; PLANCK utilise en outre une observation de HIRN, qui a trouvé que 1^{kg} de vapeur d'eau saturante à 100° occupe un volume de $1^{mc},6504$ et qu'en l'échauffant (sous $p = const.$) jusqu'à 118°,5, le volume augmente jusqu'à $1^{mc},740$. Ceci donne

$$\sigma = 1{,}6504, \qquad \left(\frac{\partial \sigma}{\partial t}\right) = \frac{1{,}740 - 1{,}6504}{18{,}5} = 0{,}00484.$$

En introduisant ces valeurs, on obtient, pour la vapeur d'eau saturante à 100°,

$$c_p = 0{,}47.$$

Les mesures directes de REGNAULT ont donné $c_p = 0{,}48$.

THIESEN (1902) s'est servi de la formule (34, a), dans le calcul de c_p pour la vapeur d'eau saturante à différentes températures. Il a trouvé $c_p = 0,4655$ à 0° ; à 80°, c_p présente un minimum égal à 0,415 ; à 180°, la valeur de c_p s'élève jusqu'à 0,51.

Nernst (1909) a calculé c_p d'une tout autre manière. Il a trouvé pour la chaleur moléculaire moyenne de la vapeur d'eau entre 0° et 80°, la valeur 8,19. Si on divise ce nombre par le poids moléculaire de l'eau qui est 18, on obtient

$$c_p = 0,455,$$

pour une température voisine de 40°.

De la même manière que nous avons établi la formule (17, *b*) dans le Chap. X, § 6, nous pouvons arriver facilement à la formule

$$c = c_v + AT \left(\frac{\partial p}{\partial t}\right)_v \left(\frac{\partial \sigma}{\partial t}\right)_\mu ; \tag{34. b}$$

$\left(\frac{\partial \sigma}{\partial t}\right)_\mu$ est obtenu ici en se déplaçant sur la courbe de saturation. Amagat, Mathias, Dalton et Tumlirz ont fait une étude approfondie des grandeurs c_p et c_v pour les vapeurs saturantes.

12. Loi de Dalton. — Dans le Tome I, nous avons étudié la loi de Dalton au point de vue des mélanges de gaz sans action chimique mutuelle. Dans son application aux vapeurs saturantes, cette loi s'énonce ainsi : *la tension p d'une vapeur saturante, dans un espace qui renferme un gaz indifférent, c'est-à-dire n'agissant pas chimiquement sur la vapeur, est la même que dans le vide.* La différence consiste en ce que dans le vide, la tension p est atteinte instantanément ; dans un espace qui renferme un gaz, au contraire, la tension n'est atteinte qu'au bout d'un temps assez long. Cela tient à la lenteur de la diffusion de la vapeur dans l'espace contenant un gaz (Tome I).

Dalton a effectué en 1803 une série d'expériences, en vue de vérifier cette loi. Il laissait une certaine quantité d'air dans la branche fermée d'un baromètre à siphon, qui était construit comme l'appareil de Ure (page 748, *fig.* 207), et il mesurait sa pression ; il introduisait ensuite, dans l'espace au-dessus du mercure, une certaine quantité de liquide et déterminait le maximum atteint par la tension de la vapeur du liquide, après un intervalle de temps suffisant. Il a fait d'autres expériences, avec l'appareil représenté par la figure 228. Le couvercle d'un grand vase est traversé par le tube d'un baromètre à siphon M, le tube d'un entonnoir B muni d'un robinet et un tube C communiquant avec une machine pneumatique. Tout l'appareil peut être plongé dans de l'eau chaude. Dans l'entonnoir B, se trouve le liquide étudié. Après avoir enlevé avec la machine pneumatique une partie de l'air du vase, Dalton ouvrait un instant le robinet B, de sorte qu'une certaine quantité de liquide tombait au fond de ce vase. La tension de la vapeur était mesurée par l'augmentation de longueur de la colonne de mercure MA. Cette augmentation était égale à la pression, qui s'était établie instantanément, lorsqu'auparavant on avait fait dans le vase le vide le plus parfait possible.

Les expériences de Henry (1804) et de Gay-Lussac (1815) ont confirmé la loi de Dalton. L'appareil employé par Gay-Lussac a été modifié plus tard par Magnus, qui lui a donné la forme représentée sur la figure 229. Un large tube en verre, fermé en haut et soigneusement calibré, est enchâssé dans une monture métallique filetée à sa surface extérieure et qui peut être vissée dans le plateau d'un petit trépied. La partie inférieure de la monture est munie d'un robinet *r* et présente, au-dessous de celui-ci, une partie élargie, dans laquelle peut être forcé un gros dé *g*. Latéralement à T est soudé un long tube S. Le tube T est rempli à moitié de mercure; *r* est ensuite fermé et le tube vissé dans le trépied. En versant du mercure dans S, on peut amener au même niveau les colonnes de mercure dans S et dans T. L'air se trouve alors dans T à la pression atmosphérique. Après avoir lu la division à laquelle s'élève le mercure dans T, on enfonce dans le tube, au-dessous de *r*, le dé *g*, qui est rempli du liquide étudié. Si on ouvre ensuite un instant le robinet *r*,

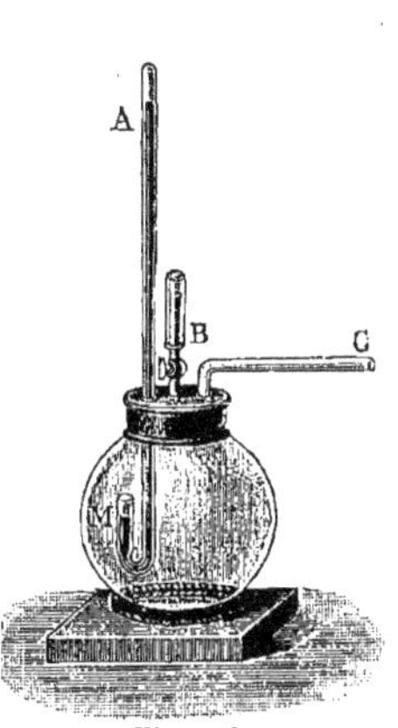

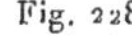
Fig. 228

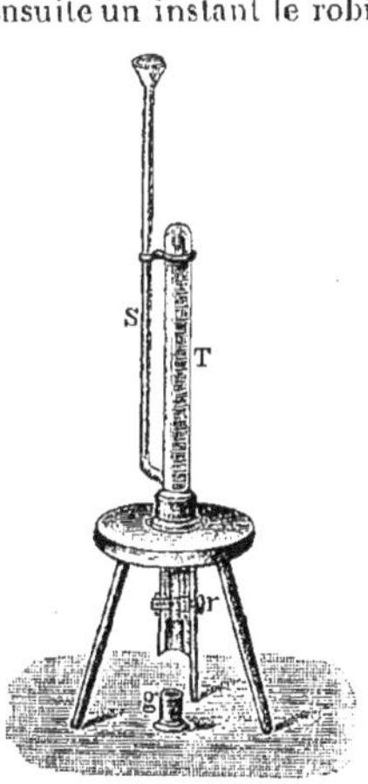

Fig. 229

quelques gouttes de mercure tombent de T dans *g* et en même temps quelques gouttes du liquide montent dans le tube T, jusqu'à l'espace qui renferme de l'air, où une partie se vaporise peu à peu. En versant du mercure dans S, on ramène le mercure dans T à son ancien niveau; le niveau du mercure dans S est alors plus élevé que dans T, d'une quantité qui mesure la tension de la vapeur saturante dans l'air.

Regnault a étudié très en détail entre quelles limites la loi de Dalton est exacte. Il se servait de l'appareil décrit à la page 751 et représenté par la figure 212. Après avoir déterminé la tension de la vapeur saturante dans le vide, il répétait les mêmes mesures, en laissant dans le ballon différentes quantités d'air ou d'un autre gaz. Il mettait en outre le ballon A, en communication directe avec le manomètre, versait du mercure dans la branche ouverte de ce dernier, pour amener le volume du gaz et de la vapeur, à être égal au volume du gaz seul avant l'introduction de la vapeur, c'est-à-dire quand la petite ampoule contenant le liquide (voir *fig.* 213) était encore entière. La tension de la vapeur était donc au fond mesurée de la même manière que dans l'appareil de MAGNUS (*fig.* 215). REGNAULT a trouvé que la tension de la vapeur saturante dans le gaz était un peu plus petite que dans le vide. Il admettait que cette différence pouvait s'expliquer par l'influence de l'hygrométricité des parois du tube, sur lesquelles se condense une partie de la vapeur, avant que celle-ci ait pu atteindre son maximum de tension. Le liquide formé coule en gouttes le long des parois du tube, en donnant constamment naissance à une nouvelle quantité de vapeur, qui se diffuse lentement à travers le gaz. REGNAULT mesurait aussi la *quantité* de vapeur dans le gaz, en faisant passer le mélange dans des vases, où se produisait une absorption de la vapeur. Il a trouvé qu'à une tension égale de la vapeur dans le vide et dans le gaz correspond une même quantité de la première dans les deux cas.

L'explication donnée par REGNAULT concorde parfaitement avec les observations de HERWIG qui, en comprimant lentement une vapeur non saturante (dans le vide), a remarqué une condensation de la vapeur sur les parois du vase, avant que soit atteint le maximum de tension; en diminuant encore l'espace, la tension continuait encore à augmenter un peu.

Les expériences postérieures de REGNAULT sur l'éther éthylique, le sulfure de carbone et la benzine ont montré que, dans certains cas, la tension de vapeur dans un gaz peut être notablement plus petite que dans le vide. Ainsi, pour la vapeur d'éther, cette différence était à 29°,3, dans le vide et dans un espace rempli d'air, de $36^{mm},2$, ce qui représente 5,8 % de la pression totale; la tension de l'air sec était égale à 707^{mm}.

De légers écarts relativement à la loi de DALTON ont été signalés aussi par KRÖNIG (1864), TROOST et HAUTEFEUILLE (1876), GUGLIELMO et MUSINA (1887), BRAUN (1888), et d'autres encore. Ce dernier a trouvé que, dans certains cas, la pression d'un mélange de gaz et de vapeur est *plus grande* que la somme des pressions du gaz et de la vapeur saturante dans le vide. Il est à présumer que les écarts à l'égard de la loi de DALTON sont dus à une cause complexe, *pour des pressions du gaz qui ne sont pas très élevées*. En dehors de l'influence certaine des parois, qui provoquent une condensation de vapeur, il se manifeste encore une tendance de la vapeur à *se sursaturer*, signalée par beaucoup d'auteurs, en particulier par WÜLLNER et GROTRIAN, RAMSAY et YOUNG, KREBS et R. HELMHOLTZ, qui ont indiqué la possibilité d'une sursaturation considérable de la vapeur dans un espace sans poussières, ce dont nous avons déjà parlé à la page 781.

En 1890, a paru une grande étude du prince GALITZINE sur la loi de DALTON et sur quelques phénomènes connexes. Il s'est servi de deux appareils. Le premier est constitué par un long tube étroit en U, dont les extrémités sont fermées à la lampe. Le tube renferme du mercure et au-dessus de celui-ci, dans l'une des branches, une colonne de liquide et seulement la vapeur de ce liquide, tandis que, dans l'autre branche, se trouve, en plus du liquide et de sa vapeur, encore une *quantité déterminée* d'air. Tout l'appareil était échauffé jusqu'à une certaine température. Si la loi de DALTON est exacte, la différence entre les niveaux du mercure dans les deux branches du tube doit mesurer la tension de l'air, que l'on peut calculer d'autre part, connaissant la quantité d'air et sa température. Une différence entre les pressions observées et les pressions calculées devait donc indiquer un écart relativement à la loi de Dalton. On a constaté que, dans cet appareil, la tension de vapeur dans le gaz était toujours plus petite que dans le vide. Ces observations ont par conséquent confirmé les résultats des expériences de Regnault. Si l'explication donnée par Regnault est juste, il est clair que l'écart apparent à l'égard de la loi de Dalton doit se manifester bien plus nettement dans un long tube étroit, où la diffusion de la vapeur s'effectue lentement. Le prince Galitzine a entrepris, par suite, d'autres recherches avec un tube, qui est représenté par la figure 230. Le tube *aa* a 1^m de longueur et un diamètre intérieur de $4^{mm},6$; la longueur du tube *bb* est de 40^{cm} et il se termine par une partie élargie A, qui a 5^{cm} de longueur et un diamètre intérieur de $3^{cm},11$. Les deux branches sont fermées à la lampe; elles renferment du mercure et, au-dessus de celui-ci, le liquide étudié. Dans la partie supérieure du tube *aa* se trouve seulement de la vapeur, mais en A il y a en outre de l'air. Avec cet appareil, l'influence des parois doit être très faible et la diffusion de la vapeur à travers le gaz doit se faire rapidement. Les expériences avec la vapeur d'*eau* ont montré que cette vapeur suit parfaitement la loi de Dalton, dans l'air et jusqu'à 100°. D'autres observations sur l'éther et le chlorure d'éthyle, faites jusqu'à 100°, ont manifesté aux températures élevées un écart, quoique pas très considérable, à l'égard de la loi de Dalton.

Fig. 230

Les résultats des observations sur l'éther sont indiqués dans le tableau suivant; p_0 désigne la pression de l'air, p la tension de la vapeur d'éther dans le *vide*, Δ la différence entre la tension p et la tension de vapeur dans A; la dernière colonne contient l'évaluation de cette différence en centièmes de la tension p, c'est-à-dire l'écart que manifeste la vapeur relativement à la loi de Dalton.

t	p_0	p	Δ	$100\frac{\Delta}{p}$
63°,63	628^{mm}	$1\,920^{mm}$	$2^{mm},6$	0,1 %
77°,97	647	2 865	$15^{mm},9$	0,6
99°,80	684	4 930	$69^{mm},7$	1,4

L'influence des parois ne pouvant pas avoir d'importance dans ces expériences, les écarts s'expliquent par un *retard* particulier dans la vaporisation.

Bien que les écarts relativement à la loi de Dalton ne soient pas notables pour une tension suffisamment peu élevée du gaz, la vapeur ne suit cependant plus du tout cette loi aux pressions très hautes. C'est ce qui résulte des expériences remarquables de Schiller, dont il a déjà été question à la page 782. Nous avons vu que la tension de la vapeur devient sensiblement plus grande que la tension normale, pour une forte pression du gaz.

13. Hygrométrie. — L'objet de l'hygrométrie est, comme on le sait, la détermination de la quantité de vapeur d'eau contenue dans l'atmosphère, par exemple dans un mètre cube d'air, en un endroit et à un moment donnés. On distingue ordinairement l'état hygrométrique absolu et l'état hygrométrique relatif. L'*état hygrométrique absolu* est défini par le nombre f de *grammes* de vapeur d'eau contenus dans un mètre cube d'air ; il est évidemment égal à la densité de la vapeur, par rapport à l'air, multipliée par 10^6. On entend par *état hygrométrique relatif* ω le rapport du nombre f au nombre F de grammes de vapeur nécessaires pour saturer 1^{mc} d'air à la température donnée t ; ce rapport est ordinairement multiplié par 100, de sorte que l'*état hygrométrique relatif*

$$\omega = 100 \frac{f}{F} \tag{35, a}$$

indique en centièmes le rapport de la quantité de vapeur existante à la plus grande quantité de vapeur possible à la température donnée t. Soit p la *tension* de la vapeur et P la tension maximum possible à $t°$, correspondant à la saturation ; on peut poser dans ce cas

$$\omega = 100 \frac{p}{P}, \tag{35, b}$$

si on admet que la vapeur suit la loi de Mariotte jusqu'à la saturation à des températures qui ne sont pas très élevées, ce qui est à peu près exact. La relation entre f et p est

$$f = 1293 \frac{0,662\, p}{760(1+\alpha t)} \text{gr.} = \frac{1,0582}{1+\alpha t} p^{gr}, \tag{36}$$

où le nombre 1293 est le poids en grammes d'un mètre cube d'air sec à 0° et sous une pression de 760^{mm} ; le nombre 0,622 est la densité de la vapeur d'eau par rapport à l'air ; p est exprimé en millimètres de colonne de mercure et α est le coefficient de dilatation des gaz. La relation (36) montre que les nombres f et p (ou F et P) diffèrent peu ; pour la vapeur *saturante*, par exemple, on a, aux diverses températures suivantes :

$t° =$	— 20	— 10	0	10	15	20	25	30
$P^{mm} =$	0,927	2,09	4,60	9,16	12,70	17,39	23,55	31,55
$F^{gr} =$	1,2	2,5	4,8	9,3	12,6	17,0	22,7	30,1.

Vers 14°, on a P = F. Jamin a proposé en 1884 de définir l'état hygrométrique par le rapport du poids de la vapeur au poids de l'air sec ; on aurait, dans ce cas,

$$\omega = 0,622 \frac{p}{H - p}, \tag{36, a}$$

H étant la pression barométrique. Cette proposition n'a pas eu de succès.

Nous supposerons, dans ce qui suit, que l'on possède des tables donnant la tension P et le poids F aux différentes températures t. Nous devons dire ici que l'hygrométrie, dont l'objet est l'un des plus importants éléments météorologiques, et qui joue aussi un grand rôle dans beaucoup de recherches physiques, n'a atteint jusqu'à présent, ni au point de vue pratique, ni au point de vue théorique, le degré de perfection désirable. Si on excepte le procédé très compliqué de détermination de l'état hygrométrique appelé méthode chimique, aucun des autres moyens actuellement employés ne permet d'évaluer l'état hygrométrique de l'air avec une précision suffisante. Cela tient en partie à l'imperfection des appareils, en partie à ce que les formules servant au calcul de l'état hygrométrique, à l'aide des données fournies par les observations, sont établies sur des bases peu solides.

Il existe au total quatre méthodes de détermination de l'état hygrométrique (f et ω) : la méthode chimique, la méthode d'observation du point de rosée, la méthode de l'hygromètre à cheveu et la méthode psychrométrique. Les instruments, au moyen desquels on effectue les mesures dans les trois premières méthodes, s'appellent des *hygromètres* ou des *hygroscopes*, et dans la quatrième, des *psychromètres*.

1. Méthode chimique. — Cette méthode donne seule des résultats exacts ; son principe est le suivant : on fait passer lentement, à l'aide d'un aspirateur, un certain volume V d'air extérieur à travers un tube, qui renferme une substance absorbant la vapeur d'eau, telle que le chlorure de calcium, l'anhydride phosphorique ou la pierre ponce imbibée d'acide sulfurique. L'augmentation de poids du tube, déterminée par des pesées avant et après l'expérience, donne le poids φ de vapeur contenu dans le volume V. On a évidemment $f = \varphi : V$. Nous n'entrerons pas dans la description des aspirateurs doubles en usage aujourd'hui, qui permettent d'aspirer l'air par le tube aussi longtemps qu'on le veut. Nous montrerons seulement comment on calcule le volume V d'air *extérieur*, qui a traversé le tube et qui possède la température t et l'état hygrométrique absolu f correspondant à la tension de vapeur p. Désignons la pression atmosphérique par H ; soit v_0 la capacité de l'aspirateur à 0°, k le coefficient de dilatation de ses parois : supposons que l'aspirateur ait été rempli d'air n fois à la température t'. L'air, qui a traversé le tube, occupait dans l'aspirateur un volume $v = nv_0(1 + kt')$, que nous considérerons comme connu. Cet air se trouve à la température t' ; il s'est saturé, dans l'aspirateur, de vapeur, dont nous désignerons la tension maximum à la température t' par P'. La tension de l'air sec (sans vapeur), en dehors de l'aspirateur, est $H - p$, et à l'intérieur de l'aspirateur, $H - P'$. On a évidemment

$$\frac{V(H-p)}{1+\alpha t} = \frac{v(H-P')}{1+\alpha t'},$$

d'où

$$V = v\frac{H-P'}{H-p}\cdot\frac{1+\alpha t}{1+\alpha t'}. \tag{37}$$

Si dans l'égalité $f = \varphi : V$, on remplace f et V par leurs valeurs (36) et (37), on obtient

$$1{,}0582\,p = \frac{\varphi(H-p)(1+\alpha t')}{v(H-P')}; \tag{38}$$

pour déterminer p, on n'a donc pas besoin de connaître la température t de l'air extérieur. La méthode chimique, qui a été employée pour la première fois par Brunner (1841), donne des résultats très précis ; mais elle est compliquée et convient peu pour les observations courantes. Rüdorff, Neesen et plus récemment R. Weber (1898) ont construit des hygromètres à absorption chimique.

II. Méthode de la détermination du point de rosée. — Si l'air atmosphérique, dont la température est t, est refroidi, il devient saturé de vapeur d'eau à une certaine température t'. Cette température t' s'appelle le *point de rosée*, parce qu'un refroidissement plus grand produit, sur les corps voisins, un dépôt de rosée. Si F et F' sont les quantités maxima de vapeur correspondant respectivement aux états de saturation pour les températures t et t' l'état hygrométrique relatif ω est

$$\omega = \frac{F'}{F} 100. \tag{39}$$

Cantor a étudié théoriquement la question générale de la condensation des vapeurs dans leur refroidissement, en appliquant les principes de la Thermodynamique. Il a trouvé que le point de saturation et le point de rosée obtenu dans les observations ne coïncident que lorsque le liquide, produit dans la condensation de la vapeur, mouille la surface du corps A où se forme la rosée. Quand le liquide ne mouille pas le corps A, on trouve un point de rosée *inférieur* au point de saturation t' que l'on cherche dans les observations hygrométriques. Ainsi, en condensant de la vapeur d'eau sur du naphte, le point de rosée est à 18°, tandis que le point de saturation t' est à 21°,2. Cantor a montré que l'on peut déduire de ce résultat, par le calcul, le rayon r de la sphère d'action moléculaire (Tome I, et il a obtenu pour l'eau $r = 6{,}5 . 10^{-5}$ mm. Il découle de la théorie de Cantor que la surface du corps (verre ou métal), sur lequel est observée la formation de la rosée, doit être très soigneusement nettoyée.

La méthode du point de rosée a été proposée pour la première fois par Charles Le Roy (1771) ; il refroidissait de l'eau dans un verre, en y jetant successivement de petits morceaux de glace, jusqu'au moment où un dépôt de rosée commençait à se former sur la surface extérieure du verre. L'hygromètre actuel de Dines est une forme perfectionnée de cet appareil très simple.

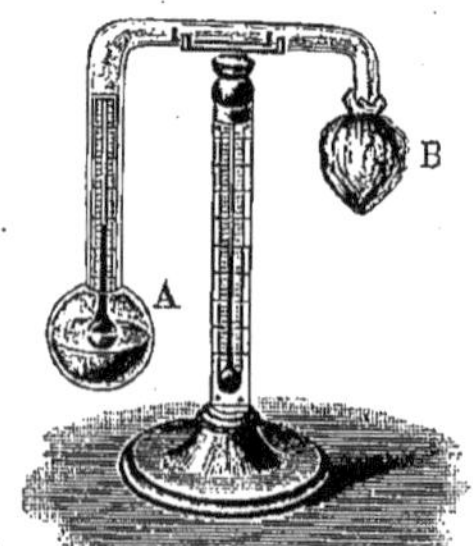

Fig 231

L'hygromètre de Daniell (*fig.* 231) a été construit en 1827. Un siphon de verre fermé et purgé d'air contient de l'éther en A ; ce siphon se termine par deux boules en verre A et B : la première A qui est nue et où se trouve le réservoir d'un thermomètre très sensible, la seconde B qui est couverte d'une gaze. Pour faire une observation, on verse quelques gouttes d'éther sur la gaze qui recouvre B ; elles s'évaporent rapidement, ce qui refroidit la boule

B ; la vapeur d'éther intérieure se condense alors dans B et la pression de vapeur y devient plus faible que dans A ; une distillation continue de A vers B se produit (principe de la paroi froide), l'éther se vaporisant dans A et se refroidissant peu à peu. On observe par suite, à un moment donné, un dépôt de rosée sur la surface extérieure de la boule A, qui porte parfois une zone dorée. La température indiquée par le thermomètre dans A est prise pour le point de saturation t'. Il y a là une cause d'erreur importante, car la température à l'intérieur de l'éther, qui n'est pas agité, doit différer sensiblement de celle de la couche d'air extérieur qui entoure la boule A.

L'hygromètre de Regnault, représenté par la figure 232, donne de meilleurs résultats. Il se compose de deux tubes de verre a et b, fermés en

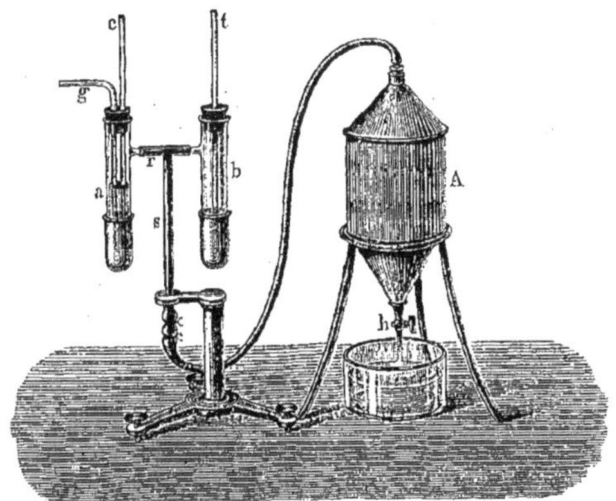

Fig. 232

haut par des bouchons. Aux extrémités inférieures, qui sont ouvertes, s'emmanchent des dés d'argent poli, très minces. Le tube b est vide et ne contient que le thermomètre t. Dans a se trouve de l'éther, dont la température est déterminée au moyen du thermomètre c. Le tube g, ouvert aux deux extrémités, se termine en bas au fond du dé. L'espace au-dessus de l'éther communique par le tube rs avec un aspirateur, dont la mise en marche produit par g un courant d'air continu ; l'air monte sous forme de bulles à travers l'éther et parvient par rs dans l'aspirateur. L'éther, sans cesse agité, s'évapore et, par suite, la température dans a s'abaisse d'une manière très graduelle ; bientôt la rosée se dépose sur le dé d'argent. Une lunette permet d'observer à distance cette formation de rosée et de lire la température t'. Le thermomètre t ne sert qu'à déterminer la température de l'air. On peut viser les deux dés à la fois dans la lunette, ce qui facilite la détermination du moment où la rosée se forme sur l'un d'eux. Cet hygromètre a été perfectionné par Alluard et Crova.

L'hygromètre d'Alluard est représenté sur la figure 233. Il se compose d'un vase à section rectangulaire, qui renferme de l'éther ; la température de l'éther est mesurée au moyen du thermomètre t'. La face avant a du vase, en argent ou en laiton doré, est polie : elle est encadrée par une lame B de même substance également polie, mais séparée de A par un petit intervalle. Le couvercle du vase est traversé par les tubes C, D et E ; le tube C se termine à l'intérieur du vase dans le voisinage du fond ; le tube D débouche sous le couvercle même ; E sert à introduire de l'éther. L'extrémité H reste ouverte ; l'extrémité I est reliée par un tube de caoutchouc avec l'aspirateur. Les robinets servent à régler la vitesse d'écoulement de l'air. La rosée se dépose sur A, mais non sur la lame B, qui, restant brillante, rend plus nette pour l'observateur l'apparition de la rosée sur A. Le thermomètre à fronde t sert à la détermination de la température de l'air.

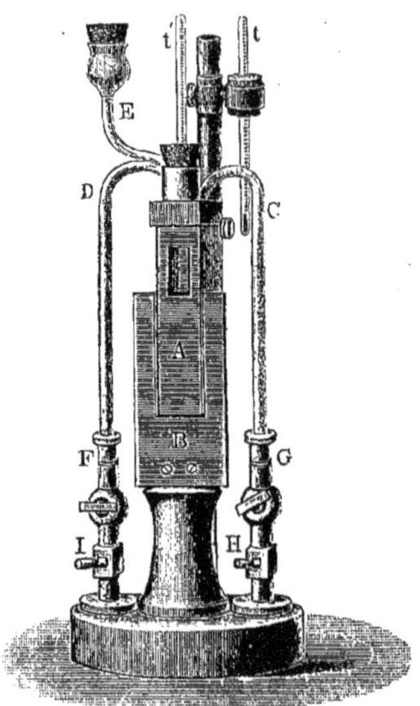

Fig. 233

L'hygromètre de Crova (*fig.* 234) se compose d'un tube en laiton mince LV, nickelé et soigneusement poli à l'intérieur. L'extrémité V, qui est tournée vers la lumière, est fermée par une lame de verre dépoli ; à l'extrémité L est montée une loupe à longue distance focale, dans laquelle on voit parfaitement le verre V et son image en forme d'anneau, par réflexion sur la surface intérieure du tube. On fait passer lentement, dans le tube LV, l'air dont on doit déterminer l'état hygrométrique ω ; à cet effet, cet air est aspiré à l'extérieur ou dans l'espace dans lequel règne l'état ω, par un tube flexible en cuivre ou en caoutchouc T et à l'aide d'une poire à soupape en caoutchouc P tenue à la main ; l'observateur et l'appareil peuvent de cette manière rester dans une chambre, quand on détermine l'état hygrométrique de l'air extérieur. Le tube LV est fixé dans l'axe d'une boîte prismatique en laiton, remplie de sulfure de carbone ou d'éther ; de l'air est insufflé dans ce liquide au moyen du tube K ; l'air s'échappe par le tube M ; ce dernier peut aussi être relié à un aspirateur. L'air, en barbotant dans le liquide, produit l'évaporation de celui-ci et ainsi les parois métalliques du tube LV et l'air qu'il contient se refroidissent ; quand l'air intérieur a atteint son point de rosée, on voit à travers la loupe le tube se ternir et des taches d'aspect fuligineux apparaissent dans la partie de la surface intérieure du tube où est visible l'image annulaire du verre V ; ces taches sont rendues très apparentes par contraste. Le thermomètre t' indique la température à laquelle se forme la rosée.

Nippold a construit un hygromètre, où la rosée se dépose sur une surface brillante de mercure.

R. v. Helmholtz et Sprung (1888) ont construit un hygromètre, basé sur l'observation du *nuage* qui se forme par détente brusque (adiabatique) de l'air étudié. Cozza (1900) a établi un appareil basé sur le même principe. L'air est

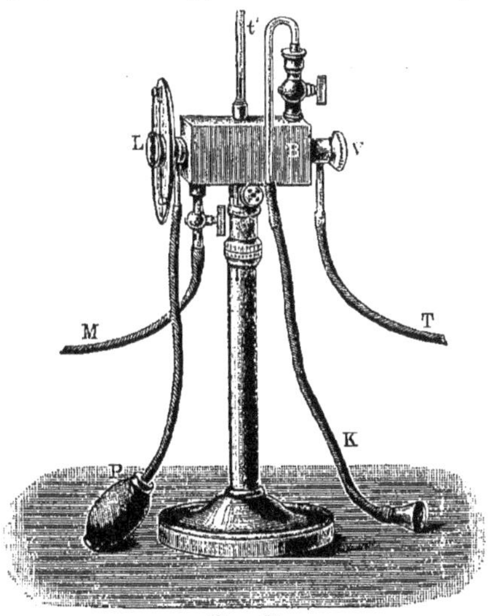

Fig. 234

d'abord comprimé dans un cylindre en verre et se détend ensuite brusquement, lorsqu'on ouvre un robinet. Il faut déterminer *la plus petite* pression initiale pour laquelle la détente est encore accompagnée de la formation d'un nuage.

III. Hygromètres de Héséhous et de Salvioni. — Ces physiciens ont construit simultanément (1901) des hygromètres, dans lesquels on mesure, avec un manomètre, l'accroissement de pression qui se produit, dans un volume limité de l'air étudié, lorsque de l'eau s'évapore dans ce volume jusqu'à la saturation. Une mesure avec l'hygromètre de Hésébous n'exige que trois à quatre minutes, tandis qu'il faut beaucoup plus de temps avec celui de Salvioni.

IV. Hygromètre a cheveu. — Il existe différents hygroscopes et hygromètres basés sur la variation de forme ou de dimension de quelques corps hygrométriques organiques, du règne animal et du règne végétal, en fonction de l'état hygrométrique *relatif* ω de l'air.

Sanctorius (mort en 1636) semble avoir utilisé le premier cette propriété, pour apprécier le degré d'humidité de l'air d'après la longueur d'un cordonnet de chanvre tendu. L'hygromètre le plus connu est l'hygromètre à cheveu de Saussure, que la figure 235 représente sous une de ses formes. Un cheveu parfaitement dégraissé est fixé par une extrémité en d ; on l'enroule sur une petite poulie o et on le tend avec un poids p. La poulie porte une aiguille, qui parcourt un limbe métallique gradué et qui, étant entraînée par les déformations du cheveu, accuse les variations de l'état hygrométrique. Saussure déterminait les points fixes 0 et 100 en plaçant l'appareil d'abord dans de l'air absolument sec, ensuite dans de l'air saturé de vapeur d'eau. L'intervalle entre les points 0 et 100 était divisé en 100 parties *égales*. Les recherches de Dulong, Gay-Lussac, Melloni et, en particulier, celles de Regnault ont montré que cette échelle ne donne pas le degré d'humidité relatif ω, pour les valeurs comprises entre 0 et 100, et qu'une échelle correcte doit être déterminée empiriquement pour chaque hygromètre particulier. On voit sur l'exemple suivant, relatif à un exemplaire déterminé, combien est grande la différence entre l'échelle vraie et l'échelle de Saussure :

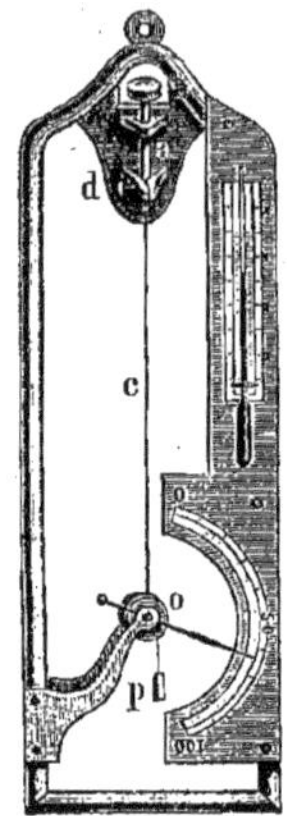

Fig. 235

Echelle vraie . . .	0	10	20	30	40	50	60	70	80	90	95	100
Echelle de Saussure .	0	19,6	34,6	47,1	57,7	66,8	75,0	82,2	88,6	94,6	97,4	100.

Regnault a montré que ces nombres varient avec chaque exemplaire d'hygromètre. Monnier a établi un hygromètre à cheveu, de forme semblable à celle d'un baromètre anéroïde ; Richard a construit un hygrographe à cheveu.

V. Psychromètre. — Cet appareil se compose de deux thermomètres, l'un sec et l'autre humide ; le réservoir de ce dernier est entouré de gaze bien tendue, toujours humectée par l'eau que fournit un vase A (*fig.* 236), situé un peu plus haut ; actuellement, on dispose le plus souvent ce vase un peu au-dessous du réservoir et sur le côté, l'extrémité libre de la gaze plongeant dans l'eau, qui monte par l'intermédiaire de l'étoffe jusqu'au réservoir du thermomètre. Par suite de l'évaporation de l'eau, le thermomètre se refroidit et marque une certaine température t', qui est plus basse que la température t de l'air indiquée par le thermomètre sec. Au moyen des températures observées t et t', on peut déterminer la tension p de la vapeur d'eau qui se trouve dans l'atmosphère. L'idée du psychromètre est due à J. Leslie (1810) ; l'introduction de cet appareil est attribuée en Angleterre à Mason ; il a été étudié par Gay-Lussac (1822) et Regnault (1845) ; le Dr August de Berlin (1825) lui a donné la forme représentée dans la figure et il a fait connaître aussi une formule que nous indiquerons plus loin ; Apjohn a également établi la même formule. MAXWELL a donné une théorie plus complète du psychromètre ; de nouvelles recherches sur cet instrument sont dues à ZWORIKINE.

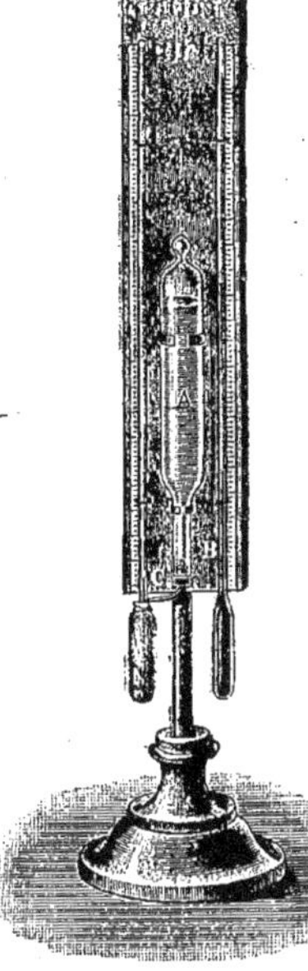

Fig. 236

Nous allons montrer comment on établit la formule qui donne p en fonction des températures t et t' observées. Soit S la surface du thermomètre humide, v la vitesse d'évaporation mesurée par la quantité d'eau vaporisée sur cette surface par unité de temps. Le refroidissement du thermomètre humide cesse, c'est-à-dire qu'il s'établit un équilibre thermique, lorsque le thermomètre reçoit, par unité de temps, des objets environnants, autant de chaleur qu'il en perd par l'évaporation de l'eau à sa surface. Admettons que la première quantité de chaleur soit proportionnelle à l'aire S et à la différence $t-t'$ entre les températures du milieu environnant et du thermomètre lui-même (loi de NEWTON, page 303) ; la deuxième quantité est proportionnelle à la vitesse d'évaporation v et nous avons l'égalité

$$\text{(40, } a\text{)} \qquad AS(t-t') = Bv,$$

où A et B sont des constantes. Nous avons indiqué à la page 656, pour la vitesse v, la formule (1, a) de DALTON

$$\text{(40, } b\text{)} \qquad v = \frac{CS}{H}(P'-p),$$

C étant un facteur constant, H la pression atmosphérique, P' la tension de la vapeur saturante à la température t' du liquide qui s'évapore, p la tension de vapeur qui existe effectivement dans l'air. En introduisant cette expression de v, on obtient

$$AS(t-t') = \frac{BCS}{H}(P'-p),$$

d'où, en désignant A : BC par a,

$$\text{(41)} \qquad p = P' - aH(t-t') ;$$

si on regarde H comme constant et si on pose $aH = b$, on a

$$\text{(42)} \qquad p = P' - b(t-t').$$

Les formules (41) et (42), dont on se sert constamment, sont loin d'être rigoureuses, comme le montre le raisonnement ci-dessus, car la loi de NEWTON aussi bien que celle de DALTON ne sont qu'approximatives. On a reconnu que le coefficient a dépend du milieu où se trouve l'hygromètre et de la vitesse du vent. Avec le psychromètre *à fronde*, que l'on fait tourner rapidement dans l'air, on peut prendre $a = 0{,}00069$, tandis que, pour un psychromètre immobile, la grandeur a oscille, d'après REGNAULT, entre 0,00074 à l'air libre et 0,00128 dans une petite chambre. Pour un psychromètre muni d'un ventilateur, ANGOT a trouvé $a = 0{,}00078$. Ordinairement, on prend $a = 0{,}0008$ lorsque $t' > 0°$, et $a = 0{,}00069$ lorsque $t' < 0°$. Pour plus de commodité, on se sert de tables toutes préparées, qui donnent les valeurs de p, ω ou f, quand t et la différence $t - t'$ sont connus, H étant pris égal à 755^{mm}. Si H diffère notablement de cette valeur, il faut faire subir une correction aux nombres contenus dans les tables.

Le psychromètre à aspiration de ASSMANN, qui a été soumis, par SVENSSON notamment, à une vérification expérimentale, est très répandu aujourd'hui. GUGLIELMO (1901) a construit un psychromètre absolu avec trois thermomètres.

La formule (40, b) de DALTON a été particulièrement étudiée par WEILENMANN, STEFAN, SCHIERBECK, STELLING, ULE, VAILLANT et d'autres encore et a été remplacée par des expressions plus compliquées. WEILENMANN a recherché le premier l'influence de la vitesse du vent sur l'évaporation.

BIBLIOGRAPHIE

2. — Détermination de la tension des vapeurs saturantes.

KNUDSEN. — *Annalen d. Physik*, (4), **31**, pp. 205, 633, 1910.
KAHLBAUM. — *Chem. Ber.*, **16**, p. 2476, 1883 ; **18**, pp. 2085, 3146, 1885 ; **19**, pp. 943, 3098, 1886 ; *Arch. Sc. phys*, (3), **24**, p. 351, 1890.
RAMSAY et YOUNG. — *Chem. Ber.*, **18**, p. 2855, 1885 ; **19**, p. 2107, 1886.

3. — Mesures avant Regnault.

ZIEGLER. — *De digestore Papini*, p. 48, Basel, 1759.
BÉTANCOURT. — *Journ. de l'Ecole Polyt.*, **2**, 1790 ; *Mémoire sur la force expansive de la vapeur*, Paris, 1792.
WATT. — *Mechanical Philosophy of* ROBISON, **2**, p. 29, 1814 (édition de BREWSTER).
SOUTHERN. — *Mechanical Philosophy of* ROBISON, **2**, p. 170, 1814.

KAEMTZ. — *Météorologie*, **1**, p. 290.
G.-C. SCHMIDT. — *Naturlehre*, **1**, p. 296, 1801-1803 ; *Grens Journal*, **4**, p. 151.
URE. — *Phil. Trans.*, 1818.
ARZBERGER. — *Jahresber. d. Polytechn. Inst. zu Wien.*, **1**, 1819.
CHRISTIAN. — *Mécanique industrielle*, **2**, p. 225.
DALTON. — *Mem. Manchester Phil. Soc.*, **15**, p. 409 ; *Gilb. Ann.*, **15**, p. 1, 1803.
GAY-LUSSAC. — Voir BIOT, *Traité de physique*, **1**, p. 287.
DULONG et ARAGO. — *Mém. de l'Acad.*, **10**, 1830 ; *Ann. de chim. et phys.*, (2), **43**, p. 74, 1830 ; *Pogg. Ann.*, **17**, p. 533, 1829 ; **18**, p. 437, 1830.
DESPRETZ. — *Ann. de chim. et phys.*, (2), **16**, 1821 ; **21**, 1822.
PLÜCKER. — *Pogg. Ann.*, **92**, p. 193, 1854.
COMMISSION DE SAVANTS AMÉRICAINS (1830). — Voir *Encycl. Brit.*, **20**, p. 588 (Steam) ; voir également REGNAULT, *Rel. des Expér.*, **1**, p. 467.

4. — Mesures de Regnault et de Magnus.

REGNAULT. — *Mém. de l'Inst.*, **21**, p. 465, 1847 ; *Rel. des Expér.*, **1** et **2** ; *Pogg. Ann. Ergbd.*, **2**, p. 119, 1848 ; *Ann. de chim. et phys.*, (3), **11**, p. 273, 1844 ; **15**, p. 179, 1845.
MAGNUS. — *Pogg. Ann.*, **61**, p. 225, 1844 ; *Ann. de chim. et phys.*, (3), **12**, p. 69, 1844.
BROCH. — *Trav. et Mém. du Bur. internat. des Poids et Mes.*, IA, p. 33, 1881.
ZEUNER. — *Technische Thermodynamik*, **2**, 1890.

5. — Autres mesures de la tension des vapeurs saturantes.

LORD KELVIN. — *Nature*, **55**, pp. 273, 295, 1892 ; *Ztschr. f. Instr.*, **17**, p. 122, 1897.
CAILLETET et COLARDEAU. — (Eau). *Journ. de phys.*, (2), **10**, p. 333, 1891 ; *Ann. de chim. et phys.*, (6), **25**, p. 519, 1892.
BATTELLI. — (Eau). *Mem. dell' Accad. di Torino*, (2), **41**, p. 33, 1891 ; **43**, p. 63, 1892 ; *Ann. de chim. et phys.*, (6), **26**, p. 410, 1892 ; (7), **3**, p. 408, 1894.
RAMSAY et YOUNG. — (Eau). *Phil. Trans.*, **183** A, p. 107, 1892.
WIEBE. — *Zeitschr. f. Instr.*, **13**, p. 329, 1893.
CHAPPUIS. — *Comité internat. des Poids et Mes. Procès-verbaux*, 1900, p. 31.
KNIPP. — *Phys. Review*, **11**, p. 141, 1900.
KNOBLAUCH, LINDE et KLEBE. — *Mitteil. d. Ver. deutsch. Ingen.*, Heft **21**, p. 33, 1905.
HENNING. — *Annal. d. Phys.*, (4), **22**, p 609, 1907.
HOLBORN et HENNING. — *Annal. d. Phys.*, (4), **27**, p. 833, 1908.
THIESEN et SCHEEL. — *Wiss. Abhandl. d. Phys.-Techn. Reichsanstalt*, **3**, p. 71, 1900.
RAMSAY et YOUNG. — (Divers liquides). *Phil. Trans.*, **175** I, p. 37, 1884 ; **175** II, p. 461, 1884 ; **177** I, p. 123, 1886 ; **178** A, p. 57, 1887 ; *Phil. Mag.*, (5), **20**, p. 515, 1885 ; *Journ. Chem. Soc.*, **49**, pp. 37, 453, 790, 1886.
NACCARI et PAGLIANI. — *Nuovo Cim.*, (3), **10**, p. 49, 1881 ; *Atti di Torino*, **16**, p. 407, 1880.
STÄDEL. — *Chem. Ber.*, **15**, p. 2559, 1882 ; *Beibl.*, **7**, p. 184, 1883.
SCHUMANN. — *W. A.*, **12**, p. 40, 1881.
YOUNG. — *Journ. Chem. Soc.*, **55**, p. 483, 1889.
RICHARDSON. — *Journ. Chem. Soc.*, **49**, p. 761, 1886 ; *Diss.*, Freiburg, 1886.

G.-C. Schmidt. — *Zeitschr. f. phys. Chemie*, **7**, p. 434, 1891 ; **8**, p. 628, 1891.
Ferche. — *W. A.*, **44**, p. 265, 1891.
G. Kahlbaum. — *Zeitschr. f. phys. Chem.*, **13**, p. 14, 1894 ; **26**, p. 577, 1898 ; *Siedetemperatur und Druck, etc.*, Leipzig, 1885 ; *Studien über Dampfspannkraftmessungen*, Basel, 1893-1899.
Barus. — *Phil. Mag.*, (5), **29**, p. 141, 1890.
Jewett. — (Na). *Phil. Mag.*, (6), **4**, p. 546, 1902.
Gebhardt. — (Na). *Diss.*, Erlangen, 1904 ; *Verhandl. d. d. phys. Ges.*, 1905, p. 184 ; *J. de phys.*, (4), **7**, p. 415, 1908.
Callendar et Griffiths. — (S). *Chem. News*, **63**, 1891.
Bodenstein. — *Ztschr. f. phys. Chem.*, **30**, p. 118, 1899.
Matthies. — *Phys. Zeitschr.*, **7**, p 395, 1906.
Zaiontschewski. — *Beibl.*, **3**, p. 741, 1879.
Nadieshdine. — *Journ. de la Soc. russe phys.-chim.*, **14**, pp. 157, 536, 1882 ; **15**, p. 25, 1883.

Tension de la vapeur de mercure.

Avogadro. — *Pogg. Ann.*, **27**, p. 60, 1833.
Benedix. — *Pogg. Ann.*, **92**, p. 632, 1854.
Regnault. — *Rel. des Expér.*, **2**, p. 506, 1862 ; *Pogg. Ann.*, **111**, p. 402, 1860.
Hagen. — *W. A.*, **16**, p. 610, 1882.
Ramsay et Young. — *Journ. Chem. Soc.*, **49**, p. 37, 1886.
H. Hertz. — *W. A.*, **17**, p. 193, 1882.
Mac-Leod. — *Rep. Brit. Ass.*, 1883.
Young. — *Trans. Chem. Soc.*, **59**, p. 629, 1891.
Van der Plaats. — *Rec. trav. chim.*, **5**, p. 49, 1886.
Pfaundler. — *W. A.*, **63**, p. 36, 1897.
Cailletet, Colardeau et Rivière. — *C. R.*, **130**, p. 1585, 1900.
Müller-Erzbach. — *Wien. Ber.*, **110**, p. 519, 1901 ; *Verh. d. phys. Ges.*, **2**, p.127, 1900.
Morley. — *Phil. Mag.*, (6), **7**, p. 662, 1904 ; *Zeitschr. f. phys. Chem.*, **49**, p. 95, 1904.
Jewett. — *Phil. Mag.*, (6), **4**, p. 546, 1902.
Gebhardt. — *Verhandl. d. d. phys. Ges.*, 1905, p. 184 ; *J. d phys.*, (4), **7**, p. 415, 1908.
Laby. — *Phil. Mag.*, (6), **16**, p. 789, 1908.
Knudsen. — *Annal. d. Phys.*, (4), **29**, p. 179, 1909.

Gaz liquéfiés.

Wroblewski. — *W. A.*, **25**, p. 371, 1885 (Oxygène, Azote, CO, CO^2).
Olszewski. — *C. R.*, **100**, p. 351, 1885 (Oxygène) ; p. 942 (AzO) ; p. 940 (CH^4) ; *W. A.*, **31**, p. 74, 1887 (Azote) ; *Bull. Acad. Cracov.*, 1890, p. 57 (SH^2) ; *Phil. Mag.*, (5), **39**, p. 195, 1895 (C^2H^4).
Estreicher. — *Phil. Mag.*, (5), **40**, p. 459, 1893 (Oxygène).
Bestelmeyer. — *Ann. d. Phys.*, (4), **14**, p. 87, 1904 (Oxygène).
Knietsch. — *Lieb. Ann.*, **259**, p. 100, 1890 (Chlore).
Ramsay et Young. — *Journ. Chem. Soc.*, **49**, p. 453, 1886 (Brome, Iode).

FARADAY. — *Phil. Trans.*, 1845, p. 155 (AzH^3, HCl, Az^2O, SH^2, SO^2, CO^2).
REGNAULT. — *Relat. des Expér.*, **2**, p. 596 (AzH^3) : pp. 626, 646 (Az^2O) ; p. 61 (SH^2) ; p. 581 (SO^2) ; p. 618 (CO^2).
BLÜMCKE. — *W. A.*, **34**, p. 19, 1888 (HCl, SO^2).
BRILL. — *Ann. de phys.*, (4), **21**, p. 170, 1906 (AzH^3).
DAVIES. — *Proc. R. Soc.* **78**, p. 41, 1906 (AzH^3).
OLSZEWSKI. — *C. R.*, **99**, p. 706, 1884 ; **100**, p. 350, 1885 (CO).
BALY et DONNAN. — *Journ. Chem. Soc.*, **81**, p. 902, 1902 (CO).
KUENEN. — *Phil. Mag.*, (5), **40**, p. 173, 1895 (Az^2O).
VILLARD. — *Ann. de chim. et phys.*, (7), **10**, p. 387, 1897 (Az^2O, CO^2, C^2H^4).
ADWENTOWSKI. — *Bull. de Cracovie*, 1909, p. 742 (AzO).
ANSDELL. — *Chem. News*, **41**, p. 75, 1881 (HCl).
CAILLETET. — *Arch. Sc. phys.*, **66**, p. 16, 1878 (Az^2O, CO^2) ; *C. R.*, **94**, p. 1224, 1880 (C^2H^4).
JANSSEN. — *Diss.*, Leyden, 1877 (Az^2O).
ANDREWS. — *Proc. R. Soc.*, **24**, p. 455, 1876 (CO^2).
AMAGAT. — *C. R.*, **114**, pp. 1093, 1322, 1892 (CO^2) ; *Ann. de chim. et phys.*, (6), **29**, p. 70, 1893 (C^2H^4).
CHAPPUIS et RIVIÈRE. — *C. R.*, **104**, p. 1504, 1887 (CAz).
TRAVERS et JAQUEROD. — *Zeitschr. f. phys. Chem.*, **45**, pp. 416, 435, 1903.
BALY. — *Phil. Mag.*, (5), **49**, p. 517, 1900.
FISCHER et ALT. — *D. A.*, **9**, p. 1176, 1902 ; *Münch. Ber.*, 1902, pp. 113, 209.
DU BOIS et WILLS. — *Verh. d. phys. Ges.*, **1**, p. 168, 1899.
KUENEN et ROBSON. — *Phil. Mag.*, (6), **3**, p. 149, 1902.
RUTHERFORD. — (Emanat. du Rad.). *Phil. Mag.*, (6), **17**, p. 723, 1909.
GRAETZ. — *Handbuch der Physik von* WINKELMANN, 2e édition, vol. **III**, pp. 962-1086, 1906.

6. — Formules pour la tension des vapeurs saturantes.

SIDNEY-YOUNG. — *Journal de chimie physique*, **4**, p. 425, 1906.
DALTON. — Voir § **3**.
URE. — Voir § **4**.
REGNAULT. — *C. R.*, **50**, 1860 ; *Pogg. Ann.*, **111**, p. 402, 1860.
G.-C. SCHMIDT. — *Zeitschr. f. phys. Chem.*, **7**, p. 434, 1891 ; **8**, p. 645, 1891.
KAHLBAUM. — *Ztschr. f. phys. Chem.*, **26**, p. 596, 1898.
MANGOLD. — *Wien. Ber.*, **102** II*a*, p. 1093, 1893.
LANDOLT. — *Lieb. Ann. Suppl. Bd.*, **6**, 1868.
DÜHRING. — *Rationelle Grundgesetze*, p. 20, Leipzig, 1878 ; *W. A.*, **51**, p. 223, 1894 ; *W. A.*, **52**, p. 556, 1894.
RAMSAY et YOUNG. — *Phil. Mag.*, (5), **21**, p. 33, 1886 ; **22**, p. 37, 1886.
RICHARDSON. — *Journ. Chem. Soc.*, **49**, p. 761, 1886.
EVERETT. — *Proc. Phys. Soc.*, **18**, p. 449, 1903 ; *Phil. Mag.*, (6) **4**, p. 335, 1902.
PORTER. — *Phil. Mag.*, (6), **13**, p. 724, 1907.
MOSS. — *Phys. Rev.*, **10**, p. 356, 1903 ; **25**, p. 453, 1907 ; **26**, p. 439, 1908.
GNOUZINE. — *Trav. de la Sect. phys. de la Soc. des natural. de Moscou*, **10**, n° 1, 1899.
NACCARI et PAGLIANI. — *Nuov. Cim.*, (3), **10**, p. 49, 1881.
SCHUMANN. — *W. A.*, **12**, p. 58, 1881.
BARTOLI et STRACCIATI. — *Atti Acc. di Catania*, (4), **2**, p. 1, 1890.
YOUNG. — *Natural Philosophy*, **2**, p. 400, 1807.

Egen. — *Pogg. Ann.*, **27**, p. 9, 1833.

Tredgold. — *Traité des machines à vapeur*, p. 101, 1828.

Coriolis. — *Du calcul de l'effet des machines*, p. 58, 1829.

Dulong et Arago. — *Mém. de l'Inst.*, **10**, p. 230, 1830; *Ann. de chim. et phys.*, (2), **43**, p. 74, 1830.

Roche. — *Mém. de l'Inst.*, **10**, p. 227, 1830.

August. — *Pogg. Ann.*, **13**, p. 122, 1828; **18**, p. 468, 1830; **27**, p. 25, 1833.

Clapeyron. — *Journ. de l'Ecole Polyt.*, **14**, p. 153, 1834.

Wrede. — *Pogg. Ann.*, **53**, p. 225, 1841.

Holtzmann. — *Pogg. Ann. Ergbd.*, **2**, p. 183. 1847.

Magnus. — *Pogg. Ann.*, **61**, p. 225, 1844; *Ann. de chim. et phys.*, (3), **12**, p. 69, 1844.

Brown. — *Proc. R. Soc.*, **26**, p. 838, 1877.

Zaiontschewski. — Voir *Beibl.*, **3**, p. 741, 1879.

Biot. — *Connaissance des temps*, 1844.

Moritz. — *Bull. Acad. de St-Pétersbourg*, **13**, p. 43, 1869.

Battelli. — *Ann. de chim. et phys.*, (7), **3**, p. 409, 1894: **5**, p. 256, 1895; **9**, p. 409, 1896.

Bertrand. — *Thermodynamique*, p. 157, Paris, 1887.

Herrmann. — *Kompendium d. mechan. Wärmetheorie*, p. 133, Berlin, 1879.

Dupré. — *Théorie mécanique de la chaleur*, p. 96, Paris, 1869.

Hertz. — *W. A.*, **17**, p. 177, 1882.

Rankine. — *Phil. Mag.*, (4), **31**, p. 200, 1866.

Kirchhoff. — *Pogg. Ann.*, **104**, p. 612, 1858; *Ges. Abhandl.*, p. 442; *Vorlesungen über Wärme*, p. 95.

Juliusburger. — *D. A.*, **3**, p. 618, 1900.

Grätz. — *Zeitschr. f. Mathem. u. Physik*, **49**, p. 289, 1903.

Woringer. — *Zeitschr. f. phys. Chem.*, **34**, p. 259, 1900.

Dühring. — *Neue Grundsätze zur ration. Physik und Chemie*, Première Partie, 1870, p. 70. Deuxième Partie, 1886, p. 115.

Winkelmann. — *W. A.*, **9**, p. 214, 1880.

Gibbs. — *Thermodynamische Studien*, p. 181 (trad. allem.).

J.-J. Thomson. — *Anwendungen der Dynamik* (trad. allem.), p. 190.

Bertrand. — (Formule de Dupré). *Thermodynamique*, p. 91. Paris, 1887.

Kraiéwitsch. — *Etude théorique sur la force élastique des vapeurs* (en russe). St-Pétersbourg, 1891.

Guldberg. — *Zeitschr. d. Ver. deutsch. Ingenieurs*, **12**, p. 676, 1868.

Prony. — *Journ. de l'Ecole Polyt.*, 1847, n° 2, p. 1.

Kessler. — *Jahresber. d. Gewerbeschule zu Bochum*, 1880.

Broch. — *Mém. du Bur. internat. des Poids et Mes.*, IA, p. 17, 1881.

Antoine. — *C. R.*, **107**, pp. 681, 778, 836, 1888; **110**, p. 632, 1890; **112**, p. 284, 1891; **113**, p. 328, 1892; **116**, p. 170, 1893; *Ann. de chim. et phys.*, (6), **22**, p. 281, 1891.

Bogaiewski. — *Journ. de la Soc. russe phys.-chim.*, **29**, p. 87, 1897.

Jaholineck. — *Wiener Monatshefte*, **4**, p. 193, 1883; *Beibl.*, **7**, p. 587, 1883.

Duperray. — *Ann. de chim. et phys.*, **23**, p. 71, 1871.

Thiesen. — *W. A.*, **67**, p. 692, 1899.

Henning. — *Annal. d. Phys.*, (4), **22**, p. 609, 1907.

Nernst. — *Götting. Nachr.*, 1906, p. 1; *Berl. Ber.*, 1906, p. 933.

Brill. — *Annal. d. Phys.*, (4), **21**, p. 170, 1906; *Ztschr. f. Phys. Chem.*, **57**, p. 721, 1907.

FALCK. — *Phys. Zeitschr.*, **9**, p. 433, 1908.
NERNST et LEVY. — *Verh. d. d. Phys. Ges.*, **11**, pp. 313, 328, 336, 1909.
DE HEEN. — *Bull. Ac. Belgique*, (3), **11**, p. 165, 1886.
GERBER. — *Nova Acta Leop. Carol. Ac.*, **52**, n° 3, p. 103, 1888; *Beibl.*, **12**, p. 455, 1888.
UNWIN. — *Phil. Mag.*, (5), **21**, p. 299, 1881.
PICTET. — *C. R.*, **90**, p. 1070, 1880.
SCHLEMÜLLER. — *Wien. Ber.*, **106**, p. 9, 1897.
RANKINE. — *Edinb. New Phil. Journal*, 1849.
ZEUNER. — *Technische Thermodynamik*, **2**, p. 36, 1890.
CICCONE. — *Riv. Sc. Industr.* **13**, p. 170, 1881.
WINKELMANN. — *W. A.*, **9**, p. 217, 1880.
PLANCK. — *W. A.*, p. 535, 1881.
CLAUSIUS. — *W. A.*, **14**, pp. 279, 692, 1881.
MAXWELL. — *Nature* (en anglais), 4 et 11 mars 1875.

7. — Tension en fonction de la courbure de la surface du liquide.

W. THOMSON (LORD KELVIN). — *Phil. Mag.*, (4) **42**, p. 448, 1871.
WARBURG. — *W. A.*, **28**, p. 394, 1886.
R. HELMHOLTZ. — *W. A.*, **27**, p. 522, 1886.
PRINCE GALITZINE. — *W. A.*, **35**, p. 200, 1888.
FITZGERALD. — *Phil. Mag.*, (5), **8**, p. 382, 1889.
STEFAN. — *W. A.*, **29**, p. 655, 1886.
BACON. — *Phys. Rev.*, **20**, p. 1, 1905.
DUHEM. — *Ann. de l'Ecole norm. sup.*, (3) **2**, p. 207, 1885.
R. HELMHOLTZ. — (Propriétés d'un courant de vapeur). *W. A.*, **32**, p. 1, 1887.
J.-J. THOMSON. — *Phil. Mag.*, (5) **36**, p. 313, 1893.
AITKEN. — *Proc. R. Soc.*, **51**, p. 480, 1892.
BOCK. — *Progr. K. Realschule Rothenburg o. T.*, 1896; *Beibl.*, **20**, p. 1861, 1896.
BAKKER. — *Journ. de Phys.*, (4), **7**, p. 203, 1908; *Annal. d. Phys.*, (4), **20**, pp. 40, 61, 1906; **23**, p. 532, 1907; *Ztschr. f. phys. Chem.*, **59**, p. 218, 1907.
O. LEHMANN. — *Phys. Zeitschr.*, **7**, p. 392, 1906.
CANTOR. — *W. A.*, **56**, p. 492, 1895.
BLONDLOT. — *Journ. de phys.*, (2) **3**, p. 442, 1884.
GOUY. — *C. R.*, **149**, p. 822, 1909.
SCHILLER. — *Trav. de la Sect. phys. de la Soc. des natur. de Moscou*, **7**, n° 1, p. 31; n° 2, p. 7, 1895; *Journ. de la Soc. russe phys.-chim.*, **29**, p. 9, 1897; **30**, pp. 79, 159, 1898; *W. A.*, **53**, p. 396, 1894; **60**, p. 755, 1897; **67**, p. 291, 1899; *Compt. rend. de l'Univers. de Kiew*, 1897.
KISTIAKOFFSKI. — *Journ. de la Soc. russe phys.-chim.*, **29**, p. 273, 1897; **30**, p. 139, 1898.
DUHEM. — *Ann. Ecole norm. sup.*, (3) **7**, p. 289, 1890.
KÖNIGSBERGER. — *W. A.*, **66**, p. 709, 1898.
SOKOLOFF. — *J. de la Soc. russe phys.-chim.*, **26**, p. 319, 1894.
HANNAY et HOGARTH. — *Proc. R. Soc.*, **30**, p. 178, 1880.
CAILLETET. — *Journ. de phys.*, (1) **9**, p. 193, 1880.
VILLARD. — *Journ. de phys.*, (3) **5**, p. 453, 1896.
G. LIPPMANN. — *C. R.* **152**, p. 239, 1911.

8. — Calcul du volume spécifique et de la densité des vapeurs saturantes.

CLAUSIUS. — *Mechan. Wärmetheorie*, **1**, p. 159.
DIETERICI. — *W. A.*, **38**, p. 1, 1889.
BEHN. — *D. A.*, **1**, p. 280, 1900.

9. — Détermination expérimentale de la densité et du volume spécifique.

FAIRBAIRN et TATE. — *Phil. Mag.*, (4) **21**, p. 230, 1861 ; *Phil. Trans.*, 1860, p. 185.
PEROT. — *Ann. de chim. et phys.*, (6), **13**, p. 145, 1888 ; *C. R.*, **102**, p. 1369, 1886 ; *Journ. de phys.*, (2), **7**, p. 129, 1888.
YOUNG. — *Trans. Chem. Soc.*, **59**, pp. 37, 125, 911, 1891 ; **71**, p. 446, 1897 ; **73**, p. 675, 1898 ; **77**, p. 1145, 1900 ; *Journ. Chem. Soc.*, **59**, p. 911, 1891 ; *Phil. Mag.*, (5), **50**, p. 291, 1900 ; *Journ. de phys.*, (4), **8**, p. 5, 1909 ; *Zeitschr. f. phys. Chem.*, **70** (SVANTE ARRHÉNIUS II), p. 620, 1910.
CAILLETET et MATHIAS. — *C. R.*, **104**, p. 1563, 1887 ; *Journ. de phys.*, (2), **5**, p. 549, 1886.
BAUER. — *W. A.*, **55**, p. 184, 1895.
HERWIG. — *Pogg. Ann.*, **137**, p. 19, 1869.
WÜLLNER et GROTRIAN. — *W. A.*, **11**, p. 545, 1880.
BATTELLI. — *Mem. Acc. Torino*, (2) **40**, **41**, **44**, 1890-1892 ; *Nuov. Cim*, (3) **30**, p. 235, 1891 ; *Ann. de chim. et de phys.*, (6) **25**, p. 38, 1892.
RAMSAY et YOUNG. — *Phil. Trans.*, **176**, p. 123, 1886 ; **177**, pp. 1, 123, 1886 ; **178**, pp. 57, 313, 1887 ; **180**, p. 137, 1889 ; *Phil. Mag.*, (5), **23**, p. 435, 1887 ; *Proc. R. Soc.*, **54**, p. 387, 1888.
AMAGAT. — *C. R.*, **114**, pp. 1093, 1322, 1892.
SCHOOP. — *W. A.*, **12**, p. 550, 1881.
AVENARIUS. — *Bull. de l'Acad. de St-Pétersb.*, **22**, p. 378, 1876 ; *Mél. phys. et chim.*, **9**, p. 647, 1876.
ANSDELL. — *Proc. R. Soc.*, **30**, p. 117, 1879.
HORSTMANN. — *Lieb. Ann. Suppl.*, **6**, p. 51, 1868.
PRINCE GALITZINE. — *W. A.*, **47**, p. 466, 1892.
JEWETT. — *Phil. Mag.*, (6), **4**, p. 546, 1902.
v. HIRSCH. — *W. A.*, **69**, p. 257, 1899.
KNOBLAUCH, LINDE et KLEBE. — *Mitteil. d. Ver. deutscher. Ingen.*, Heft 21, p. 33, 1905.
DEWAR. — (Oxygène). *Proc. R. Soc.*, **69**, p. 360, 1902.
MATHIAS. — *Journ. de phys.*, (3), **1**, p. 53, 1892 ; **2**, pp. 5, 224, 1893 ; **7**, p. 397, 1898 ; **8**, p. 407, 1899 ; (4), **4**, p. 77, 1905 ; *C. R.*, **115**, p. 35, 1890 ; **128**, p. 1389, 1899 ; **139**, p. 359, 1904 ; **148**, p. 1102, 1909 ; *Mém. de la Soc. Roy. des Sc. de Liège*, (3), **2**, 1899 ; *Le point critique des corps purs*, Paris, 1904, pp. 6, 59.
BATSCHINSKI. — *Zeitschr. phys. Chem.*, **41**, p. 741, 1902 ; **43**, p. 3, 1903.

10. — Chaleur spécifique *c* des vapeurs saturantes.

DUPRÉ. — *C. R.*, **56**, p. 960, 1863.
CLAUSIUS. — *Pogg. Ann.*, **70**, pp. 368, 500, 1850 ; *Abhandlungen*, **1**, p. 73.
RANKINE. — *Trans. Edimb. R. Soc.*, **20**, 1849-1853.

DUHEM. — *J. de phys.*, (3) **1**, p. 470, 1892.
MATHIAS. — *J. de phys.*, (3) **5**, p. 381, 1896; **7**, pp. 397, 626, 1898; *C. R.*, **126**, p. 1095, 1898.
CAZIN. — *Ann. de chim. et phys.*, (4) **14**, p. 374, 1868; *C. R*, **62**, p. 56, 1866.
HIRN. — *Cosmos*, **22**, p. 413, 1863; *Bull. de la Soc. industr. de Mulhouse*, **133**, p. 137.
BERTRAND. — *Thermodynamique*, p. 227, Paris, 1887.
ALT. — *Diss.*, München, 1903.
DIETERICI. — *D. A.*, **12**, p. 154, 1903.
WILSON. — *Proc. R. Soc.*, **61**, p. 240, 1897.
LIPPMANN. — *Thermodynamique*, p. 174, Paris, 1889.
VAN DER WAALS. — *Kon. Ak.*, Amsterdam, (2), **12**, p. 1, 1878.
RAVEAU. — *Journ. de phys.*, (3), **1**, p. 461, 1892.
NATANSON. — *Zeitschr. f. phys. Chem.*, **17**, p. 267, 1895.
TSURUTA. — *Phil. Mag.*, (5), **48**, p. 288, 1899.
KAMERLINGH ONNES. — *Comm.*, Leiden, 1900, n° 66; *Arch. Néerl.*, (2), **3**, p. 665, 1900.
CALLENDAR. — *Proc. R. Soc.*, London, 67, p. 266, 1901.
DALTON. — *Phil. Mag.*, (6), **13**, p. 536, 1907.
MATHIAS. — (Dilatation adiabatique). *Journ. de phys.*, (4), **7**, p. 618, 1908; **8**, p. 888, 1909; *C. R.*, **146**, p. 806, 1908.

11. — Chaleur spécifique c_p des vapeurs saturantes.

PLANCK. — *Thermodynamik*, p. 138, Berlin, 1897.
THIESEN. — *D. A.*, **9**, p. 80, 1902.
TUMLIRZ. — *Wien. Ber.*, **106**, p. 654, 1898; **108**, p. 1395, 1900; **113**, p. 380, 1904.
AMAGAT. — *C. R.*, **142**, p. 1120, 1303, 1906; **143**, p. 6, 1906; *Journ. de phys.*, (3), **9**, p. 417, 1900; (4), **5**, p. 637, 1906.
DALTON. — *Phil. Mag.* (6), **13**, p. 536, 1907.
NERNST. — *Verhandl. d. d. phys. Ges.*, **11**, p. 320, 1909.

12. — Loi de Dalton.

DALTON. — *Manch. Phil. Soc.*, **5**, p. 535, 1802; *Gilb. Ann.*, **12**, p. 385, 1802; **15**, p. 21, 1803.
HENRY. — *Nicholsons Journ.*, **8**, p. 297, 1804; *Gilb. Ann.*, **21**, p. 393, 1805.
GAY-LUSSAC. — *Ann. de chim. et phys.*, **95**, p. 314, 1815; BIOT, *Traité de physique*, **1**, p. 293.
MAGNUS. — *Pogg. Ann.*, **38**, p. 488, 1836.
REGNAULT. — *Ann. de chim. et phys.*, (3) **15**, p. 129, 1845; (4) **26**, p. 679, 1862; *Mém. de l'Ac.*, **26**, pp. 256, 722, 729, 1862; *Pogg. Ann.*, **65**, pp. 135, 321, 1845.
HERWIG. — *Pogg. Ann.*, **137**, p. 592, 1869.
KRÖNIG. — *Pogg. Ann.*, **123**, p. 299, 1864.
TROOST et HAUTEFEUILLE. — *C. R.*, **83**, pp. 333, 975, 1871.
GUGLIELMO et MUSINA. — *Riv. sc. industr. Firenze*, **19**, p. 185, 1887; *Beibl.*, **12**, p. 464, 1888.
BRAUN. — *W. A.*, **34**, p. 943, 1888.
WÜLLNER et GROTRIAN. — *W. A.*, **11**, p. 607, 1888.

KREBS. — *Pogg. Ann.*, **133**, p. 673, 1868 ; **136**, p. 144, 1869.
R. HELMHOLTZ. — *W. A.*, **27**, p. 508, 1886.
PRINCE GALITZINE. — *Das Daltonsche Gesetz. Diss.*, Strassburg, 1890 ; *W. A.*, **41**, p. 588, 1890.

13. — Hygrométrie.

JAMIN. — *J. de phys.*, (2), **3**, p. 469, 1884.
R. WEBER. — *Bull. Soc. Neuchâtel. des sc. nat.*, **27**, **55**, 1898-1899.
HÉSÉHOUS. — *J. de la Soc. russe phys.-chim*, **34**, p. 331, 1902.
SALVIONI. — *Atti R. Acc. Peloritana Messina*, **17**, 1901.
SVENSSON. — *Akad. Abhandl.*, Stockholm, 1898 ; *Beibl.*, **24**, p. 431, 1900.
GUGLIELMO. — *Rend. R. Acc. dei Linc.*, (5), **10**, 2e Sem, p. 193, 1901.
R. v. HELMHOLTZ et SPRUNG. — *Inst.*, **8**, p. 38, 1888.
COZZA. — *Arch. sc. phys.*, (4) **10**, p. 132, 1900.
WEILENMANN. — *Meteorol. Zeitschr.*, **12**, pp. 268, 368, 1877 ; *Schweizerische meteorol. Beobachtungen*, **12**, 1877.
STEFAN. — *Wien. Ber.*, **68**, 1874.
SCHJERBECK. — *Oversigt Danske Vidensk. Selsk. Forhandl.*, 1895, nº 1.
STELLING. — *Repert. d. Meteorologie*, **8**, 1883.
ULE. — *Meteorol. Zeitschr.*, 1891. p. 91.
SCHWALBE. — *Meteorol. Zeitschr.*, **19**, p. 49, 1902.
BRUNNER. — *Ann. de chim et phys.*, (3) **3**, p. 305, 1841.
CANTOR. — *W. A.*, **56**, p. 492, 1895.
CHARLES LE ROY. — *Mélanges de Phys. et de Médecine*, Montpellier, 1771.
DINES. — Voir PRESTON, *Theory of Heat.*, p. 358, London, 1894.
DANIELL. — *Gilb. Ann*, **65**, p. 169, 1820 ; *Meteorol. Essays and Observations*, p. 139. London, 1827.
REGNAULT. — *Ann. de chim. et phys.*, (3) **15**, p. 129, 1845.
ALLUARD. — *Journ. de phys.*, (1), **7**, p. 328, 1878.
CROVA. — *J. de phys.*, (2) **2**, pp. 166, 437, 1883 ; **3**, p. 390, 1884 ; *C. R.*, **94**, p. 1514, 1882.
NIPPOLD. — *Meteorol. Zeitschr.*, 1894, nº 4.
SAUSSURE. — *Essai sur l'Hygrométrie*, p. 1, Neuchâtel, 1783.
DULONG. — Voir BIOT, *Physique*, **2**, p. 207.
GAY-LUSSAC. — Voir BIOT, *Physique*, **2**, p. 199.
MELLONI. — *Ann. de chim. et phys.*, (2) **43**, p. 39, 1830.
REGNAULT. — (Hygromètre à cheveu). *Ann. de chim. et phys.*, (3) **15**, p. 141, 1845.
LESLIE. — *Nicholsons Journ.*, **3**, p. 461.
AUGUST. — *Pogg. Ann.*, **5**, p. 69, 1825.
APJOHN. — *Trans. R. Irish Acad.*, **17**, p. 275, 1834.
MAXWELL. — *Zeitschr. f. Meteorol.*, **16**, p. 177, 1881.
ZWORYKINE. — *Détermination du degré d'humidité de l'air avec le psychromètre* (en russe). Suppl. au T. **11**, des *Compt. rend. de l'Acad. des Sc.*, 1881 et *Rep. f. Meteorol.*, **7**, nº 8, 1881.
ANGOT. — *J. de phys.*, (1) **10**, p. 112, 1881.
MACÉ DE LÉPINAY. — *J. de phys.*, (1) **10**, p. 17, 1881.
VAILLANT. — *C. R.*, **146**, p. 582, 1908 ; **150**, pp. 213, 689, 1910.

CHAPITRE XIII

VAPEURS NON SATURANTES. ETAT CRITIQUE. ETATS CORRESPONDANTS.

1. Introduction. — Un gaz parfait et une vapeur saturante sont deux termes extrêmes d'une série continue d'états possibles d'une même substance. Un gaz parfait est caractérisé par deux quelconques des trois lois de Boyle, Gay-Lussac et Joule (page 552) ; dans une vapeur saturante, au contraire, la tension est uniquement fonction de la température (pour une substance donnée), d'où résulte que toute compression isothermique et tout refroidissement à volume constant sont accompagnés par le passage d'une partie de la substance de l'état gazeux à l'état liquide. Les gaz réels, qui commencent déjà à ne plus suivre les lois mentionnées, et les vapeurs, qui ne se trouvent pas trop éloignées du point de saturation, possèdent des propriétés pour ainsi dire intermédiaires. Il n'est pas possible de tracer une limite précise entre les *gaz réels* et les *vapeurs* ; c'est pourquoi nous les réunissons sous la même dénomination de *vapeurs non saturantes*. Il est important de remarquer que, lorsque la densité et la tension d'une vapeur saturante sont faibles, on peut admettre que la vapeur non saturante jouit jusqu'à la saturation des propriétés d'un gaz parfait. Cette hypothèse ne conduit pas à des erreurs sensibles, par exemple pour la vapeur de mercure et même pour la vapeur d'eau à 0°, et nous nous en sommes servi à plusieurs reprises, aussi bien pour simplifier les formules exactes, que pour en établir de nouvelles seulement approximatives. Les propriétés des vapeurs saturantes ont été étudiées en détail dans le précédent Chapitre. Les écarts que les *gaz* au sens ordinaire du mot, c'est-à-dire les vapeurs très éloignées de leur point de saturation, manifestent à l'égard des lois de Boyle, Gay-Lussac et Joule ont été considérés dans le Tome I et dans le présent volume, page 560.

Nous étudierons surtout, dans ce Chapitre, les propriétés des vapeurs non saturantes, et plus spécialement des vapeurs *qui ne sont plus très éloignées du point de saturation*. Tel est le cas, par exemple, de la vapeur des diverses substances qui se trouvent à l'*état liquide* dans les conditions ordinaires de température et de pression. La *théorie des états correspondants* montre le rôle important qu'il faut attribuer à l'*état critique* d'une substance, dans l'étude des propriétés de la vapeur non saturante de cette substance. C'est pour cette raison que nous avons réuni, dans un même Chapitre, trois questions au premier abord aussi dissemblables que celles des vapeurs non saturantes, de l'état critique et des états correspondants.

2. Chaleur spécifique des vapeurs non saturantes. — Nous avons considéré, pages 219 et 251, la chaleur spécifique des gaz, c'est-à-dire des vapeurs non saturantes très éloignées de leur point de saturation. Nous avons en outre montré (page 795) comment on calcule la chaleur spécifique de nature particulière c des vapeurs *saturantes*, laquelle, comme nous l'avons vu, peut être négative. Enfin, nous avons indiqué comment on évalue la chaleur spécifique c_p d'une vapeur *saturante*, qui n'est autre chose que la limite de la chaleur spécifique c_p de la vapeur *non saturante*, lorsque celle-ci se rapproche du point de saturation. Nous avons donc encore à étudier la question de la chaleur spécifique des vapeurs *non saturantes*, qui ne sont pas trop éloignées du point de saturation.

Les premières déterminations de la grandeur c_p, pour les vapeurs non saturantes, ont été obtenues par Regnault (1862), au moyen d'une méthode analogue à celle dont il s'est servi pour la détermination de c_p dans les gaz (voir la description de cette dernière méthode à la page 225). La différence consiste en ce que la vapeur se condense dans le serpentin (à l'intérieur du calorimètre), en libérant par suite sa chaleur latente de vaporisation. Soit P un poids déterminé de vapeur, t la température de cette vapeur à l'entrée dans le calorimètre, t_1 la température à laquelle elle se condense, $c\,(=c_p)$ la chaleur spécifique moyenne entre t^o et t^o_1, ρ la chaleur latente de vaporisation, t' et t'' les températures initiale et finale dans le calorimètre, C la capacité calorifique de l'ensemble du calorimètre, c' la chaleur spécifique moyenne du liquide entre les températures t_1 et t'' ; on a évidemment

$$(1)\qquad \mathrm{P}c(t-t_1)+\mathrm{P}\rho+\mathrm{P}c'(t_1-t'')=\mathrm{C}(t''-t')+q-q',$$

où q est la chaleur perdue par le calorimètre dans le rayonnement, q' la chaleur qu'il reçoit par conduction. Dans le troisième terme du premier membre, il serait plus exact de remplacer t'' par $(t'+t'') : 2$. Le premier terme, qui contient la grandeur cherchée c, est très petit comparé au second, et par suite il ne serait pas possible d'obtenir une détermination précise de c par la relation (1). Aussi Regnault opérait-il de la façon suivante : il faisait d'abord une première expérience en chauffant la vapeur jusqu'à une température t un peu plus élevée que la température de condensation ; ensuite, dans une seconde expérience, il faisait passer à travers le calorimètre le même poids P de vapeur préalablement échauffée jusqu'à une température beaucoup plus élevée T, de sorte que le calorimètre s'échauffait jusqu'à la température $\mathrm{T}'' > t''$. Il obtenait de cette manière une seconde équation

$$\mathrm{P}c(\mathrm{T}-t_1)+\mathrm{P}\rho+\mathrm{P}c'(t_1-\mathrm{T}'')=\mathrm{C}(\mathrm{T}''-t')+q_1-q_1'.$$

En retranchant les deux équations, il obtenait une formule qui ne renfernait plus le grand terme Pρ et pouvait calculer avec une grande exactitude la chaleur spécifique moyenne c de la vapeur entre T° et t°. Nous donnons ici quelques-unes des valeurs obtenues par Regnault :

Substance	T	t	c (vapeur)	c' (liquide)	c'' (solide)
Eau (H^2O)	220,9	128,1	0,4776	1,00	0,50
Ether ($C^4H^{10}O$)	224,0	69,6	0,4796	0,53	—
Alcool éthylique (C^2H^6O)	220,1	107,5	0,4534	0,66	—
Sulfure de carbone (CS^2)	147,0	80,0	0,1534	0,23	—
Benzine (C^6H^6)	217,7	116,0	0,3754	0,44	—
Ether acétique ($C^4H^8O^2$)	218,6	114,6	0,4008	0,59	—
Chloroforme ($CHCl^3$)	238,4	117,4	0,1566	0,24	—
Brome	228,2	82,9	0,0555	0,11	0,08
Essence de térébenthine ($C^{10}H^{16}$)	249,0	179,1	0,5061	0,51	—

La chaleur spécifique d'une vapeur est moindre que celle du liquide correspondant et, pour l'eau et le brome, elle est à peu près égale à celle de ces substances à l'état solide. Les grandeurs c et c' varient en général dans le même sens, quand on passe d'une substance à une autre.

E. Wiedemann (1877) a évité la difficulté mentionnée ci-dessus, en diminuant la pression p dans le calorimètre, de sorte que la vapeur se condensait, non dans le calorimètre, mais après sa sortie de celui-ci dans un vase particulier suffisamment refroidi. En faisant varier les températures entre lesquelles le refroidissement de la vapeur avait lieu, il a pu déterminer comment c dépend de la température. Soit

$$c = c_0 + 2\alpha t$$

la chaleur spécifique *à la température* t, de sorte que $c_0 + \alpha t$ représente la chaleur spécifique moyenne entre 0° et t°. Nous citerons quelques-unes des valeurs trouvées par E. Wiedemann pour c_0 et 2α, ainsi que pour c_0' et $2\alpha'$ relatifs à l'état *liquide* de la substance.

Substance	c_0	2α	c_0'	$2\alpha'$
Chloroforme ($CHCl^3$)	0,1341	0,0001354	0,2293	0,0001014
Bromure d'éthyle (C^2H^5Br)	0,1354	0,0003560	—	—
Benzine (C^6H^6)	0,2237	0,001023	0,3798	0,001440
Acétone (C^3H^6O)	0,2984	0,000774	0,5064	0,000793
Ether acétique ($C^4H^8O^2$)	0,2738	0,000870	0,5274	0,001046
Ether ($C^4H^{10}O$)	0,3725	0,000854	0,5290	0,000592

Il est remarquable que les grandeurs 2α et $2\alpha'$ soient plus voisines l'une de l'autre que c_0 et c_0'.

De nouvelles recherches sur la capacité calorifique c_p de la *vapeur d'eau* sont dues à H. LORENZ (1904), HOLBORN et HENNING (1905), PEAKE (1905) et à KNOBLAUCH et JACOB (1905). Nous avons déjà indiqué page 233 les résultats obtenus par HOLBORN et HENNING ; nous ajouterons que ces résultats les ont conduits à la formule

$$c_p = 0{,}4460\,(1 + 0{,}000096\,t),$$

où c_p est la chaleur spécifique *moyenne* entre 0° et t°. H. LORENZ a trouvé au moyen de ses observations la formule

$$c_p = 0{,}43 + 3{,}6 . 10^6 . \frac{p}{T^3},$$

p étant la pression moyenne en kilog. par cmq. et T la température absolue moyenne de la vapeur dans le calorimètre. PEAKE a obtenu la valeur moyenne $c_p = 0{,}46$ et a constaté qu'une très forte augmentation de c_p se produit lorsque la température s'élève de 110° à 177°. KNOBLAUCH et JACOB ont déterminé c_p pour t compris entre 150° et 350° et pour $p = 2$, 4, 6 et 8 kilog. par cmq. Ils ont trouvé que c_p augmente toujours avec la pression et qu'au contraire, lorque la température est croissante, il devient d'abord plus petit et ensuite plus grand.

La grandeur $k = c_p : c_v$ (où c_v est identique à la capacité c que nous venons de considérer) a été déterminée par P.-A. MÜLLER au moyen de la méthode de ASSMANN (page 246) et par W. JÄGER au moyen de la mesure de la vitesse du son. Voici un tableau où sont indiquées les valeurs de k calculées par la formule $c_p - c_v = AR$ (page 556), qui n'est rigoureusement exacte que pour un gaz parfait. Les valeurs trouvées par REGNAULT et E. WIEDEMANN pour c_p ont été indiquées dans ce tableau.

Substance	k (observé) MÜLLER	k (observé) JÄGER	k (calculé) REGNAULT	k (calculé) E. WIEDEMANN
Eau	—	1,330 (95°)	1,306 (174°)	—
Alcool.	—	1,133 (54°)	1,107 (164°)	—
Ether.	1,029 (34°)	1,097 (20°)	1,060 (147°)	1,078 (0°)
CS^2	1,189 (30°)	—	1,208 (134°)	—
»	»	—	1,248 (0°)	—
Chloroforme. . . .	1,110 (30°)	—	1,118 (178°)	1,139 (0°)

La variation de la chaleur spécifique avec la température montre que, dans les vapeurs, le travail intérieur, probablement intra-moléculaire, n'est pas nul. La chaleur spécifique moléculaire mc_v, où m est le poids moléculaire, ainsi que la chaleur spécifique atomique moyenne $mc_v : n$, où n est le nombre des atomes contenus dans une molécule, varient suivant les vapeurs ; la deuxième grandeur est, par exemple, pour le chloroforme 2,81, pour CS^2 2,67, pour l'éther 1,70 et pour la benzine 1,29.

0.000020
0.000015
0.000010
0.000005
0.000000
0.000005
0.000010
0.000015
0.000020
0.000025
0.000030
$CO^2 . \frac{d^2v}{dT^2}$
0 ATM^{ES} 25
50
75
100
125
150
175
200
MAI. 1900

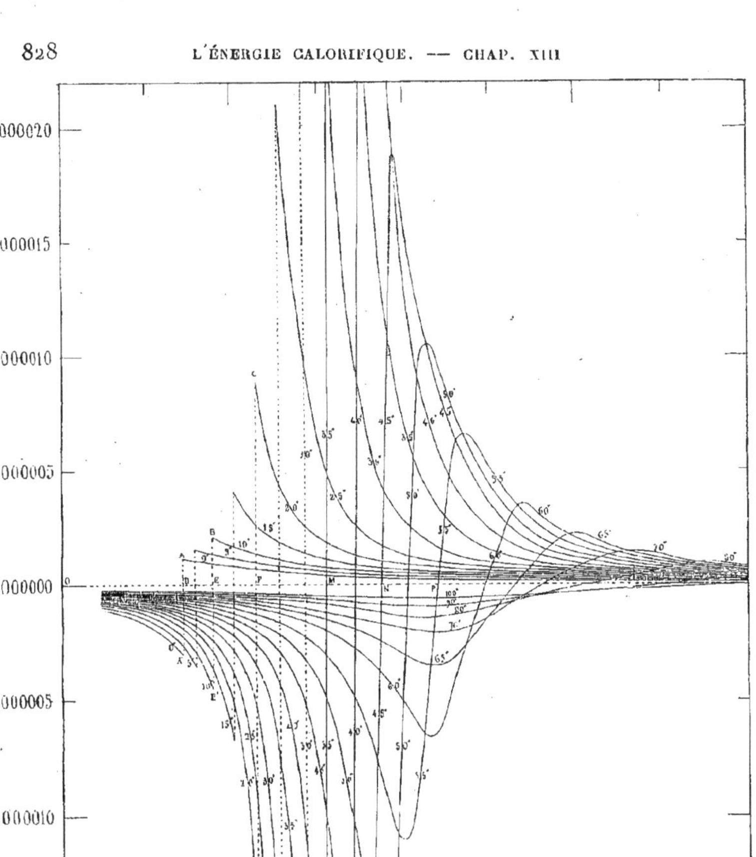

Fig. 236 *bis*

Il est difficile de déterminer expérimentalement c_p ou c_v pour une vapeur à très haute pression et dans le voisinage de l'état critique. Pourtant, ces grandeurs peuvent se calculer dans beaucoup de cas. AMAGAT (1900) a fait un calcul de ce genre pour CO^2. Il a trouvé, à l'aide des formules (58, *e*) et (59, *e*), pages 510 et 511, et (32, *a*), page 574, qu'aux températures supérieures à la température critique, la capacité c_p pour CO^2 croît d'abord rapidement quand la pression augmente, puis plus lentement, atteint un maximum et décroît ensuite. La pression, pour laquelle c_p est un maximum, augmente continuellement avec la température. Aux températures inférieures à la température critique, c_p (pour une température donnée) commence par croître avec la pression jusqu'au point de saturation, subit alors une variation brusque avec le changement d'état, puis décroît indéfiniment et de moins en moins rapidement. Les valeurs des maxima sont d'autant plus grandes qu'on se rapproche davantage de la pression critique, pour laquelle elles paraissent devenir infinies. Pour l'état gazeux, les variations de c_p décroissent indéfiniment quand la température croît et finissent par devenir extrêmement petites. Pour une température quelconque, à partir d'une certaine pression, ces variations diminuent aussi indéfiniment et finissent par devenir très petites. Dans la figure 236 *bis*, où AMAGAT a traduit ces résultats, la pression est limitée à 200 atmosphères et les températures à 100°, pour des raisons typographiques. Les courbes tracées ne donnent pas directement les chaleurs spécifiques : ce sont des isothermes, telle que l'aire comprise entre l'une d'elles, l'axe des abscisses (axe des pressions) et une ordonnée initiale arbitrairement choisie représente la variation de la chaleur spécifique sur l'isotherme quand on fait varier la pression. La partie inférieure est, pour les températures inférieures à la température critique, relative à l'état gazeux, et l'autre partie relative à l'état liquide; les isothermes dans ces conditions présentent une discontinuité (de A en A′, de B en B′, ...) correspondant au changement d'état; les aires négatives de la partie inférieure doivent être changées de signe et considérées par conséquent comme positives.

3. Densité, tension et dilatation thermique des vapeurs non saturantes. Réseaux d'Amagat. — On a $pv = const.$ pour un gaz parfait. En étudiant les écarts à la loi de BOYLE (Tome I), nous avons déjà signalé les vastes recherches d'AMAGAT. Nous donnons ici quelques figures, qui illustrent très bien les résultats qu'il a obtenus. Sur ces figures sont représentées les *isothermes* avec une équation de la forme $pv = f(p)$, c'est-à-dire que la pression p en atmosphères est portée en abscisse et le produit pv en ordonnée. Pour un gaz parfait, ces isothermes sont des droites parallèles à l'axe des abscisses, puisque l'équation des isothermes est alors $pv = const.$ AMAGAT a étudié l'air, O^2, H^2, Az^2, CH^4 (méthane), C^2H^4 (éthylène) et CO^2, en élevant dans quelques expériences la pression jusqu'à 3000 atmosphères. Il a reconnu que les isothermes de H^2 étaient des droites inclinées sur l'axe des abscisses, pv augmentant en même temps que p. Pour Az^2 et CH^4, il a obtenu des courbes, avec un minimum du produit pv nettement accusé sur chacune d'elles pour CH^4, à des pressions voisines de 120 atmosphères. Les isothermes de l'éthylène (C^2H^4)

sont représentées sur la figure 237 ; quand la température augmente, le minimum de *pv* se déplace du côté des pressions plus élevées. Pour CO^2, AMAGAT

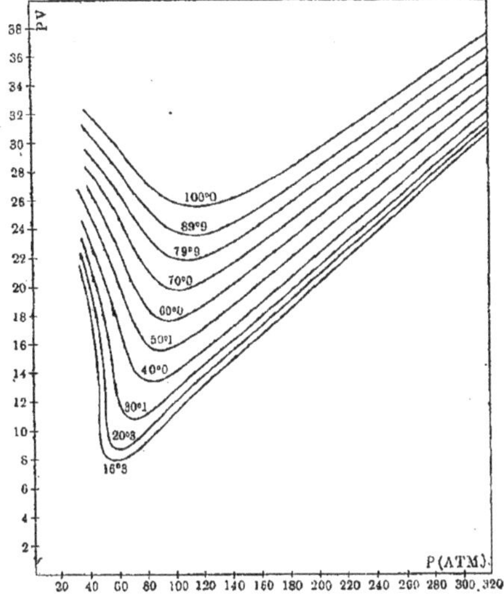

Fig. 237

a étudié les isothermes de 0° jusqu'à 258° et sous des pressions allant jusqu'à 1000 atmosphères ; elles sont indiquées sur la figure 238 ; une partie des iso-

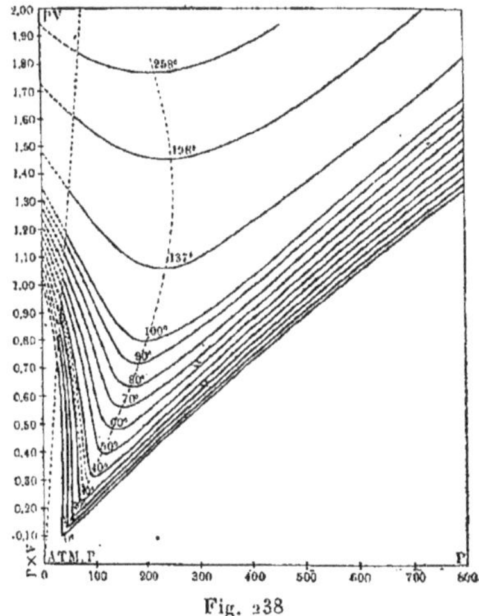

Fig. 238

thermes, celles relatives aux plus faibles pressions, sont représentées à part sur la figure 239, avec une échelle agrandie des abscisses. Les minima de *pv* sont reliés par une ligne ponctuée, qui est de forme parabolique. Les isothermes à 32° (température critique) et à 35° sont représentées dans les deux figures par des lignes ponctuées. La figure 239 contient en outre (à gauche et en bas) une autre courbe de genre parabolique ponctuée, qui a la signification suivante : aux températures inférieures à 32°, le gaz acide carbonique se liquéfie sous une certaine pression, v et par suite aussi pv pour $p = const.$ décroissant jusqu'à une valeur qui correspond à la liquéfaction de toute la masse ; les parties rectilignes verticales des isothermes correspondent à la période de liquéfaction, de sorte que les prolongements (à gauche) des isothermes au-

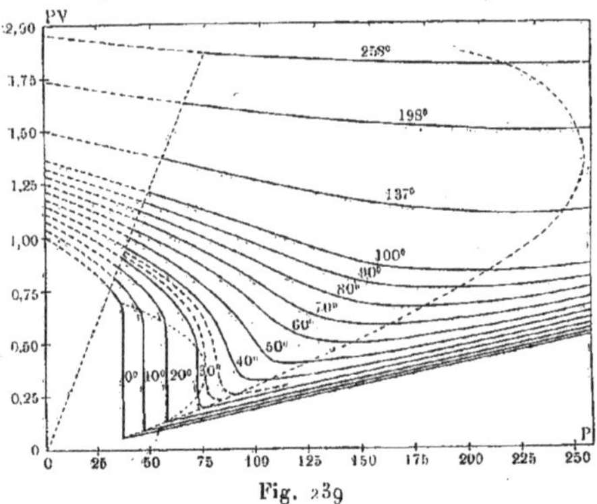

Fig. 239

dessous de 32° se rapportent à CO^2 liquide. La courbe de genre parabolique réunit les points qui correspondent au commencement et à la fin de la liquéfaction.

Comme les grandeurs pv et p sont prises comme coordonnées dans les figures 237 et 238, les courbes d'*égal volume* ont pour équation $(pv):p = const.$; ce sont évidemment des *droites* passant par l'origine O du système de coordonnées. La valeur numérique du volume v est égale à la tangente de l'angle compris entre la droite considérée et l'axe des abscisses. On a indiqué sur les figures 237 et 238 une telle droite correspondant à un grand volume. Pour les températures inférieures à la température critique, les parties des isothermes $pv = f(p)$ relatives à l'état liquide diffèrent peu des lignes droites passant par le point O, puisqu'alors v varie peu avec la pression. De la forme des courbes des figures 237 et 238, Amagat a déduit la série suivante de propositions concernant le coefficient de pression, la compressibilité et la dilatation thermique, qui constituent les LOIS PRINCIPALES DE LA STATIQUE DES FLUIDES.

1° *La pression correspondant au minimum du produit pv, pour les isothermes successives, croît d'abord avec la température, passe par un maximum, puis décroît.* La courbe ponctuée, lieu des points correspondants, doit converger vers l'ordonnée initiale, les minima de pv devant disparaître, comme dans le cas de l'hydrogène.

2° *Les isothermes, dans les limites de pression et de température atteintes, ne paraissent pas tendre vers la forme rectiligne : elles conservent une courbure faible, mais certaine ; cela a lieu pour tous les gaz et tous les liquides*, et rien ne peut faire prévoir avec certitude une direction asymptotique.

Lois de compressibilité

3° *Le coefficient de compressibilité, sous toutes les pressions et à toutes les températures, décroît quand la pression augmente.*

4° *Sous toutes les pressions, le coefficient de compressibilité croît avec la température* (exception faite pour l'eau).

Lois de dilatation sous pression constante

5° *Le coefficient de dilatation sous pression constante, pour une température donnée, croît d'abord, la pression augmentant, passe par un maximum sous une pression un peu inférieure à celle de l'ordonnée minima, puis diminue.*

6° *Le coefficient de dilatation sous pression constante, augmente d'abord, la température croissant, passe par un maximum, puis diminue; sous des pressions de plus en plus fortes, ce maximum a lieu à des températures de plus en plus élevées et est de moins en moins accentué.*

7° *La pression sous laquelle a lieu le maximum du coefficient pour une température diffère peu de celle pour laquelle le maximum, pour une pression donnée, a lieu à cette même température* (la différence pourrait tenir à ce que les coefficients des tableaux numériques sont relatifs aux intervalles successifs et non des limites).

8° *A partir d'une température d'autant moins élevée que la pression est plus faible, l'augmentation de volume devient sensiblement constante ; le volume devient par suite sensiblement proportionnel à la température absolue diminuée d'une constante qui décroît avec la pression et devient nulle pour les gaz parfaits.*

Lois de dilatation sous volume constant

9° *Le coefficient de dilatation à volume constant, pour une température donnée, croît d'abord avec la pression, passe par un maximum d'autant moins prononcé que la température est plus élevée, puis décroît.*

10° *Le coefficient de pression* (rapport de l'accroissement de pression à l'accroissement de température) *croît rapidement quand le volume décroît.*

11° *Le coefficient de pression varie peu avec la température pour un volume donné ; ces petites variations paraissent tendre à s'annuler à des températures suffisamment élevées, ou même à toutes les températures sous des pressions suffisantes.*

Par suite, sous volume constant, la pression deviendrait proportionnelle à la température diminuée d'une constante fonction du volume seul, croissant quand celui-ci diminue et qui est nulle dans le cas des gaz parfaits.

12° *Au même degré d'approximation que la loi précédente, le coefficient à volume constant tend évidemment, pour un volume donné, à être en raison inverse de la pression.*

On remarquera la tendance qu'ont les lois à se simplifier, quand la température ou la pression augmentent, et à prendre des formes rappelant celles des lois des gaz parfaits. Dans le cas des lois (8) et (11), par exemple, la proportionnalité à la température devient une proportionnalité à la température diminuée d'une constante qui est fonction du volume seul à pression constante, fonction de la pression seule sous volume constant et qui s'annule dans le cas des gaz parfaits.

L'eau fait exception à plusieurs des lois qui précèdent : c'est la conséquence de l'existence du maximum de densité. A part cette anomalie, les lois précédentes s'appliquent à l'ensemble des états liquide et gazeux et montrent combien il serait difficile d'établir un criterium de distinction entre ces deux états. L'ensemble des résultats obtenus par Amagat est réuni dans un Mémoire publié en 1893, qui donne, pour les corps étudiés, plus de quatre mille cinq cents résultats numériques, pris sur les courbes provenant elles-mêmes d'un aussi grand nombre de déterminations expérimentales ; Amagat a calculé avec ces données à peu près trois mille cinq cents coefficients disposés en tableaux systématiques pour l'établissement des lois énoncées plus haut.

Parmi les résultats numériques d'Amagat, nous donnerons seulement les plus grandes valeurs du produit pv ; on prend $pv = 1$ à 0° et pour $p = 1^{atm}$; la pression p est exprimée en atmosphères. Si les substances suivaient la loi de Mariotte, les nombres d'une même colonne verticale seraient égaux et on aurait à 0°, $pv = 1$; les nombres d'une même ligne horizontale ($p = const.$) donnent la variation du volume quand la température augmente.

1. *Air.*

p atm.	0°	15°,7	45°,1	99°,4	200°,4
1 000	1,9990	2,0615	2,1765	2,4150	2,8280
3 000	4,3230	4,3980	4,5285	—	—

2. *Oxygène.*

p atm.	0°	15°,6	99°,5	199°,5
1 000	1,7360	1,8000	2,1510	2,4975 (950 atm.)
2 900	3,7120	3,888 (3 000 atm.)	—	—

3. *Azote.*

p atm.	0°	16°	43°,6	94°,45	109°,5
1 000	2,0700	2,1340	2,2420	2,4230 (950 atm.)	2,8376 (950 atm.)
3 000	4,4970	4,5675	4,6890	—	—

4. *Hydrogène.*

p atm.	0°	15°,4	47°,3	99°,25	200°,25
1 000	1,7250	1,7780	1,8930	2,0930	2,3915 (900 atm.)
2 800	2,8686	—	—	—	—
2 900	—	2,9812	—	—	—
3 000	—	—	3,1059	—	—

5. *Ethylène.*

p atm.	0°	30°	50°	80°	100°	137°,5	198°,5
1 000	2,2909	2,3870	2,4565	2,5660	2,6425	2,7980	2,8140 (950 atm.)

Les isothermes de diverses vapeurs ont été étudiées par de nombreux physiciens ; en dehors d'Amagat, nous citerons Bineau, Horstmann, Cahours, Hirn, Herwig, Wüllner et Grotrian, Schoop, Dieterici, Battelli, Wroblewski, Ramsay et Young, Rose-Innes. En faisant varier la pression extérieure à température constante, ces auteurs ont observé le volume v de la vapeur, lorsque son état se rapproche peu à peu de la saturation.

Nous avons déjà parlé à la page 791 des travaux de Herwig et de Wüllner et Grotrian, en ce qui concerne les propriétés des vapeurs *saturantes* ; voir, par exemple, la formule (21) de Herwig.

Dieterici a étudié la vapeur d'eau à 0° et a trouvé qu'elle suit la loi de Boyle jusqu'au point de saturation, comme on l'a déjà mentionné plus haut.

Battelli a étudié les isothermes des substances suivantes : CS^2, H^2O, éther et alcool éthylique. Il a trouvé que l'équation d'état de la vapeur de ces substances peut s'écrire :

$$\left[p + \frac{mT^{-\mu} + nT^{-\nu}}{(v+\beta)^2}\right](v - b) = RT, \tag{2}$$

m, μ, n, ν, β, b et R étant des constantes. En exprimant p en millimètres de colonne de mercure et en supposant que v est le volume d'un gramme de la substance, Battelli a obtenu les valeurs numériques suivantes pour ces constantes :

Substance	k	b	β	m	μ	n	ν
CS^2. . .	819,71	0,684	0,327	12 868 324	0,32021	95,877	1,9420
H^2O . .	3 430,92	0,742	1,137	57 288 567	0,22015	7 711,6	0,12235
Ether . . .	832,01	1,098	0,764	8 134 004	0,19302	243,8	0,40101
Alcool. . .	1 343,80	0,941	0,851	432 449 000	0,71373	14.10^{-8}	4,7151

Ramsay et Young, dans des tables très détaillées, ont donné les valeurs numériques de la *densité* de vapeur δ, par rapport à l'*hydrogène* pris à la même pression et à la même température. Si les vapeurs possédaient les propriétés des gaz parfaits, δ serait égal à la moitié du poids moléculaire et serait une grandeur constante. Voici quelques nombres caractéristiques extraits de ces tables ; la pression p est exprimée en millimètres de mercure et Δ désigne la moitié du poids moléculaire.

1. *Ether* $(C^2H^5)^2O$; $\Delta = 37$.

p^{mm}	t^o	δ	p^{mm}	t^o	δ
900	50	38,96	28 000	200	82,45
4 800	100	44,46	42 000	223	110,5

Le dernier nombre est trois fois plus grand que le nombre théorique $\Delta = 37$.

2. *Alcool méthylique* CH^3OH ; $\Delta = 16$.

p^{mm}	t^o	δ	p^{mm}	t^o	δ
2 000	100	16,80	2 000	230	16,01
10 000	150	19,55	48 000	—	31,60
28 000	200	23,76	2 000	240	16,00
44 000	225	29,26	58 000	—	40,00

3. *Alcool éthylique* C^2H^5OH ; $\Delta = 23$.

p^{mm}	t^o	δ	p^{mm}	t^o	δ
993	90	23,47	3 673	234	23,03
7 353	150	26,92	40 711	—	48,36
14 725	180	30,33	3 750	246	23,08
22 015	200	33,68	44 053	—	41,36

4. *Alcool propylique normal* C^3H^7OH ; $\Delta = 30$.

p^{mm}	t^o	δ	p^{mm}	t^o	δ
2 000	130	32,49	2 000	260	30,80
4 000	150	34,41	34 000	—	61,80
12 000	200	39,42	2 000	280	30,70
22 000	230	48,99	42 000	—	62,40

5. *Acide acétique* $C^2H^4O^2$; $\Delta = 30$. Les phénomènes que manifeste l'acide acétique sont d'une nature complexe, parce que la vapeur renferme, aux basses températures, des molécules dont la composition correspond à la formule $(C^2H^4O^2)^2$, lesquelles se dissocient lorsque la température s'élève. Nous donnons quelques valeurs de δ pour diverses valeurs de p et de t :

p^{mm}	40°	70°	100°	140°	160°	200°	240°	260°	280°
20	54,22	43,55	35,63	31,32	—	—	—	—	—
100	—	51,21	41,81	33,72	32,10	—	—	—	—
300	—	—	48,50	38,05	—	—	—	—	—
1 000	—	—	—	46,81	41,82	—	—	—	—
2 000	—	—	—	—	47,81	32,64	34,00	32,89	32,21
5 000	—	—	—	—	—	47,90	38,79	36,39	34,66
10 000	—	—	—	—	—	—	47,60	42,80	39,10
16 000	—	—	—	—	—	—	—	53,00	45,45
24 000	—	—	—	—	—	—	—	—	60,70

Bestelmeyer et Valentiner (1904) ont étudié la densité de l'*azote* sous des pressions comprises entre 16 et 132^{cm} de mercure et à la température de l'air bouillant (81 à 85° abs.). Ils ont trouvé que pv est une fonction linéaire de la pression p jusque dans l'extrême voisinage du point de liquéfaction. Empiriquement, pv peut se représenter en fonction de p et de T (température absolue) par l'équation

$$pv = 0,27774\,T - (0,03202 - 0,000253\,T)p,$$

p étant la pression en centimètres de mercure et v le volume spécifique de l'azote rapporté au volume, pris pour unité, qui correspond à la température de la glace fondante et à la pression $p = 75^{cm}$.

Au cours de ces dernières années, de nombreuses et importantes recherches ont été faites à Leyde, par Kamerlingh Onnes et ses élèves Schalkwijk, Braak et Hyndmann, sur les isothermes de l'oxygène, de l'hydrogène et de l'hélium. Nous donnerons seulement les valeurs limites entre lesquelles les mesures ont été effectuées pour l'oxygène ; on a pris $pv = 1$ à 0° et sous 1^{atm}.

$t = 20°,00$		$t = 16°,60$		$t = 0°,9$	
p	pv	p	pv	p	pv
23,713	1,0549	36,208	1,0303	22,401	0,9762
65,396	1,0362	51,464	1,0224	66,787	0,9477.

Pour l'*hydrogène*, les isothermes ont d'abord été mesurées à Leyde par Schalkwijk. Il a trouvé à 20°

$$pv = 1,07258 + 0,0006675\,d + 0,00000098\,d^2,$$

d étant la densité $(1 : v)$ et p étant exprimé en atmosphères. Une série de recherches dues à Kamerlingh Onnes, Braak et Hyndmann (1901-1907) ont été ensuite publiées; nous indiquerons également ici seulement les valeurs limites du produit pv à différentes températures; p_1 est la plus petite et p_2 la plus grande pression; v_1 et v_2 sont les volumes correspondants :

$t =$	20°,0	0°	—103°,57	—139°,88	—182°,81	—204°,70	—212°,82	—217°,41
$p_1 =$	47,837	44,996	28,447	25,406	20,496	16,749	15,416	14,635
$p_2 =$	56,447	53,249	58,368	48,558	62,889	61,917	61,434	58,971
$p_1v_1 =$	1,1040	1,0293	0,63261	0,49459	0,32704	0,24036	0,20644	0,18738
$p_2v_2 =$	1,1095	1,0346	0,64694	0,50232	0,33028	0,23009	0,18863	0,16422

Nous avons laissé de côté les nombres pour $t = -164°,14$ et $t = -195°,27$.
Les isothermes de l'*hélium* (1908) sont du plus haut intérêt :

$t =$	+100°,35	+20°,00	0°	—103°,57	—182°,75	—216°,56	—252°,72	—258°,82
$p_1 =$	42,574	27,539	26,634	20,580	13,751	9,564	53,948	40,012
$p_2 =$	66,590	53,708	50,240	33,383	18,189	11,448	65,997	59,797
$p_1v_1 =$	1,38725	1,08664	1,01392	0,63135	0,33787	0,21132	0,09120	0,06150
$p_2v_2 =$	1,39929	1,009918	1,02521	0,63845	0,34025	0,21219	0,09867	0,07531.

Pour $t = -258°,82$ et $p_1 = 40^{atm},012$, pv est environ 16 fois plus petit que dans l'état de gaz parfait ($p_1v_1 = 1$).

Les écarts que les vapeurs manifestent à l'égard de la loi de Gay-Lussac résultent clairement de l'examen des nombres d'une même ligne horizontale dans les tableaux précédents, c'est-à-dire des nombres correspondant à diverses températures, mais à une pression constante. Cahours, Horstmann, Hirn, Regnault, Herwig et Amagat se sont spécialement occupés de la dilatation thermique des vapeurs. Nous citerons quelques valeurs trouvées par Cahours pour le coefficient moyen de dilatation α entre les températures t_0 et t :

Trichlorure de phosphore $t_0 = 182°$		Acide acétique $t_0 = 124°$		Eau $t_0 = 107°$	
t	α	t	α	t	α
190	0,00501	130	0,00854	110	0,00509
250	0,00874	160	0,01078	120	0,00615
300	0,00403	200	0,00762	150	0,00448
336	0,00365	336	0,00369	250	0,00369

Hirn a obtenu, pour la vapeur d'*eau*, les valeurs suivantes de α entre 0° et $t°$:

$t° =$	118,5	162	200	246,5
$\alpha =$	0 004187	0,004071	0,003938	0,003799.

Quand t augmente, la valeur de α se rapproche du nombre 0,00366, qui se rapporte à un gaz parfait. Herwig a trouvé pour CS^2 la valeur $\alpha = 0,0044$ à $t = 90°$ et sous la pression de 2500^{mm}, lorsque la vapeur est saturante.

AMAGAT a déterminé α de degré en degré, pour SO^2 et CO^2, de 0° jusqu'à 250°; il a obtenu, entre 0° et 10°, pour le premier gaz $\alpha = 0{,}004130$, pour le second $\alpha = 0{,}003724$; à 250°, ces coefficients de dilatation sont respectivement 0,003685 et 0,003682, c'est-à-dire presque égaux.

La variation de la pression p en fonction de la température t, sous *volume* v *constant*, a été étudiée par beaucoup d'auteurs. Ainsi MACK a trouvé, pour la vapeur d'*éther*, qu'entre 100° et 206° la pression p est une fonction linéaire de t, de sorte qu'on peut poser $p = \alpha t + \beta$, où α et β sont des fonctions de v; quand v est grand, on peut poser $\beta = 0$.

Les mélanges de vapeurs ou de vapeurs avec des gaz (par exemple avec l'hydrogène à température non basse) ont été étudiés par VERSCHAFFELT, KUENEN, CAUBET et d'autres encore. Nous considérerons dans la suite quelques-unes de ces recherches.

4. Equation de van der Waals. — On a souvent cherché à exprimer l'équation d'état d'une substance sous forme de vapeur par une formule telle que $f(v, p, t) = 0$. Les équations, qui doivent convenir aussi bien pour l'état gazeux que pour l'état liquide, présentent un intérêt particulier; elles ont une grande importance dans l'étude de l'état critique, et, par suite, il est nécessaire que nous fassions connaître avant toutes choses les plus importantes d'entre elles. La plus connue est la célèbre équation de VAN DER WAALS; nous avons eu à plusieurs reprises l'occasion de l'indiquer (Tome I) et même de l'employer (page 146). Nous allons la considérer la première. Elle s'écrit :

$$\left(p + \frac{a}{v^2}\right)(v - b) = RT, \tag{3}$$

où a, b et R sont des constantes. Nous allons brièvement rappeler les considérations, qui ont conduit VAN DER WAALS à une équation d'état de cette forme. Dans le Tome I, nous avons établi l'équation $pv = RT$, à l'aide de la théorie cinétique des gaz, sans avoir égard au volume occupé par les molécules et aux forces qui agissent entre elles. Soit $2r$ la plus petite distance à laquelle peuvent se rapprocher les centres de deux molécules, de sorte que r est le rayon d'une molécule (ou peut-être de sa sphère d'action); désignons par w la somme des volumes de toutes les molécules contenues dans le volume v; l'espace libre, pour le mouvement des molécules, est $v - w$. La diminution de cet espace libre doit avoir pour conséquence de diminuer le chemin moyen des molécules (Tome I) d'une quantité que l'on peut poser égale à γr. La diminution du chemin moyen doit de son côté entraîner une augmentation du nombre des chocs des molécules, c'est-à-dire avoir la même influence qu'une diminution effective du volume v d'une certaine quantité b. Nous n'entrerons pas dans le détail de la théorie qui montre que b dépend de γ. VAN DER WAALS a trouvé que $\gamma = \frac{1}{2}$ et $b = 4w$; O. E. MEYER admet que $\gamma = \frac{2}{3}$ et $b = 4\sqrt{2}\,w$. Nous resterons dans la première hypothèse, *b égal à quatre fois le volume moléculaire w*. L'influence de la cohésion entre les molécules du gaz doit se manifester par l'apparition de forces agissant sur les molécules situées à la limite du gaz, vers l'intérieur du gaz ; par suite, la pression observée p doit être plus petite que la pression p_0 qu'exercerait un gaz parfait. Supposons que $p = p_0 - p_1$ ou $p_0 = p + p_1$; nous devons alors, dans l'équation des gaz parfaits $p_0 v = \mathrm{RT}$, remplacer p_0 par $p + p_1$. La grandeur de p_1 doit être proportionnelle au produit de la masse de la couche limite du gaz par la masse du reste du gaz ; ces deux masses sont proportionnelles à la densité, c'est-à-dire au degré de compression du gaz *donné*, ou inversement proportionnelles au volume v occupé par une quantité déterminée de gaz. Il en résulte que p_1 est inversement proportionnel à v^2 et que p, dans l'équation $pv = \mathrm{RT}$, doit être remplacé par le binôme de l'équation de VAN DER WAALS. Les considérations ci-dessus ont été soumises à maintes reprises à une critique de principe, en particulier par SSONINE et JÄGER. Il n'y a aucun doute que l'équation de VAN DER WAALS n'épuise pas la question ; elle est plus rigoureuse que l'équation $pv = \mathrm{RT}$, mais ne concorde pas absolument avec l'équation vraie. D'après VAN DER WAALS, son équation *doit se rapporter aussi bien à l'état gazeux (vapeur) qu'à l'état liquide d'une substance* ; il indique lui-même qu'elle cesse d'être exacte, quand $v < 2b$, et que, dans ce cas, la grandeur b contenue dans l'équation doit être diminuée. Une comparaison de l'équation de VAN DER WAALS avec les résultats des recherches expérimentales considérées dans le Chapitre précédent, montre qu'en général a n'est pas un nombre constant, mais dépend de la température.

L'application de l'équation de VAN DER WAALS à l'étude de la dilatation thermique des gaz a déjà été envisagée à la page 147 ; nous nous occuperons plus loin de son application particulièrement importante à la question de l'état critique. Actuellement, nous parlerons de quelques conséquences qui découlent de cette équation.

Nous indiquerons d'abord diverses transformations que l'on peut lui faire subir. On a

$$\mathrm{RT} = \mathrm{R}\left(\frac{1}{\alpha} + t\right) = \mathrm{R}'(1 + \alpha t),$$

où $\mathrm{R}' = \mathrm{R} : \alpha$. Si on prend pour unité de volume le volume du gaz à $t = 0°$ et sous la pression unité ($p = 1$), on obtient $(1 + a)(1 - b) = \mathrm{R}'$. Remplaçons R' par cette expression et il vient

$$\left(p + \frac{a}{v^2}\right)(v - b) = (1 + a)(1 - b)(1 + \alpha t). \tag{4}$$

Il est clair que le nombre des constantes caractéristiques de la substance n'a pas été ainsi réduit à deux (a et b) ; la troisième est implicitement contenue dans la grandeur v, mesurée pour chaque gaz avec une unité particulière qui remplace la constante R de l'équation (3). On peut écrire cette dernière

$$p = \frac{\mathrm{RT}}{v - b} - \frac{a}{v^2} \tag{5}$$

$$v^3 - \left(\frac{\mathrm{RT}}{p} + b\right)v^2 + \frac{a}{p}v - \frac{ab}{p} = 0. \tag{6}$$

La température étant constante, désignons le membre de droite de (4) par C, et nous avons

$$pv = C - \frac{a}{v} + \frac{ab}{v^2} + bp. \tag{7}$$

Pour $v = const.$, on peut écrire (5)

$$p = AT - B. \tag{8}$$

Cette équation montre que si on prend p et T comme coordonnées, les lignes de volume constant (isométriques) sont des droites, ce qui concorde parfaitement avec les résultats de Ramsay et S. Young pour CO^2, la vapeur d'éther et quelques autres vapeurs et ceux de Rose-Innes et S. Young pour le pentane et l'isopentane, par exemple.

On peut obtenir une formule *approchée*, en négligeant dans (7) le terme qui renferme le produit extrêmement petit ab. Si $t = 0$ ou diffère peu de zéro, l'expression $C = (1 + a)(1 - b)(1 + \alpha t)$ diffère peu de l'unité et par suite, dans le second terme du membre de droite, nous pouvons remplacer $1 : v$ par p, ce qui donne

$$pv = C - (a - b)p. \tag{9}$$

Cette équation montre qu'*un gaz, lorsqu'il arrive que $b = a$ ou que la différence de ces constantes est petite, doit posséder les propriétés d'un gaz parfait ;* mais inversement, quand un gaz suit les lois de Boyle et de Gay-Lussac, il n'en résulte pas que le volume moléculaire w et la cohésion interne soient presque nuls, car il *peut arriver* que pour ce gaz a et b aient des valeurs très peu différentes.

On obtient une expression un peu plus rigoureuse, en conservant dans (7) le troisième terme du membre de droite et en remplaçant $1 : v$ par p ; il vient alors

$$pv = C - (a - b)p + abp^2. \tag{10}$$

La grandeur a peut être déterminée, pour un gaz donné, par la mesure du coefficient thermique de pression α_p ; à la page 147, nous avons établi la formule (71) :

$$\alpha_p = \left(1 + \frac{a}{p_0 v_0^2}\right)\alpha, \tag{11}$$

α étant le coefficient pour un gaz parfait, auquel on peut attribuer la valeur α_p trouvée pour l'hydrogène, c'est-à-dire $\alpha = 0,00366$; connaissant α_p pour un autre gaz ou une vapeur, on obtient par cette formule la valeur de a. L'équation générale (3) donne ensuite la valeur de b, lorsque p, v et T sont connus. Nous verrons d'ailleurs plus loin que les observations de l'état critique d'une substance conduisent à la détermination directe de b. Le nombre a doit rester constant pour une substance donnée ; cependant, si on calcule la valeur de a à différentes températures, pour des substances telles que CO^2, SO^2 et d'autres encore, on trouve que *a décroît quand la température augmente.* Ainsi, les expériences d'ANDREWS sur CO^2 donnent $a = 0,00777$ à 64° et $a = 0,00748$ à 100° ; les expériences d'AMAGAT donnent pour CO^2 les valeurs suivantes : $a = 0,00824$ à 40°, $a = 0,00795$ à 70°, $a = 0,00766$ à 100° et $a = 0,00742$ à 258°.

GUYE et FRIDERICH (1900) ont calculé les valeurs de a et b pour 83 substances, par une méthode que nous ferons connaître au § 6 de ce Chapitre.

REINGANUM (1905) a montré qu'on déduit immédiatement de l'équation (5) la suivante :

$$a = \left(T \frac{\partial p}{\partial t} - p\right) v^2. \tag{11, a}$$

Cette équation peut servir à déterminer la grandeur a et en outre une série d'isothermes pour différents points. La même grandeur dépend d'une manière simple de l'énergie U. De la première équation (61, d) page 510, il résulte, en faisant $A = 1$, c'est-à-dire en exprimant l'énergie en unités mécaniques, et en posant $1 : v = \delta$,

$$a = \frac{\partial U}{\partial v} v^2 = - \frac{\partial U}{\partial \delta}, \tag{11, b}$$

δ étant la *densité*. De la seconde équation (61, d), page 510, et de (58, e), page 508, on déduit que

$$\frac{\partial^2 U}{\partial v \partial T} = \frac{\partial c_v}{\partial v} = T \frac{\partial^2 p}{\partial t^2}.$$

On a donc

$$\frac{\partial a}{\partial T} = T \frac{\partial^2 p}{\partial t^2} v^2 = \frac{\partial c_v}{\partial v} v^2 = - \frac{\partial c_v}{\partial \delta}. \tag{11, c}$$

On obtient, par conséquent, pour les grandeurs a et $\frac{\partial a}{\partial T}$ des expressions très simples, quand on prend comme variable la densité δ. A l'aide de l'équation (11, a), on peut chercher si a est effectivement une constante. L'équation (11, c) montre que a, *pour* v *(ou* δ*) donné, est indépendant de* T, *si* c_v, *pour* T *donné, est indépendant de* δ. REINGANUM a appliqué les formules (11, b) et (11, c) à l'éther éthylique (RAMSAY et YOUNG), à l'acide carbonique (AMAGAT), à l'éthylène (AMAGAT) et à l'isopentane (YOUNG). On reconnaît que a change fortement avec v et possède un *minimum* pour une valeur déterminée de v. On constate de même que a dépend de T. On démontre que l'on a approximativement l'équation

$$a + k \frac{\partial a}{\partial T} = C, \tag{11, d}$$

k et C étant des constantes, d'où

$$a = f(v) e^{-\frac{T}{k}} + C. \tag{11, e}$$

Nous avons vu à la page 829 que le produit pv, considéré comme fonction de p *à température constante*, possède un minimum, et que le lieu géométrique de ce minimum, quand la température varie, est une courbe de genre parabolique. C'est ce qu'accuse parfaitement l'équation de Van der Waals, comme on le voit sur la formule approchée (10), pour les gaz où l'on a $a > b$.

Cette formule montre que, pour de petites valeurs de p, le produit pv diminue, quand p croît ; pour de très grandes valeurs de p, le dernier terme devient prépondérant et pv commence à croître. L'analyse théorique complète de cette question a été faite par Bogaiewski ; nous en indiquerons brièvement les résultats. Si on calcule $\partial(pv) : \partial p$ au moyen de la formule (7) et si on y remplace $\partial v : \partial p$ par son expression déduite de (5), il vient

$$\frac{\partial(pv)}{\partial p} = \frac{av(v-b)^2 - RbTv^3}{2a(v-b)^2 - RTv^3},$$

ce qui égalé à zéro donne

$$a(v-b)^2 - RbTv^2 = 0. \tag{12}$$

La racine de cette équation, qui est plus grande que b, est

$$v_1 = \frac{b}{1 - \sqrt{\frac{RbT}{a}}}. \tag{12, a}$$

L'équation (12), à l'aide de (3), se ramène à la forme $bpv^2 - av + 2ab = 0$; faisons $v = v_1$ et nous obtenons pour p_1 l'expression

$$p_1 = \frac{a(v_1 - 2b)}{bv_1^2}. \tag{12, b}$$

L'étude de la dérivée seconde montre que v_1 et p_1 correspondent à un *minimum* de $pv = f(p)$ pour T donné ; d'après (12, a), ce minimum ne peut exister que pour $T < \frac{a}{Rb}$. *Le lieu géométrique de ce minimum*, quand T varie, est une courbe dont l'équation est de la forme $\psi(z, p) = 0$, où $z = pv$. On peut écrire l'équation de Van der Waals de la manière suivante :

$$z = RT + bp - \frac{a}{z}p + \frac{ab}{z^2}p^2.$$

La condition $\frac{dz}{dp} = 0$ donne

$$bz^2 - az + 2abp = 0 ;$$

c'est l'équation cherchée $\psi(z, p) = 0$. On voit que cette courbe est une *parabole* ; son sommet est sur l'isotherme $T_1 = \frac{9}{16}\frac{a}{Rb}$ et a pour coordonnées $z_1 = \frac{a}{8b^2}$ et $p_1 = \frac{a}{2b}$.

Si on met l'équation (3) sous la forme

$$pv = \mathrm{RT} + \frac{b\mathrm{RT}}{v - b} - \frac{a}{v},$$

on voit que sur chaque isotherme se trouve un point où elle est coupée par l'isotherme idéale $pv = \mathrm{RT}$. Batschinski (1906) a appelé ce point *orthométrique*. Si on désigne le volume orthométrique par v', on a

$$\frac{b\mathrm{RT}}{v' - b} = \frac{a}{v'},$$

d'où

(12, c) $$\frac{1}{v'} = \frac{1}{b} - \frac{\mathrm{RT}}{a}.$$

La densité orthométrique est donc une fonction linéaire de la température. Batschinski a trouvé au moyen des mesures d'Amagat que l'équation (12, c) était vérifiée pour l'éther éthylique ; on a

$$\frac{1}{v'} = 0{,}7586 - 0{,}000923\,t.$$

Passons maintenant à la question importante de la *forme des isothermes* $v = f(p)$ que l'on obtient avec l'équation de Van der Waals, en prenant v

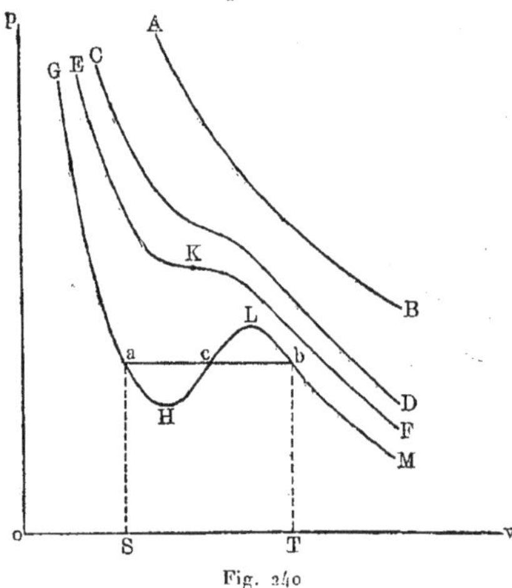

Fig. 240

pour abscisse, p pour ordonnée et en posant $\mathrm{T} = const.$ Pour un gaz parfait, les isothermes $pv = \mathrm{RT}$ sont des hyperboles équilatères. Lorsque, dans l'équation de Van der Waals, T est très grand, on peut négliger le terme en a et l'équation des isothermes devient alors $p(v - b) = \mathrm{RT}$; c'est la même hyperbole, déplacée de la quantité b du côté des v croissants. Dans la figure 240, AB représente une isotherme pour T très grand. L'équation générale (6) de l'isotherme montre qu'elle est une courbe du *troisième degré*, de sorte qu'à des valeurs données de T et p correspondent trois valeurs v_1, v_2 et v_3 du volume, dont une ou toutes les trois doivent être réelles. Pour T grand, l'isotherme prend la forme CD ; une parallèle à l'axe des abscisses ne la coupe qu'en *un* point ; autrement dit, parmi les trois racines une seule est réelle et aux valeurs données de T et p ne correspond qu'*un seul* volume physiquement possible, par suite aussi *un seul état physiquement possible*. Pour une valeur déterminée de T que nous désignerons par $T = 273 + \theta$, on obtient l'isotherme EF, qui contient le point K où la tangente est parallèle à l'axe des abscisses. En ce point d'inflexion de l'isotherme, $\frac{d^2v}{dp^2} = 0$, et les trois racines de l'équation (6) deviennent réelles et égales. Soient $p = \pi$, $v = \varphi$ les coordonnées du point K. Les racines de l'équation (6) doivent satisfaire aux conditions suivantes :

$$v_1 + v_2 + v_3 = b + \frac{RT}{p}, \qquad v_1v_2 + v_2v_3 + v_3v_1 = \frac{a}{p}, \qquad v_1v_2v_3 = \frac{ab}{p}.$$

Faisons $v_1 = v_2 = v_3 = \varphi$, $p = \pi$ et $T = \theta + 273$; il vient

$$3\varphi = b + \frac{R(\theta + 273)}{\pi}, \qquad 3\varphi^2 = \frac{a}{\pi}, \qquad \varphi^3 = \frac{ab}{\pi}.$$

d'où l'on tire facilement

$$(13) \qquad \varphi = 3b, \qquad \pi = \frac{1}{27}\frac{a}{b^2}, \qquad 273 + \theta = \frac{8}{27}\frac{a}{bR}.$$

On obtient les mêmes valeurs, en résolvant l'équation (5) et les deux équations $\frac{\partial p}{\partial v} = 0$ et $\frac{\partial^2 p}{\partial v^2} = 0$ par rapport à v, p et T. Si on fait $R = \alpha R' = \alpha(1 + a)(1 - b)$, où $\alpha = 1 : 273$, voir page 839, on a

$$(13, a) \qquad 1 + \alpha\theta = \frac{8a}{27b(1 + a)(1 - b)}.$$

Nous verrons plus loin quelle est la signification physique du point K.

Pour $t > 0$, on n'a qu'une seule racine réelle ; pour $t < 0$, les trois racines sont réelles et l'isotherme a la forme de la courbe GHLM. Mais, lorsqu'on construit une isotherme pour une telle température $t < 0$, au moyen des données de l'*expérience*, on constate ce qui suit : pour de grandes valeurs de v et de petites valeurs de p, la substance se trouve à l'état gazeux (vapeur) ; v diminuant, on obtient la partie Mb de la courbe *théorique* MLHG. Au point b commence la *liquéfaction* ; une nouvelle diminution de v se produit sous une pression constante p, c'est-à-dire que l'isotherme est la *droite bca*. Au point a, toute la masse de la substance est liquéfiée ; une nouvelle diminution du volume s'effectue suivant l'isotherme aG, qui correspond à l'état *liquide*. L'*isotherme physique* a donc la forme GacbM. James Thomson (1871) a indiqué le premier (avant Van der Waals) que s'il était possible de trouver une *modification continue de l'état gazeux à l'état liquide*, c'est-à-dire une transformation isothermique où la substance resterait entièrement *homogène*, l'isotherme devrait avoir la forme de la courbe *théorique* GHLM. Mais une transformation de ce genre n'a pu encore être réalisée ; la portion de courbe HL représente un état de la substance, dans lequel à une plus grande pression correspond un plus grand volume (pour $T = const.$) ; un tel état ne peut être qu'*instable*.

MAXWELL et CLAUSIUS se sont proposé de déterminer les deux points a et b de l'isotherme théorique, par lesquels doit passer la droite acb. Ils ont raisonné de la manière suivante : si la modification aHcLb était réalisable, on pourrait accomplir un cycle réversible *isothermique* aHcLbca, pour lequel on aurait $\int \frac{dQ}{T} = 0$. Mais on a $T = const.$, par suite $\int dQ = 0$; il s'ensuit que l'aire limitée par le contour aHcLbca est nulle, ou que les aires aHca et cLbc sont égales ; les aires SacbT et SaHcLbT sont donc aussi égales. Or $OS = s$ et $OT = \sigma$, s et σ étant, comme précédemment les volumes spécifiques respectifs du liquide et de la vapeur ; on arrive ainsi à l'équation de MAXWELL-CLAUSIUS :

$$p(\sigma - s) = \int_s^\sigma p dv, \tag{14}$$

dans laquelle l'intégration doit être effectuée *le long de l'isotherme théorique*. Cette équation a été établie d'une autre manière par PLANCK. Maintenant, si on porte dans (14) l'expression de p tirée de l'équation de VAN DER WAALS, voir (5), page 839, il vient

$$p(\sigma - s) = RT \log \frac{\sigma - b}{s - b} + a\left(\frac{1}{\sigma} - \frac{1}{s}\right). \tag{15}$$

Comme les points $a(s, p)$ et $b(\sigma, p)$ sont sur l'isotherme théorique, on a

$$\begin{cases} p = \dfrac{RT}{\sigma - b} - \dfrac{a}{\sigma^2} \\ p = \dfrac{RT}{s - b} - \dfrac{a}{s^2}. \end{cases} \tag{16}$$

R, a et b étant connus, les trois équations (15) et (16), qui sont d'ailleurs difficiles à résoudre, déterminent *la tension p de la vapeur saturante et les volumes spécifiques s et σ du liquide et de la vapeur saturante en fonction de la température*. La formule (25, c), page 691, donne ensuite la *chaleur latente de vaporisation* ρ en fonction de la température. Les grandeurs p, s, σ et ρ peuvent donc être calculées pour une température donnée T, si l'équation d'état de la substance est connue.

HIRSCH (1899) s'est servi des équations (14) et (16), pour calculer a et b au moyen des valeurs mesurées de s et σ. En portant (16) dans (14), effectuant l'intégration et utilisant (3), il obtient pour b l'équation transcendante :

$$(\sigma - b)(s - b) \log \frac{s - b}{\sigma - b} = \frac{2s\sigma(s - \sigma)}{s + \sigma} - (s - \sigma) b,$$

dont les racines peuvent être déterminées par une méthode graphique connue. La valeur de a est alors

$$a = \frac{RTs^2\sigma^2}{(s - b)(\sigma - b)(s + \sigma)}.$$

Pour le toluène (200° à 270°), l'orthoxylène, le paraxylène, le métaxylène (190° à 270°) et pour quelques acides organiques, il a trouvé que lorsque la température augmente b croît, tandis que a diminue. Les paramètres de l'équation (3) ne sont donc pas, en réalité, absolument *constants*.

Nous parlerons, dans la suite, de quelques essais faits en vue de réaliser, d'une manière partielle il est vrai, les états de la substance figurés par la courbe $aHcLb$.

La formule de Van der Waals doit, d'après ce qui précède, se rapporter aussi bien à l'état gazeux qu'à l'état *liquide*. Cependant, les recherches de Nadieshdine, Grimaldi et d'autres encore ont montré que l'équation d'état d'un liquide ne peut pas, en général, être exprimée par la formule de Van der Waals qui, comme on l'a déjà dit, cesse d'être exacte pour $v < 2b$. Konowaloff, en négligeant le travail de la pression extérieure dans la variation du volume du liquide, a déduit de l'équation de Van der Waals la formule proposée par Mendéléieff (voir page 143) pour la dilatation thermique des liquides.

Une équation d'état, liant trois variables, représente en général l'équation d'une certaine surface appelée *surface thermodynamique*. Gibbs a fait ressortir le premier les avantages que présente la considération d'une telle surface, dans le cas où on prend pour variables le volume v, l'énergie ε et l'entropie η. Goldhammer a étudié en détail cette surface pour H^2O, c'est-à-dire pour l'eau et sa vapeur, en partant de l'équation de Van der Waals, dans laquelle ε et η ont été introduits à la place de p et T. Boynton (1901) a publié une étude analogue.

Van der Waals (1890) a généralisé sa formule pour le cas d'un *mélange de plusieurs gaz*. Nous nous bornerons à indiquer que Korteweg, Blümcke, Dan. Berthelot, H.-A. Lorentz, Happel, Kuenen, Verschaffelt et d'autres encore ont étudié théoriquement et expérimentalement cette équation généralisée de Van der Waals ; cette question a été en particulier traitée d'une manière complète par Van der Waals (1900) dans la seconde partie de son livre *Die Kontinuität*, etc., et dans de nombreux écrits ultérieurs.

Mc. Crea (1907) a essayé d'appliquer l'équation de Van der Waals aux corps solides.

5. Equations de Clausius et formules diverses. — Nous avons déjà mentionné que le paramètre a qui entre dans l'équation de Van der Waals diminue certainement quand la température croît. Clausius (1880) a admis qu'il est inversement proportionnel à la température absolue T ; en même temps, il a introduit une quatrième constante, en remplaçant v par $v + c$ dans le dernier terme de la formule (5), page 839. Il a obtenu ainsi sa *première* équation

$$p = \frac{RT}{v - b} - \frac{a}{T(v + c)^2}. \tag{7}$$

Clausius (1881) a rendu encore plus complexe cette formule dans la suite et s'est arrêté à la *seconde* équation

$$p = \frac{RT}{v-b} - \frac{AT^{-n} - B}{(v+c)^2}, \tag{18}$$

qui renferme cinq constantes R, b, A, B, et c. Cette équation ne peut être établie par des considérations théoriques et doit par suite être regardée comme une formule empirique.

Les *isothermes*, dont on obtient l'équation en posant $T = const.$ dans (17), ont en général la même allure que les isothermes de Van der Waals considérées à la page 843 (voir *fig.* 240). Pour de très grandes valeurs de T, on obtient des hyperboles $p(v-b) = RT$. Pour des valeurs plus petites de T, les isothermes prennent la forme de la courbe CD dans la figure 240. Pour une certaine valeur $T = \theta + 273$, on a une isotherme EF, avec un point K où $d^2p : dv^2 = 0$ et où la tangente est parallèle à l'axe des abscisses. Les coordonnées $v = \varphi$ et $p = \pi$ du point K, ainsi que la température θ se déterminent par la même méthode que celle employée à la page 844. Posons, pour plus de commodité, $v + c = V$ et $b + c = B$; la première équation de Clausius s'écrit

$$V^3 - \left(B + \frac{RT}{p}\right)V^2 + \frac{a}{pT}V - \frac{aB}{pT} = 0.$$

En désignant les racines de cette équation par V_1, V_2, V_3, on a

$$V_1 + V_2 + V_3 = B + \frac{RT}{p}, \quad V_1V_2 + V_2V_3 + V_3V_1 = \frac{a}{pT}, \quad V_1V_2V_3 = \frac{aB}{pT}.$$

Si l'on fait $V_1 = V_2 = V_3 = \varphi + c$, $T = \theta + 273$ et $p = \pi$, on trouve facilement

$$\left\{\begin{aligned} \varphi &= 3b + c, \\ \pi^2 &= \frac{1}{216}\frac{aR}{(b+c)^3}, \\ (273+\theta)^2 &= \frac{8}{27}\frac{a}{R(b+c)}, \end{aligned}\right. \tag{19}$$

$$\pi = \frac{R(\theta + 273)}{8(b+c)}. \tag{19, a}$$

On obtient les mêmes valeurs d'une autre manière, en faisant $T = \theta + 273$, $v = \varphi$ et $p = \pi$ dans l'équation (17), ainsi que dans les équations $\frac{\partial p}{\partial v} = 0$ et $\frac{\partial^2 p}{\partial v^2} = 0$, et en résolvant ces trois équations par rapport à θ, φ et π. Si $t < \theta$, l'équation (17) a trois racines réelles ; l'*isotherme théorique* (voir page 844) a la forme de la courbe FEDCBAH (*fig.* 241), tandis que l'*isotherme physique* est FECAH. La partie FE correspond à l'état *liquide*, la droite EA à la vaporisation et la partie AH à l'état gazeux de la substance. En E le volume est $v = s$, en A il est $v = \sigma$. Les aires EDCE et CBAC doivent être égales et, par suite, l'équation (14) de Maxwell-Clausius convient aussi dans ce cas. Remplaçons, sous le signe d'intégration, p par sa valeur (17) ; nous avons

$$p(\sigma - s) = \mathrm{RT} \log \frac{\sigma - b}{s - b} - \frac{a}{\mathrm{T}} \left(\frac{1}{s + c} - \frac{1}{\sigma + c} \right). \tag{20}$$

Avec les deux équations

$$p = \frac{\mathrm{RT}}{s - b} - \frac{a}{\mathrm{T}(s + c)^2} = \frac{\mathrm{RT}}{\sigma - b} - \frac{a}{\mathrm{T}(\sigma + c)^2}, \tag{21}$$

qui expriment que les points E et A sont sur l'isotherme théorique, on obtient trois équations pour la détermination de la tension p, du volume spécifique σ

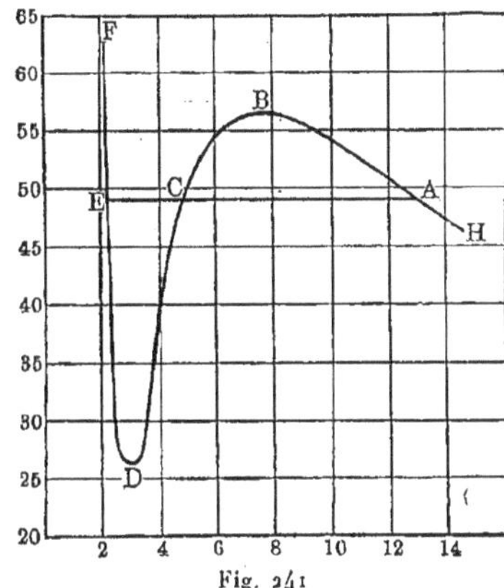

Fig. 241

de la vapeur *saturante* et du volume spécifique s du liquide ; en outre, à l'aide de (25, c), on trouve également la chaleur latente de vaporisation ρ en fonction de la température. Clausius et Planck ont montré comment les équations (20) et (21) peuvent être effectivement résolues.

Nous avons vu que pour chaque valeur donnée de T, le produit pv doit avoir un minimum (page 842). Si on multiplie (17) par v et si on égale à zéro la dérivée par rapport à v, on a l'équation

$$b\mathrm{RT}^2(v + c)^3 = a(v - c)(v - b)^2,$$

dont la racine réelle détermine la valeur du volume v, pour laquelle le produit pv est minimum sur l'isotherme $\mathrm{T} = const.$

Il est intéressant de déduire, *pour de grandes valeurs de v*, l'équation de Joule et Thomson, voir (23), page 564, de l'équation de Clausius, moyennant quelques simplifications. Si on néglige dans (17) les grandeurs b et c eu égard à v et si on multiplie toute l'équation par $v : p$, on obtient

$$v = \frac{\mathrm{RT}}{p} - \frac{a}{vp\mathrm{T}}.$$

On peut, dans le second membre, remplacer vp par RT, et il vient

$$pv = RT - \frac{ap}{RT^2};$$

c'est l'équation de Joule et Thomson.

Clausius admettait que sa *première* équation (17) peut servir d'équation d'état pour le gaz *acide carbonique*. Les observations d'Andrews, dont il sera parlé plus loin, ont conduit Clausius aux valeurs suivantes des grandeurs R, a, b et c (pour CO^2), que nous donnerons pour différentes unités qui ne sont pas toujours indiquées quand on cite ces nombres. Le poids du gaz étant un kilogramme, on a :

1. Pour p en kilogrammes par mètre carré, v en mètres cubes :

$$R = 19{,}273, \quad b = 0{,}000426, \quad a = 5533, \quad c = 0{,}000494;$$

2. Pour p en atmosphères, v en mètres cubes :

$$R = 0{,}001865, \quad b = 0{,}000426, \quad a = 0{,}535469, \quad c = 0{,}000494;$$

3. Pour p en atmosphères, $v = 1$ à 0° et $p = 1^{atm}$:

$$R = 0{,}003688, \quad b = 0{,}000843, \quad a = 2{,}0935, \quad c = 0{,}000977.$$

La dernière valeur de R est la même pour tous les gaz. A l'aide de ces derniers nombres, Blümcke a calculé un tableau donnant p pour les différentes valeurs de v et T. Stoliétoff y a reconnu quelques erreurs et a donné un nouveau dessin des isothermes théoriques de CO^2 d'après Clausius. Sarrau a calculé, au moyen des expériences d'Amagat, les grandeurs b, a et c (troisième système d'unités) pour H^2, Az^2, O^2, CH^4, C^2H^4 et CO^2. Fitzgerald a appliqué la formule de Clausius aux expériences de Ramsay et Young sur la vapeur d'alcool.

Clausius lui-même a appliqué sa *seconde* équation aux vapeurs d'éther, d'eau, etc.; il a trouvé les valeurs numériques suivantes pour les constantes (premier système d'unités) :

Substance	R	b	A	B	c	n
Ether . . .	1,4318	0,001088	15,607	0,0044964	0,0006476	1,19233
Eau	47,05	0,000754	45,17	0,00737	0,001815	1,24

Manaira a obtenu, à l'aide des expériences de Batelli sur la vapeur d'eau (page 771) : $R = 47{,}05$, $b = 0{,}00084216$, $A = 34{,}38$, $B = 0{,}004465$, $c = 0{,}00102134$, $n = 1{,}24962$.

D'autres recherches théoriques sur l'équation de Clausius sont dues à Fitzgerald (1887) et Thiesen (1885).

Nous avons parlé avec quelques détails des équations d'état proposées par van der Waals et Clausius; mais, en dehors de ces équations, il en existe un très grand nombre d'autres, qui ont été proposées par différents auteurs. Nous n'indiquerons pas par quelles voies on est conduit à ces équations, dont nous ne ferons pas non plus l'analyse ; il ne nous paraît cependant pas inutile d'en donner une liste, même incomplète. Nous ne citerons pas, en général, les équations d'état relatives aux liquides.

(22) VAN DER WAALS $\left(p + \frac{a}{v^2}\right)(v - b) = RT.$

(23) CLAUSIUS, I $\left[p + \frac{a}{T(v+c)^2}\right](v - b) = RT.$

(24) CLAUSIUS, II $\left[p + \frac{AT^{-n} - B}{(v+c)^2}\right](v - b) = RT.$

(25) HIRN, I $(p + a)(v - b) = RT.$

Cette formule a été proposée antérieurement à VAN DER WAALS.

(25, *a*) HIRN, II et GUSTAVE SCHMIDT $pv = BT - Cv^{-n}$.

Cette formule est relative à la vapeur d'eau.

(26) KAMERLINGH ONNES $\left(p + \frac{a}{v^2}\right)v\psi(b, v) = RT;$

$\psi(b, v)$ est une fonction développable suivant les puissances de $\frac{b}{v}$.

(26, *a*) MOULIN $p + \frac{a}{v^2} = \frac{R(1 + \alpha t)}{v - b} + \frac{C(1 + \alpha t)}{(v - b)^3};$

R, a, C, α sont ici des constantes ; pour $p = const.$, on a $b : v^r = b_0 : v_0^r$, où b_0 et v_0 se rapportent à la température 0° et où r a la même valeur pour toutes les pressions p. Si $t = const.$, on a $b : v^n = b_1 : v_1^n$, où b_1 et v_1 se rapportent à la pression $p = 1^{atm}$; mais n dépend encore de t.

(26, *b*) H. A. LORENTZ $\left(p + \frac{a}{v^2}\right)v = RT\left(1 + \frac{b}{v}\right).$

(26, *c*) REINGANUM $p\left(v + \frac{A}{RT}\right) = RT,$

A étant une fonction linéaire de T. Une amélioration de l'équation de H.-A. LORENTZ est

(26, *d*), (26, *e*) VAN LAAR

$$\left\{\begin{array}{l} \left(p + \frac{a}{v^2}\right)v = RT\left(1 + \beta\frac{b}{v}\right), \\ \beta = \dfrac{1 - \frac{11}{8}\frac{b}{v} + \ldots}{1 - 2\frac{b}{v} + \frac{17}{16}\frac{b^2}{v^2}}. \end{array}\right.$$

(26, *f*) TUMLIRZ $pv = BT - Cp.$

(26, *g*) KNOBLAUCH, LINDE et KLEBE $pv = BT - p(1 + \alpha p)\left\{C\left(\frac{373}{T}\right)^3 - D\right\}.$

Cette équation est relative à la vapeur d'eau.

(27) Amagat $$p(v-\alpha)=\varphi(v)\left[T-\frac{M(v-\alpha)}{v^m+av^{m-1}}+\ldots\right],$$

(28) Violi $$\left[p+\frac{a}{2\{v(1-b)(1-\alpha t)\}^2}\right]v(1-b)=RT.$$

(29) Tait $$p(v-\beta)=RT-\frac{A}{v-\gamma}+\frac{E}{v-\alpha}.$$

(30) Rankine, Thomson et Joule $$pv=RT-\frac{\alpha}{Tv}.$$

(31) Dupré $$p(v+c)=RT.$$

(32) Reye $$p[v-(\alpha T+\beta)]=RT.$$

(33) Recknagel $$pv=RT\left[1-\frac{C(1+\alpha t)}{4M_t}\right].$$

Cette équation est relative à CO^2; M_t est la tension de la vapeur saturante à $t°$.

(34) Gouilly, Bertrand $$(p+a)(v+b)+cT=0.$$

(35) Bertrand $$pv=R(T+\mu).$$

(36) Zeuner, Ledoux $$pv=BT-Cp^n.$$

Les quatre équations suivantes sont des variantes de l'équation de Clausius :

(37) Sarrau $$p=\frac{RT}{v-b}-\frac{Ca^{-T}}{(v+c)^2}.$$

(38) Jäger $$p=\frac{RT}{v-b}-\frac{Ce^{-\frac{a}{T}}}{T(v+c)^2}.$$

(39) Battelli $$p=\frac{RT}{v-b}-\frac{mT^{-\mu}+nT^{-\nu}}{(v+\beta)^2};$$

voir (2) page 834.

(40) Schiller $$\left[p+\frac{\lambda+\mu p}{T(v+\beta)^2}\right](v-\gamma T)=RT.$$

(41) Sutherland $$pv=RT\left(\frac{1+\frac{k}{2}}{v-\frac{k}{2}}\right)-\frac{b}{v}.$$

(42) Antoine $$\log pv=\frac{A}{B+t}.$$

(43) Andrews $$v(1-pv)=A.$$

Dans cette équation, A dépend de T; l'équation est relative à CO^2.

(44) Ritter $$pv=BT-\frac{C}{pv^n},$$

équation relative à H^2O.

(44, *a*) GULDBERG $$pv = RT - Cp^{\alpha} - Dv^{\beta}\,;$$

on a ici $\beta = \frac{\alpha}{\alpha - 1}$.

(44, *b*) VAN DER WAALS et H.-A. LORENTZ $$p + \frac{a}{v^2} = \frac{RT}{v}\left\{1 + \frac{b}{v} + \alpha_1\left(\frac{b}{v}\right)^2 + \alpha^2\left(\frac{b}{v}\right)^3 + \ldots\right\}.$$

Dans cette formule qui a été établie *théoriquement*, α_1, α_2, etc., sont des nombres positifs; VAN DER WAALS a trouvé $\alpha_1 = \frac{17}{32}$, G. JÄGER et BOLTZMANN $\alpha_1 = \frac{5}{8}$; BOLTZMANN a obtenu pour α_2 la valeur 0,287. D'autres modifications de (44, *b*) se trouvent dans les cinq équations suivantes :

(44, *c*) BRINKMAN $$\left(p + \frac{a}{v^2}\right)\left(v - b + \alpha_1\frac{b^2}{v} + \alpha_2\frac{b^3}{v^2} + \alpha_3\frac{b^4}{v^3}\right) = RT.$$

(44, *d*) JÄGER $$\left(p + \frac{a}{v^2}\right)\frac{\left(v - \frac{1}{4}b\right)^4}{v^3} = RT.$$

(44, *e*) BOLTZMANN $$\left(p + \frac{a}{v^2}\right)\left(v - \frac{1}{3}b\right) = RT\left(1 + \frac{2b}{3v} + \frac{7b^2}{24v^2}\right)$$

(44, *f*) THIESEN $$pv = RT\left(1 + \frac{T_1}{v} + \frac{T_2}{v^2} + \frac{T_3}{v^3} + \ldots\right)$$

(45) KAMERLINGH ONNES $$pv = RT + \frac{B}{v} + \frac{C}{v^2} + \frac{D}{v^4} + \frac{E}{v^6}.$$

Dans les deux dernières équations, T_1, T_2, ..., B, C, D, E sont des fonctions de T.

(45, *a*) DIETERICI $$\left(p + \frac{a}{v^{\frac{5}{3}}}\right)(v - b) = RT.$$

(45, *b*) DIETERICI $$p(v - b) = RTe^{-\frac{c}{RTv}}.$$

(45, *c*) VAN LAAR $$pv = RT\left[1 - \frac{\beta e^{\frac{\alpha}{RT}} - \gamma}{v}\right].$$

(45, *d*) STARKWEATHER $$p = \frac{RT}{v - b} - \frac{A}{Tv^{\frac{3}{2}}(v^{\frac{1}{2}} + \gamma)}.$$

(45, *e*) BOLTZMANN et MACHE $$\left(p + \frac{a}{v^2}\right)\left(v - b + \frac{c^2}{v^2 + d}\right) = RT.$$

(45, *f*) REINGANUM $$\left(p + \frac{a}{v^2}\right)(v - b)^4 = RTv^3.$$

(45, *g*) REINGANUM $$\left[p + \frac{a(T)}{v^2}\right]\left(v - be^{\frac{c}{T}}\right) = RT\,;$$

$a(T)$ désignant une fonction de T.

$$(45,h) \left\{ \begin{array}{l} \text{Rose-Innes} \\ \text{et Young} \end{array} \right. \quad pv = RT\left\{1 + \frac{e}{v+k-gv^{-2}}\right\} - \frac{l}{v+k}.$$

$$(45,i) \text{ Amagat} \quad \left\{ p + \frac{v - \left[a + m(v-b) + \frac{c}{v-b}\right]T}{kv^{2,85} - \alpha + n\sqrt{(v-\beta)^2 + d^2}} \right\} v = RT.$$

$$(45,k) \text{ Göbel} \quad p = \frac{RT}{v - b_0 + b_1 p} - \frac{a}{(v-\alpha)^2}.$$

$$(45,l) \text{ Callendar} \quad p\left\{v - b + C\left(\frac{T_0}{T}\right)^n\right\} = RT;$$

T_0 est ici à peu près égal à 273 et $n = m + \frac{1}{2}$ pour un gaz d'atomicité m; on a $n = 3,5$ pour H^2O.

$$(45,m) \text{ Brillouin} \quad p = \frac{A(v^2 + Bv + C)}{v^3 + av^2 + bv + c};$$

c'est l'équation des isothermes ; on a $A = RT$.

D'autres équations ont encore été proposées par Lagrange, Drucker, Happel, Witkowski (H^2), Batschinski (isopentane), etc. Dans l'*Encyclopédie des Sciences mathématiques*, Vol. V, 1, p. 614 de l'édition allemande, Kamerlingh Onnes a écrit un article sur l'équation d'état.

Nous terminerons cet exposé en parlant de deux mémoires nouveaux très importants.

Van der Waals a appliqué la théorie des mouvements cycliques aux phénomènes moléculaires et a obtenu, pour les gaz *diatomiques*, la formule

$$(46) \qquad \frac{b - b_0}{v - b} = 1 - \left(\frac{b - b_0}{b_1 - b_0}\right)^2,$$

qui montre comment la grandeur b doit changer avec v pour une température donnée ; $b = b_0$ est la valeur limite pour $v = \infty$, c'est-à-dire correspond à la plus grande raréfaction, tandis que $b = b_1$ se rapporte à la condensation la plus forte, dans laquelle on a aussi $v = b_1$. Van Laar (1904) a vérifié la formule (46) pour l'hydrogène.

Nous avons toujours pris jusqu'ici, comme équation d'état d'une vapeur, une équation qui lie les grandeurs v, p et t. Planck (1908) a introduit d'autres variables, notamment l'entropie S, l'énergie E et le volume v. Il a appelé l'équation, qui exprime S en fonction de E et de v, l'*équation d'état canonique*. Pour un gaz *monoatomique*, Planck a obtenu l'équation

$$(47) \quad S = kN \log v + \frac{3}{2} kN \log\left(E + \frac{\alpha N}{v}\right) - \frac{kv}{\beta}\left(1 - \frac{\beta}{v}\right)\log\left(1 - \frac{\beta}{v}\right) + C;$$

N est le nombre de molécules dans le volume v; k est la constante universelle

$$(47,a) \qquad k = 1,346 \cdot 10^{-16} \frac{\text{Erg}}{\text{degré}},$$

définie par l'équation

$$S = k \log W + const.,$$

W étant la probabilité de l'état gazeux donné. Pour un atome-gramme, on a $kN = R = 8,31 . 10^7$, constante des gaz; β est égal à huit fois le volume d'une sphère atomique et on a par conséquent

$$(47, b) \qquad \beta = 2b,$$

où b est la constante de l'équation (22) de Van der Waals ; α et C sont des constantes. En introduisant p et t, Planck obtient, au moyen de (47), l'équation

$$(47, c) \qquad p = -\frac{RT}{\beta} \log\left(1 - \frac{\beta}{v}\right) - \frac{\alpha}{v^2}.$$

Il est intéressant de rapprocher cette équation de celle de Van der Waals :

$$(47, d) \qquad p = \frac{RT}{v - b} - \frac{a}{v^2}.$$

Si on fait $\beta = 2b$, on a

$$(47, e) \quad -\frac{1}{\beta}\log\left(1 - \frac{\beta}{v}\right) = -\frac{1}{2b}\log\left(1 - \frac{2b}{v}\right) = v\left(1 + \frac{b}{v} + \frac{4}{3}\frac{b^2}{v^2} + \ldots\right);$$

au contraire

$$(47, f) \qquad \frac{1}{v - b} = v\left(1 + \frac{b}{v} + \frac{b^2}{v^2} + \ldots\right).$$

L'équation de Planck diffère donc très peu de celle de Van der Waals, même si l'on considère les termes du second degré. Une nouvelle étude de la dépendance entre l'équation d'état ordinaire et l'équation d'état canonique a été publiée par Wassmuth (1909).

6. Température critique et état critique. — Nous avons eu à plusieurs reprises l'occasion de parler de la température critique, que nous désignerons par la lettre θ. Nous l'avons mentionnée pour la première fois dans le Tome I et souvent de nouveau dans ce volume même. Nous l'avons définie de la manière suivante : à toute température $t > \theta$, la substance ne peut se trouver qu'à l'état gazeux; elle ne peut passer à l'état liquide, si grande que soit la pression. Nous allons exposer maintenant avec tous les détails nécessaires les recherches expérimentales et théoriques relatives à cette température particulière.

Nous séparerons les notions anciennement admises et celles qui sont aujourd'hui le plus généralement adoptées sur la nature de l'état critique. Nous étudierons seulement dans le prochain paragraphe les idées particulières de quelques auteurs (De Heen, Galitzine, I. Traube, etc.).

Quand $t < \theta$, le volume v devient, dans une compression *isothermique*, égal à σ, pour une certaine pression $p = P$, c'est-à-dire que la vapeur devient saturante. Si on continue à diminuer le volume, la pression P reste constante et, en même temps, une partie de la substance passe à l'état *liquide*. Lorsque le volume devient $v = s$, on n'a plus que du liquide. Plus t est élevé, plus la pression P est grande, et plus le volume σ de la vapeur saturante est *réduit* ; le volume s augmente en même temps que t, malgré l'accroissement de la pression. La *différence* $\sigma - s$, ou encore la partie rectiligne de l'isotherme physique $p = f(v)$, qui représente le passage graduel de toute la masse de la substance de l'état gazeux à l'état liquide, *diminue* donc lorsque *t augmente*. Quand t se rapproche de θ, la différence $\sigma - s$ tend vers zéro ; autrement dit les volumes σ et s tendent vers une valeur limite commune, que nous désignerons par φ ; en même temps la pression P tend vers une valeur déterminée π. Sur l'isotherme $p = f(v)$ qui répond à la valeur $T = \theta + 273$, il existe par conséquent un point particulier, dont les coordonnées sont $v = \varphi$ et $p = \pi$: ce point représente un état de la substance, dans lequel *l'état liquide et l'état gazeux se confondent en quelque sorte*, les volumes σ et s devenant alors identiques. Pour un abaissement de température très petit, l'état gazeux ainsi que l'état liquide de la substance deviennent déjà séparément possibles. L'état particulier, déterminé par les valeurs $t = \theta$, $v = \varphi$, $p = \pi$, est appelé *état critique* de la substance ; φ est le *volume critique*, π la *pression critique*. Quand la substance est à la température critique θ, cela ne veut pas dire nécessairement qu'elle se trouve à l'état critique ; ce dernier est caractérisé par un volume φ bien déterminé, et par une pression π correspondant à la température θ et au volume φ. Il résulte évidemment de ce qui précède que la pression critique π est la plus grande pression sous laquelle peut se trouver la vapeur saturante.

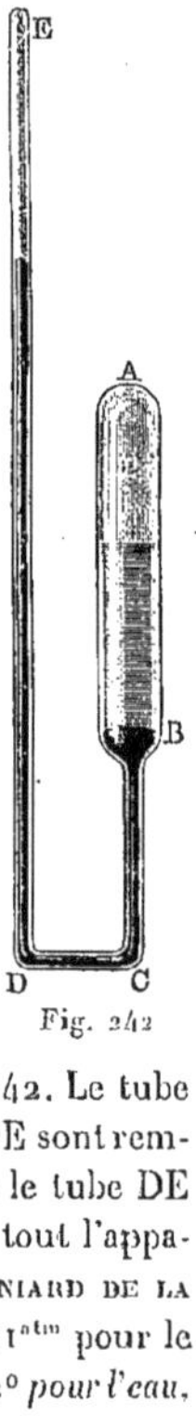

Fig. 242

Donnons d'abord quelques indications historiques sur la découverte de l'état critique. Les premières recherches sont dues à Cagniard de la Tour (1822). Il chauffait le liquide dans un tube en verre fermé à la lampe ; le liquide occupait primitivement la moitié du tube, tandis que l'autre moitié ne renfermait que la vapeur de ce liquide. Il remarqua qu'à une certaine température t le liquide disparaissait, en se transformant complètement en vapeur. Il employait, pour déterminer la pression de vapeur p qui règne à cet instant dans le tube, l'appareil représenté par la figure 242. Le tube AB renferme le liquide étudié ; le tube BCD et une partie du tube DE sont remplis de mercure, au-dessus duquel se trouve de l'air, de sorte que le tube DE fermé à son extrémité supérieure sert de manomètre. En chauffant tout l'appareil, on pouvait déterminer la température t et la pression p. Cagniard de la Tour a trouvé $t = 175°$, $p = 38^{atm}$ pour l'éther, $t = 254°$, $p = 71^{atm}$ pour le sulfure de carbone, $t = 248°$, $p = 119^{atm}$ pour l'alcool et $t = 362°$ *pour l'eau*. Drion (1859) a effectué des déterminations analogues pour le chlorure d'éthyle C^2H^5Cl ($t = 184°$), l'anhydride sulfureux SO^2 ($t = 157°$) et l'éther $C^4H^{10}O$ ($t = 190°,5$). Thilorier avait déjà montré auparavant que CO^2 liquide se dilate, quand on l'échauffe de 0° à 30°, quatre fois plus que le gaz entre les mêmes limites de température. L'importance des expériences de CAGNIARD DE LA TOUR a été d'abord signalée par FARADAY (1848) et par MENDÉLÉIEFF (1860), qui a appelé la température à laquelle le liquide disparaît *point d'ébullition absolu*. Mais la véritable signification du phénomène découvert par CAGNIARD DE LA TOUR a été surtout mise en évidence par les célèbres expériences d'ANDREWS (1869) sur l'anhydride carbonique.

L'appareil employé par ANDREWS est représenté sur la figure 243. Il se compose de tubes en cuivre AA et BB à paroi épaisse, communiquant entre

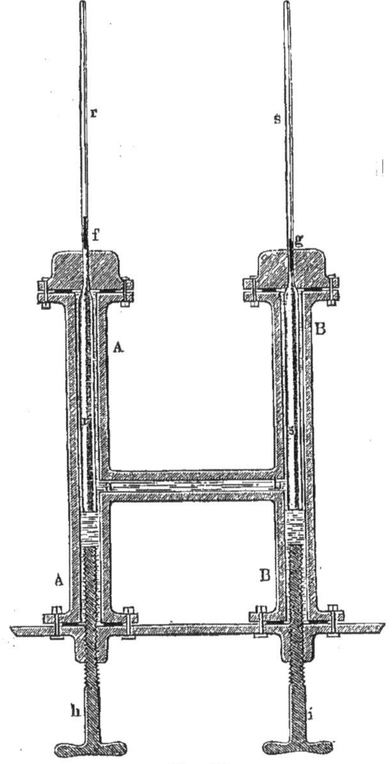

Fig 243

eux par le tube *ab*; les trois tubes étaient remplis d'eau. Des tubes en verre *rr* et *ss*, fermés à leur extrémité supérieure et s'élargissant en bas, étaient introduits dans les tubes AA et BB ; le tube *rr* renfermait à la partie supérieure le gaz étudié, le tube *ss* de l'air. Les colonnes de mercure *f* et *g* séparaient les gaz de l'eau. Les vis *h* et *h* permettaient de comprimer l'eau, qui montait dans les tubes *r* et *s*. Le tube *s* servait de manomètre, pour la détermination de la pression uniforme qui s'établit dans l'appareil. Les tubes *r* et *s* étaient soigneusement calibrés, de sorte que le volume *v* occupé par la substance qui se trouve dans le tube *s*, pouvait toujours être mesuré avec précision. En chauffant tout l'appareil à une température déterminée *t*, qui était maintenue constante, ANDREWS modifiait d'autre part peu à peu la pression *p*, de manière à faire varier le volume *v* de la substance dans le tube *s*. En mesurant *p* et *v*, ANDREWS a pu construire les *isothermes* correspondant aux températures différentes $t = 13°,1$, $21°,5$, $31°,1$, $32°,5$, $35°,5$ et $48°,1$. Les isothermes de CO^2 obtenues par ANDREWS sont représentées sur la figure 244, où l'on a également indiqué en lignes ponctuées les isothermes de l'air (hyperboles équilatères). L'isotherme 48°,1 rappelle par son allure générale les isothermes de l'air. Quand *t* diminue, le caractère des isothermes change peu à peu ; pour $t = 13°,1$ et $t = 21°,5$, les isothermes de l'acide carbonique renferment des segments rectilignes, correspondant, comme on l'a déjà dit plus haut

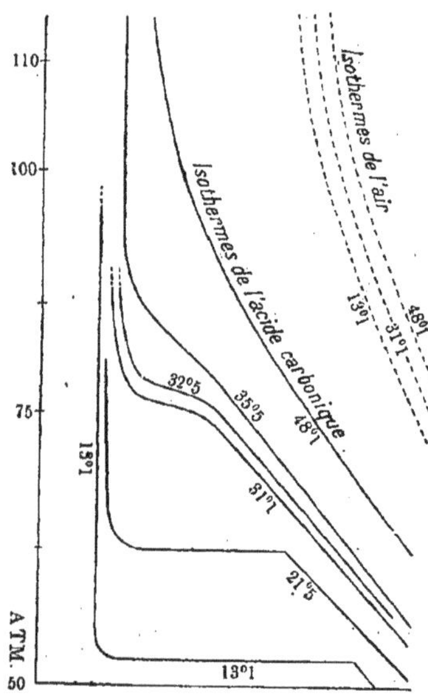

Fig. 244

(pages 844 et 847), à la période où il y a passage graduel de la substance de l'état gazeux à l'état liquide. La partie rectiligne est d'autant plus courte que *t* est plus élevé ; dans l'isotherme 31°,1, elle a déjà manifestement disparu. ANDREWS a trouvé qu'elle disparaît dans l'isotherme 30°,92, et il a appelé cette température θ la température *critique*. Le point de cette isotherme vers lequel tendent les extrémités de la partie rectiligne d'une isotherme quelconque, lorsque *t* tend vers θ, détermine la pression critique π et le volume critique φ, et, en général, l'état critique de la substance. La température critique peut servir à établir la distinction entre un gaz et une vapeur. Lorsque la température *t* d'une substance est supérieure à la température critique θ, on peut l'appeler un *gaz* (si élevée que soit la pression, ce gaz ne peut alors se liquéfier) ; au contraire, quand la température est inférieure à θ, la substance peut être nommée *vapeur*.

Les isothermes d'ANDREWS sont encore représentées dans la figure 245 : l'isotherme EKF correspond à la température critique θ ; pour $t < \theta$, on a des isothermes de la forme $GabM$, dont la partie rectiligne ab correspond au passage de l'état liquide à l'état gazeux et inversement. Les extrémités des parties rectilignes dans ces dernières isothermes sont sur une courbe AKB, dont la branche AK détermine les valeurs que prend le volume s du liquide,

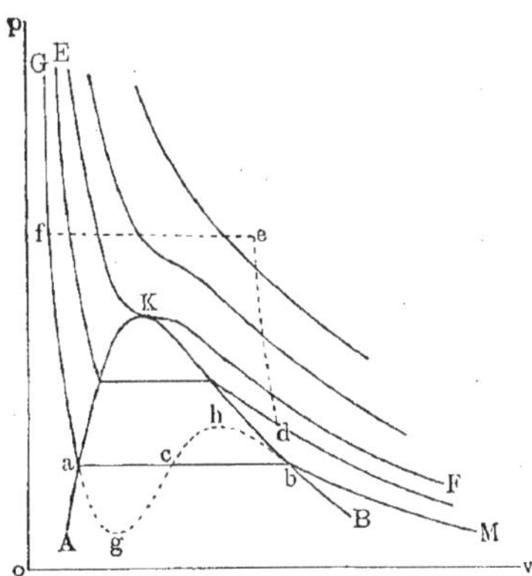

Fig. 245

la branche KB les valeurs que prend le volume σ de la vapeur saturante. La courbe AKB et l'isotherme EKF ont même tangente au point K ; cette tangente, étant la limite de la corde ab, est *parallèle à l'axe des abscisses*. Il s'ensuit que les coordonnées θ, $v = \varphi$, $p = \pi$ du point K, qui définissent l'état critique, doivent satisfaire aux équations

$$(48) \qquad f(p, v, t) = 0, \qquad \frac{\partial p}{\partial v} = 0, \qquad \frac{\partial^2 p}{\partial^2 v} = 0,$$

$f(p, v, t) = 0$ étant l'équation d'état de la substance. On a en outre au point K

$$(48, a) \qquad \sigma - s = 0.$$

Il est important de remarquer que, pour une température t un peu plus basse que θ, de sorte que $\theta - t$ est une petite grandeur, on obtient déjà une différence notable entre σ et s. On peut prendre $\theta = 31°$ pour CO^2. A $t = 30°$, on a $s = 0{,}003714$, $\sigma = 0{,}005513$; on en déduit $\sigma : s = 1{,}485$ et on voit que σ est presque une fois et demie plus grand que s. Nous reviendrons plus tard sur ce fait, qui a été signalé par STOLIÉTOFF.

La notion d'état critique due à ANDREWS montre qu'il n'existe pas de limite bien tranchée entre l'état liquide et l'état gazeux, car on peut passer de l'un à l'autre état de telle façon que *toute la masse de la substance reste constamment homogène* et soit cependant au début certainement gazeuse et à la fin certainement liquide. On peut réaliser une telle *transformation continue de l'état gazeux dans l'état liquide*, en faisant passer le gaz par une série d'états représentés par une courbe, dont l'origine et l'extrémité se trouvent par exemple en d et f (*fig.* 245) et qui est décrite au-dessus du point K, sans pénétrer dans la partie du plan limitée par la courbe AKB, c'est-à-dire dans la partie où l'état de la substance est hétérogène. Echauffons un gaz (ou une vapeur) certainement homogène (en d), à volume constant jusqu'à une température supérieure à θ (droite de) et refroidissons-le ensuite sous pression constante jusqu'à ce que son volume devienne moindre que le volume critique φ (droite ef) ; nous avons finalement au point f un liquide certainement homogène. On ne peut ici saisir, par aucune méthode d'observation, l'instant où il y a passage d'un état à l'autre. Il n'est donc pas possible non plus, en suivant ce chemin def, d'établir une limite entre l'état liquide et l'état gazeux. Thiesen a proposé par suite de considérer une substance comme se trouvant à l'état liquide ou à l'état gazeux, selon que sa densité est plus grande ou plus petite que la densité dans l'état critique. Mais, avec une telle définition, on ne peut plus affirmer qu'un gaz à une température supérieure à la température critique ne peut être liquéfié. Le gaz acide carbonique à 35° et sous 3000^{atm} devrait déjà être considéré comme un liquide. La droite passant par K, parallèle à l'axe des ordonnées et dirigée *vers le haut*, formerait la séparation entre l'état liquide (à gauche) et l'état gazeux (à droite), ce qui serait extrêmement incommode.

Lorsqu'on prend pour variables indépendantes le volume v et la température T, les courbes de pression constante (*isobares*) ont la forme $C_1B_1A_1a_1$,

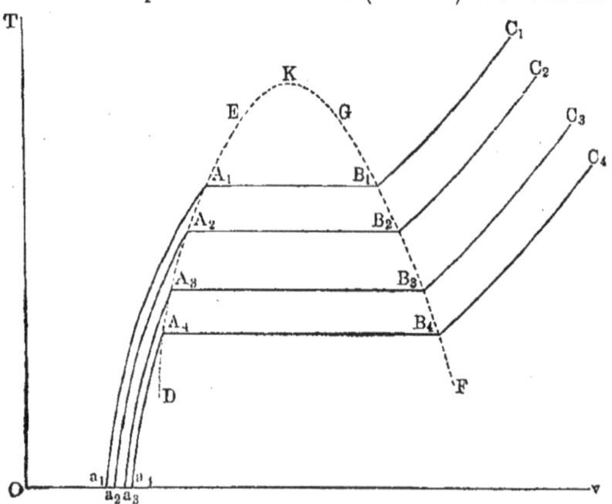

Fig. 246

$C_2B_2A_2a_2$ (*fig.* 246). Les branches C_1B_1, C_2B_2, etc., se rapportent à la vapeur, les isobares isothermes B_1A_1, B_2A_2, etc., à un mélange de la vapeur et du liquide et enfin les branches A_1a_1, A_2a_2, etc., au liquide. Les deux courbes *limites* DE et FG se rejoignent en un point K, dont l'ordonnée est égale à la température critique θ et l'abscisse au volume critique φ ; l'isobare $p = \pi$ possède en K la même tangente que la courbe limite, parallèle à l'axe des abscisses.

Nous avons défini l'état critique par les conditions théoriques (48) et (48, a) ; mais d'autres définitions ont encore été données. Nous allons en considérer quelques-unes.

Avenarius (1870) est parti de l'hypothèse théorique qu'à la température critique *la chaleur latente interne de vaporisation ρ_i doit être nulle*. On est conduit à ce résultat par l'introduction de la condition (48, a) dans l'expression

$$\rho = \mathrm{AT}(\sigma - s)\frac{\partial p}{\partial t}$$

de la chaleur latente totale de vaporisation ; pour $\sigma - s = 0$, on a

$$\rho = 0.$$

A la température critique θ, la chaleur latente totale de vaporisation est nulle. La quantité de chaleur $\rho_e = \mathrm{A}p(\sigma - s) = 0$ (page 695) est dépensée en travail extérieur dans la vaporisation ; or on a $\rho_i = \rho - \rho_e$ et il s'ensuit qu'à la température critique, on a $\rho = \rho_e = \rho_i = 0$. Ce résultat de la théorie a été confirmé par Mathias (1890) ; il a mesuré la chaleur latente totale de vaporisation ρ de CO^2 liquide et de Az^2O liquide, dans un calorimètre à eau, dont la température était maintenue constante, en ajoutant peu à peu de l'acide sulfurique, ce qui dégageait une quantité de chaleur soigneusement mesurée au préalable. Nous donnons ici quelques-uns de ses nombres pour CO^2 :

$t^\circ =$	0	7,25	13,69	16,45	22,4	28,13	30,59	30,82
$\rho =$	56,25	50,26	42,02	39,92	31,80	19,35	7,26	3,72.

Mathias a donné la formule empirique

$$\rho^2 = 118{,}485(31 - t) - 0{,}4707(31 - t)^2,$$

d'après laquelle $\rho = 0$ pour $t = \theta = 31^\circ$. Il a obtenu d'autre part pour Az^2O :

$t^\circ =$	5,27	10,00	18,5	26,2	31,47
$\rho =$	54,45	52,3	43,65	29,6	20,9

$$\rho^2 = 131{,}75(36{,}4 - t) - 0{,}924(36{,}4 - t)^2.$$

Mathias a reconnu que la courbe $\rho = f(t)$ rencontre l'axe des abscisses à angle droit pour $t = \theta$, c'est-à-dire que $\frac{d\rho}{dt} = \infty$ pour $t = \theta$. Bakker (1897) a montré qu'un tel résultat est prévu par la théorie.

Mathias a aussi étudié les *chaleurs spécifiques* C et c du liquide et de la *vapeur saturante* à des températures voisines de la température critique θ. Il a trouvé, pour SO^2, que, dans le voisinage de $t = \theta$, la chaleur spécifique C du liquide croît en même temps que la température et tend manifestement pour $t = \theta$ vers une valeur infinie positive. Il a obtenu, pour la chaleur spécifique c de la vapeur saturante (page 795), dans le voisinage de $t = \theta$, *des valeurs né-*

gatives qui, pour $t = \theta$, tend manifestement vers l'infini négatif. Nous avons vu que, pour des températures éloignées de la température critique, c peut être aussi bien positif que négatif, mais cependant *augmente* en même temps que la température. Le résultat obtenu par MATHIAS montre que c doit à une certaine température atteindre un *maximum*. Pour SO^2, on a $c < 0$ aux basses températures ; à 116°, c est nul ; au-dessus, il devient positif, atteint un maximum, décroît ensuite, redevient nul à 132°,5 et tend vers $-\infty$ pour $\theta = 156°$. MONNORY (1906) a établi théoriquement que c est négatif dans le voisinage du point critique et doit tendre vers $-\infty$. Pour l'*eau*, le *maximum* de c ne serait pas plus grand que $-0{,}30$ et correspondrait à la température $t = 300°$ environ.

Nous avons défini la température critique θ d'abord par la condition $\sigma - s = 0$, puis par la condition $\rho = 0$. Dès 1835 FRANKENHEIM et plus tard MENDÉLÉIEFF ont donné une troisième définition. Lorsque FRANKENHEIM eut découvert que la hauteur d'ascension d'un liquide dans un tube capillaire et par suite sa constante capillaire a^2 diminuent quand la température augmente, il émit l'idée de l'existence probable d'une température à laquelle $a^2 = 0$ et où le liquide cesse d'exister, pareillement à ce qu'avait observé CAGNIARD DE LA TOUR. MENDÉLÉIEFF a précisé le premier que la constante capillaire a^2 doit être nulle à la température critique θ. Cette opinion a été pleinement confirmée, à l'égard de l'éther sulfurique par exemple, pour lequel BRUNNER a trouvé $a^2 = 5{,}3536 - 0{,}028102\,t$. Pour $t = 190°,5$, on a $a^2 = 0$; cette température est très voisine de la température critique $\theta = 190°,0$ obtenue par ZAIONTSCHEWSKI. WOLF et DRION ont vérifié, par des expériences, que, dans le voisinage de cette température, la hauteur d'ascension de l'éther dans un tube capillaire devient nulle. OSTWALD a indiqué sept autres liquides, pour lesquels on constate une concordance analogue entre le θ ainsi calculé et le θ observé. VERSCHAFFELT a étudié la hauteur d'ascension h de CO^2 liquide et de Az^2O liquide dans un tube capillaire ; pour CO^2, on obtient $h = 0$, dans le voisinage de la température critique (31°).

Dans l'étude de l'état liquide (Vol. I, Chap. V, § **11**), nous avons fait connaître la formule (44) de RAMSAY et SHIELDS :

$$\alpha(Mv)^{\frac{2}{3}} = k(\tau - d),$$

où α est la tension superficielle en dynes par cm., M le poids moléculaire, $\tau = \theta - t$, v le volume spécifique, k une constante qui est approximativement égale à 2,12 pour la plupart des liquides, et enfin d approximativement égal à 6. Pour quelques substances, k possède des valeurs de petitesse anormale, par exemple pour l'acétone ($k = 1{,}818$), l'acide propionique ($k = 1{,}44$), HI, HBr, H^2S, H^3P et HCl. Ecrivons l'équation précédente sous la forme

$$\alpha(Mv)^{\frac{2}{3}} = k(\theta - t - 6). \qquad (48, b)$$

Lorsque les valeurs de α et de v sont connues pour deux températures t, l'équation (48, b) donne la valeur de k et celle de la *température critique* θ. La formule (48, b) n'est valable que pour les liquides *non associés*, dont la molécule possède une formule chimique simple, non répétée plusieurs fois. Pour un liquide *associé*, comme l'eau par exemple, dont la molécule n'est pas H^2O, mais $(H^2O)^n$, l'équation (48, *b*) ne convient plus, c'est-à-dire que k n'est plus une constante ou $\alpha(Mv)^{\frac{2}{3}}$ une fonction linéaire de la température. LIVINGSTON et MORGAN (1909) ont posé, pour de tels liquides,

$$\alpha(Mv)^{\frac{2}{3}} = A + Bt + Ct^2, \tag{48, c}$$

A étant la valeur du membre de gauche pour $t = 0°$. Il résulte de (48, *b*) que

$$\frac{\partial\left[\alpha(Mv)^{\frac{2}{3}}\right]}{\partial t} = -k = const.,$$

et de (48, *c*) que

$$\frac{\partial\left[\alpha(Mv)^{\frac{2}{3}}\right]}{\partial t} = B + 2Ct, \tag{48, d}$$

c'est-à-dire une *fonction linéaire* de t. Lorsqu'on a déterminé empiriquement les constantes A, B, C, on peut calculer θ par la condition

$$A + Bt + Ct^2 = 0, \tag{48, e}$$

où l'on doit faire $t = \theta - 6$. LIVINGSTON et MORGAN pensent qu'à la température $t = -(\theta - 6)$, on doit avoir

$$B + 2Ct = 0. \tag{48, f}$$

La valeur moyenne de θ obtenue par (48, *e*) et (48, *f*) doit plus se rapprocher de la vérité. C'est ce qui s'est trouvé très bien confirmé pour une série de liquides. Pour l'alcool méthylique, on a $A = 282,66$, $B = -0,7726$, $C = -0,0016864$; l'équation (48, *e*) donne $\theta = 246°,1$ et l'équation (48, *f*) $\theta = 235°,1$; la valeur moyenne est $240°,6$, alors qu'on a trouvé expérimentalement $240°$. Lorsque les mesures se rapportent à des températures bien au-dessous de θ, (48, *f*) doit fournir des résultats très sûrs ; il en est ainsi, pour l'*eau* par exemple ; (48, *f*) donne $\theta = 361°$, tandis que les expériences directes ont donné les valeurs $358°,1$, $364°,3$ et $365°$.

Nous avons rencontré dans le Tome I (frottement intérieur des liquides) une quatrième caractéristique de l'état critique. Nous avons vu que GRÄTZ (1888) a établi, pour le coefficient de frottement η des liquides purs, en fonction de la température t, l'expression

$$\eta = A\,\frac{t_0 - t}{t - t_1},$$

A et t_1 étant des nombres constants et t_0 la température critique. La température critique est donc celle à laquelle le frottement intérieur du liquide disparaît ou du moins prend la valeur relativement petite, qui correspond à la vapeur.

Il est facile de démontrer que l'équation (47) $\sigma - s = 0$ conduit à la proposition suivante :

Dans l'état critique, les entropies S, *les énergies libres* F, *les énergies intérieures* U *et les chaleurs spécifiques du liquide et de la vapeur saturante deviennent respectivement égales.*

Nous parlerons plus tard de quelques phénomènes singuliers observés dans le voisinage de l'état critique des mélanges et des solutions. Nous allons nous occuper maintenant des recherches théoriques qui reposent sur l'*équation d'état* d'une substance.

Lorsqu'on compare les conséquences déduites des équations de Van der Waals et Clausius dans les §§ **4** et **5** avec les résultats des expériences d'Andrews, en particulier la figure 240, page 843, avec la figure 245, page 858, on voit que les isothermes théoriques de Van der Waals et de Clausius ont une forme qui concorde parfaitement avec celle des isothermes *physiques* d'Andrews, pour $t > \theta$ ou $t = \theta$. Pour $t < \theta$, les isothermes théoriques diffèrent des isothermes physiques, dans le domaine limité par la courbe AKB (*fig.* 245) ; dans ce domaine, les isothermes physiques sont rectilignes et les isothermes théoriques ont, au contraire, la forme représentée sur la figure 245 par la ligne ponctuée *agchb*. Nous avons mentionné à la page 844 que J. Thomson avait indiqué, avant Van der Waals, qu'un passage *isothermique* continu de la vapeur à l'état liquide, s'il était réalisable, devrait se produire suivant une courbe telle que *bhcga*. L'isotherme EKF de la figure 240 correspond à la température critique, le point K à l'*état critique*, puisque les coordonnées de ce point ont été déterminées (voir pages 844 et 847) par la condition que les racines v_1, v_2, v_3 de l'équation $v = f(p)$ sont égales, ou qu'en d'autres termes θ, φ et π ont été obtenus en résolvant les trois équations $f(p, v, t) = 0$, $\frac{\partial p}{\partial v} = 0$, $\frac{\partial^2 p}{\partial v^2} = 0$; or ces conditions déterminent précisément la température critique θ, le volume critique φ et la pression critique π.

D'après cela, les grandeurs (13), page 844, et (19), page 847, déterminent l'*état critique d'une substance*. Si on prend l'équation de Van der Waals

$$\left(p + \frac{a}{v^2}\right)(v - b) = RT, \tag{49}$$

on a

$$273 + \theta = \frac{8}{27}\frac{a}{bR}, \quad \varphi = 3b, \quad \pi = \frac{1}{27}\frac{a}{b^2}; \tag{49, a}$$

à la place de la première formule (49, *a*), on peut aussi écrire, voir (13, *a*), page 844 :

$$1 + \alpha\theta = \frac{8a}{27b(1 + a)(1 - b)}. \tag{49, b}$$

Si on prend au contraire la première équation de Clausius

$$\left[p + \frac{a}{T(v + c)^2}\right](v - b) = RT, \tag{50}$$

on a

$$273 + \theta = \sqrt{\frac{8}{27}\frac{a}{R(b + c)}}, \quad \varphi = 3b + 2c, \quad \pi = \sqrt{\frac{1}{216}\frac{aR}{(b + c)^3}}. \tag{51}$$

Les formules (49, *a*) *et* (51) *peuvent être employées pour le calcul des valeurs critiques*, quand l'équation d'état, c'est-à-dire les paramètres a, b, R ou a, b, c, R sont connus.

Nous avons cité à la page 850 une longue série d'autres équations d'état. Le plus souvent, les auteurs de ces formules ont établi comment on peut calculer les grandeurs θ, φ et π à l'aide des paramètres.

Van der Waals a trouvé pour CO^2, en exprimant p en atmosphères et en posant $v = 1$ à 0° et $p = 1^{atm}$, les constantes $a = 0{,}00874$ et $b = 0{,}0023$. Ces nombres donnent, au moyen des formules (49, *a*), $\theta = 32°{,}5$, $\varphi = 0{,}0069$ et $\pi = 61^{atm}$, tandis qu'Andrews a obtenu par l'expérience $\theta = 30°{,}9$, $\varphi = 0{,}0066$ et $\pi = 70^{atm}$. Si on se rappelle que Van der Waals a déterminé les constantes a et b par des observations sur la compressibilité de CO^2, on doit reconnaître qu'une telle concordance est tout à fait satisfaisante et très remarquable. Nous avons dit à la page 840 que la grandeur b peut être déduite des observations sur l'état critique de la substance. En effet, les formules (49, *a*) permettent de *calculer a et b, lorsque la température critique θ et la pression critique π sont connues.* Van der Waals lui-même s'est servi des déterminations de θ et π pour Az^2O obtenues par Janssen et de ses propres déterminations de θ et π pour C^2H^4, dans le calcul des constantes a et b relatives à ces deux substances. Guye et Friderich (1900) ont suivi la même voie dans leur calcul déjà mentionné à la page 841 des constantes a et b pour 83 substances. Désignons la température critique absolue par $T_c = 273 + \theta$; les trois équations (49, *a*) donnent pour b, après élimination de a et de φ, l'équation du troisième degré :

$$(51, a) \qquad b^3 - b^2 + \frac{2184\pi + T_c}{27\pi T_c} b - \frac{1}{27\pi} = 0.$$

Cette équation donne la grandeur b, et on obtient ensuite a par la formule

$$(51, b) \qquad a = 27\pi b^2.$$

Guye et Friderich ont employé une méthode un peu pénible pour calculer b au moyen de (51, *a*). Haentzchel (1905) a montré que pour b très petit (hydrogène), les deux premiers termes de (51, *a*) peuvent être négligés. On obtient une valeur approchée suffisante dans tous les cas, à l'aide de la formule

$$(51, c) \qquad b = \frac{1 - n\sigma}{1 + n\sigma + \tau},$$

où $\sigma = 1 : 27\pi$, $\tau = 2184\pi : T_c$ et où n est un nombre *entier* formant approximation de la valeur de $1 : (1 + \tau)^2\sigma^2$. Kuenen (1905) a indiqué un procédé encore plus simple : on calcule les grandeurs $b_0 = T_c : 2184\pi$ et $a_0 = 27\pi b_0^2$; on a alors $b = b_0(1 - a_0 - b_0)$ et $a = 27\pi b^2$.

Dan. Berthelot (1907), dans ses importantes recherches sur les écarts que manifestent les gaz réels à l'égard des lois des gaz parfaits, a montré aussi entre autres que les valeurs de a et de b à 0° peuvent être calculées au moyen des équations

$$(51, d) \qquad \begin{cases} a = 2,0712 \cdot 10^{-8} \dfrac{T_c^3}{\pi}, \\ b = 2,5746 \cdot 10^{-4} \dfrac{T_c}{\pi}. \end{cases}$$

Nous ajouterons que DAN. BERTHELOT a calculé la densité limite d'un gaz parfait, laquelle peut servir à déterminer le poids moléculaire, en multipliant la densité mesurée par $1 - A$, où

$$(51, e) \qquad A = \frac{1 - 2(a - b)}{1 - (a - b)}.$$

Nous avons dit que les formules (51) déduites de l'équation d'état de CLAUSIUS peuvent également servir à calculer les valeurs critiques θ, φ et π. Prenons pour R, a, b, c, les valeurs numériques de la page 849 (troisième groupe); nous obtenons alors pour CO^2 les valeurs critiques $\theta = 30°,996$, $\varphi = 0,004483$, $\pi = 77,001$.

Des formules (49, a), où nous introduisons de nouveau $273 + \theta = T_c$, découle, comme l'a montré d'abord GUYE (1890) et ensuite S. YOUNG (1892), une conséquence intéressante. On a

$$(52) \qquad \pi\varphi = \frac{a}{9b} = \frac{3}{8} RT_c.$$

Soit v_0 le volume qu'*occuperait* le corps à l'état gazeux, s'il possédait les propriétés d'un gaz parfait jusqu'à l'état critique, c'est-à-dire jusqu'à la pression π et la température T_c; on a alors

$$\pi v_0 = RT_0.$$

En comparant à (52), on obtient

$$(52, a) \qquad \varphi = \frac{3}{8} v_0$$

ou, en désignant $v_0 : \varphi$ par k,

$$(52, b) \qquad k = \frac{v_0}{\varphi} = \frac{8}{3} = 2,67.$$

De l'équation de VAN DER WAALS résulterait donc que le volume critique doit être les $\frac{3}{8}$ du volume v_0 défini plus haut. Ce résultat *n'est pas confirmé* par l'expérience, comme l'ont montré YOUNG et THOMAS (1893), RAMSAY (1894) et en particulier DIETERICI (1899-1903). YOUNG et THOMAS ont reconnu que pour les alcools k est compris entre 4 et 4,5 et qu'on obtient même $k = 5$ pour l'acide acétique. RAMSAY et YOUNG ont en outre trouvé pour un grand nombre de substances en moyenne

$$(52, c) \qquad k = \frac{v_0}{\varphi} = 3,75.$$

Les calculs de DIETERICI lui ont donné

	CO^2	SO^2	C^2H^4	Az^2O
$k =$	3,61	3,62	3,42	3,19.

DIETERICI a déduit des observations que, pour toutes les substances qui peuvent être amenées à l'état critique sans modification chimique (telle que polymérisation, dissociation, etc.), k est à peu près égal à 3,7. Le rapport $k = v_0 : \varphi$ est évidemment égal au rapport de la densité critique Δ à la densité δ du gaz parfait. D'après la formule de VAN DER WAALS, on aurait donc

$$(52, d) \qquad \Delta = \frac{8}{3}\,\delta = 2,67\,\delta,$$

tandis que les expériences donnent en moyenne

$$(52, e) \qquad \Delta = 3,75\,\delta.$$

HEILBORN (1891) a montré le premier que l'hypothèse de O.-E. MEYER (page 838) donne

$$(52, f) \qquad \Delta = \frac{8}{3}\sqrt{2}\,\delta = 3,77\,\delta.$$

DIETERICI a fait remarquer que l'équation (44, b), page 852, conduit à la valeur

$$k = 3,$$

pourvu qu'on ait $\alpha_1 > 1$; il a en outre déduit de l'équation

$$\left(p + \frac{a}{v^{\frac{5}{3}}}\right)(v - b) = \mathrm{RT},$$

les valeurs

$$\mathrm{T}_c = \frac{15ab}{4(4b)^{\frac{5}{3}}\mathrm{R}}, \qquad \pi = \frac{a}{4(4b)^{\frac{5}{3}}}, \qquad \varphi = 4b,$$

et de là

$$k = \frac{15}{4} = 3,75 ;$$

enfin il a montré que son équation d'état (45, b), page 852, donne

$$k = \frac{1}{2}\,e^2 = 3,695,$$

(e étant la base des logarithmes naturels).

DAN. BERTHELOT (1901) a trouvé $k = 2,71$ pour l'*argon* et pense que k est voisin de la valeur théorique $k = 2,67$ pour les gaz monoatomiques.

VAN LAAR (1904) a obtenu par le calcul pour l'*hydrogène* $k = 2,69$.

Pour quelques substances, k prend une grandeur anormale, comme nous l'avons déjà dit plus haut (Young et Thomas). Guye (1891) a établi la formule empirique

$$(52, g) \qquad k = h(1 + gT_c),$$

dans laquelle h et g sont des constantes.

Pour un gaz *parfait*, il résulte de $pv = RT$, que l'on a pour $v = const.$

$$\frac{\partial p}{\partial t} = \frac{R}{v}.$$

Dieterici (1903) a déduit des observations que l'on a à la température critique

$$(52, h) \qquad \left(\frac{\partial p}{\partial t}\right)_c = \frac{2R}{\varphi},$$

par conséquent une valeur *double*. Il a désigné en outre par E l'*effet utile* (*efficiency* de Maxwell) de la vaporisation, c'est-à-dire la grandeur

$$(52, i) \qquad E = \frac{\rho_e}{\rho} = \frac{p(\sigma - s)}{T(\sigma - s)\frac{\partial p}{\partial t}} = \frac{p}{T\frac{\partial p}{\partial t}},$$

voir Chap. XI, § **5**, formules (25, c) et (36, a); cela posé, Dieterici a montré que, pour les substances *normales*, on obtient au moyen de (52, c) et (52, h) à la température critique

$$(52, k) \qquad E_c = \frac{1}{7,4}.$$

L'équation de Van der Waals donne dans (52, h) le facteur $\frac{3}{2}$ au lieu du facteur 2 et au lieu de (52, k) la valeur $E_c = \frac{1}{4}$. Van Laar a trouvé par le calcul pour l'*hydrogène* $E_c = \frac{1}{4,27}$.

Nadieshdine (1887) a déduit de ses expériences que l'équation $\varphi = 3b$ doit être remplacée par

$$\varphi = 2b,$$

et Kanonnikoff est arrivé au même résultat. Dan. Berthelot (1899) a établi l'intéressante formule

$$(52, l) \qquad M = 11,4\, d\, \frac{T_c^2}{\pi(2T_c - T)},$$

où M désignant le poids moléculaire de la substance, d la densité du liquide à la température absolue T, tandis que T_c et π ont leur précédente signification; 42 substances ont donné un écart de 9 % au plus.

Considérons encore une fois l'isotherme *théorique agchb* (*fig*. 245), page 858. Bogaiewski a admis que l'isotherme physique *abc* coupe la courbe *agchb* en un point c, où cette courbe présente une inflexion. La question de la réalisation même partielle de la courbe $agchb$ présente un grand intérêt. On obtient facilement la portion ag de la courbe, car un *liquide surchauffé*, dont la pression est moindre que la tension de la vapeur saturante à la même température, se trouve dans un état représenté par les points de cette portion ag. Les observations de Dufour à ce sujet ont été mentionnées à la page 662. La portion bh de l'isotherme correspond à une *sursaturation* de la vapeur. De nombreuses expériences indiquent que cet état de sursaturation est effectivement possible. R. Helmholtz (fils) a montré que de l'air débarrassé de toute poussière et saturé de vapeur d'eau se refroidit, par une détente brusque, sans aucune condensation de la vapeur, qui se trouve alors dans un état de sursaturation. Aitken a fait ressortir le rôle que peut jouer un tel phénomène dans la nature, par exemple dans la production des averses, des orages, etc. Les recherches de Wüllner et Grotrian, de Ramsay et Young, de Battelli et d'autres encore ont également établi la possibilité d'un état de sursaturation des vapeurs. La portion gch de l'isotherme théorique, qui correspond à des états instables de la substance, est plus difficilement réalisable ; nous nous bornerons à signaler que Preston a essayé d'expliquer le caractère possible de la substance dans la portion gch de l'isotherme.

7. Méthodes de détermination des constantes critiques. — Il existe un assez grand nombre de méthodes pour la *détermination des constantes critiques* θ (température, $273 + \theta = T_c$), φ (volume) et π (pression). Nous considérerons d'abord les méthodes purement *expérimentales*. Certaines méthodes donnent trois constantes, d'autres deux, et enfin il en est qui n'en fournissent qu'une seule.

1. Méthode de l'étude des isothermes (méthode d'Andrews). — On détermine à température t constante une série de valeurs coordonnées de p et de v, à l'aide desquelles on construit une isotherme. En faisant varier t, on obtient une série d'isothermes. Celle de ces isothermes, dans laquelle la partie rectiligne disparaît avec netteté, correspond à la température cherchée $t = \theta$. La marche suivante, qui conduit à la détermination des valeurs des *trois constantes critiques*, est plus exacte, mais beaucoup plus pénible. Ayant déterminé une série d'isothermes, les unes pour t plus grand, les autres pour t plus petit que θ, on cherche à établir à l'aide des données ainsi obtenues empiriquement l'équation d'état $f(p, v, t) = 0$ de la substance, par exemple sous l'une des formes indiquées pages 850 à 853. L'équation (48), page 858, donne alors les coordonnées du point critique et par suite aussi les constantes critiques cherchées. Cette méthode a été appliquée, en dehors d'Andrews, par Ramsay et Young, Young, Battelli et Amagat.

2. Ancienne méthode optique ou du ménisque (méthode de Cagniard de la Tour). — La substance étudiée se trouve dans un tube en verre fermé aux deux extrémités ; la portion du tube, qui ne renferme pas de liquide, est remplie par la vapeur de ce dernier et ne doit pas contenir de traces sensibles d'air, ni d'une autre substance étrangère : la longueur du tube est ordinairement de 30 à 40^{mm}, le diamètre intérieur d'environ 3^{mm}, l'épaisseur de la

paroi d'environ $0^{mm},7$. Le tube est placé dans un bain d'air, c'est-à-dire dans une caisse métallique à double ou triple paroi, dont on peut élever ou abaisser lentement la température. Un thermomètre particulier permet de suivre la marche de cette dernière ; la caisse est munie de fenêtres en verre, à travers lesquelles on peut voir le tube à distance dans une lunette. Le liquide est limité en haut par un ménisque bien apparent. Quand la température t monte lentement, le liquide se dilate d'abord ; à une certaine température $t = t_1$, *le ménisque disparaît* et tout le tube paraît rempli d'une substance homogène, de vapeur. Si on abaisse ensuite la température, on observe en premier lieu une formation de bandes, ensuite un nuage, dans lequel se produisent manifestement des phénomènes tumultueux, et enfin apparaît à la partie inférieure du tube une colonne de liquide, limitée en haut par un ménisque nettement visible. Soit t_2 la température à laquelle le ménisque apparaît, *ou bien* à laquelle se manifestent les premiers indices d'hétérogénéité de la substance. On admet que $\theta = \frac{1}{2}(t_1 + t_2)$.

Guye a proposé de faire tomber un rayon lumineux, venant *d'en haut* dans une direction oblique, sur le ménisque et d'observer la surface de ce ménisque avec une petite lunette dirigée obliquement vers le bas. On voit un point brillant, dont la disparition peut être notée avec une grande précision.

Cette ancienne méthode optique a donné lieu à des attaques très vives et à de nombreuses polémiques. Nous reviendrons ultérieurement plus en détail sur ce sujet.

3. Méthodes d'Avenarius et de Zaiontschewski. — Les méthodes d'Avenarius et de Zaiontschewski ont une certaine parenté avec la méthode optique. La partie la plus importante de l'appareil d'Avenarius est encore constituée par un tube en verre vertical placé dans un bain d'air. Ce tube renferme la substance étudiée en partie à l'état liquide, en partie à l'état gazeux ; mais il forme ici l'une des extrémités d'un long tube, dont la partie médiane, qui est horizontale, se trouve remplie de mercure. L'autre extrémité composée de plusieurs spires est remplie d'éther et située dans un second bain d'air. En faisant varier la température de ce second bain, le volume du tube dans le premier bain peut être modifié à volonté. On peut, par une combinaison d'observations faites à diverses températures des deux bains, trouver la température critique θ et le volume critique φ.

Zaiontschewski a relié le tube placé dans le bain d'air à un manomètre (à air comprimé) et a pu déduire de ses observations la température θ et la pression critique π.

4. Méthode de Nadiéshdine. — Nadiéshdine (1887), physicien de talent mort prématurément, s'est servi de l'appareil représenté par la figure 247, qu'il a appelé un densimètre différentiel. La détermination de la *température critique* θ au moyen de cet appareil est basée sur ce qu'à cette température les densités du liquide et de la vapeur deviennent égales, de sorte que le tube qui contient la substance étudiée paraît rempli d'une substance partout homogène. L'appareil se compose du tube AA emmanché dans un coussinet B ; ce coussinet est muni d'un axe à section triangulaire, autour duquel il oscille comme

un fléau de balance, à l'intérieur de la suspension métallique CC. Le tube vide reçoit une position horizontale à l'aide d'un poids F. Quand une partie du tube est remplie de liquide et le reste de vapeur saturante, il prend une position inclinée. Tout l'appareil est plongé dans un bain d'air ; aussitôt que la température de ce dernier devient égale à θ, le tube se replace horizontalement. L'avantage de cette méthode ingénieuse est qu'on peut l'appliquer dans le cas où, la matière étudiée étant fortement colorée (Br, I), le ménisque n'est pas très visible, ou encore quand la substance attaque le verre (eau). Elle a été employée par Radice (1899), pour déterminer la température critique de l'*iode*.

5. Méthode de Cailletet et Colardeau. — On introduit dans un vase de volume v un poids P de liquide qui le remplit partiellement, le reste ne renfermant que la vapeur de ce liquide, et on fait monter peu à peu la température

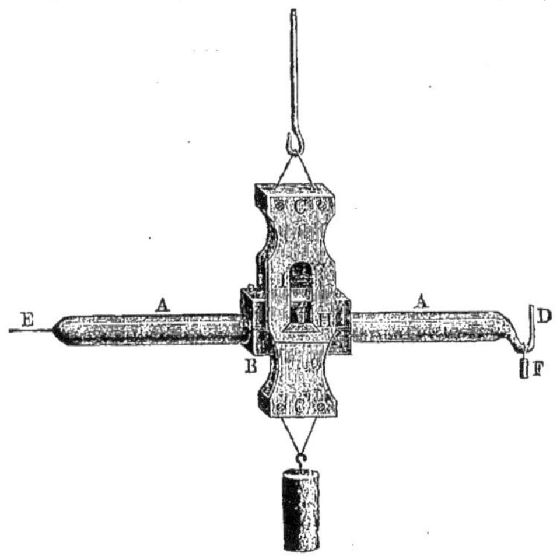

Fig. 247

du vase, en déterminant la pression p, sous volume constant v, en fonction de t. On fait varier la quantité de liquide P, qui cependant doit toujours rester plus grande que la quantité de substance occupant le volume v à la température critique θ ; en d'autres termes, le volume v doit être *plus petit* que le volume critique $P\varphi$ de la quantité de liquide employée. Tant que $t < \theta$, on a dans le vase du liquide et de la vapeur saturante, dont la pression p est indépendante de la quantité de liquide P. Si on construit, dans le système de coordonnées p, t, les courbes $p = f(t)$, pour différentes valeurs de P, toutes ces courbes doivent coïncider tant que l'on a $t < \theta$. A la température θ, tout le liquide se transforme en vapeur ; pour $t > \theta$, on a de la vapeur non saturante ou du gaz, dont la pression *p doit évidemment dépendre de la quantité de substance contenue dans le volume v à la température t*. Il en résulte que les courbes $p = f(t)$, correspondant à différentes valeurs de P et coïncidant jusqu'à $t = \theta$, doivent diverger pour $t > \theta$. Plus P est grand, plus aussi la pression p doit être grande pour une température donnée t. L'abscisse du point, où les courbes commencent à diverger, est précisément la température critique cherchée θ et son ordonnée, la pression critique π. Cette méthode, qui donne deux grandeurs critiques (θ et π), rappelle beaucoup la méthode de Fairbairn et Tate, pour la détermination de la densité des vapeurs saturantes (page 785). La différence consiste en ce que, dans les expériences de Fairbairn et Tate, le volume v est beaucoup *plus grand* que le volume $P\varphi$, de sorte que tout le liquide peut se vaporiser à une température $t < \theta$.

Cailletet et Colardeau ont déterminé par cette méthode les grandeurs critiques de l'eau ($\theta = 365°$, $\pi = 200^{atm},5$). Grimaldi a étudié CO^2 par la même méthode, mais n'a pas obtenu de résultats satisfaisants.

L'appareil de Cailletet et Colardeau est représenté dans la figure 247. Le liquide étudié se trouve dans le vase métallique FD, placé lui-même dans le

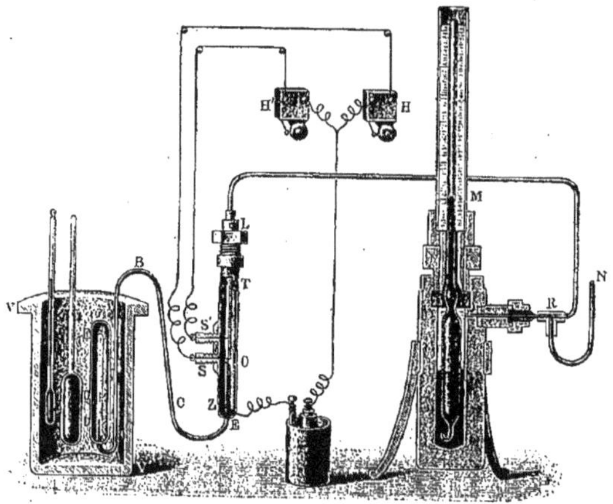

Fig. 248

vase VV' et communiquant par le tube ABCE avec le tube EL. La partie DABCEO est remplie de mercure, au-dessus duquel se trouve de l'eau qui remplit aussi le tube LR. Ce dernier est en rapport avec le manomètre à hydrogène M et, par le tube RN, avec une pompe à eau. La paroi du tube ET est traversée par deux fils isolés S et S'. On voit sur la figure que le timbre H commence à sonner, aussitôt que le mercure atteint le niveau O dans le tube ET. En pompant de l'eau dans l'appareil, on peut toujours ramener le mercure au même niveau dans ET, et par suite maintenir aussi le volume DF $= v$ constant. Le timbre H' entre en action, aussitôt que le mercure atteint le fil S'; celui-ci sert de signal avertisseur, indiquant que la substance occupe un trop grand volume dans DF. Le vase VV' est rempli de mercure, dont le point d'ébullition est plus élevé que la température critique de l'eau, ou encore d'un mélange à parties égales de $NaAzO^3$ et $KAzO^3$, fondant à 200° et ne se décomposant pas encore à 400°. Le thermomètre dans

VV' et le manomètre M servent à déterminer les valeurs coordonnées de t et de p.

6. Méthodes d'Amagat et de Mathias. — Ces méthodes intéressantes permettent d'obtenir les *trois* grandeurs critiques (θ, φ et π). Dans l'une comme dans l'autre, on détermine les densités d du liquide et δ de la vapeur saturante pour la plus grande série possible de températures $t < \theta$, et en se rapprochant le plus possible de la température critique θ. On obtient ainsi deux séries de points, qui sont situés deux à deux sur les mêmes ordonnées ($t = const.$) et qui permettent de tracer les deux courbes AdC et BdC (*fig.* 226, page 794). Près du sommet C de la courbe complète ACB, ces deux courbes ne se raccordent pas, mais la petite portion qui manque peut être dessinée d'autant plus exactement que les températures t se rapprochent plus de θ. Amagat s'est rapproché de θ jusqu'à quelques dixièmes de degré; la courbe peut alors être construite à main levée avec une grande sûreté.

Pour obtenir avec le plus d'exactitude possible la position du point C, on trace le diamètre rectiligne de Mathias (*fig.* 226, page 794), qui, prolongé, coupe la courbe précisément en ce point.

Pour avoir la pression critique, on peut soit établir une formule empirique $p = f(t)$, qu'on extrapole jusqu'à $t = \theta$, soit encore, comme l'a fait aussi Amagat, tracer la courbe correspondante et la prolonger jusqu'à la température critique.

7. Méthode d'Amagat. — Cette méthode est surtout caractérisée par la manière d'obtenir les valeurs de d et δ. Afin d'éliminer certaines causes d'erreurs, difficilement évitables autrement, Amagat a toujours opéré en présence de quantités finies de liquide et de vapeur saturante.

Soit P le poids du corps à étudier renfermé dans le tube à expériences, et soient à un moment donné V et V' les volumes du liquide formé par liquéfaction et de la vapeur saturante. Liquéfions une nouvelle quantité de la substance, la température restant rigoureusement constante et par suite la pression; soient, dans ce nouvel état d'équilibre $V + \Delta V$ et $V' - \Delta V'$ les nouveaux volumes du liquide et de la vapeur saturante; il est facile de voir qu'on a les deux relations

$$\frac{\Delta V}{\Delta V'} = \frac{\delta}{d} \qquad \text{et} \qquad Vd + V'\delta = P,$$

desquelles on peut tirer les valeurs de d et δ.

On construit ensuite la courbe des densités et on arrive à la détermination de θ, φ et π, ainsi qu'il vient d'être dit précédemment.

Young (1900) et Tsentnerschwer (1904) ont étudié en détail cette méthode, qui a été aussi employée par Dewar (1904).

8. Méthodes diverses. — En dehors des méthodes que nous venons de considérer, il en existe encore plusieurs autres, qui ont été appliquées plus rarement. Nous allons indiquer brièvement quelques-unes de ces dernières.

J. Chappuis a déterminé θ pour CO^2, en se servant d'un réfractomètre interférentiel de Jamin (Tome II) et interposant CO^2 liquide, échauffé progressivement, sur le trajet de l'un des deux rayons Aussitôt que la température critique est atteinte, le mouvement des franges d'interférence s'arrête, l'indice de réfraction cessant de varier.

Le prince GALITZINE et WILLIP ont employé les deux méthodes indiquées au Tome II, Chap. IV, pour déterminer la température à laquelle les indices de réfraction du liquide (éther) et de la vapeur saturante deviennent égaux.

D'autres méthodes sont basées sur la disparition des différents phénomènes capillaires à la température critique, sur les lois des états correspondants que nous étudierons ultérieurement, sur une formule empirique de STRAUSS (voir plus loin), sur l'observation de la détente adiabatique d'un gaz fortement comprimé, etc.

Nous ferons encore une remarque générale importante sur la détermination de la *pression critique* π. Nous avons vu que π peut être obtenu par la méthode isothermique ou par la méthode de CAILLETET et COLARDEAU. Il convient de rappeler qu'à l'état *critique*, on a $\partial p : \partial v = 0$ et $\partial^2 p : \partial v^2 = 0$; il en résulte que, sur l'isotherme $t = \theta$, la grandeur p varie très peu dans le voisinage du point critique ($p = \pi$, $v = \varphi$), et qu'il suffit de mesurer la pression p *tout près* de l'état critique sur l'isotherme critique, pour obtenir la valeur cherchée de π. C'est sur cette remarque que repose la construction d'un appareil très simple dû à ALTSCHUL, pour la détermination approximative de la pression π.

Nous allons maintenant revenir plus en détail sur la méthode optique ou du *ménisque*, qui a donné lieu à de très fréquentes polémiques, portant sur le point suivant : la moyenne de la température t_1, à laquelle le ménisque disparaît pendant l'échauffement, et de la température t_2, à laquelle le tube se remplit durant le refroidissement d'un nuage presque opaque, peut-elle vraiment être prise pour la température critique θ cherchée, à laquelle le liquide et la vapeur saturante ont même densité et deviennent complètement identiques ? A cette question encore pendante, une série d'auteurs ont répondu négativement de la façon la plus absolue.

Nous ne pouvons entrer ici dans tous les détails de ces polémiques et nous nous bornerons aux indications bibliographiques. Parmi les anciens mémoires relatifs à la critique de la méthode du ménisque, nous mentionnerons ceux de WROBLEWSKI, JAMIN, CAILLETET et COLARDEAU, BATTELLI, ZAMBIASI, PELLAT, GOUY et VILLARD.

On trouve, dans beaucoup de ces travaux, des affirmations qui n'ont pas résisté à une étude plus approfondie. Comme exemple, nous citerons l'expérience suivante de CAILLETET et COLARDEAU. On sait que l'iode se dissout bien dans CO^2 liquide, mais non dans CO^2 à l'état gazeux ; CAILLETET et COLARDEAU ont trouvé que, si on introduit dans un petit tube en verre une solution d'iode dans CO^2 liquide, on obtient à la température critique une substance colorée uniformément, l'iode ne se séparant pas, c'est-à-dire restant dissous. Ils en ont conclu qu'une partie de la substance reste encore liquide au-dessus de la température critique ; mais on sait que la solubilité mutuelle des substances augmente en général en même temps que la température ; il n'est donc pas impossible qu'au-dessus de la température critique, CO^2 à l'état gazeux dissolve l'iode ; une telle hypothèse paraît même très naturelle après les expériences de VILLARD, qui a montré qu'on peut dissoudre des corps solides et des liquides dans un gaz.

Arrivons maintenant aux travaux plus récents qui tendent avec persistance à établir que *la méthode du ménisque donne des résultats inexacts*, qu'après la disparition du ménisque le tube est rempli d'une substance qui n'est *nullement* homogène et que, par suite, la moyenne de t_1 et t_2 ne peut nullement être prise pour la température critique *au sens* d'ANDREWS. Au premier rang des auteurs dont les recherches ont suivi cette direction, il faut citer DE HEEN, puis DWELSHAUVERS-DERY, le prince GALITZINE, TRAUBE (1902), TEICHNER (1904), ainsi que BRADLEY, BROWN et HALE (1908). On trouvera des détails à ce sujet dans l'ouvrage de MATHIAS, *Le point critique des corps purs* ; nous nous limiterons aux indications suivantes.

Le prince GALITZINE a déterminé, par les deux méthodes rappelées ci-dessus, les indices de réfraction de la substance en plusieurs endroits du tube ; il a constaté ainsi, qu'après la disparition du ménisque, les indices de réfraction possédaient des valeurs tout à fait différentes dans la partie supérieure et dans la partie inférieure du tube ; à 3° environ au-dessus de la température où le ménisque disparaît, la densité varie de 23 %, et, même à 5° au-dessus de cette température, la variation est encore de 14 %. TRAUBE (1902) a admis en principe les considérations de DE HEEN et sa notion des molécules gazogéniques et liquidogéniques (Tome I) qu'il a développée. TEICHNER (1904) a introduit, dans un tube en verre renfermant du chlorure de carbone, 15 petites sphères en verre de densité moyenne variant de 0,415 à 0,726 ; d'après la distribution de ces sphères, quand le ménisque a disparu (à 282° environ), on est amené à conclure qu'à des températures plus élevées la densité est aussi une grandeur décroissante de bas en haut.

En opposition complète avec ces travaux se trouvent les idées et les recherches d'une autre série d'auteurs, parmi lesquels KAMERLINGH ONNES, VILLARD, GUYE et MALLET, KUENEN, v. HIRSCH, ROTHMUND, TRAVERS et USHER, VERSCHAFFELT, etc. Ces savants s'en tiennent à la représentation fondamentale d'ANDREWS, d'après laquelle la disparition du ménisque marque réellement l'apparition de l'état critique et où la température obtenue par la méthode décrite est vraiment la température critique au sens d'ANDREWS. Ils expliquent l'hétérogénéité de la substance, en partie par l'action de la pesanteur, en partie par la lenteur avec laquelle à l'état critique les différentes couches à densité variable se diffusent l'une dans l'autre.

Une vue très intéressante sur les phénomènes qui ont lieu à la température critique est due à BAKKER (1904). Dans une longue suite de mémoires (Tome I), il a développé une théorie des phénomènes que l'on observe à la surface des liquides, en prenant, comme potentiel des forces qui agissent entre les éléments de volume d'un liquide, une expression de la forme

$$-f\frac{e^{-\frac{r}{\lambda}}}{r}.$$

En calculant l'épaisseur h de la *couche limite*, il a montré que h tend vers l'infini à la température critique. Les phénomènes observés à cette température devraient donc être attribués à une extension progressive, mais illimitée de la couche limite.

G. Bertrand et Lacarme (1905) ont étudié les solutions d'alizarine dans l'alcool et de bichromate de potasse dans l'eau et ont développé l'idée qu'au voisinage du point critique, on est en présence d'une solution de vapeur dans le liquide et d'une solution de liquide dans la vapeur. Ces deux solubilités changent avec la pression et la température. Cette théorie a donné lieu à quelques remarques de Raveau (1905).

Stoliétoff a étudié théoriquement, dans deux mémoires extrêmement intéressants, les divers phénomènes qui peuvent se produire, pendant l'échauffement du tube dans la méthode du ménisque. Nous n'indiquerons que la partie la plus importante des considérations de Stoliétoff, où il a envisagé le *rôle de la quantité de liquide contenue dans le tube*. Soit P le poids du liquide, de sorte que son volume critique est $P\varphi$; désignons par v le volume du tube dans le voisinage de la température θ et sous une pression intérieure voisine

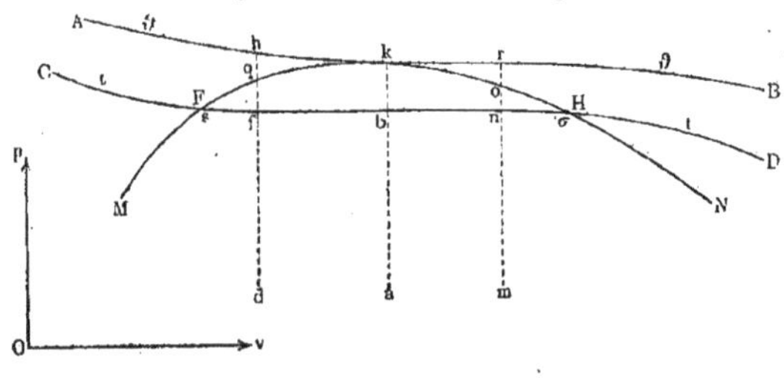

Fig. 249

de π. Dans la figure 249, on a représenté à une échelle agrandie la partie AB de l'isotherme θ qui est voisine du point critique k, et une partie CFbHD d'une autre isotherme où $t < \theta$. Les axes de coordonnées vOp sont seulement indiqués par leurs directions ; l'origine réelle des coordonnées se trouve beaucoup plus bas et plus à gauche.

Si nous échauffons la substance sous volume constant v, ses variations d'état seront représentées par des droites parallèles à l'axe Op, qui rencontrent chacune l'isotherme critique AkB *en un seul point*. La courbe MkN limite le domaine à l'intérieur duquel existe un mélange de liquide et de vapeur saturante ; à droite de cette courbe et au-dessus de l'isotherme AkB, on n'a que de la vapeur ou du gaz ; à gauche, c'est-à-dire dans la partie au-dessus de AkF, on n'a que du liquide. Considérons un premier cas (d'ailleurs improbable), où le volume v du vase est égal au volume $P\varphi$ de la substance dans son état critique, c'est-à-dire égal à l'abscisse du point k ; le changement d'état de la substance, durant son échauffement, s'effectue alors suivant la droite abk ; au moment où la température critique θ est atteinte, la substance se trouve exactement dans l'état critique. Envisageons maintenant un second cas, celui où $P\varphi < v$ et où, par suite, on prend *moins* de liquide que dans le premier cas ; quand la substance aura atteint la température θ, elle possèdera un volume v plus grand que son volume critique ; il est clair que les changements d'état de la substance sont représentés par une droite telle que *mnor*. Au point o, *tout le liquide est vaporisé* et nous n'avons que de la vapeur dans la dernière période *or*, avant que la température critique soit atteinte. Nous avons un troisième cas, celui où $P\varphi > v$, c'est-à-dire où on prend *plus* de liquide que dans le premier cas. A la température θ, le volume v est *plus petit* que le volume critique ; la variation d'état est représentée par une droite telle que *dfqh*. Au point q, toute la substance est liquéfiée, et dans la période *qh* tout le tube est rempli de liquide ; quand on atteint l'isotherme θ, le passage de l'état liquide à l'état gazeux n'est pas *perceptible*. Dans le second et dans le troisième cas, la substance *ne passe pas du tout par l'état critique*. En écartant le premier cas, qui est extrêmement improbable, on voit que, suivant la quantité de liquide que l'on prend, tout le liquide, avant que la température critique soit atteinte, ou bien doit se vaporiser, ou bien doit remplir entièrement le tube. Il en résulte que le ménisque, formant la séparation *visible* entre le liquide et la vapeur, doit disparaître, soit à l'extrémité inférieure du tube lorsque tout le liquide se vaporise (point o), soit à l'extrémité supérieure quand le liquide remplit tout le volume v (point q). En réalité, l'observation fait voir quelque chose de tout autre : le ménisque disparaît quelque part dans le milieu du tube, le point où il disparaît dépendant de la quantité P de liquide *qu'on peut faire varier entre des limites assez larges*. C'est d'après cela que l'on peut arriver à diverses conclusions ou instituer des expériences en vue de contredire la notion d'état critique d'Andrews. Stoliétoff a parfaitement expliqué la contradiction apparente qui peut se présenter entre la théorie d'Andrews et les observations ; nous allons reproduire ses considérations. La présence d'un ménisque *visible* montre que les indices de réfraction du liquide et de la vapeur diffèrent assez pour que la surface séparative puisse être *observée* ; mais la sensibilité de l'œil a une limite, quel que soit le phénomène optique en jeu, et *on peut par suite ne plus voir le ménisque*, dès que la différence des indices de réfraction ou la différence des quantités de liquide et de vapeur atteint une certaine valeur très petite. Supposons qu'il en soit ainsi à la température t et sous la pression correspondante p de la vapeur saturante, t étant inférieur à θ, puisqu'à la température θ les densités et les indices de réfraction du liquide et de la vapeur doivent se confondre d'après la théorie d'Andrews. Soit en outre CFHD l'isotherme t atteinte lorsque le ménisque cesse d'être visible, et soient σ et s les volumes spécifiques de la vapeur saturante et du liquide (sous la pression p de la vapeur). Supposons qu'on ait $Ps < v < P\sigma$, ou que le poids P varie entre les limites définies par l'inégalité

$$\frac{v}{\sigma} < P < \frac{v}{s}, \tag{53}$$

les volumes Ps et $P\sigma$ correspondant aux points F et H ; cette inégalité montre que la droite, qui représente le changement d'état de la substance, coupe l'isotherme CFHD en un point de la partie rectiligne FH, la dite droite étant d'un côté ou de l'autre de *abk* et pouvant occuper une position telle que *dfgh* ou *mnor*. Le ménisque disparaît aussitôt que l'isotherme FH est atteinte, par exemple en f ou n ; mais, en ces points situés sur la partie rectiligne de l'isotherme, on est certainement en présence du liquide et de la vapeur. Plus P est grand pour v donné, plus le point f ou n est à gauche ; autrement dit, plus il y a de substance à l'état liquide, et *plus est élevé dans le tube le point où on observe la disparition du ménisque*. Si on a $Ps > v$, la droite *dfgh* se déplace vers la gauche de F ; le liquide remplit alors tout le tube quand on l'échauffe. Si $P\sigma < v$, la droite *mnor* se déplace vers la droite de H et tout le liquide se vaporise, avant que l'isotherme CD soit atteinte. Dans les deux cas, il ne se produit aucune disparition du ménisque observable, pour toutes les valeurs de P satisfaisant à l'inégalité (53). Les limites imposées à P par cette inégalité sont assez étendues, comme on s'en rend compte facilement ; les valeurs de σ et s, égales entre elles au point K, diffèrent en effet notablement, quand la température s'écarte, même très peu, de θ. Par exemple, on a $\theta = 31°$ pour CO^2 ; pour $t = 30°$, le rapport $\sigma : s = 1,485$. Quand le ménisque cesse d'être visible pour $t = 30°$, il est clair que P peut osciller entre des limites assez larges, sous la condition que la disparition du ménisque ait lieu quelque part entre les extrémités du tube. Lorsque la variation d'état de la substance est représentée par la droite *abk*, le ménisque disparaît (point b) à peu près au milieu du tube.

Les phénomènes observés s'expliquent donc parfaitement et on voit qu'ils ne contredisent nullement la théorie d'ANDREWS. Tout ce qui a été dit sur la disparition du ménisque se rapporte aussi à sa réapparition, bien que les isothermes t_1 et t_2 de disparition et de réapparition du ménisque puissent ne pas être identiques. Toutefois, les deux températures t_1 et t_2 doivent évidemment être inférieures à θ. Plus l'observation est faite avec soin et plus les méthodes sont parfaites, plus les températures t_1 et t_2 doivent se rapprocher l'une de l'autre ainsi que de la température θ. STOLIÉTOFF recommande l'emploi de la méthode de TÖPLER (Tome II), pour l'observation du ménisque.

TSENTNERSCHWER (1903) a confirmé de la manière la plus brillante, par une série d'expériences, l'exactitude des idées de STOLIÉTOFF, et a ensuite montré (1904) que le *volume critique* φ d'une substance peut être déterminé exactement, par des observations sur des tubes différant par le degré de remplissage.

Après avoir fait connaître les méthodes employées pour la détermination de l'état critique, nous allons indiquer les résultats de quelques recherches expérimentales. Les premières recherches systématiques sur l'état critique sont dues à AVENARIUS (de Kieff) et à ses nombreux élèves, notamment ZAIONTSCHEWSKY (souvent appelé SAIOTSCHEWSKI dans les publications non russes), PAWLEWSKI, NADIÉSHDINE, STRAUSS, JOUKE, KANNEGUISER et DIATSCHEWSKY.

PAWLEWSKY a étudié un grand nombre de liquides organiques et a trouvé une série de règles, parmi lesquelles nous ne citerons que la suivante : les températures critiques des composés homologues diffèrent d'une quantité constante des points d'ébullition sous pression normale. NADIÉSHDINE a montré que cette règle ne se vérifie qu'approximativement.

Dans les séries homologues, la température critique croît en même temps que la teneur en carbone, et elle augmente de 18 à 20° pour chaque CH^2. Par exemple, pour l'acide acétique ($C^2H^4O^2$) $\theta = 321°,5$, pour l'acide propionique ($C^3H^6O^2$) $\theta = 339°,9$; mais, dans d'autres cas, cette règle ne se vérifie plus ; ainsi, pour la diméthylamine (AzC^2H^7) $\theta = 163°,0$ et pour la triméthylamine (AzC^3H^9) $\theta = 160°,5$. Les éthers isomères ont des températures critiques à peu près égales.

BOULATOFF (1899) a indiqué qu'en général la température critique d'une substance est d'autant plus élevée que le poids moléculaire de cette substance est plus grand.

GULDBERG et GUYE ont trouvé que la température critique absolue T_c est double de la température d'ébullition sous la pression de 20^{mm} et égale à 1,55 de la température absolue d'ébullition normale. Nous reparlerons de cette règle dans la théorie des états correspondants.

La température critique θ de l'*eau* présente un grand intérêt. STRAUSS l'a calculée à l'aide de sa formule des mélanges (voir plus loin) et a obtenu 370° ; elle a été évaluée, au moyen de méthodes indirectes, par CAILLETET et COLARDEAU à 365°, par BATTELLI à 364°,3 et par CHAS. T. KNIPP à 359°. Une détermination directe par la méthode du ménisque, dans un verre en quartz de la maison Dr SIEBERT et KÜHN de Cassel, a été réalisée pour la première fois par TRAUBE et TEICHNER (1904), qui ont trouvé $\theta = 374°$, ce qui confirme d'une manière remarquable la valeur de la formule de STRAUSS. Pour le *mercure*, TRAUBE et TEICHNER ont trouvé que θ est au-dessus de 1000°, tandis que la règle de GULDBERG et GUYE indiquée ci-dessus donne $\theta = 675°$; mais HAPPEL (1904) a montré que la théorie des états correspondants donne $\theta = 1097°$, $\pi = 456^{atm}$, comme nous le verrons plus loin.

Dans le Chapitre XI, § 6, nous avons indiqué la température et la pression critiques pour un certain nombre de substances.

8. L'état critique des mélanges et des solutions. — La question des constantes critiques des mélanges et des solutions offre un intérêt particulier. On pourrait peut-être, dans les mélanges de deux substances, distinguer deux cas, selon que les deux substances sont à l'état liquide ou à l'état gazeux à la température ordinaire. La *liquéfaction des mélanges de gaz* se rattache très étroitement au second cas ; on se rappelle que, dans le Chapitre sur la liquéfaction des gaz, nous avions réservé l'étude de cette question.

Nous allons d'abord indiquer quelques-unes des anciennes recherches. Pour les mélanges de vapeur avec un gaz, dont la température critique est très basse, θ a été déterminé par CAILLETET, ANDREWS, CAILLETET et HAUTEFEUILLE, HANNAY et d'autres encore. Il a été en général constaté que l'addition d'une petite quantité de gaz (hydrogène, azote, air) abaisse un peu la température θ, mais élève fortement la pression critique π. Ainsi, HANNAY (1882) a trouvé pour l'alcool pur $\theta = 235°,47$ et $\pi = 67^{atm},07$, pour l'alcool avec addition d'hydrogène $\theta = 230°,8$ et $\pi = 163^{atm},5$. PICTET pense qu'on peut se servir de la température critique comme d'un signe de la pureté d'une substance.

La température critique θ d'un *mélange de deux liquides* a été déterminée pour la première fois par STRAUSS (1880), qui a formulé la règle suivante :

$$\theta = \frac{\alpha_1 \theta_1 + \alpha_2 \theta_2}{\alpha_1 + \alpha_2}, \qquad (53, a)$$

θ, θ_1 et θ_2 étant respectivement les températures critiques du mélange et de ses parties constituantes, α_1 et α_2 la teneur en centièmes de ces parties. Cette règle a été déduite d'expériences sur les mélanges d'alcool et d'éther. Connaissant θ et θ_1, on peut calculer θ_2 ; STRAUSS *a pu de cette manière prévoir la température critique de l'eau*, en déterminant θ pour les mélanges d'alcool et d'eau (publié en mars 1881) ; il a trouvé $\theta = 370°$ pour l'*eau*, avec une erreur probable de $\pm 5°$. La détermination directe de θ mentionnée plus haut par TRAUBE et TEICHNER (1904), qui ont obtenu $\theta = 374°$, a confirmé la règle découverte par STRAUSS. La formule (53) a été retrouvée ensuite par PAWLEWSKI. Plus tard encore, ANSDELL, GALITZINE, G.-C. SCHMIDT, DEWAR, TSENTNERSCHWER et ZOPPI (1906) s'en sont occupés. G.-C. SCHMIDT a trouvé que la règle de STRAUSS se vérifie entre de larges limites, en particulier pour l'air, considéré comme mélange d'oxygène ($\theta_1 = -118°$) et d'azote ($\theta_2 = -146°$) ; la formule (53, a) donne $\theta = -140°,8$ et les observations ont fourni des valeurs qui oscillent entre $-140°$ et $-141°$. Mais TSENTNERSCHWER et ZOPPI (1906) ont constaté des déviations importantes dans le mélange d'*alcool méthylique* et d'*éther éthylique*, comme on le voit dans le tableau suivant, où p est le pourcentage moléculaire d'*alcool* dans le mélange ; la valeur calculée de θ correspond à la formule (53, a) :

p %	θ	θ calculé	p %	θ	θ calculé
0	194°	—	69,7	212°,9	226°,2
7,7	194,1	197°,9	91,2	230,5	236,2
10,6	193,9	199,3	95,1	234,9	237,9
15,2	194,4	201,4	100,0	240,2	—
35,6	197,9	210,7			

La différence θ calc. — θ s'élève jusqu'à 13°,3. Les expériences d'ANSDELL ($KCl + CO^2$) et de GALITZINE (acétone et éther, CS^2 et éther) ont accusé aussi des écarts relativement à la règle de STRAUSS.

Nous nous occuperons maintenant d'un phénomène très particulier qu'on observe, quoique rarement, dans les liquides, au voisinage de la température critique. Il se produit beaucoup plus souvent au voisinage de la *température critique des solutions*, dont nous parlerons dans le Chapitre XIV, § **10** ; c'est la température à laquelle deux liquides qui ne sont pas mélangés, mais constituent deux solutions en couches superposées, commencent à former un système monophasé, par conséquent homogène. Puisque le phénomène est observé aussi dans un seul liquide, nous l'étudierons dès maintenant. Il s'agit de l'*opalescence*, qui se manifeste dans un liquide, avant qu'il arrive à l'état critique et qui rappelle d'une manière frappante les *milieux troubles* dont il a été question dans le Tome II. Cette opalescence a été observée pour la première fois par Guthrie (1884), ensuite par Rothmund, Ostwald, Schreinemakers (sur des mélanges de trois liquides), S. Young (1906). Ce phénomène a été particulièrement étudié par Friedländer et par Konowaloff. Le premier a fait porter ses recherches sur le frottement intérieur, la conductibilité électrique, la réfraction de la lumière et l'opalescence des mélanges dans le voisinage de l'état critique et il a trouvé que ces grandeurs sont indépendantes du temps, par suite caractéristiques de l'état critique ; il n'a pas donné d'explication définitive de l'opalescence. Konowaloff est arrivé à cette conclusion qu'il faut attribuer l'opalescence aux poussières que contient le liquide. Chaque particule de poussière forme un centre d'attraction inégale sur les deux constituants du mélange. Dans le voisinage de l'état critique, le travail nécessaire pour faire varier la composition de la solution est extrêmement faible ; les noyaux de poussière s'entourent d'enveloppes hétérogènes relativement au reste de la solution, ce qui suffit pour expliquer l'opalescence.

Deux nouvelles théories ont été récemment établies par Donnan et par v. Smoluchowski. Donnan (1904) a expliqué l'opalescence de la manière suivante. En dessous de la température critique, la tension superficielle α à la limite des deux phases est positive. A la température critique, elle est nulle lorsque la courbure n'est pas très grande ; mais elle reste positive, pour de très petites gouttes, même à des températures qui sont un peu plus élevées que la température critique. Il prend par suite naissance un état dans lequel l'une des phases se trouve distribuée sous la forme de très petites gouttes dans l'autre phase et ce sont précisément ces gouttes qui provoquent l'opalescence, Wesendonck (1908) et Rothmund (1908) se sont prononcés pour cette manière de voir. Le dernier a étudié des mélanges d'eau et d'acide butyrique, auxquels il a ajouté, comme troisième constituant, diverses substances, et il a montré que tous les phénomènes observés dans ces mélanges peuvent s'expliquer en partant de la théorie de Donnan. Sur une base tout à fait autre repose la théorie de v. Smoluchowski (1908), qui est purement cinétique et où l'on étudie à un instant donné la distribution statique des molécules à l'aide du calcul des probabilités ; on reconnaît ainsi que de petits écarts locaux à l'égard de l'homogénéité absolue sont possibles et possèdent une probabilité définie, qui dépend de la grandeur de l'écart et de l'état de la matière. Cela étant, Smoluchowski a montré que, dans le voisinage de l'état critique, des déviations sensibles de l'homogénéité possèdent un degré relativement élevé de probabilité. Il peut donc prendre naissance dans le liquide, en des endroits multiples, un changement fini de densité à l'intérieur de très petits volumes, noyaux de condensation et de raréfaction qui provoquent, dans leur ensemble, le phénomène de l'opalescence. Cette théorie a été appuyée par Kamerlingh Onnes et Keesom (1908). Ces savants ont étudié l'éthylène liquide au voisinage de la température critique et ont mesuré la quantité de lumière de longueur d'onde déterminée, qui se trouve en quelque sorte éparpillée par la couche opalescente suivant une direction donnée, en fonction de la température t.

Ils ont établi que cette quantité de lumière est proportionnelle à $(t - \theta)^{-1}$, ce qui est conforme à la théorie de v. SMOLUCHOWSKI, tandis que la théorie de DONNAN devait conduire à la proportionnalité avec une expression de la forme $(t - \theta)^{-2}$.

Les expériences de ROTHMUND et de KAMERLINGH ONNES donnent donc des résultats contradictoires et nous devons par suite regarder encore la question de l'opalescence comme non résolue.

Un ensemble de recherches récentes, à la fois théoriques et expérimentales, et au plus haut point intéressantes, sur la *liquéfaction des mélanges de gaz*, se trouve en relation très étroite avec la question de l'état critique des mélanges de liquides. Les recherches théoriques sont dues principalement à VAN DER WAALS, DUHEM et KUENEN ; parmi les recherches expérimentales, il faut citer en première ligne les travaux importants de CAUBET. Nous nous bornerons à quelques indications.

VAN DER WAALS part de l'hypothèse que l'équation d'état établie par lui pour une substance chimiquement pure,

$$\left(p + \frac{a}{v^2}\right)(v - b) = RT, \tag{53, b}$$

s'applique aussi à un *mélange binaire* ; mais les constantes a et b prennent une nouvelle signification. Soient M_1 et M_2 deux nombres proportionnels aux poids des deux substances qui forment le mélange, $M_1(1 - x)$ et M_2x les poids de ces substances ; on a

$$\left\{\begin{aligned} a &= a_1(1 - x)^2 + 2a_{1,2}x(1 - x) + a_2x^2, \\ b &= b_1(1 - x)^2 + 2b_{1,2}x(1 - x) + b_2x^2, \end{aligned}\right. \tag{53, c}$$

a_1, b_1 et a_2, b_2 désignant les constantes de l'équation d'état de VAN DER WAALS pour les deux substances prises séparément, $a_{1,2}$ et $b_{1,2}$ étant deux nouvelles constantes qui dépendent de l'action mutuelle des deux substances. La forme précédente de b a d'ailleurs été établie pour la première fois par LORENTZ (1881).

En partant des formules (53, b) et (53, c), VAN DER WAALS a consacré tout un volume (*Kontinuität*, II) à la théorie des mélanges, où il a étudié en particulier l'énergie libre $\psi = U - ST$ (page 522) et ses propriétés. Il a trouvé aussi l'explication du phénomène remarquable de la *condensation rétrograde* (*Kontinuität*, II, page 126), dont nous allons parler. CAILLETET (1880 à 1883) a observé le premier que, dans la compression *isothermique* de 1 volume d'air et de 5 volumes de CO^2, il y a d'abord liquéfaction d'une partie du mélange, *mais qu'en continuant à augmenter la pression le liquide formé disparaît complètement* ; CAILLETET a observé des phénomènes analogues sur des mélanges de H^2 et de CO^2. Indépendamment de CAILLETET, VAN DER WAALS a observé le même phénomène sur des mélanges d'air et de CO^2 ou de CO^2 et de HCl. Enfin STOKES (1886) a publié un travail posthume d'ANDREWS, d'après lequel ce savant paraît avoir aussi reconnu la disparition du liquide dans des mélanges de CO^2 et de Az^2. Ce phénomène singulier a été soumis pour la première fois à une étude approfondie par KUENEN (1892) sur un mélange de CO^2 et de chlorure d'éthyle (C^2H^5Cl) et par VERSCHAFFELT sur un mélange de H^2 et CO^2. C'est à KUENEN que l'on doit la dénomination de *condensation rétrograde*. Comme on l'a dit ci-dessus, l'étude la plus complète est due à CAUBET, qui a considéré d'abord (1901) les trois mélanges : CO^2 et SO^2, CO^2 et chlorure de méthyle (CH^3Cl), SO^2 et chlorure de méthyle, et plus tard (1904) le mélange CO^2 et Az^2O. Le premier travail de CAUBET a donné lieu à une étude critique de KUENEN (1902).

Pour expliquer la *condensation rétrograde*, nous déterminerons l'état d'une substance par le volume v et la température t. Soit d'abord donnée une substance *unique*, chimiquement pure. Pour t quelconque et v suffisamment grand, la substance est à l'état gazeux; supposons qu'il en soit ainsi pour tous les points du plan vOt au-dessus de la courbe AM (*fig.* 250). Les isothermes sont évidemment des lignes droites, perpendiculaires à l'axe Ot. Par compression isothermique, on parvient à un volume dans lequel toute la substance se trouve à l'état de *vapeur saturante* ; ce volume est d'autant plus petit que la température t est plus élevée et on obtient par conséquent une courbe de vapeur saturante telle que AM. En poursuivant la compression, une partie de la substance se liquéfie et, pour un volume qui est donné par l'ordonnée d'une courbe telle que BM, toute la substance est devenue liquide. Les deux courbes AM et BM se raccordent au *point critique* M. A l'intérieur du domaine AMB, la substance est en partie à l'état liquide, en partie à l'état gazeux ; au-dessous de BM, on n'a que du liquide. Pour toutes les valeurs de t, qui sont plus grandes que l'abscisse t_0 du point M, la substance n'existe qu'à l'état gazeux.

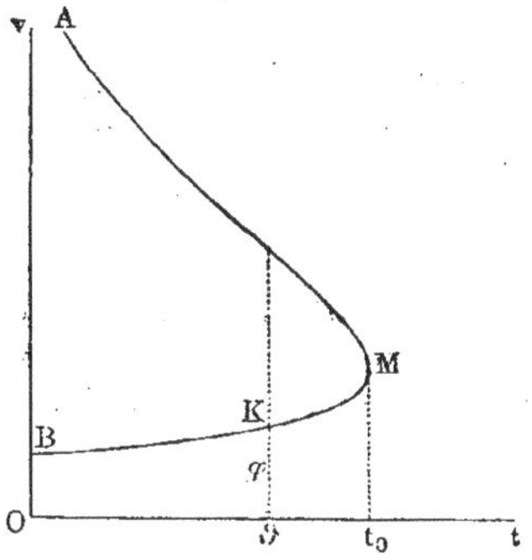

Fig. 250

Des phénomènes nouveaux se produisent avec un mélange de deux substances. Supposons d'abord t inférieur à une certaine température θ (*fig.* 250) : on observe alors, par compression isothermique, les mêmes phénomènes qu'avec une seule substance : d'abord vapeur saturante (courbe AM), ensuite liquéfaction graduelle et enfin liquide seul (courbe BK). Mais à la température bien définie θ, on observe qu'aussitôt que *toute* la substance est devenue liquide (point K, volume φ), l'état devient instable et qu'il suffit de la plus petite élévation de température, pour faire passer toute la masse à l'état gazeux sans variation du volume φ. *Ce point* K *correspond complètement au point critique d'une substance unique* : le liquide et la vapeur possèdent la même densité et se transforment l'un dans l'autre pour une variation d'état infiniment petite; mais, tandis qu'avec une seule substance, l'état liquide n'est en général pas possible pour $t > \theta$, on observe avec un mélange tout autre chose. Si t est supérieur à θ, mais inférieur à une certaine température plus élevée t_0, on obtient, dans la compression isothermique, de la vapeur saturante, qui se liquéfie partiellement. La compression augmentant, la quantité de liquide croît d'abord, atteint un maximum, pour diminuer ensuite et enfin disparaître complètement. Les points de la courbe KM correspondent donc de nouveau à de la vapeur saturante. Plus t est élevé, plus est *petit* ce maximum de la quantité de liquide qui se forme dans la compression. Lorsque t est très peu au-dessous de la température t_0, il n'apparaît durant la compression que des traces de liquide, qui disparaissent aussitôt que la compression augmente. A la température t_0, les deux courbes de vapeur saturante AM, KM se raccordent en M ; pour $t > t_0$, une liquéfaction même partielle n'est plus possible. On a donc ici pour la vapeur saturante la courbe AMK et pour le liquide la courbe BK ; ces deux courbes se rejoignent au point critique K. Au-dessous de BK, le mélange est seulement à l'état liquide ; à droite et au-dessous de AMK, il est seulement à l'état gazeux. A l'intérieur du domaine limité par AMKB, il est en partie liquide, en partie gazeux ; à gauche de l'ordonnée du point K, la quantité de liquide croît lorsque v devient plus petit, jusqu'à ce que tout le mélange soit devenu liquide ; à droite de cette ordonnée, on a d'abord un accroissement, ensuite une disparition du liquide.

La courbe AMK dans le plan vOt et la distance du point critique K sur cette courbe au point M dépendent des quantités relatives des deux substances dans le mélange. Les résultats trouvés par Caubet pour les mélanges de SO^2 et CO^2 sont représentés sur la figure 251. Les deux courbes extrêmes, qui correspondent aux substances pures CO^2 et SO^2, sont dessinées d'après les observations d'Amagat et d'après celles de Cailletet et Mathias ; les points critiques K sur ces courbes extrêmes correspondent aux valeurs les plus élevées de t. Sur les huit courbes intermédiaires relatives aux proportions 10,346 — 15,680 — 33,138 — 47,103 — 59,975 — 70,926 — 81,381 et 91,095 % de SO^2, les points K et M sont distincts. La ligne KKK... a été appelée par Duhem *ligne critique*.

Nous ferons connaître, dans le prochain Chapitre, d'autres propriétés des mélanges de liquides.

Nous avons encore à considérer les phénomènes critiques dans les *solutions de substances à l'état solide*. Les premières recherches sont dues à Hannay et Hogarth (1879), qui ont déterminé la température critique θ pour les *solutions* de sels dans divers liquides, ainsi que pour une solution de S dans CS^2. Ils ont constaté, en premier lieu, que la présence des substances dissoutes élève la température critique du dissolvant, et, en second lieu, que ces substances ne se séparent pas, lorsque tout le dissolvant passe à l'état gazeux, *mais restent dissoutes dans la vapeur*.

Cailletet et Colardeau ont obtenu le même résultat avec les solutions d'iode dans CO^2 liquide et Pictet et Altschul (1895) avec les solutions de diverses substances (bornéol, cinéol, terpinol, gaïacol et iode) dans l'éther et le chlorure d'éthyle. Ces derniers ont trouvé, avec une solution à 45 % de bornéol dans l'éther, $\theta = 296°$, c'est-à-dire une température critique plus élevée de 107° que pour l'éther pur. Levi-Bianchini (1905) a obtenu des résultats analogues pour les solutions de LiCl, LiBr, LiI, NaBr et KBr dans l'alcool méthylique, Smits (1905) pour les solutions d'anthraquinone dans l'éther. Verschaffelt a trouvé que, dans le cas de solutions *très faibles*, les grandeurs critiques peuvent s'exprimer sous la forme $\theta = \theta_0(1 + \alpha x)$, $\varphi = \varphi_0(1 + \beta x)$, $\pi = \pi_0(1 + \gamma x)$, où θ_0, φ_0 et π_0 se rapportent au liquide

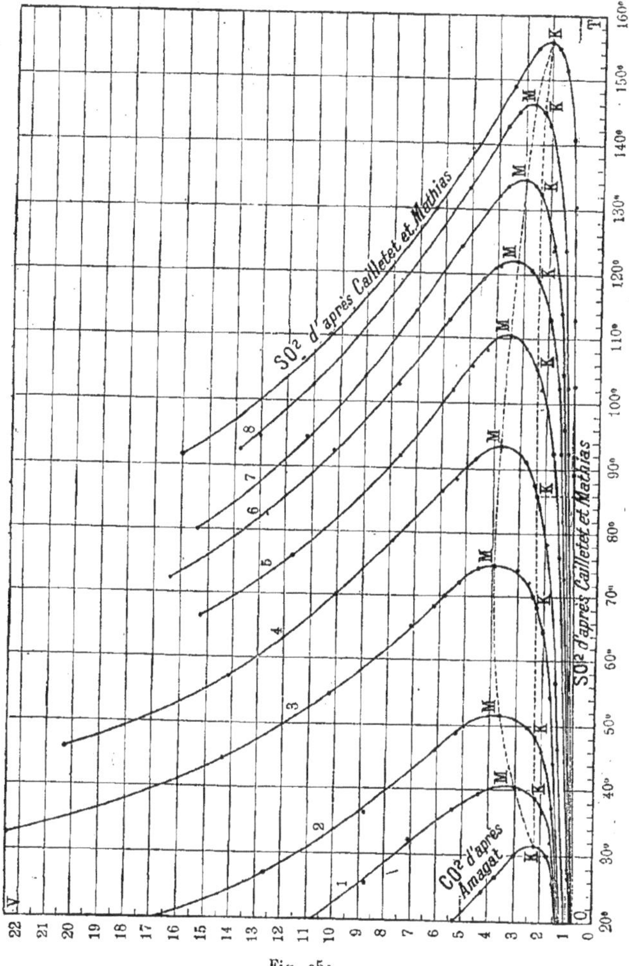

Fig. 251

chimiquement *pur* ; on a $\gamma = \alpha - \beta$ et si χ désigne le très petit nombre de molécules ajoutées à une molécule de solution, cette grandeur varie d'une couche à l'autre et ainsi s'expliquent les expériences de Teichner mentionnées dans le § 7.

Les recherches les plus étendues sont dues à Tsentnerschwer et à ses élèves (1903-1909). Il a d'abord (1903) déterminé θ pour les solutions de 16 substances différentes (parmi lesquelles la naphtaline, l'anthracène, l'urée, le naphtol, le camphre, etc.) dans l'*ammoniaque* liquide et dans l'*anhydride sulfureux* liquide. Il a trouvé, en premier lieu, que l'élévation de la température critique est proportionnelle à la concentration de la solution ; en second lieu, que l'élévation *moléculaire* de la température critique (produite par une molécule-gramme dans un litre de solution) est indépendante de la nature de la substance dissoute et se trouve plus grande dans le dissolvant qui possède un plus grand poids moléculaire. Peu après la publication de ce premier travail de Tsentnerschwer, Van't Hoff et Van Laar ont étudié théoriquement la dépendance entre les grandeurs critiques des substances dissoutes. Van't Hoff (1903) a trouvé que l'élévation moléculaire de la température critique doit être proportionnelle au poids moléculaire du milieu solvant. Si θ est la température critique de la solution, θ_0 celle du solvant pur et s'il se trouve s grammes de substance dans L grammes de solvant, on a

$$(53, d) \qquad \theta - \theta_0 = k \frac{sMT_c}{M_1 L},$$

M étant le poids moléculaire et T_c la température critique absolue du solvant, M_1 le poids moléculaire de la substance dissoute. Le facteur de proportionnalité doit toujours être $k = 3$. Büchner (1906) a étudié CO^2 liquide et a trouvé pour k une valeur voisine de 3. Tsentnerschwer et Pakalneet (1906) ont ensuite fait des recherches sur les dissolutions dans l'éther éthylique et ont déterminé non seulement θ, mais aussi la pression critique π ; ils ont reconnu que

$$(53, e) \qquad \pi = \pi_0 + k_1 c,$$

où π_0 se rapporte au solvant pur et où c désigne la concentration moléculaire. Puisqu'on peut évidemment écrire (53, d) sous la forme

$$\theta = \theta_0 + k_2 c,$$

on a aussi

$$(53, f) \qquad \pi = \pi_0 + A(\theta - \theta_0),$$

où $A = k_1 : k_2$; on a $A = 0,37$ pour les solutions de triphénylméthane dans l'éther éthylique. Tsentnerschwer et Kalnine (1908) ont étudié les dissolutions dans le pentane et ont trouvé $A = 0,33$; on a $k_1 = 455$, $k_2 = 135$ comme valeurs moyennes pour 7 substances expérimentées. Auparavant, Tsentnerschwer (1907) avait publié une étude des dissolutions dans le chlorure de méthyle, l'éther éthylique et l'alcool méthylique ; il a reconnu que les théories de Van't Hoff et Van Laar fournissent seulement des valeurs approchées. Enfin le même savant (1909) a étudié le volume et la densité critiques de plusieurs solutions et a trouvé que la densité, dans le voisinage de l'état critique, croît d'autant plus vite que la substance dissoute est moins volatile.

Nous avons considéré, dans les trois derniers paragraphes, les phénomènes critiques qui se manifestent dans le passage de l'état liquide à l'état gazeux. Nous verrons, dans le prochain Chapitre, que la notion d'état critique peut se généraliser et nous étudierons, en particulier, les phénomènes critiques dans les mélanges de liquides.

9. Théorie des états correspondants. — Pour comparer les propriétés des diverses substances, on prend d'ordinaire ces substances à la même température t et sous la même pression p, ou encore à leur point d'ébullition, alors que la tension de vapeur saturante est la même. On peut se demander si de telles méthodes de comparaison sont bien rationnelles et si on ne doit pas considérer les propriétés des substances prises sous d'autres états *correspondants*. Des expériences dans ce sens se rencontrent dans les travaux de Bétancourt, Dalton, Faraday, Clausius et Dühring.

La théorie des états correspondants, sous sa forme actuelle, est due à Van der Waals. Elle a pour point de départ l'idée que les *états critiques* doivent être effectivement considérés, pour toutes les substances, comme des états identiques ou correspondants. Établissons, pour chaque substance, des échelles de température absolue, de pression et de volume, en prenant les valeurs $273 + \theta$, π et φ de ces grandeurs à l'état critique pour *unités*. Si T, p et v sont respectivement la température absolue, la pression et le volume, pour un état quelconque d'une substance donnée, *dans les nouvelles échelles* la température absolue m, la pression ε et le volume n seront déterminés par les relations

$$m = \frac{T}{273 + \theta}, \qquad \varepsilon = \frac{p}{\pi}, \qquad n = \frac{v}{\varphi}; \tag{54}$$

m, ε, n sont alors des grandeurs numériques, qui ne dépendent plus du choix des unités et qu'on appelle *température réduite, presssion réduite et volume réduit*. Supposons que l'équation de Van der Waals

$$\left(p + \frac{a}{v^2}\right)(v - b) = RT \tag{55}$$

soit applicable à une substance donnée. Les formules (54) donnent $T = m(273 + \theta)$, $p = \pi\varepsilon$, $v = n\varphi$, ou, d'après (49, a), page 863,

$$T = \frac{8am}{27bR}, \qquad p = \frac{\varepsilon a}{27b^2}, \qquad v = 3nb. \tag{56}$$

En portant les expressions (56) dans (55), on voit que a, b et R disparaissent, et il reste l'*équation réduite* :

$$\left(\varepsilon + \frac{3}{n^2}\right)(3n - 1) = 8m, \tag{57}$$

ou

$$\varepsilon = \frac{8m}{3n - 1} - \frac{3}{n^2}. \tag{58}$$

Dans cette équation, n'entrent que la température réduite m, la pression réduite ε et le volume réduit n, et il n'y figure *aucune grandeur caractérisant la substance donnée* ou la différenciant d'autres substances. L'équation (57) est l'équation d'état de toutes les substances auxquelles la formule de Van der Waals est applicable. Nous verrons que beaucoup de conséquences, qui découlent de cette équation ou d'autres relations obtenues par introduction des grandeurs m, ε et n, se trouvent confirmées non seulement pour les vapeurs, mais aussi pour les liquides. Une étude très complète, mais purement mathématique, de l'équation (58) a été faite par Hilton (1901).

L'équation (57) montre que, si deux des trois grandeurs m, ε, n sont données, la troisième possède la même valeur pour toutes les substances, c'est-à-dire que, par exemple, *aux mêmes températures et pressions réduites, toutes les substances occupent les mêmes volumes réduits*. La quantité de substance que l'on prend ne joue évidemment aucun rôle. On appelle *états correspondants* les états de deux substances pour lesquelles m, ε, n ont les mêmes valeurs. Il est clair que les états critiques ($m = 1$, $\varepsilon = 1$, $n = 1$) sont des états correspondants. De la formule (57) découle la loi suivante :

Loi I. — *Si on prend pour coordonnées le volume réduit n et la pression réduite ε, on obtient les mêmes isothermes pour toutes les substances, ces isothermes correspondant à des températures réduites m constantes.*

Cette loi a été vérifiée par Amagat (1896) et Raveau (1897), en comparant les isothermes *réduites* de diverses substances, d'abord CO^2, l'air et l'éther, ensuite CO^2 et C^2H^4 (*fig.* 251 *bis*). Amagat s'est servi de la méthode optique extrêmement ingénieuse qui suit. Il a dessiné les réseaux *ordinaires* d'isothermes des deux substances ($p = f(v)$ ou $pv = F(v)$) et en a pris deux épreuves transparentes sur verre (de $0^m,01$ à $0^m,02$ de côté) ; il a projeté l'un de ces clichés sur l'autre, en même temps qu'il produisait l'équivalent d'une contraction suivant un axe par une rotation autour de l'autre axe et qu'il faisait varier les dimensions de la projection sur le premier cliché en réglant la distance de l'objectif de projection ; la coïncidence des isothermes ainsi réduites pouvait être appréciée au moyen d'un oculaire convenablement disposé. Ces opérations se faisaient sans difficulté au moyen de dispositifs assez simples montés sur un banc d'optique. Raveau a tracé de même les isothermes de deux substances, mais en prenant $\log v$ et $\log p$ comme coordonnées. Les isothermes *réduites* correspondantes s'obtiennent dans ce cas par une simple translation des courbes, dont les composantes suivant les axes de coordonnées sont $\log \varphi$ et $\log \pi$. Quand on connaît, pour l'une des substances, les grandeurs critiques θ, φ et π, on peut déterminer ces grandeurs pour l'autre substance par l'une de ces deux méthodes, puisque les points critiques doivent venir en coïncidence. Amagat a déterminé de cette manière θ, φ et π pour l'éthylène, l'éther et l'air, en partant des valeurs des constantes critiques pour CO^2.

Happel (1904) a reconnu qu'il existe différents *groupes* de substances, où les isothermes réduites sont essentiellement distinctes. Ainsi l'éther, la benzine, etc. sont des substances dont les isothermes réduites coïncident ; il paraît en être de même du mercure, de l'argon, du cripton et du xénon, substances *monoatomiques*. Mais on est là en présence de deux groupes différents, car, par exemple, les isothermes réduites du mercure et de l'éther sont tout à fait distinctes.

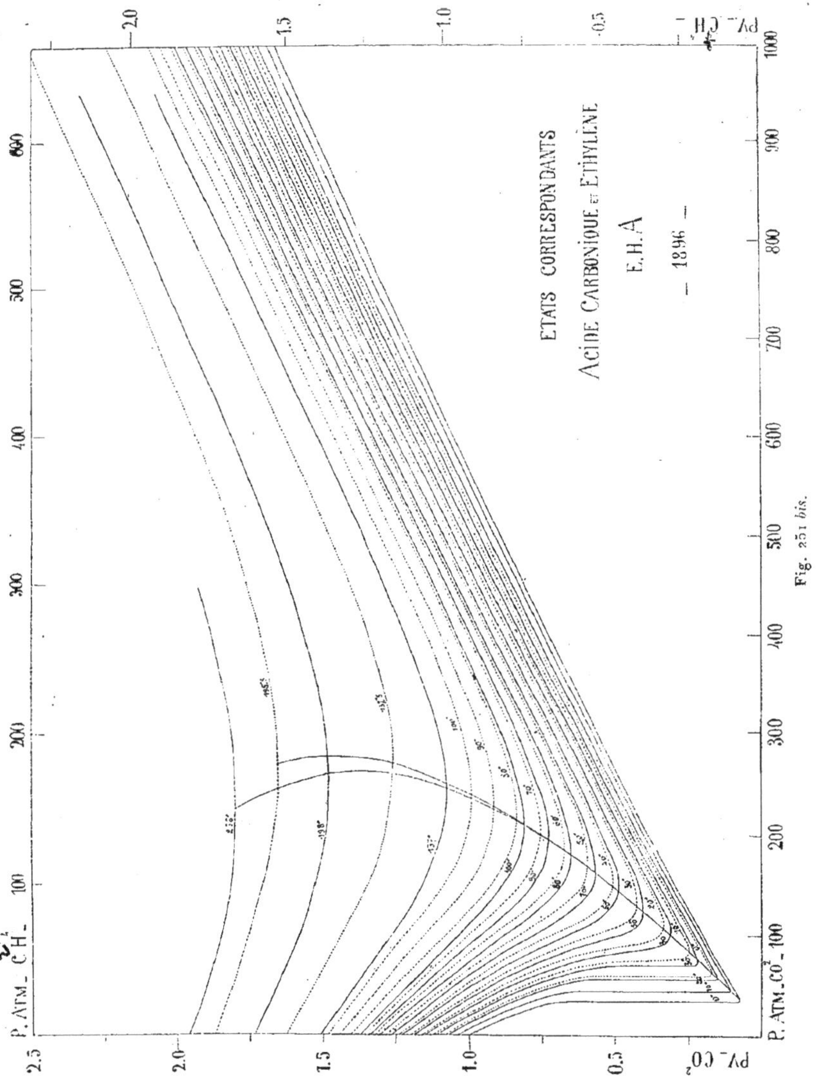

Fig. 251 *bis*.

Considérons maintenant les formules (15) et (16) qui, à l'aide des équations de VAN DER WAALS et de CLAUSIUS-MAXWELL, déterminent la tension p de vapeur saturante, ainsi que les volumes spécifiques σ et s de cette vapeur et du liquide. Désignons par p_1 la tension réduite de vapeur saturante, par σ_1 et s_1 les volumes réduits de la vapeur et du liquide, et par m, comme précédemment, la température réduite. On a alors, voir (49, a), page 863,

$$p = p_1\pi = \frac{p_1 a}{27b^2}, \qquad \sigma = \sigma_1\varphi = 3\sigma_1 b, \qquad s = s_1\varphi = 3s_1 b,$$

$$T = m(273 + \theta) = \frac{8ma}{27bR}.$$

Portons ces valeurs dans les équations (15) et (16), page 845 ; il vient

$$(59) \qquad \begin{cases} \left(p_1 + \frac{3}{\sigma_1 s_1}\right)(\sigma_1 - s_1) = \frac{8}{3} m \log \frac{3\sigma_1 - 1}{3s_1 - 1}, \\ \left(p_1 + \frac{3}{\sigma_1^2}\right)(3\sigma_1 - 1) = 8m, \\ \left(p_1 + \frac{3}{s_1^2}\right)(3s_1 - 1) = 8m. \end{cases}$$

Dans ces équations, les coefficients a, b et R ont encore disparu ; ces équations sont donc les mêmes *pour toutes les substances* et peuvent servir à la détermination de p_1, σ_1 et s_1 en fonction de la température réduite m. Clausius, Planck, Ziloff, Stoliétoff (1882), Riecke (1894), Kamerlingh Onnes (1900), Hilton (1901), Batschinski (1902) et Dalton (1907) ont montré comment on peut, à l'aide de quelques grandeurs auxiliaires, résoudre les équations (59), quand m est donné. Ces savants ont calculé des tableaux, qui sont valables pour *toutes les substances* et donnent, pour une suite de valeurs données de la température réduite $m = T : T_c$, les grandeurs réduites p_1, σ_1 et s_1. A titre d'exemple, nous indiquerons quelques-uns des nombres calculés par Dalton :

$m = T : T_c$	$p_1 = p : \pi$	$\sigma_1 = \sigma : \varphi$	$s_1 = s : \varphi$
1	1	1	1
0,9	0,64700	0,60339	2,3487
0,8	0,38335	0,51741	4,1725
0,7	0,20046	0,46719	7,8113
0,6	0,086868	0,43262	16,730
0,5	0,027789	0,40675	45,984
0,4	0,0051744	0,38641	203,63
0,3	0,0003188	0 36980	2505,9
0,2	0,00000118	0 35584	448520

Les équations précédentes étant résolues, supposons qu'on ait obtenu

$$(60) \qquad p_1 = f_1(m), \qquad \sigma_1 = f_2(m), \qquad s_1 = f_3(m).$$

Ces trois fonctions f_1, f_2, f_3 sont les mêmes pour toutes les substances ; il en résulte une série de conséquences remarquables. D'après la première équation (60), on peut énoncer la loi suivante :

Loi II. — *A des températures réduites égales, toutes les substances possèdent la même tension réduite de vapeur saturante.*

Ramsay et Young ont appelé la courbe $p_1 = f_1(m)$ *courbe orthométrique*.

La seconde équation (60) donne une autre loi :

Loi III. — *A des températures réduites égales, toutes les substances possèdent le même volume réduit de vapeur saturante.*

Enfin, d'après la troisième équation (60), en supposant nos déductions applicables aux liquides, nous avons la quatrième loi :

Loi IV. — *A des températures réduites égales, toutes les substances possèdent à saturation un même volume réduit de liquide.*

Si on élimine m entre la première équation (60) et la seconde, puis entre la première et la troisième, on obtient

$$(61) \qquad \sigma_1 = F_1(p_1), \qquad s_1 = F_2(p_1),$$

où F_1 et F_2 sont les mêmes fonctions pour toutes les substances. On peut donc énoncer la loi suivante :

Loi V. — *Si on prend pour coordonnées le volume réduit et la pression réduite, on obtient, pour toutes les substances, une même courbe limite* (AKB sur la figure 245).

La loi II $p_1 = f_1(m)$, où p_1 est la tension réduite de vapeur saturante et m la température réduite, a été vérifiée par Van der Waals. Nous donnerons quelques exemples, en posant $\theta + 273 = T_c$. Pour SO^2, on a $T_c = 428°,4$, $\pi = 78^{atm},9$; pour l'éther $T_c' = 463°$, $\pi' = 36^{atm},9$. On sait en outre qu'à la température $T = 412°,9$, la tension de vapeur de l'acide sulfureux est $p = 60^{atm}$. La tension de vapeur réduite est $p_1 = 60 : 78,9 = 0,7605$, la température réduite $m = 412,9 : 428,4 = 0,964$. Pour l'éther, la même tension de vapeur réduite $p_1' = p_1 = 0,7605$ se rapporte à la tension réelle de vapeur $p' = p_1\pi' = 0,7605 \times 36,9 = 28^{atm},4$. La tension de vapeur de l'éther à la température $T' = 445°,8$ atteint effectivement cette valeur, comme le montrent les tableaux de Zaiontschewski. La température réduite m' est $445,8 : 463 = 0,963$; nous voyons donc que $m' = m$, quand $p_1' = p_1$. Beaucoup de vérifications analogues de la loi II ont été faites par Nadiéshdine, Natanson et Guye.

Désignons la température d'ébullition normale d'une substance par T_s. Comme les pressions critiques de beaucoup de substances ne sont pas très différentes, il résulte de la loi II que *le rapport h de la température d'ébullition absolue à la température critique absolue*

$$(62) \qquad \frac{T_s}{T_c} = h \left(= \frac{2}{3}\right)$$

doit avoir approximativement la même valeur pour un grand nombre de substances. En effet, le rapport h est compris entre 0,56 (pour CS^2) et 0,73 (pour HCl) ; sa valeur moyenne est environ $\frac{2}{3}$. Kourbatoff (1908) a trouvé que h est plus petit pour les corps à petit poids moléculaire et qu'il augmente régulièrement, dans les séries homologues, avec le poids moléculaire. Au lieu de $p_1 = f_1(m)$, on peut écrire

$$F\left(\frac{p}{\pi}, \frac{T}{T_c}\right) = 0, \tag{62, a}$$

puisque $p_1 = \frac{p}{\pi}$ et $m = \frac{T}{T_c}$. Van der Waals a trouvé pour cette équation la forme *empirique*

$$\log \pi - \log p = f \frac{T_c - T}{T}, \tag{63}$$

où f doit être le même facteur pour toutes les substances. Si on emploie les logarithmes *naturels*, on doit avoir, d'après Van der Waals (1904), approximativement $f = 4$, tandis qu'en réalité on a environ $f = 7$. L'équation (63) a été vérifiée par de nombreux auteurs et modifiée de diverses manières, en premier lieu par Ramsay (1894) et par Guye (1894). Ce dernier a trouvé que f varie entre 2,5 et 3,3 pour différentes substances, lorsqu'on prend les logarithmes *ordinaires* et que f n'est pas constant pour une substance donnée, mais dépend de la température T. Guye et Mallet (1902) ont ensuite reconnu que, pour beaucoup de substances, f oscille autour de la valeur moyenne $f = 3,1$; mais ceci n'a lieu que pour les substances *normales*, tandis que pour les substances *anormales*, c'est-à-dire *polymères*, on obtient des valeurs *plus élevées*.

Happel (1904) a également trouvé que f possède des valeurs différentes pour des *groupes* différents de corps. Ainsi, il a obtenu $f = 2,25$ pour l'argon, $f = 2,39$ pour le crypton, $f = 2,38$ pour le xénon ; au contraire, pour la benzine, l'éther et les substances analogues, f se trouve compris entre 2,8 et 3,0. Comme le *mercure* appartient au groupe de l'argon, il a pu calculer, à l'aide de la formule (63), les grandeurs critiques de Hg, que nous avons indiquées à la page 878. Happel a constaté en outre que f est une fonction de la température réduite. Pour les substances anormales, on trouve des valeurs sensiblement plus élevées, par exemple $f = 3,26$ pour l'eau, $f = 3,48$ pour l'acide acétique, $f = 3,91$ pour l'alcool éthylique, $f = 4,17$ pour l'alcool isobutylique. Nernst a trouvé par le calcul $f = 1,83$ pour l'hydrogène, $f = 4,05$ pour l'alcool éthylique.

Dans ces derniers temps, Nernst, Jüptner et Rudorf notamment se sont occupés de l'équation (63).

Dans son premier travail (1906), Jüptner a trouvé que, lorsque la température croît, f devient d'abord plus petit, atteint un minimum et ensuite augmente. Soit θ la température réduite $T : T_c$ et θ_1 la valeur de θ pour laquelle f atteint son minimum f_1 ; soit en outre $f - f_1 = \Delta f$. En représentant Δf comme fonction de θ, on obtient une droite pour $\theta < \theta_1$ et un arc de cercle pour $\theta > \theta_1$. On reconnaît que tous ces arcs de cercle se rencontrent à la température critique ($\theta = 1$) en un même point, qui est situé entre $\Delta f = 0,2$ et $\Delta f = 0,3$. Pour la benzine fluorée, on a $f_1 = 2,89$, $\theta_1 = 0,690$; pour

Hg, on a $f_1 = 2{,}25$, $\Theta = 0{,}33$; pour CO^2, on a $f_1 = 2{,}750$, $\Theta_1 = 0{,}747$. Dans une étude ultérieure, Jüptner (1907) a établi la formule

$$(63, a) \qquad f = f_0 - a\Theta + \frac{b}{1-\Theta}.$$

On a, par exemple,

$$\text{pour Hg.} \dots \quad f = 2{,}2032 - 0{,}5974\,\Theta + \frac{1{,}1720}{1-\Theta},$$

$$\text{pour } H^2 \dots \quad f = 1{,}1208 - 1{,}2251\,\Theta + \frac{0{,}4217}{1-\Theta},$$

$$\text{pour } H^2O \dots \quad f = 3{,}4806 - 0{,}4727\,\Theta + \frac{0{,}0153}{1-\Theta}.$$

Aux basses températures, on peut faire dans le dernier terme $\Theta = 0$ et on obtient la formule $f = f_0' - a\Theta$, où $f_0' = f_0 + b$. Dans le voisinage de la température critique T_c, (63, a) conduit à de très grandes valeurs de f; Jüptner (1908) a expliqué ce résultat en faisant remarquer que la formule (63), qui peut s'écrire $\log\pi - \log p = f\dfrac{1-\Theta}{\Theta}$, et la formule (63, a) pour $T = T_c$, c'est-à-dire $\Theta = 1$, donnent la valeur $\log\pi - \log p = -b$, tandis qu'on doit avoir $\log\pi - \log p = 0$; il a ajouté par suite un nouveau terme :

$$(63, b) \qquad f = f_0 - a\Theta + \frac{b}{1-\Theta}\left\{1 - \frac{\Theta}{e(1-\Theta)+1}\right\}.$$

Pour la benzine fluorée (C^6H^5Fl), CO^2 et AzH^3, on obtient ainsi des valeurs qui s'accordent très bien avec celles observées. Rudorf a étudié dans deux mémoires les propriétés des gaz rares (Ar, Kr, Xe, Ne) et a donné (1910) les valeurs suivantes : pour le crypton $f = 2{,}371$, pour le xénon $f = 2{,}320$.

D'autres auteurs ont vérifié par l'expérience la formule (63), en particulier Mortzun (1900), qui a étudié la formule proposée par Dutoit

$$(63, c) \qquad \sqrt[50]{\frac{\pi}{p}} - 1 = f\,\frac{T_c - T}{T}$$

et a trouvé une très bonne concordance pour SH^2, AzO, C^6H^5Fl, CCl^4 et d'autres substances.

Nernst (1906) a établi la formule suivante :

$$(63\,d) \quad \log\pi - \log p = 1{,}75\log\frac{T_c}{T} + \alpha\left\{\left(\frac{T_c}{T} - 1\right) - \frac{1}{2{,}36}\left(1 - \frac{T}{T_c}\right)\right\}.$$

La constante α a les valeurs suivantes :

	H^2	Ar	Az^2	O^2	CO^2	$CHCl^3$	AzH^3	HCl	H^2O	$(C^2H^5)^2O$
$\alpha =$	1,65	2,15	2,47	2,53	2,94	3,12	3,24	2,82	3,53	3,32.

Bingham (1906) a vérifié la formule (63, d) pour plus de 100 substances et a toujours constaté une très bonne concordance.

Les lois III et IV ont été vérifiées par MATHIAS. D'après ces lois, les volumes réduits σ_1 et s_1 de la vapeur saturante et du liquide doivent être les mêmes pour toutes les substances, à températures réduites m égales. Il en résulte que les densités réduites δ_1 et d_1, c'est-à-dire les rapports respectifs des densités δ et d de la vapeur et du liquide à la densité D pour la température critique, doivent aussi être les mêmes, pour toutes les substances, à températures réduites m égales, de sorte qu'on peut écrire

$$\delta_1 = \frac{\delta}{D} = F_1(m), \qquad d_1 = \frac{d}{D} = F_2(m). \tag{64}$$

On a donc

$$\delta = DF_1(m), \qquad d = DF_2(m). \tag{65}$$

La densité δ de la vapeur saturante et la densité d du liquide s'expriment, pour tous les corps, par les mêmes fonctions de la température réduite. Ces fonctions ne changent avec les substances que par le facteur de proportionnalité, qui doit être proportionnel lui-même à la densité critique. MATHIAS a pris pour δ et d des expressions empiriques de la forme

$$\delta = A\left(1 - m - a\sqrt{1 - m + b^2}\right), \tag{66}$$

$$d = B\left(m - c + h\sqrt{1 - m}\right), \tag{67}$$

dans lesquelles A, a, b, B, c et h sont des constantes déterminées par expérience. MATHIAS a effectivement obtenu, pour les *vapeurs* de CO^2, Az^2O, SO^2, C^2H^4, HCl et de l'éther, des valeurs de a et b très voisines les unes des autres ; il a en outre trouvé pour δ la formule générale

$$\delta = A\left[1 - m - 1{,}13\sqrt{1 - m + (0{,}579)^2}\right]. \tag{68}$$

Pour CO^2 et SO^2 liquides, les coefficients c et h sont de même à peu près égaux ; on a, pour ces substances,

$$d = B\left(m - 0{,}569 + 1{,}66\sqrt{1 - m}\right). \tag{69}$$

Dans le Chapitre XII, § 9, nous avons déjà parlé de quelques recherches de MATHIAS, où la température réduite $\frac{T_c}{T}$ joue un rôle.

Les lois II, III et IV ont aussi été vérifiées par YOUNG dans une étude importante qui s'est appliquée à un grand nombre de substances. Nous ne citerons pas les valeurs numériques qu'il a obtenues, nous bornant à constater que les lois précédentes se sont généralement trouvées confirmées, mais que cependant, dans certains cas, des écarts notables se sont manifestés, dus peut-être à ce que la substance étudiée n'était pas homogène (polymérisation, dissociation). GUYE, VAN DER WAALS, et en particulier BOGAIEWSKI (1897) se sont occupés de chercher les causes de ces écarts ; ce dernier a étudié surtout, dans un travail étendu, l'influence de la constitution chimique de la substance sur les écarts relatifs aux lois de la théorie des états correspondants. Il a trouvé qu'aux températures très éloignées de la température critique, ces lois cessent souvent d'être exactes, par suite de la polymérisation de la substance.

Si, dans l'équation (60) $s_1 = f_3(m)$, on introduit les expressions $m = \frac{T}{T_c}$ et $s_1 = \frac{s}{\varphi}$, et si on désigne le volume du liquide par v, au lieu de s, on obtient

$$v = \varphi f_3 \left(\frac{T}{T_c}\right),$$

ce qui donne

$$\frac{\Delta v}{v} = \frac{f_3'\left(\frac{T}{T_c}\right)}{f_3\left(\frac{T}{T_c}\right)} \cdot \frac{\Delta T}{T_c}. \tag{69}$$

On en déduit la loi suivante :

Loi VI. — *L'augmentation relative de volume des liquides par échauffement est la même pour tous les liquides, si l'échauffement commence à des températures réduites égales, pour se poursuivre jusqu'à des températures réduites égales.* En effet, les rapports $\Delta v : v$ sont égaux, lorsque $T : T_c$ et $\Delta T : T_c$, par suite aussi $(T + \Delta T) : T_c$, sont les mêmes rapports pour toutes les substances.

Cette loi permet de calculer la dilatation thermique d'un liquide, connaissant la dilatation thermique d'un autre liquide, ainsi que les deux températures critiques. Si on admet que le volume de l'un des liquides est $v_1 = 1 + a_1 t + b_1 t^2 + c_1 t^3$, celui de l'autre $v_2 = 1 + a_2 t + b_2 t^2 + c_2 t^3$, on peut calculer a_1, b_1, c_1, connaissant a_2, b_2, c_2 et les températures critiques des deux liquides. Van der Waals a calculé a_1, b_1, c_1 pour l'éther en attribuant à a_2, b_2, c_2 les valeurs numériques qu'il avait déterminées directement pour six liquides différents (CS^2, chloroforme, chlorure d'éthyle, etc.). Il a obtenu ainsi six valeurs numériques pour chacune des grandeurs a_1, b_1, c_1. Les valeurs numériques calculées de a_1 étaient très voisines les unes des autres, ainsi que de la valeur de la dilatation de l'éther mesurée directement.

Appelons coefficient de dilatation la grandeur

$$\alpha = \frac{1}{v} \frac{\Delta v}{\Delta T};$$

(69) donne

$$\alpha T_c = F\left(\frac{T}{T_c}\right). \tag{69, a}$$

Nous pouvons donc encore formuler la loi VI de la manière suivante : *à températures réduites égales, le produit du coefficient de dilatation par la température critique absolue est le même pour toutes les substances.*

Nous avons établi précédemment la formule, voir (25, c), page 691,

$$\rho = AT(\sigma - s)\frac{\partial p}{\partial t},$$

où ρ est la chaleur latente de vaporisation, p la tension de vapeur saturante. Si l'on fait $T = mT_c$, $\sigma = \varphi\sigma_1$, $s = \varphi s_1$, $\partial p = \pi\partial p_1$, $\partial t = \partial T = T_c\partial m$, on obtient

$$\frac{\rho}{T_c} = Am(\sigma_1 - s_1)\frac{\pi\varphi}{T_c}\frac{\partial p_1}{\partial m}.$$

En remplaçant π, φ et $T_c = 273 + \theta$ par leurs valeurs (49, a), page 863, on a

$$\frac{\rho}{T_c R} = \frac{3}{8} Am(\sigma_1 - s_1)\frac{\partial p_1}{\partial m}.$$

La grandeur R est inversement proportionnelle au poids moléculaire μ ; on peut donc écrire

$$\frac{\rho\mu}{T_c} = Cm(\sigma_1 - s_1)\frac{\partial p_1}{\partial m},$$

C étant un facteur constant. D'après les lois I, II et III, le second membre est une fonction de la température réduite qui reste la même pour toutes les substances, par conséquent

$$\frac{\rho\mu}{T_c} = \Phi(m) ; \tag{70}$$

autrement dit,

Loi VII. — *A températures réduites égales, le produit de la chaleur latente de vaporisation par le poids moléculaire, divisé par la température critique absolue, est le même pour toutes les substances.* Les grandeurs μ et T_c sont constantes pour une substance donnée, et on peut écrire par suite $\rho = C\Phi(m)$, C étant une constante qui dépend de la nature du corps. Soit T_s la température d'ébullition sous pression normale et ρ la chaleur de vaporisation à cette température. On peut maintenant écrire (70) sous la forme

$$\frac{\rho\mu}{T_s} = \frac{T_c}{T_s}\Phi\left(\frac{T_s}{T_c}\right) ;$$

mais d'après la formule (62), page 890, $T_s : T_c$ a la même valeur $\left(\frac{2}{3} \text{ environ}\right)$ pour beaucoup de substances ; on a donc

$$\frac{\rho\varphi}{T_s} = k,$$

où k est approximativement le même nombre pour les diverses substances. Nous retrouvons ainsi la formule (24) de Trouton, Chapitre XI, § 4, laquelle n'est par conséquent qu'un cas particulier de la formule (70). De ce qui vient d'être dit résulte la loi suivante :

Loi VIII. — *La chaleur latente de vaporisation se trouve dans la même dépendance, pour toutes les substances, à l'égard de la température réduite.*

Si, aux températures m_1 et m_2, les chaleurs latentes de vaporisation d'une substance sont respectivement ρ_1 et ρ_2, celles de l'autre substance ρ_1' et ρ_2', on a $\rho_1 : \rho_2 = \rho_1' : \rho_2'$.

La loi VII a été vérifiée par Van der Waals, qui a trouvé les valeurs suivantes :

	Eau	Ether	Acétone	Chloroforme	CCl^4	CS^2
$p =$	7,5	1	1,41	1,49	1,57	2,03
$\rho =$	489	90	126,5	60	45	82
$\frac{\rho\mu}{T_c} =$	1,35	1,31	1,44	1,35	1,34	1,15

Les valeurs de ρ sont les chaleurs latentes de vaporisation à températures *réduites* m égales et par conséquent à des températures t différentes ; au lieu de ces dernières, on a indiqué les tensions p (en atmosphères) des vapeurs saturantes à ces températures t.

La *loi* VIII n'a encore été soumise à aucune vérification précise. Les formules purement empiriques, dont on se sert pour exprimer ρ en fonction de t, ne s'accordent pas avec cette loi.

Nous venons de faire connaître les lois les plus importantes et les plus intéressantes auxquelles conduit la théorie des états correspondants. Mais beaucoup d'autres lois, qui se rapportent aussi aux températures réduites, ont encore été établies par différents auteurs. Nous en mentionnerons quelques-unes.

Dieterici (1901) a trouvé empiriquement que, dans une vaporisation isothermique, le travail extérieur possède un maximum à la température réduite 0,77. Stefan Meyer (1902) a montré qu'une telle loi peut s'établir théoriquement, mais il a obtenu de cette manière la température réduite 0,7 ; nous avons déjà cité ce travail à la page 670.

Wroblewski (1888) a établi la proposition suivante : les tensions sous lesquelles, à des températures correspondantes, le produit pv est un minimum pour des gaz différents, ont les mêmes valeurs réduites.

Darzens (1896) a trouvé que la différence entre les entropies moléculaires (entropie multipliée par le poids moléculaire) relatives à deux états A et B est la même pour tous les corps de constitution moléculaire semblable, lorsqu'on considère des états correspondants, dans le cas de chaleurs spécifiques indépendantes de la température.

Young a établi que $\frac{pv\mu}{T}$, où μ désigne le poids moléculaire, p la tension de vapeur saturante et v le volume spécifique de cette vapeur à la température T, possède la même valeur pour tous les corps dans des états correspondants.

Leduc a fait voir expérimentalement que, pour les gaz suivant la loi des états correspondants, la capacité calorifique moléculaire, soit à volume constant, soit à pression constante, est la même pour les gaz de même atomicité pris dans des états correspondants.

DAN. BERTHELOT s'est occupé dans une suite de travaux de la question des états correspondants et a établi plusieurs propositions nouvelles. Il a employé, par exemple, l'expression suivante pour la densité d d'un liquide :

$$\frac{d}{d_c} = 2\left(2 - \frac{T}{T_c}\right),$$

d_c désignant la densité critique.

KAMERLINGH ONNES (1894) a montré que, dans des états correspondants, on a pour différentes substances

$$\eta \sqrt[6]{\frac{T_c}{M^3 \pi^4}} = C, \tag{71}$$

où η est le *coefficient de frottement intérieur*, M le poids moléculaire. La constante C oscille dans les substances normales entre 0,38 et 0,68 (pour $T = 0{,}58\, T_c$).

GUYE (1890) a trouvé la relation suivante

$$\frac{n^2 - 1}{n^2 + 2} \cdot \frac{M}{d} = k \frac{T_c}{\pi}, \tag{72}$$

n étant l'indice de réfraction, et tout le membre de gauche le *pouvoir de réfraction moléculaire* (Tome II) de la substance. Pour beaucoup de substances, k est compris entre 1,8 et 2,0 ; il est plus petit (et descend jusqu'à 1,1) pour une substance anormale. LEDUC a reconnu qu'on pouvait diviser tous les gaz en trois groupes, où, dans des états correspondants, tous les gaz du même groupe possèdent le même *volume moléculaire*.

GILBAULT a établi plusieurs propositions relatives à la compressibilité des solutions salines dans des états correspondants.

Enfin BAKKER (1896) a également formulé une série de lois, qui découlent de la théorie des états correspondants et se rapportent à la chaleur latente interne de vaporisation, aux chaleurs spécifiques, à l'entropie, l'énergie, l'énergie libre et à la vitesse du son. Nous ne mentionnerons ici que deux de ces lois : dans des états correspondants, les chaleurs spécifiques sont inversement proportionnelles aux poids moléculaires ; dans des états correspondants, les vitesses du son sont directement proportionnelles aux températures critiques et inversement proportionnelles aux poids moléculaires.

10. Formules d'Amagat. Généralisation de la théorie des états correspondants. — Par des considérations purement géométriques sur les réseaux, AMAGAT a montré que, pour deux corps dont les réseaux peuvent être rendus superposables (Loi I, page 887), on arrive aux résultats suivants, sans s'astreindre à prendre comme unités les éléments critiques, mais d'une façon générale les éléments de deux points correspondants quelconques :

1. Si (p, v, T) et (p_1, v_1, T_1) sont deux points quelconques du premier ré-

seau, et (p', v', T'), (p_1', v_1', T_1') les points correspondants du second réseau, on a

$$(72, a) \qquad \frac{pv}{T} = k\frac{p'v'}{T'} \quad \text{et} \quad \frac{p_1v_1}{T_1} = k\frac{p_1'v_1'}{T_1'}.$$

Le coefficient k devient égal à l'unité, quand les réseaux se rapportent aux poids moléculaires. Ces formules généralisent la loi énoncée par YOUNG pour les vapeurs saturantes (page 896).

2. On a, pour les mêmes points,

$$(72, b) \qquad \frac{p}{p_1} = \frac{p'}{p_1'}, \quad \frac{v}{v_1} = \frac{v'}{v_1'}, \quad \frac{T}{T_1} = \frac{T'}{T_1'}.$$

AMAGAT a ensuite remarqué que le coefficient de dilatation, le coefficient de compressibilité, la chaleur latente de vaporisation, la chaleur latente de dilatation, la différence des deux chaleurs spécifiques, etc. s'expriment tous par des fonctions homogènes de p, v et T ; il en a déduit les résultats suivants.

Soient Γ et Γ_1, Γ' et Γ_1' les valeurs d'un même coefficient pour deux points du premier réseau et pour les deux points correspondants du second ; on a

$$(72, c) \qquad \frac{\Gamma}{\Gamma_1} = \frac{\Gamma'}{\Gamma_1'} = \frac{p^m v^n T^s}{p_1^m v_1^n T_1^s} = \frac{p'^m v'^n T'^s}{p_1'^m v_1'^n T_1'^s},$$

$p^m v^n T^s$ étant les dimensions du coefficient considéré.

Ces relations permettent d'écrire tout de suite et sous leurs formes diverses toutes les lois des états correspondants, sauf celles relatives aux chaleurs spécifiques dont il sera question plus loin.

Ainsi, pour les coefficients de dilatation sous pression ou sous volume constant $\alpha = \frac{1}{v}\frac{\partial v}{\partial t}$, $\beta = \frac{1}{p}\frac{\partial p}{\partial t}$, qui sont de dimension $\frac{1}{T}$, on aura, en tenant compte des relations (72, a),

$$\frac{\alpha}{\alpha'} = \frac{\beta}{\beta'} = \frac{T'}{T} = \frac{p'v'}{pv},$$

d'où la loi VI qui a été énoncée plus haut. Pour le coefficient de compressibilité cubique $\mu = \frac{1}{v}\frac{\partial v}{\partial p}$, qui est de dimension $\frac{1}{p}$, on aura de même

$$\frac{\mu}{\mu'} = \frac{p'}{p} = \frac{vT'}{v'T}.$$

Pour la chaleur latente de vaporisation (moléculaire) $\lambda = AT(u' - u)\frac{\partial p}{\partial t}$, de dimension pv, on aura

$$\frac{\lambda}{\lambda'} = \frac{pv}{p'v'} = \frac{T}{T'},$$

d'où la loi VIII. Pour la chaleur latente de dilatation $l = AT \frac{\partial p}{\partial t}$ de dimension p, on aura

$$\frac{l}{l'} = \frac{p}{p'} = \frac{Tv'}{T'v}.$$

Pour la différence $C - c$ des deux chaleurs spécifiques de dimension $\frac{pv}{T}$, on a

$$\frac{C - c}{C' - c'} = \frac{pv}{T} \cdot \frac{T'}{p'v'} = 1\ ;$$

en des points correspondants, la différence $C - c$ *est donc la même pour tous les fluides.* On verrait qu'il en est de même pour les discontinuités des chaleurs spécifiques ordinaires à saturation, quand on passe, sur le même isotherme, de l'état liquide à l'état de vapeur, ces discontinuités étant de dimension $\frac{pv}{T}$.

Si, dans les relations (72, b), p_1, v_1, T_1 et p_1', v_1', T_1' sont pris comme unités, $\frac{p}{p_1}$, $\frac{p'}{p_1'}$, $\frac{v}{v_1}$, $\frac{v'}{v_1'}$, $\frac{T}{T_1}$ et $\frac{T'}{T_1'}$ sont les valeurs réduites et les résultats relatifs à l'état de saturation (Lois II, III et IV, page 890) s'en déduisent immédiatement, car les points, où les isothermes correspondants coupent les courbes de saturation correspondantes, sont des points correspondants, en lesquels les valeurs réduites de p, de v et de T sont les mêmes pour chaque fluide.

Cas des chaleurs spécifiques et de l'entropie. — Dans le cas des chaleurs spécifiques, il faut procéder autrement. Considérons, par exemple, la chaleur spécifique C sous pression constante. Amagat part de la relation

$$C - C_0 = AT \int_{p_0}^{p} \frac{\partial^2 v}{\partial t^2}\, dp = AT \int_{p_0}^{p} \varphi\,(p)\, dp.$$

Remarquant que les petites aires élémentaires $\varphi\,(p)\,dp$ sont de dimension $\frac{pv}{T}$, il en conclut facilement que les variations $C - C_0$ entre des limites correspondantes de pression p_0, p et p_0', p' sont égales ; si donc les variations sont prises depuis l'origine des réseaux, là où les fluides sont à l'état de gaz parfait, on arrive aux résultats suivants : *Pour des fluides suivant la loi des états correspondants, les excès des chaleurs spécifiques moléculaires sur les valeurs limites que prennent celles-ci à l'état de gaz parfait, sont égales ; par suite, si les fluides considérés ont mêmes chaleurs spécifiques moléculaires à l'état de gaz parfait en des points correspondants, leurs chaleurs spécifiques moléculaires sont égales.*

On retrouve ainsi la loi expérimentale énoncée par Leduc (page 896). De là résulte immédiatement la généralisation de la loi relative à l'entropie, formulée par Darzens dans un cas particulier (page 896).

Van der Waals, Kamerlingh Onnes, Curie, Natanson, Meslin, Berthelot et Sonine ont généralisé la théorie des états correspondants à un autre point de vue, en montrant qu'on peut la faire reposer non seulement sur l'équation de VAN DER WAALS, mais aussi sur d'autres équations de forme beaucoup plus générale. D'après NATANSON, CURIE et BERTHELOT, toute cette théorie peut être aussi construite, si on prend comme unités de T, p et v, non les valeurs θ, π et φ relatives à l'état critique, mais des valeurs tout à fait quelconques, qui doivent cependant se rapporter dans les différentes substances à des états correspondants. Soient, par exemple, θ_1, π_1, φ_1 et θ_2, π_2, φ_2 les grandeurs critiques relatives aux états correspondants T_1, p_1, v_1 et T_2, p_2, v_2, de sorte que $p_1 : \pi_1 = p_2 : \pi_2$, $v : \varphi_1 = v_2 : \varphi_2$, $T_1 : (\theta_1 + 273) = T_2 : (\theta_2 + 273)$; on peut prendre T_1, p_1, v_1 et T_2, p_2, v_2 comme unités et les nouvelles grandeurs réduites seront alors $T : T_1$, $v : v_1$, $p : p_1$, etc.

Comme nous l'avons vu, les diverses lois qui précèdent ne se trouvent vérifiées que dans une mesure limitée par les phénomènes observés directement. Différents auteurs se sont par suite proposé de modifier la théorie des états correspondants, de manière à prolonger en quelque sorte sa concordance avec la réalité. Nous mentionnerons à ce point de vue un travail couronné de Madame K. MEYER, née BJERRUM (1900), où elle a montré qu'un accord plus étendu entre la théorie et l'observation peut être obtenu, en choisissant comme correspondants, pour deux substances, les états dans lesquels les grandeurs

$$(73) \qquad \frac{T_c - T}{K}, \quad \frac{\pi - p}{F}, \quad \frac{\varphi - v}{Q},$$

prennent les mêmes valeurs ; K, F et Q sont ici des constantes particulières à chaque substance et peuvent être envisagées comme constituant un changement de grandeurs critiques tel que $K = T_c - a$, $F = \pi - b$, $Q = \varphi - c$. Au lieu des grandeurs m, ε et n dans (54), nous avons donc maintenant, comme caractéristiques des états correspondants, les grandeurs

$$(73, a) \qquad m' = \frac{T_c - T}{T_c - a}, \qquad \varepsilon' = \frac{\pi - p}{\pi - b}, \qquad n' = \frac{\varphi - v}{\varphi - c}.$$

Pour 25 substances étudiées, il a été reconnu que $b = 0$; on a par suite

$$\varepsilon' = 1 - \frac{p}{\pi} = 1 - \varepsilon ;$$

autrement dit, les nouvelles pressions correspondantes peuvent être mises en coïncidence avec celles adoptées antérieurement. Les nouvelles constantes a et c peuvent être regardées comme des zéros de la température et du volume, qui sont particuliers à chaque substance. K. MEYER a étudié 30 substances ; dans 25 d'entre elles, les isothermes $\varepsilon' = f(n')$ relatives au même m' se sont montrées identiques. Des écarts se sont manifestés pour l'eau, l'acide acétique et trois alcools, mais ils sont probablement dus à une polymérisation croissante lorsque la température diminue. K. MEYER (1910) a encore étudié d'autres substances, dans un nouveau travail, en particulier l'hydrogène, et a déterminé les zéros correspondants. GUYE et MALLET ont aussi confirmé les résultats trouvés par K. MEYER.

DAN. BERTHELOT a publié d'importantes recherches sur les états correspondants. Il a montré que l'équation d'état (44, *b*), page 852, donnée par LORENTZ, conduit à une équation réduite

$$(\varepsilon + \frac{3}{n^2})(3n - 0{,}7 - 0{,}3m) = 8m, \tag{74}$$

qui s'accorde bien avec les observations. Dans un autre travail, il a donné l'équation

$$\left(\varepsilon + \frac{16}{13}\frac{1}{mn^2}\right)\left(n - \frac{1}{4}\right) = \frac{32}{9}m. \tag{74, a}$$

Il a aussi introduit, d'une manière analogue à K. MEYER, des grandeurs de la forme

$$\frac{T - T_m}{T_c - T_m} \quad \text{et} \quad \frac{v - v_m}{v_c - v_m},$$

comme température et volume réduits ; T_c et $v_c = \varphi$ se rapportent à l'état critique, tandis que T_m et v_m sont des constantes.

Au lieu de (74, *a*), DAN. BERTHELOT a encore établi l'équation plus développée

$$\left(\varepsilon + \frac{l}{n^2 + 2an + b}\right)\left(n - \frac{1}{A + \frac{1}{B\omega}}\right) = Cm, \tag{74, b}$$

dans laquelle l, a, b, A, B, C sont des constantes, qui ont mêmes valeurs pour toutes les substances ; on a $C = \frac{32}{9}$, $A = \frac{8}{3}$, $B = 3$.

BATSCHINSKI (1902) a essayé d'étendre la théorie des états correspondants aux substances anormales.

BIBLIOGRAPHIE

—

2. — Chaleur spécifique des vapeurs non saturantes.

REGNAULT. — *Mém. de l'Acad.*, **26**, p. 163, 1862 ; *Rel. des Expér.*, **2**.
E. WIEDEMANN. — *W. A.*, **2**, p. 195, 1877.

H. LORENZ. — *Phys. Zeitschr.*, **5**, p. 383, 1904.
PEAKE. — *Proc. R. Soc.*, **76**, p. 185, 1905.
KNOBLAUCH et JACOB. — *Ber. München Akad.*, 1905, p. 441; *Verh. d. d. phys. Ges.*, **7**, p. 372, 1905; *Phys. Zeitschr.*, **6**, p. 801, 1905; *Mitteil. über Forschungsarb. deutsch. Ingenieure*, 1906, Heft **35**, **36**, p. 109.
P.-A. MÜLLER. — *W. A.*, **18**, p. 94, 1883.
W. JÄGER. — *W. A.*, **36**, p. 165, 1889.
AMAGAT. — *C. R.*, **130**, p. 1443, 1900; *Journ. de phys.*, (3), **9**, p. 417, 1900.

3. — Densité, tension et dilatation thermique des vapeurs non saturantes.

AMAGAT. — *Ann. de chim. et phys.*, (4), **29**, p. 246, 1873; **28**, p. 456, 1883; (5), **22**, p. 353, 1881; (6), **29**, p. 1, 1893; *C. R.*, **73**, p. 183, 1871; **75**, p. 479, 1872; **99**, p. 1153, 1884; **113**, p. 450, 1891; **115**, p. 638, 1892; *Rapp. prés. au Congrès intern. de phys.*, **1**, p. 551, 1900; *Phys. Zeitschr.*, **1**, p. 530, 1900.
HORSTMANN, HIRN, WÜLLNER et GROTRIAN, SCHOOP, DIETERICI, BATTELLI, RAMSAY et YOUNG, WROBLEWSKI : voir la bibliographie relative au Chap. XII, § **9**, page 821.
MACK. — *C. R.*, **127**, p. 361, 1898; **132**, pp. 952, 1035, 1901.
BESTELMEYER et VALENTINER. — *D. A.*, **15**, d. 61, 1904; *Münch. Ber.*, **33**.
KAMERLINGH ONNES. — (Oxygène) *Versl. K. Ak. van Wet.*, 1901-1902, p. 809; *Comm. Phys. Lab. Leiden*, n° **78**.
KAMERLINGH ONNES. — (Hydrogène) *Versl. K. Ak. van Wet.*, **15**, p. 517, 1906; **16**, pp. 162, 411, 418, 1907; *Comm. Phys. Lab. Leiden*, n^os^ **78**, **97***a*, **99***a*, **100***a*, **100***b*.
KAMERLINGH ONNES. — (Hélium) *Versl. K. Ak. van Wet.*, **16**, p. 495, 1907; p. 815, 1908; *Comm. Phys. Lab. Leiden*, n^os^ **102***a*, **102***c*.
SCHALKWIJK. — (Hydrogène) *Versl. K. Ak. van Wet.*, 1901-1902, pp. 22, 118; *Comm. Phys. Lab. Leiden*, n^os^ **70**, **70** (cont.).
ROSE-INNES et YOUNG. — *Phil. Mag.*, (5), **44**, p. 80, 1897; **45**, p. 102, 1898; **47**, p. 353, 1899; **48**, p. 213, 1899.
S. YOUNG. — *Zeitschr. f. phys. Chem.*, **29**, p. 193, 1899.
VERSCHAFFELT. — *Communicat. from the Phys. Labor. of Leyden*, n^os^ **45**, **47**, 1899.

4. — Equation de van der Waals.

VAN DER WAALS. — *Die Kontinuität des gasförmigen und flüssigen Zustandes.* Traduction de ROTH, Leipzig, 1881; 2° Partie, Leipzig, 1900; BOLTZMANN, *Jubelband*, p. 305, 1904; BOSSCHA, *Jubelband*, p. 47, 1901; *Versl. K. Ak. van Wet.*, 1900-1901, pp. 586, 614, 701.
BOLZMANN — *Vorles. über Gastheorie*, 2° Partie, p. 1-177, Leipzig, 1898.
O.-E. MEYER. — *Die kinetische Theorie der Gase*, p. 298, Breslau, 1877.
SONINE. — *Procès-verbaux de la section phys.-chim. de la Soc. des natural. de Warschau* (en russe), 1889, n° **5**, p. 10; n° **6**, p. 5.
JÄGER. — *Wien. Ber.*, **101**, p. 1520, 1892.
JAMES THOMSON. — *Proc. R. Soc.*, **28**, 1871.
GUYE et FRIEDERICH. — *Arch. Sc. phys.*, (4), **9**, p. 505, 1900; *Phys. Zeitschr.*, **1**, p. 606, 1900; *Zeitschr. f. phys. Chem.*, **37**, p. 380, 1901.
REINGANUM. — *Annal. d. Physik*, (4), **18**, p. 1008, 1905.
BATSCHINSKI. — *Annal. d. Physik*, (4), **19**, p. 307, 1906.

HÄNTZCHEL. — *D. A.*, **16**, p. 565, 1905 ; *Verh. d. phys. Ges.*, 1905, p. 61.
MAXWELL. — *Nature* (en angl.), **11**, 4 et 11 mars 1875.
CLAUSIUS. — *W. A.*, **9**, p. 337, 1880 ; **14**, pp. 279, 492, 1881 ; *Mechan. Wärme-theorie*, **2**, pp. 185, 203, 1891.
PLANCK. — *W. A.*, **13**, p. 535, 1881 ; *Thermodynamik*, p. 129, Leipzig, 1897.
NADIÉSHDINE. — *Recherches phys.*, (en russe), Kiew, p. 116 ; *Exners Repert.*, **23**, p. 712, 1887.
GRIMALDI. — *Gazz. chim. ital.*, **16**, p. 63, 1886 ; *Beibl.*, **10**, p. 562, 1886.
KONOWALOFF. — *Journ. de la Soc. russe phys.-chim.*, **18**, *Sect. chim.*, p. 398, 1886.
GIBBS. — *Trans. of the Connect. Acad.*, **2**.
GOLDHAMMER. — *Surface thermodynamique de l'eau* (en russe), Moscou, 1884. (*Comptes rendus de l'Univ. Impér. de Moscou, Sect. phys.-chim.*, 6e fasc., 1884).
BOYNTON. — *Phys. Rev.*, **11**, p. 291, 1901.
HIRSCH. — *D. A.*, **69**, p. 456, 1899.
DAN. BERTHELOT. — *Journ. de phys.*, (3), **8**, p. 521, 1899.
KORTEWEG. — *Arch. néerl.*, **24**, p. 295, 1890.
BLUEMCKE. — *Zeitschr. f. phys. Chem.*, **6**, pp. 153, 407, 1890 ; **8**, p. 554, 1891 ; **9**, pp. 78, 722, 1892.
KUENEN. — *Diss.*, Leyden, 1892 ; *Zeitschr. f. phys. Chem.*, **11**, p. 38, 1893 ; *Beibl.*, **16**, p. 521, 1892 ; **17**, p. 21, 1893.
HAPPEL. — *Annal. d. Phys.*, (4), **26**, p. 95, 1908.
H.-A. LORENTZ. — *W. A.*, **12**, p. 127, 1881.
VAN DER WAALS. — (Mélanges binaires). Nombreux mémoires à partir de 1901 dans les *Versl. K. Ak. van Wetensk.* et dans les *Arch. Néerl.*
MC CREA. — *Chem. News*, **95**, p. 101, 1907.

5. — Equations de Clausius et formules diverses.

CLAUSIUS. — *W. A.*, **9**, p. 337, 1880 ; **14**, pp. 279, 692, 1881 ; *Ann. de chim. et phys.*, (5), **30**, p. 433, 1883.
PLANCK. — *W. A.*, **13**, p. 535, 1881.
BLUEMCKE. — *Zeitschr. d. Ver. deutsch. Ingen.*, **30**, p. 110, 1886 ; LANDOLT, *Tabellen*, p. 83, Berlin, 1894.
STOLIÉTOFF. — *Soc. des natur. de Moscou*, **5**, 1er fasc., p. 3, 1892.
SARRAU. — *C. R.*, **94**, pp. 639, 718, 845, 1882 ; **110**, p. 880, 1890.
FITZGERALD. — *Proc. R. Soc.*, **42**, p. 216, 1887.
THIESEN. — *W. A.*, **24**, p. 467, 1885.
MOULIN. — *Journ. de phys.*, (4), **6**, p. 111, 1907.
VAN LAAR. — *Arch. Teyler*, (2), **6**, p. 1, 1899 ; **7**, p. 185, 1901.
KNOBLAUCH, LINDE et KLEBE. — *Mitteil. d. Ver. deutsch. Ingen.*, Heft **21**, p. 33, 1905.
HIRN. — *Théorie mécanique de la chaleur*, **1**, p. 93, Paris, 1865 (première formule) ; *Ann. de chim. et phys.*, (4), **10**, p. 365, 1867 (deuxième formule).
GUSTAV SCHMIDT. — *Zeitschr. d. Ver. deutsch. Ingen.*, **11**, pp. 649, 771, 1867.
KAMERLINGH ONNES. — *K. Akad. van Wetensch.*, Amsterdam, 1881 ; *Beibl.*, **5**, p. 718, 1881.
AMAGAT. — *C. R.*, **94**, p. 847, 1882.
VIOLI. — *Rend. Accad. Lincei*, **4**, pp. 285, 316, 462, 513, 1888.
TAIT. — *Proc. Edinb. Soc.*, **16**, p. 65, 1889 ; **18**, p. 265, 1891 ; *Nature* (en angl.), **45**, pp. 80, 152, 199, 1891.
RANKINE. — *Phil. Trans.*, 1854, p. 336.

THOMSON et JOULE. — *Phil. Trans.*, 1854, p. 321 ; 1862, p. 579.
DUPRÉ. — *Ann. de chim. et phys.*, (4), **1**, pp. 168, 185, 1864.
REYE. — *Pogg. Ann.*, **96**, p. 424, 1855.
RECKNAGEL. — *Pogg. Ann. Ergbd.*, **5**, p. 563, 1872.
GOUILLY. — *C. R.*, **93**, p. 1134, 1881.
BERTRAND — *C. R.*, **105**, p. 389, 1887.
ZEUNER. — *Zeitschr. d. Ver. deutsch. Ingen.*, **11**, p. 41, 1867 ; *Civilingen*, **13**, p. 343, 1867 ; **27**, p. 449, 1881 ; *Technische Thermodynamik*, **2**, p. 227, Leipzig, 1890.
LEDOUX. — *Théorie des machines à froid*, Paris, Dunod, 1878.
SARRAU. — *C. R.*, **110**, p. 880, 1890.
JÄGER. — *Wien. Ber.*, **101**, p. 1675, 1892.
BATTELLI. — *Ann. de chim. et phys.*, (7), **3**, p. 409, 1894 ; **5**, p. 256, 1895 ; **9**, p. 409, 1896.
SCHILLER. — *W. A.*, **40**, p. 149, 1890.
SUTHERLAND. — *Phil. Mag.*, (5), **35**, p. 111, 1893.
ANTOINE. — *C. R.*, **108**, p. 896, 1889 ; **110**, p. 1122, 1890.
ANDREWS. — *Phil. Mag.*, (5), **1**, p. 78, 1876 ; *Proc. R. Soc.*, **24**, p. 455, 1876.
RITTER. — *W. A.*, **3**, p. 447, 1878.
GÜLDBERG. — *Zeitschr. d. Ver. deutsch. Ingen.*, **12**, p. 673, 1868.
BRINKMANN. — *Diss.*, Amsterdam, 1904.
BRILLOUIN. — *Journ. de phys.*, (3), **2**, p 113, 1893.
G. SCHMIDT. — *Abh. böhm. Ges. d. Wiss.*, **6**, Prag, 1867 ; *W. A.*, **11**, p. 171, 1880.
THIESEN. — *W. A.*, **24**, p. 467, 1885 ; **63**, p. 329, 1897.
LAGRANGE. — *Bull. Ac. Belg.*, **76**, p. 171, 1883.
H.-A. LORENTZ. — *W. A.*, **12**, p. 660, 1881.
G. JÄGER. — *Wien. Ber.*, **99**, pp. 681, 861, 1890 ; **105**, p. 15, 1896.
DIETERICI. — *W. A.*, **69**, p. 703, 1899 ; *Annal. d. Phys.*, (4), **5**, p. 51, 1901 ; **15**, p. 862, 1904.
STARKWEATHER. — *Amer. Journ. of Sc.*, (4), **7**, p. 129, 1899.
BOLTZMANN et MACHE. — *W. A.*, **68**, p. 350, 1899.
GÖBEL. — *Zeitschr. f. phys. Chem.*, **47**, p. 471, 1904 ; **49**, p. 129, 1904.
REINGANUM. — *D. A.*, **6**, pp. 533, 549, 1901 ; *Zeitschr. f. phys. Chem.*, **37**, p. 237, 1901 ; *Phys. Zeitschr.*, **1**, p. 176, 1900; *Diss.*, Göttingen, 1899 ; LORENTZ, *Jubelband*, p. 574, 1900.
TUMLIRZ. — *Wien. Ber.*, **108**, p. 1395, 1900.
CALLENDAR. — *Proc. R. Soc.*, **67**, p. 266, 1900 ; *Phil. Mag.*, (6), **5**, p. 48, 1903.
ROSE-INNES et YOUNG. — Voir § **3**.
AMAGAT. — *C. R.*, **128**, pp. 538, 566, 649, 1899 ; *Journ. de phys.*, (3), **8**, pp. 353, 357, 1899 ; *Rapp. prés. au Congrès intern. de phys.*, **1**, p. 571, 1900.
KAMERLINGH ONNES. — *Versl. K. Ak. van Wet.*, 1901-1902, p. 136 ; *Comm. Phys. Lab. Leyden*, n[os] **71**, **74** ; BOSSCHA, *Jubelbd.*, p. 874, 1901.
DRUCKER. — *Zeitschr. f. phys. Chem.*, **68**, p. 616, 1909.
WITKOWSKI. — *Bull. Crac.*, 1905, p. 305.
BATSCHINSKI. — *Annal. d. Phys.*, (4), **19**, p. 310, 1906 ; **21**, p. 1001, 1906.
HAPPEL. — *Götting. Nachr.*, 1905, p. 282 ; *Annal. d. Phys.*, (4), **21**, p. 342, 1906.
VAN DER WAALS. — (Mouvements cycliques) *Arch. Néerl.*, (2), **4**, p. 231, 1901 ; **9**, p. 1, 1904 ; *Zeitschr. f. phys. Chem.*, **38**, p. 257, 1901.
VAN LAAR. — *Arch. Néerl.*, (2), **9**, p. 389, 1904 ; BOLTZMANN-*Festschrift*, p. 316, 1904.
PLANCK. — *Berl. Ber.*, 1908, p. 633.
WASSMUTH. — *Annal. d. Phys.*, (4), **30**, p. 381, 1909.

6. — Température critique et état critique.

Mathias. — *Le point critique des corps purs*, Paris, 1904 (255 pages), renferme une exposition très complète ; *Rapp. prés. au Congrès intern. de phys.*, **1**, p. 550, 1900.

Cagniard de la Tour. — *Ann. de chim. et phys.*, (2), **21**, pp. 127, 178, 1822 ; **22**, p. 140, 1823 ; **23**, p. 410, 1823.

Drion. — *Ann. de chim. et phys.*, (3), **56**, p. 5, 1859.

Thilorier. — *Ann. de chim. et phys.*, (2), **60**, p. 427, 1835.

Faraday. — *Phil. Trans.*, 1845, p. 155 ; *Pogg. Ann. Ergbd.*, **2**, p. 193, 1848.

Mendéléieff. — *Journ. chim. de* Sokoloff *et* Engelhardt, **3**, p. 81, 1860 ; *Pogg. Ann.*, **141**, p. 618, 1870.

Andrews. — *Phil. Trans.*, **159** II, p. 583, 1869 ; **166**, p. 421, 1876 ; **178** A, p. 45, 1887 ; *Pogg. Ann. Ergbd.*, **5**, p. 64, 1871.

Thiesen. — *Zeitschr. f. komprim. u. flüssige Gase*, **1**, p. 86, 1897 ; *Beibl.*, **21**, p. 953, 1897.

Avenarius — *Pogg. Ann.* **151**, p. 303, 1874 ; *Bull. de Moscou*, **47**, n° **3**, 1873.

Mathias. — *Journ. de phys.*, (2), **9**, p. 449, 1890 ; *C. R.*, **119**, pp. 404, 849, 1894.

Monnory. — *Journ. de phys.*, (4), **5**, p. 421, 1906.

Livingston et Morgan. — *Zeitschr. f. phys. Chem.*, **67**, p 112, 1909 ; *J. Amer. Chem. Soc.*, **31**, p. 309, 1909.

Bakker. — *Journ. de phys*, (3), **6**, p. 131, 1897.

Frankenheim. — *Die Lehre von der Kohäsion*, p. 86, 1836 ; *Journ. f. prakt. Chem.*, **23**, p. 401, 1841.

Zaiontschewski. — *Journ. de l'Univ. de Kiew* (en russe), 1878, n° **4**, p. 21 ; n° **8**, p. 29.

Ostwaltd. — *Lehr. d. allg. Chemie*, 2ᵉ édit., **1**, p. 537, 1891.

Grätz — *W. A.*, **34**, p. 25, 1888.

Guye et Friederich. — *Arch. Sc. phys.*, (4), **9**, p. 505, 1900 ; *Phys. Zeitschr.*, **1**, p. 606, 1900.

Häntzchel. — *Ann. d. Phys.*, (4), **16**, p. 565, 1905.

Kuenen. — *Annal. d. Phys.*, (4), **17**, p. 189, 1905.

Dan. Berthelot. — *Sur les thermomètres à gaz*, *Trav. du Bur. internat. des Poids et Mes.*, **13**, 1902 ; *C. R.*, **144**, pp. 76, 194, 1907.

Wolf. — *Ann. de chim. et phys.*, (3), **49**, p. 272, 1857.

Drion. — *Ann. de chim. et phys.*, (3), **56**, p. 221, 1859.

Guye. — *Arch. des Sc. phys.*, (3), **23**, p. 197, 1890 ; *C. R.*, **141**, p. 1128, 1890 ; *Journ. de phys.*, (2), **9**, p. 312, 1890 ; *Ann. de chim. et phys.*, (6), **21**, p. 206, 1890.

Heilborn. — *Arch. des Sc. phys.*, (3), **26**, pp. 9, 127, 1891.

Janssen. — *Inaug.-Diss*, Leyden, 1877, p. 50 ; *Beibl.*, **2**, p. 136, 1878.

S. Young. — *Phil. Mag.*, (5), **34**, p. 503, 1892 ; **37**, p. 1, 1894.

Dieterici. — *W. A.*, **69**, p. 685, 1899 ; *D. A.*, 5, p. 51, 1901 ; **12**, p. 144, 1903 ; **15**, p. 860, 1904 ; *Phys. Zeitschr.*, **1**, p. 73, 1900.

Young et Thomas. — *Trans. Chem. Soc.*, 1893, p. 1251.

Ramsay. — *Zeitschr. f. phys. Chem.*, **15**, p. 106, 1894.

Nadiéshdine. — *Recherches phys.*, p. 111, Kiew, 1887.

Kanonnikoff — *Journ. de la Soc. russe phys.-chim.*, **33**, Sect. chim., p. 197, 1901.

Dan. Berthelot. — *Journ. de phys.*, (3), **10**, p. 611, 1901.

Dan. Berthelot. — (Formule pour le poids moléculaire), *C. R.*, **128**, p. 606, 1899 ; voir van't Hoff, *Vorlesungen über theoret. u. phys. Chem.*, **3**, p. 22, Braunschweig, 1900.

BOGAIEWSKI. — *Sur différents états de la matière, Compt. rend. de l'Acad. imp. des Sc.*, (7), **5**, n° **13**, 1897.
VAN LAAR. — *Arch. Néerl.*, (2), **9**, p. 389, 1904; BOLTZMANN-*Festschrift*, p. 316, 1904.
GUYE. — *C. R.*, **112**, p. 1257, 1891.
R. HELMHOLTZ. — *W. A.*, **27**, p. 521, 1886.
AITKEN. — *Nature* (en angl.), **23**, p. 195.
PRESTON. — *Phil. Mag.*, (5), **42**, p. 231, 1896.

7. — Méthodes de détermination des constantes critiques.

NADIÉSHDINE. — *Journ. de la Soc. russe phys.-chim.*, **14**, pp. 157, 536, 1882; **15**, p. 25, 1883; **16**, pp. 74, 222, 1884; *Journ. de l'Univ. de Kiew* (en russe), **6**, p. 32, 1885; *Mél. de phys. et chim. tirés du Bull. de St-Pétersb.*, **12**, p. 299, 1885; *Répert. d. Phys.*, **23**, pp. 639, 708, 1887.
RADICE. — *Diss.*, (Thèse), Genève, 1899.
CAILLETET et COLARDEAU. — *Journ. de phys.*, (2), **10**, p. 333, 1891; *C. R.*, **106**, p. 1489, 1888; **112**, p. 1170, 1891.
GRIMALDI. — *Rend. Acc. di Roma*, (5), **1**, p. 79, 1892.
MATHIAS. — *C. R.*, **115**, p. 35, 1890; *Ann. de Toulouse*, **5**, 1891; *C. R.*, **139**, p. 359, 1904.
AMAGAT. — *Journ. de phys.*, (3), **1**, p. 292, 1892; *C. R.*, **114**, p. 1093, 1892.
KUENEN. — *Arch. Néerl.*, (2), **1**, p. 345, 1898.
YOUNG. — *Phil. Mag.*, (5), **50**, p. 291, 1900.
DEWAR. — *Proc. R. Soc.*, **73**, p. 251, 1904.
J. CHAPPUIS. — *C. R.*, **118**, p. 976, 1894.
GALITZINE et WILLIP. — *Bull. Acad. des Sc. de St-Pétersb.*, (5), **11**, p. 117, 1899; *Rapp. prés. au Congr. intern. de phys.*, **1**, p. 668, 1900; *W. A.*, **50**, p. 521, 1893.
ALTSCHUL. — Voir OSTWALD, *Hülfsb. f. phys.-chem. Messungen*, p. 139, Leipzig, 1893.
WROBLEWSKI. — *W. A.*, **29**, p. 428, 1886.
JAMIN. — *C. R.*, **96**, p. 1448, 1883; **97**, p. 10, 1883; *Journ. de phys.*, (2), **2**, p. 391, 1883.
BATTELLI. — *Nuov. Cim.*, (3), **33**, pp. 22, 57, 1893; *Mem. R. Accad. di Torino*, (2). **40**, **42**, **44**, 1890-1894.
ZAMBIASI. — *Atti R. Acc. dei Lincei*, **1**, p. 423, 1892; **2**, p. 21, 1893; *Journ. de phys.*, (3), **2**, p. 274, 1893.
GALITZINE. — *Journ. de la Soc. russe phys.-chim.*, **22**, p. 265, 1890; *Soc. des natur. de Moscou*, **4**, 2e fasc., p. 5, 1891; *Journ. de phys.*, (3), **1**, p. 474, 1892; *W. A.*, **50**, p. 521, 1893.
PELLAT. — *Journ. de phys.*, (3), **1**, p. 228, 1892.
GOUY. — *C. R.*, **115**, p. 720, 1892; **116**, p. 1289, 1893: **121**, p. 201, 1895.
VILLARD. — *Ann. de chim. et phys.*, (7), **10**, p. 396, 1897; *Journ. de phys.*, (3), **5**, pp. 257, 453, 1896.
DE HEEN. — *Bull. de l'Acad. de Belg.*, (3), **24**, p. 267, 1892; **25**, p. 695, 1893; **31**, pp. 147, 379, 1896; *Les légendes du point critique*, Liège, 1901; *Les dernières mésaventures du point critique*, Liège, 1901.
DWELSHAUVERS-DERY. — *Bull. de l'Acad. de Belg.*, (3), **30**, p. 570, 1895; **31**, p. 277, 1896.
TRAUBE. — *Annal. d. Phys.*, (4), **8**, p. 267, 1902; *D. A.*, **8**, p. 267, 1902; *Phys. Zeitschr.*, **4**, pp. 50, 569, 1902-1903; *Zeitschr. f. anorg. Chem.*, **37**, p. 225, 1903; *Zeitschr. f. phys. Chem*, **58**, p. 475, 1907.

TRAUBE et TEICHNER. — *Verh. d. phys. Ges.*, **5**, p. 235, 1903.
TEICHNER. — *D. A.*, **13**, p. 595, 1904.
BRADLEY, BROWNE et HALE. — *Phys. Rev.*, **27**, p. 90, 1908.
GUYE et MALLET. — *Arch. Sc. phys.*, (4), **13**, pp. 30, 129, 274, 462, 1902.
ROTHMUND. — *Zeitschr. f. phys. Chem.*, **50**, pp. 241, 242, 1904 (se rapportant à un travail de TRAUBE).
v. HIRSCH. — *D. A.*, **1**, p. 655, 1900.
KUENEN. — *Arch. Néerl.*, (2), **1**, pp. 22, 270, 331, 342, 1898; *Commun. of the Labor. of phys.*, Leyden, nos **1, 4, 8, 11, 13, 17**, 1898.
VILLARD. — *Ann. de chim. et phys*, (7), **10**, p. 387, 1897.
KAMERLINGH ONNES. — *K. Ak. Wetensch.*, p. 651, Amsterdam, 1901; *Commun. of the Labor. of phys.*, Leyden, no **68**, 1901.
KAMERLINGH ONNES et FABIUS. — *Versl. K. Akad. van Wet.*, **16**, p. 44, 1907; *Commun. of the Labor. of Leiden*, no **98**.
TRAVERS et USHER. — *Proc. R. Soc.*, **78**, p. 247, 1906; *Zeitschr. f. phys. Chem.*, **57**, p. 365, 1906.
VERSCHAFFELT. — *Versl. K. Ak. van Wetensk.*, **13**, p. 508, 1904; *Comm. Labor.*, Leiden, no **10**.
BAKKER. — *Annal. d. Phys.*, (4), **15**, p. 543, 1904; *Zeitschr. f. phys. Chem.*, **49**, p. 609, 1904.
G. BERTRAND et LECARME. — *C. R.*, **141**, p. 320, 1905; *Ann. de chim. et phys.*, (8), **7**, p. 279, 1906.
RAVEAU. — *C. R.*, **141**, p. 348, 1905.
TSENTNERSCHWER. — *Zeitschr. f. phys. Chem.*, **46**, p. 427, 1903; **49**, p. 199, 1904.
STOLIÉTOFF. — *J. de la Soc. russe phys.-chim.*, **25**, p. 303, 1893; **26**, p. 26, 1894; *Soc. des natur. de Moscou*, **5**, 1er fasc., p. 1, 1892; *Phys. Revue* (allem.), **2**, p. 44, 1892.
AVENARIUS. — *Pogg. Ann.*, **151**, p. 303, 1874; *Bull. de Moscou*, **47**, no **3**, p. 117, 1873.
ZAIONTSCHEWSKI. — *Journ. de l'Univ. de Kiew*, 1878, no **4**, p. 21; no **8**, p. 29.
PAWLEWSKI. — *Chem. Ber.*, **15**, p. 2463, 1882; **16**, p. 2633, 1883; **21**, p. 2141, 1888.
STRAUSS. — *J. de la Soc. russe phys.-chim.*, **12**, p. 207, 1880; **14**, p. 511, 1882.
NADIÉSHDINE. — Voir ci-dessus.
JOUKE. — *J. de la Soc. russe phys.-chim.*, **13**, pp. 239, 411, 1881; **14**, p. 157, 1882; **16**, p. 304, 1884; *Journ. de l'Univ. de Kiew*, 1884 (Novembre).
KANNEGIESSER. — *J. de la Soc. russe phys.-chim.*, **16**, p. 304, 1884 (Mémoire de JOUKE).
DIATSCHWESKI. — *J. de la Soc. russe phys.-chim.*, **16**, p. 304, 1884 (Mémoire de JOUKE).
GULDBERG. — *Zeitschr. f. phys. Chem.*, **5**, p. 374, 1890.
GUYE. — *Bull. Soc. chim.*, (3), **4**, p. 262, 1890.
BOULATOFF. — *J. de la Soc. russe phys.-chim.*, **31**, p. 69, 1899.
CAILLETET et COLARDEAU. — (Eau) *C. R.*, **106**, p. 1489, 1888.
BATTELLI. — (Eau) *Mem. R. Accad. di Torino*, (2), **41**, 1890.
CHAS T. KNIPP. — *Phys. Rev.*, **11**, p. 129, 1900.
TRAUBE et TEICHNER. — (Eau) *D. A.*, **13**, p. 620, 1904.
HAPPEL. — *D. A.*, **13**, p. 340, 1904.

8. — L'état critique des mélanges et des solutions.

STRAUSS. — *J. de la Soc. russe phys.-chim.*, **12**, p. 207, 1880; **14**, p. 511, 1882.

G.-C. Schmidt. — *Lieb. Ann.*, **266**, p. 266, 1891.

Tsentnerschwer et Zoppi. — *Zeitschr. f. phys. Chem.*, **54**, p. 689, 1906.

Cailletet. — *J. de phys.*, (1), **9**, p. 192, 1880 ; (2), **2**, p. 389, 1883 ; *C. R.*, **90**, p. 210, 1880 ; **92**, p. 901, 1881 ; **96**, p. 1448, 1883.

Andrews. — *Phil. Mag.*, (5), **1**, p. 78, 1876 ; *Phil. Trans.*, **178** A, p. 45, 1887 ; *Proc. R. Soc.*, **23**, p. 514, 1876.

Cailletet et Hautefeuille. — *C. R.*, **92**, p. 901, 1881.

Hannay. — *Proc. R. Soc.*, **33**, p. 294, 1882.

Pictet. — *Zeitschr. f. phys. Chem.*, **16**, p. 26, 1895.

Guthrie. — *Phil. Mag.*, (5), **18**, pp. 30, 497, 1884.

Ostwald. — *Lehrb. d. allgem. Chemie*, II, **2**, 2e éd., pp. 683, 684, 1896.

Rothmund. — *Zeitschr. f. phys. Chem.*, **26**, p. 433, 1898 ; **63**, p. 54, 1908.

S. Young. — *Chem. News*, **94**, p. 149, 1906.

Schreinemakers. — *Zeitschr. f. phys. Chem.*, **29**, p. 585, 1899.

Friedländer. — *Zeitschr. f. phys. Chem.*, **38**, p. 385, 1901 ; *Diss.*, Leipzig, 1901.

Konowaloff. — *D. A.*, **10**, p. 360, 1903 ; **12**, p. 1160, 1903.

Donnan. — *Chem. News*, **90**, p. 139, 1904 ; *Rep. Brit. Assoc.*, Cambridge, 1904, p. 504.

Smoluchowski. — *Annal. d. Phys.*, (4), **25**, p. 205, 1908 ; *Bull. Cracov.*, 1907, p. 1057.

Wesendonk. — *Verh. d. d. Phys. Ges.*, **10**, p. 483, 1908.

Kamerlingh Onnes et Keesom. — *Versl. K. Akad. van Wetensk.*, **16**, p. 667, 1908 ; *Comm. Phys. Lab.* Leiden, n° **104**, *b*.

Keesom. — *Chem. Weekblad*, **5**, p. 673, 1908.

Bredig. — *D. A.*, **11**, p. 218, 1903.

Van der Waals. — *Arch. Néerland.*, **24**, p. 1, 1890 ; *Zeitschr. f. phys. Chem.*, **5**, p. 133, 1890 ; *Kontinuität des gasförmigen und flüssigen Zustandes*, 2e Partie, Leipzig, 1900.

Duhem. — *Traité élémentaire de Mécanique chimique*, **4**, 1899.

Caubet. — *Liquéfaction des mélanges gazeux*, Paris, 1901 ; *Mém. de la Soc. des Sc. phys. et natur. de Bordeaux*, (6), **1** et **3** ; *C. R.*, **130**, pp. 167, 828, 1900 ; **131**, pp. 108, 1200, 1900 ; **132**, p. 128, 1901 ; *Zeitschr. f. phys. Chem.*, **40**, p. 257, 1902 ; **49**, p. 101, 1904.

Kuenen. — *Zeitsch. f. phys. Chem.*, **11**, p. 38, 1893 ; **24**, p. 667, 1897 ; **41**, p. 43, 1902 ; *Commun.* Leiden, n° **8**, 1893 ; **11**, 1894 ; **13**, 1894 ; **17**, 1895 ; *Diss.*, Leyden, 1892 ; *Arch. Néerland.*, **26**, p. 374, 1893.

Lorentz. — *W. A.*, **12**, p. 134, 1881.

Verschaffelt. — *Versl. K. Ak. v. Wetensch.*, Amsterdam, 28 Déc. 1898 ; *Diss.*, Leyden, 1899 ; *Arch. Néerland.*, (2), **5**, p. 644, 1899 ; *Commun.* Leiden, n° **10**.

Ansdell. — *Proc. R. Soc.*, **34**, p. 113, 1882.

Dewar. — *Proc. R. Soc.*, **30**, p. 538, 1880.

Hannay et Hogarth. — *Proc. R. Soc.*, **29**, p. 324, 1879 ; **30**, p. 178, 1880 ; *Chem. News*, **41**, p. 103, 1880.

Pictet. — *C. R.*, **120**, p. 6, 1895.

Levi-Bianchini. — *Gaz. chim.*, (1), **35**, p. 160, 1905.

Tsentnerschwer. — *Zeitschr. f. phys. Chem.*, **46**, p. 427, 1903 ; **49**, p. 199, 1904 ; **54**, p. 689, 1906 ; **61**, p. 356, 1907 ; **69**, p. 81, 1909 ; *J. de la Soc. russe phys.-chim.*, **35**, Part. chim., pp. 742, 897, 1903 ; *Diss.*, St-Pétersb., 1903.

Smits. — *Zeitschr. f. phys. Chem.*, **52**, p. 587, 1905.

Tsentnerschwer et Pakalnet. — *Zeitschr. f. phys. Chem.*, **55**, p. 303, 1906.

Tsentnerschwer et Kalnine. — *Zeitschr. f. phys. Chem.*, **60**, p. 441, 1907.
Van't Hoff. — *Chem. Weekblad*, **1**, p. 93, 1903.
Van Laar. — *Chem. Weekblad*, **2**, p. 223, 1905 ; *Versl. K. Ak. van Wetensk.*, **14**, pp. 33, 144, 646, 1905.
Büchner. — *Chem. Weekblad*, **2**, p. 691, 1905 ; *Zeitschr. f. phys. Chem.*, **56**, p. 665, 1906.

9. 10. — Théorie des états correspondants.

Clausius. — *Pogg. Ann.*, **82**, p. 274, 1851.
Dühring. — *Neue Grundgesetze zur rationelen Physik*, p. 73, 1878.
Van der Waals. — *Kontinuität, etc.*, **1**, p. 129, Leipzig, 1881.
Clausius. — *W. A.*, **14**, pp. 279, 692, 1881.
Planck. — *W. A.*, **13**, p. 535, 1881.
Amagat. — *C. R.*, **123**, pp. 30, 83, 547, 1896 ; **124**, p. 547, 1897 ; **142**, pp. 371, 1307, 1906 ; **143**, p. 6, 1906 ; *Rapp. prés. au Congrès intern. de phys.*, **1**, pp. 571-582, 1900.
Batschinski. — *Zeitschr. f. phys. Chem.*, **41**, p. 741, 1902.
Kamerlingh Onnes. — *Arch. Néerl.*, (2), **5**, p. 665, 1900 ; *Commun.* Leiden, n° **66**, 1900.
Riecke. — *W. A.*, **53**, p. 379, 1894 ; **54**, p. 739, 1895.
Dalton. — *Phil. Mag.*, (6), **13**, p 517, 1907.
Kourbatoff. — *J. de la Soc. russe phys.-chim.*, **40**, Partie chim., p. 813, 1908.
Van der Walls. — *Versl. K. Ak. van Wet.*, **12**, p. 82, 1903 ; *Arch. Néerl.*, (2), **9**, p. 1, 1904.
Hilton. — *Phil. Mag.*, (6), **1**, p. 579, 1901 ; **2**, p. 108, 1901.
Ritter. — *Wien. Ber.*, **111**, p. 1046, 1902.
Raveau. — *J. d. phys.*, (3), **6**, p. 432, 1897.
Reinganum. — *Diss.*, Göttingen, 1899.
Happel. — *Annal. d. Phys.*, (4), **13**, p. 340, 1904 ; **21**, p 342, 1906 ; **30**, p. 175, 1909 ; **31**, p. 841, 1910 ; *Zeitschr. f. phys. Chem.*, **61**, p. 76, 1907 ; *Phys. Zeitschr.*, **6**, p. 389, 1905 ; **10**, p. 687, 1909.
Jüptner. — *Zeitschr. f. phys. Chem.*, **55**, p. 738, 1906 ; **60**, p. 101, 1907 ; **63**, p. 355, 1908.
Rudorf. — *Annal. d. Phys.*, (4), **29**, p. 751, 1909 ; **31**, p. 416, 1910.
Ramsay. — *Zeitschr. f. phys. Chem.*, **15**, p. 106, 1894.
Mortzun. — *Thèse*, Genève, 1900.
Guye. — *Arch. Sc. phys. et natur.*, (3), **31**, p. 463, 1894.
Guye et Mallet. — *Arch. Sc. phys. et natur.*, (4), **13**, pp. 30, 129, 274, 462, 1902.
Dieterici. — *Annal. d. Phys.*, (4), **6**, p. 869, 1901 ; **15**, p. 860, 1904.
Nernst. — *Götting. Nachr.*, 1906, p 1 ; *Berl. Ber.*, 1906, p. 933.
Bingham. — *J. Amer. chem. Soc.*, **28**, p. 717, 1906.
Stefan Meyer. — *D. A.*, **7**, p. 937, 1902.
Dan. Berthelot. — *C. R.*, **128**, pp. 552, 606, 1899 ; **130**, p. 115, 1900 ; **131**, p. 175, 1900 ; *J. de phys.*, (4), **2**, p. 186, 1903 : *Arch. Néerl.*, (2), **5**, p. 417, 1900.
Gilbault. — *Thèse*, Toulouse, n° **20**, 1897 ; *Ann. Fac. Sc.*, Toulouse, (1), **11**, pp. B_1-B_{63}, 1897 ; *Zeitschr. f. phys. Chem.*, **24**, p. 385, 1897.
Mme Kirstine Meyer, né Bjerrum. — *Schrift. d. kgl. Dän. Ak. d. Wiss.*, (6) *math.-naturw. Reihe*, **9**, p. 3, 1900 ; *Zeitschr. f. phys. Chem.*, **32**, p. 1, 1900 ; **71**, p. 325, 1910.

Ziloff. — *J. de la Soc. russe phys.-chim.*, **14**, p. 169, 1882 (Mémoire de Stoliétoff).
Stoliétoff. — *J. de la Soc. russe phys.-chim.*, **14**, p. 167, 1882.
Ramsay et Young. — *Zeitschr. f. phys. Chem.*, **1**, pp. 237, 433, 1887.
Kamerlingh Onnes. — *K. Ak. v. Wetensch.*, Amsterdam, 1881 ; *Beibl.*, **5**, p. 718, 1881 ; *Commun.* Leiden, n° **12**, 1894.
Curie. — *Arch. Sc. phys.*, (3), **26**, p. 13, 1891.
Meslin. — *C. R.*, **116**, p. 135, 1893.
Natanson. — *C. R.*, **109**, pp. 855, 890, 1889 ; *Arch. Sc. phys.*, (3), **28**, p. 1, 1892.
Sonine. — *Procès-verb. de la Sect. phys.-chim. de la Soc. des natur. de Warsch.*, 1889, n° **7**, p. 1.
Mathias. — *C. R.*, **112**, p. 85, 1891 ; *J. de phys.*, (2), **7**, p. 568, 1888 ; *Phys. Revue* (allem.), **1**, p. 678, 1892.
Guye. — *C. R.*, **110**, pp. 141, 1128, 1890 ; *Ann. de chim. et phys.*, (6), **21**, p. 206, 1890 ; *Arch. Sc. phys.*, (3), **31**, pp. 164, 463, 1894.
Batschinski. — *Zeitschr. f. phys. Chem.*, **40**, p. 629, 1902.
Young. — *Phil. Mag.*, (5), **38**, p. 423, 1890 ; **33**, p. 153, 1892 ; **34**, p. 507, 1892 ; *Phys. Revue* (allem.), **1**, p. 385, 1892.
Van der Waals jr. — *K. Ak. v. Wetensch.*, Amsterdam, **5**, p. 248, 1896-1897.
Bogaiewski. — *Compt. rend. de l'Acad. imp. des sc. de St-Pétersb.*, (7), **5**, n° **13**, p. 65.
Bakker. — *Zeitschr. f. phys. Chem.*, **21**, pp. 127, 507, 1896.

CHAPITRE XIV

ÉQUILIBRE DES SUBSTANCES EN CONTACT. RÈGLE DES PHASES. SOLUTIONS.

1. Introduction. — Nous avons encore à considérer un groupe très important de phénomènes. Nous avons déjà étudié d'une manière approfondie quelques-uns d'entre eux ; d'autres ont été seulement mentionnés et enfin certains n'ont pas encore été envisagés jusqu'ici. Notre but n'est pas d'ailleurs actuellement de compléter ce que nous avons dit antérieurement, par la description de phénomènes nouveaux, mais de *montrer comment on peut former,* *en se plaçant à un point de vue unique et en partant d'un même principe général, un groupement très étendu, dans lequel les propriétés et les lois s'établissent à l'aide d'un certain signe caractéristique purement extérieur.* Ce signe caractéristique commun est *le contact immédiat de substances de nature différente*, cette hétérogénéité pouvant être aussi bien chimique que physique. Les phénomènes que l'on observe dans les *solutions* occuperont notamment une place particulièrement importante dans le présent Chapitre.

Le développement des questions que nous allons étudier est dû simultanément à des physiciens, qui se sont spécialement consacrés à la Thermodynamique, et à des *chimistes*. Toutes ces questions appartiennent au vaste domaine de la science nouvelle que l'on appelle la *Chimie physique*. Quand on veut les exposer dans un Traité de Physique, on se heurte à de nombreuses difficultés que nous allons indiquer. Ces obstacles montrent qu'il est nécessaire de faire un choix dans ce riche ensemble et ils expliquent l'absence de beaucoup de Chapitres, que les lecteurs s'attendent parfois à trouver dans une exposition de la Physique générale et qui seraient en effet indispensables pour une étude détaillée de tous les phénomènes physico-chimiques. Les principales difficultés sont les suivantes :

1. Beaucoup de questions exigent trop de développement d'un caractère *purement chimique*, pour qu'il soit possible de les faire entrer dans le cadre, même très élargi, d'un Traité de Physique.

2. Quelques-uns des phénomènes à envisager, et à vrai dire les plus importants, se trouvent en relation très étroite avec divers *phénomènes électriques*, la conductibilité électrique, l'électrolyse, le fonctionnement des piles, etc. Ils doivent donc trouver place dans une autre partie de la Physique, et nous reviendrons, en effet, dans le Tome IV, sur les questions que nous allons étudier ici.

3. Le fondateur de la *théorie* des substances différentes placées en contact, J. Willard Gibbs, et ses continuateurs Van't Hoff, Roozeboom, Planck, Ostwald, Riecke, Nernst, Le Chatelier, Duhem, etc. ont donné presque tous à cette nouvelle doctrine une forme mathématique si généralisée, que la reproduction de leur analyse ne pourrait recevoir le caractère sommaire qui convient à un ouvrage tel que celui-ci.

4. D'ailleurs, cette théorie est encore de date trop récente pour qu'on ait pu jusqu'ici présenter ses principes d'une manière simple, en même temps que suffisamment claire et complète, en dehors naturellement des expositions très générales précédentes, notamment celles de Gibbs, Planck, Duhem, etc. Outre ces travaux d'une étude difficile, il existe encore un grand nombre de mémoires divers, mais où le sujet est abordé à un point de vue spécial et par une méthode particulière, ce qui rend singulièrement ardue toute tentative d'exposé systématique.

On se rendra compte jusqu'à quel point est diverse la nature des questions que l'on peut grouper sous le point de vue de Gibbs, par le sommaire suivant qui est loin d'être complet : passage de la substance d'un état à un autre (fusion, vaporisation), transformation allotropique, dissociation sous toutes ses formes y compris formation des ions dans les électrolytes, solubilité, tension de vapeur des solutions, ébullition des solutions, solidification des solutions, pression osmotique, phénomènes calorifiques accompagnant la dissolution et la dilution des solutions, théorie générale des solutions (Clausius, Arrhenius, Van't Hoff), mélanges réfrigérants, cryohydrates, phénomènes de diffusion, etc. Les substances dissoutes peuvent être à l'état solide, liquide ou gazeux ; le dissolvant non seulement peut être liquide, mais aussi solide ou gazeux. Le caractère de la solution peut être très différent, selon le rôle que jouent les phénomènes chimiques dans la dissolution ; à cet égard, il suffit de comparer la dissolution du sucre, du sel de cuisine et de l'acide sulfurique dans l'eau. Nous avons laissé de côté, dans le sommaire précédent, les questions purement chimiques (équilibre chimique, vitesse des réactions, etc.), ainsi que toutes celles qui se rattachent au domaine des phénomènes électriques et qui seront traitées dans le Tome IV.

Parmi les questions que nous venons d'énumérer, nous ne considérerons que celles qui présentent une importance essentielle pour la Physique. Pour les grouper en un système unique et les relier entre elles autant qu'il est possible, nous devons avant tout faire connaître la célèbre *règle des phases de* Gibbs, ainsi que la *théorie des solutions diluées de* Planck.

La règle des phases se comprend bien mieux sur des exemples, que nous pourrons prendre en partie parmi les phénomènes qu'étudie la Physique élémentaire, en partie parmi ceux déjà mentionnés dans les Chapitres précédents et dans le Tome I. Les *cryohydrates* font exception et il n'en a pas encore été question ; mais nous ne pouvons les passer sous silence, dans les exemples à l'appui de la règle des phases. Nous commencerons donc par leur étude.

2. Les cryohydrates. — Considérons ce qui se passe, quand on refroidit une solution d'un sel quelconque *dans l'eau*. Prenons pour ordonnée (*fig.* 252) la température t, pour abscisse la concentration c de la solution, par exemple

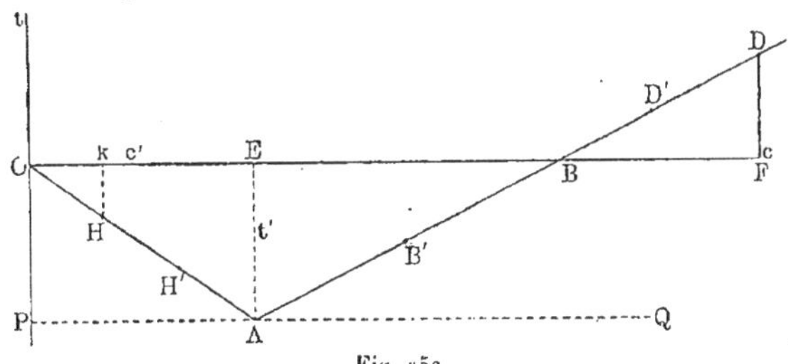

Fig. 252

le poids du sel dissous dans 100 parties en poids d'eau. Pour c grand, la solution refroidie progressivement apparaît déjà *comme saturée de sel* à une température relativement élevée t ; les grandeurs c et t déterminent alors la position d'un certain point D, et nous pouvons dire que la solution est saturée en D ; si le refroidissement continue, il se produit une *séparation de sel de la solution*. Lorsqu'on prend moins de sel, c'est-à-dire c plus petit, le point de saturation, où commence la séparation du sel, est atteint à une température plus basse ; au lieu du point D, on a un autre point tel que D'. En diminuant c progressivement, on obtient des points, dont le lieu géométrique est une certaine courbe DD'BB', que nous représenterons, pour simplifier, sous forme d'une droite. La longueur OB indique la quantité c de sel nécessaire pour saturer 100 parties d'eau à 0°. Pour c encore plus petit, la solution n'est saturée qu'à une température inférieure à 0° (en un point tel que B'). On peut appeler la ligne DB', la *ligne de séparation du sel* ou la *ligne de saturation de la solution par le sel.*

Considérons maintenant une solution diluée. La glace se sépare de l'eau pure à 0° (à l'origine O des coordonnées) ; lorsqu'on refroidit une solution diluée ($c = Ok$), la *glace* commence seulement à *se séparer* à une certaine température $Hk < 0°$; envisageons la solution comme un mélange de glace liquéfiée et de sel liquéfié, et nous pouvons dire, par analogie, qu'au point H la solution est *saturée de glace*. Pour c un peu plus grand, on obtient, au lieu du point H, un point tel que H' ; la séparation de la glace a lieu à une température plus basse. Le lieu géométrique des points H' est une certaine ligne OH' qu'on peut appeler la *ligne de séparation de la glace* ou la *ligne de saturation de la solution par la glace.*

Les deux lignes DB' et OH' se coupent en un certain point A, qui correspond à une concentration déterminée $c' = OE$ et à une température déterminée $t' = EA$. Démontrons en premier lieu que, durant le refroidissement, toute solution peut atteindre le point A, c'est-à-dire la concentration c' et la température t'. Supposons d'abord que nous ayons une solution de concentration telle qu'*il commence à se séparer du sel en* D, dans le refroidissement ; la solution devient alors moins concentrée (c diminue) et peut par suite être un peu plus refroidie, de sorte qu'il se sépare de nouveau du sel, etc. On voit que l'état de la solution, qui élimine sans cesse du sel, variera suivant la ligne DD'BB' et se rapprochera ainsi du point A. Soit maintenant une solution diluée, pour laquelle $c = Ok$. En H commence la *séparation de la glace* ; par suite c augmente et la température, à laquelle se sépare ensuite la glace, diminue au contraire ; il est clair que l'état de la solution, qui fournit sans cesse de la glace, doit varier suivant la ligne OHH' et tendre également vers le point A ; ce point sera atteint, dans les deux cas considérés, lorsque c devient égal à c' et en même temps t égal à t'.

Que se produira-t-il maintenant, si on continue à refroidir la solution dont l'état est déterminé par le point A ? *Une telle solution se solidifiera en une seule masse, c'est-à-dire sans variation de la concentration* c' ; il s'en séparera un *mélange de sel et de glace dans le rapport constant* $c' : 100$, la température t' restant constante, jusqu'à ce que toute la masse de la solution soit congelée. En effet, une séparation de glace seule, ou de sel seul, ou d'un mélange de glace et de sel dans un autre rapport, est impossible, parce qu'il resterait alors une solution où l'on aurait $c > c'$ ou $c < c'$; or une telle solution ne peut pas atteindre la température t'. Le *mélange* de composition définie, qui se sépare à la température t', est appelé *cryohydrate* et la *température* t' elle-même se nomme la *température du cryohydrate.*

Les grandeurs c' et t' dépendent de la substance dissoute et du dissolvant, lequel peut être non seulement de l'eau, mais aussi un autre liquide. Les substances étant données, la composition du cryohydrate dépend encore de la pression extérieure p ; *toutefois, pour une pression donnée, la composition du cryohydrate (c'est-à-dire c') et sa température t' sont complètement déterminées.*

Menons maintenant par A une droite PQ parallèle à l'axe des abscisses. La ligne brisée OAD et la droite PQ partagent tout le plan en quatre parties : au-dessus de la ligne OAD, c'est-à-dire dans le domaine tOAD, on a une solution non saturée, lorsque t n'est pas très grand ; au-dessous de la ligne PAQ, on a un mélange de sel solide et de glace ; les domaines OAP et DAQ correspondent à des états *instables* de la solution, savoir DAQ à une solution sursaturée, OAP à une solution surfondue.

Guthrie (1875) a étudié le premier les cryohydrates ; il les considérait comme des combinaisons chimiques définies et il a indiqué, pour quelques-uns d'entre eux, des formules telles que $2NaCl + 21H^2O$ ($t' = -23°$), $KAzO^3 + 89,2 H^2O$. Pfaundler a le premier mis en doute le caractère chimique des cryohydrates ; les recherches d'Offer ont pleinement confirmé que les cryohydrates sont des mélanges et non des composés chimiques. Enfin l'étude microscopique des cryohydrates effectuée simultanément par Bogorodski (de Kazan) et Ponsot a définitivement démontré l'inexactitude des vues de Guthrie. La composition des cryohydrates dépend, comme on l'a déjà mentionné, de la pression extérieure ; Roloff a étudié cette dépendance.

Les cryohydrates (Ponsot a proposé la dénomination de *cryosels*) peuvent aussi être obtenus avec des solutions de liquides ; ainsi, pour une solution d'alcool dans l'eau, on a $t' = -34°$ et la composition est $C^2H^6O + 8H^2O$. La notion de cryohydrate peut être généralisée : en effet, il se sépare le plus souvent, dans le refroidissement des mélanges fondus de deux substances, l'une ou l'autre des parties constituantes ; mais, pour une composition déterminée du mélange, ce dernier se solidifie sans que sa composition change. Un tel mélange est appelé *eutectique*. Voici quelques exemples, avec les températures de solidification t' :

53,14 %	$KAzO^3$	+ 46,86 %	$Pb(AzO^3)^2$	$t' = 207°$
67,10	$KAzO^3$	+ 32,90	$NaAzO^3$	$t' = 215$
97,64	$KAzO^3$	+ 2,36	K^2SO^4	$t' = 300$
62	acide stéarique	+ 38	acide palmitique	$t' = 56$
31	naphtaline	+ 69	paratoluidine	$t' = 29,1$.

Dans le tableau suivant, on a indiqué les valeurs de c' et t' relatives à quelques cryohydrates ; le dissolvant est partout l'*eau*.

	CaO	Na^2SO^4	$CuSO^4$	$KAzO^3$	$ZnSO^4$	Sucre de canne	AzH^4Cl	NaCl	NaI
$c' =$	0,14	4,6	16,9	11,2	30,8	51,4	19,6	26,6	—
$t' =$	— 0°,15	— 0°,7	— 2°	— 2°,7	— 7°	— 8°,5	— 15°	— 23°	— 30°

Coppet (1899) a donné, pour les solutions, plus exactement les mélanges d'acide acétique et d'eau, $t' = -26°,75$, avec une composition c' d'environ 60 % d'acide acétique et 40 % d'eau.

Dans le refroidissement d'un mélange de deux *métaux* fondus, il y a aussi d'abord séparation soit de l'un, soit de l'autre des métaux ; mais à une composition déterminée, correspond un *alliage eutectique*, qui se solidifie sans changement de composition à une température déterminée t'. Nous citerons quelques exemples :

59,2 % Bi	+ 40,8 % Cd	. . . .	$t' = 144°$
25,2 Cu	+ 75 Ag	. . . .	$t' = 77$
45 Pb	+ 55 Bi	. . . .	$t' = 127$
58,5 Bi	+ 41,5 Sn	. . . .	$t' = 133$
37,5 Pb	+ 62,5 Sn	. . . .	$t' = 182$.

Les trois derniers exemples sont dus à Charpy (1898). Cet auteur a trouvé, pour le mélange *ternaire* Bi + Pb + Sn, l'alliage eutectique

$$52\ \%\ \text{Bi} + 32\ \%\ \text{Pb} + 16\ \%\ \text{Sn} \ldots\ldots\ t' = 96°.$$

3. Règle des phases. — La grande portée de la règle des phases et la diversité des cas dans lesquels elle est applicable lui donnent une position tout à fait exceptionnelle parmi les lois physiques et chimiques. Elle a été découverte par le célèbre savant américain J. Willard Gibbs (1876). En Europe, Bakhuis Roozeboom le premier et d'autres physiciens hollandais après lui ont reconnu la grande importance de la théorie de Gibbs et l'ont prise pour base de leurs recherches. En France, Duhem et Le Chatelier s'y sont ralliés ; en Allemagne, Riecke, Planck, Ostwald, etc. ; en Autriche, Meyerhoffer, etc. ; nous mentionnerons encore, parmi les auteurs hollandais, Schreinemakers, Vriens, Van Laar, etc.

La règle des phases fait l'objet d'un Chapitre étendu du *Lehrbuch der allgemeinen Chemie* d'Ostwald, 2e édition, Tome II, 2e Partie, pp. 124 et 301 (1897). On en trouvera des expositions très complètes, d'abord dans une brochure de Meyerhoffer (1893) et ensuite dans les ouvrages plus récents de Bancroft, Roozeboom, Duhem, Perrin, Planck, Van Laar, Gorboff, etc.

Nous allons tout d'abord indiquer la terminologie que nous emploierons. Nous appellerons *système de substances placées en contact* ou simplement *système* l'ensemble des substances à l'état solide, liquide ou gazeux, qui occupent un certain volume v et se trouvent sous une pression commune p et à la même température t. L'ensemble de ces substances *doit se trouver en équilibre*, c'est-à-dire qu'il ne doit s'y produire aucune modification qualitative ou quantitative, de genre chimique ou physique, telle que la dissolution, la diffusion, la dissociation, etc. Les substances du système peuvent être ou non de même nature chimique. Nous citerons comme exemples de systèmes : une solution et au-dessus d'elle sa vapeur ; une substance en partie à l'état solide, en partie à l'état liquide ; une substance sous ces derniers états et en outre, au-dessus du liquide, sa vapeur ; une solution et la vapeur du dissolvant ou les vapeurs du dissolvant et de la substance dissoute ; une solution saturée et un excès de la substance dissoute ; une solution aqueuse, avec glace et vapeur ; une solution aqueuse saturée, avec vapeur et excès de la substance dissoute ; le même système, avec glace ; plusieurs liquides, plusieurs corps dissous et les vapeurs des liquides ; le mélange d'une substance et de ses produits de dissociation, etc.

Dans tout système, nous distinguerons les *phases* et les *parties constituantes indépendantes* ou encore les *composants indépendants*.

Nous nous sommes déjà servi plusieurs fois de la notion de *phase* ; elle est extrêmement simple et il ne peut jamais y avoir de doute sur le nombre de phases dont se compose un système. Nous avons appelé phase *toute partie constituante d'un système qu'on peut séparer des autres par un procédé purement mécanique*. En d'autres termes, *les phases sont les parties constituantes homogènes dont le système est formé*. Le nombre des phases solides ou liquides peut être illimité ; au contraire, *il ne peut exister qu'une seule phase gazeuse*, car deux gaz placés en contact ne sont jamais en équilibre. Un mélange de gaz ou une solution quelconque constitue *une seule phase*. Un liquide et sa vapeur, deux liquides non miscibles, une solution saturée et un excès de la substance dissoute représentent *deux phases*. Comme exemples de systèmes renfermant *trois phases*, nous citerons les systèmes eau, glace et vapeur ; $CaCO^3 + CaO + CO^2$; solution saturée, excès de substance dissoute et vapeur ; solution, glace et vapeur, etc. Un système, qui se compose d'une solution saturée de deux substances, d'un excès de ces deux substances et de vapeur, ou encore d'une solution saturée d'une substance, d'un excès de cette dernière, de glace et de vapeur, renferme *quatre phases*.

Il n'est pas nécessaire qu'une même phase occupe un espace donné sans discontinuité ; elle peut aussi se composer d'un très grand nombre de parties homogènes, dispersées dans les autres phases du système. Ainsi, les particules innombrables de graisse que contient le lait ne forment qu'*une seule* phase, la solution aqueuse de caséine et de sucre de lait formant une seconde phase ; le lait constitue donc lui-même un système diphasé.

La proposition suivante a une grande importance : *les conditions d'équilibre d'un système sont indépendantes des quantités des différentes phases*. Si donc un système se trouve en équilibre, cet équilibre n'est pas troublé, quand les diverses phases subissent des modifications *quantitatives* quelconques, en supposant qu'aucune phase ne disparaisse et que les conditions physiques, par exemple la pression et la température, restent invariables.

Cette autre proposition est également importante : *l'équilibre doit toujours être uniforme ;* nous voulons dire par là que chaque phase doit être en équilibre avec toute autre phase du système, même si les deux phases, dans la disposition donnée du système, ne sont pas placées en contact immédiat. Si donc cette disposition donnée est modifiée, de façon que les deux phases considérées viennent en contact, cela n'influe pas sur les conditions d'équilibre. Nous allons considérer un exemple. Soit un système formé d'éther et d'eau, qui se trouve dans un vase fermé : il y a, au fond du vase, une solution saturée d'éther dans l'eau, au-dessus une solution saturée d'eau dans l'éther et enfin, tout à fait en haut, un mélange des vapeurs d'éther et d'eau. A une température donnée, ce système évidemment triphasé se trouve en équilibre, les deux phases liquides possédant une composition (concentration) bien déterminée et la vapeur ayant également une composition et une pression déterminées. La phase gazeuse n'est ici en contact qu'avec une phase liquide, la solution d'eau dans l'éther. Mais imaginons un tube en U, dont les branches communiquent en haut par un tube horizontal, de sorte qu'on a un vase fermé annulaire. Les deux phases liquides se trouvent maintenant dans les deux branches et leur surface de contact est située à la partie la plus basse du tube en U ; les *deux* phases liquides ont donc alors l'une et l'autre des surfaces libres et sont en contact avec la vapeur, qui remplit les parties supérieures des branches et le tube de communication. Cette modification de la disposition des phases ne change pas les conditions d'équilibre, c'est-à dire que la composition des trois phases et la pression restent ce qu'elles étaient auparavant.

Les deux propositions importantes qui précèdent sont implicitement comprises dans la théorie de GIBBS que nous avons donnée à la page 536 et ont été formulées d'une manière distincte, pour la première fois, par KONOWALOFF, d'après certains cas particuliers.

En dehors des phases, on doit encore distinguer, dans chaque système, les *substances indépendantes* ou plus exactement les *composants indépendants*. En Allemagne, on les nomme *Stoffe* ou *unabhängige Bestandteile* ; GIBBS les appelle *bodies*, BANCROFT *components*. Nous emploierons la dénomination commode de *composants*. Il est très difficile de donner une définition brève, en même temps qu'exacte et complète, c'est-à-dire s'appliquant à tous les cas possibles, de la notion de composants et de longues discussions se sont encore produites récemment entre des auteurs éminents au sujet de la convenance de telle ou telle définition.

Une des définitions les plus usuelles est la suivante : on appelle composants les *parties chimiquement différentes d'un système qui, lorsqu'elles entrent dans la constitution d'une phase, peuvent éprouver dans cette phase des modifications quantitatives quelconques ; autrement dit, la « concentration » peut être changée à volonté, indépendamment des autres composants.*

Le professeur KONOWALOFF a bien voulu me communiquer une autre définition plus précise qu'il emploie : *les composants sont les parties constituantes d'un système qu'on peut faire passer d'une phase dans une autre suivant un processus réversible.*

Nous mentionnerons encore les définitions dues à WALD, MEYERHOFFER, PLANCK, BANCROFT, ROOZEBOOM, PERRIN, NERNST, WEGSCHEIDER, VAN LAAR, BYK, etc.

Nous verrons plus loin que, dans beaucoup de cas, il s'agit surtout de déterminer le *nombre des composants*. PLANCK a donné à ce sujet la règle suivante : « On forme d'abord le nombre de tous les corps chimiquement simples (éléments) présents dans le système et on supprime, comme parties constituantes dépendantes, les éléments dont la quantité est déjà déterminée par celle des autres éléments ; le nombre des substances restantes est le nombre des parties constituantes indépendantes (que nous appelons composants) du système ».

Une discussion intéressante sur certaines définitions de la notion de composants a eu lieu entre Wegscheider, Nernst et Van Laar (1903 à 1904). Simultanément s'est produite une discussion entre Wegscheider et Byk, dans le cas spécial où le système renferme des isomères optiques, c'est-à-dire des corps de même composition chimique, mais faisant tourner dans des sens différents le plan de polarisation de la lumière (Tome II).

Heureusement, la définition précise de la notion de composants a plutôt une importance théorique que pratique, car il est très facile, dans la majeure partie des cas, de déterminer le nombre des *parties constituantes indépendantes* ou des *composants* d'un système, comme le montrent les exemples suivants.

Quand un système renferme un composé chimique et ses produits de décomposition, ces derniers seuls sont des parties constituantes indépendantes, car ils déterminent complètement la quantité du composé qui peut exister dans le système sous les conditions données. Voici quelques systèmes qui renferment *un seul composant* : eau, glace et vapeur ; mélange de phosphore jaune et de phosphore rouge ; mélange de soufre orthorhombique et de soufre clinorhombique. Toute solution contient au moins *deux composants* : le dissolvant et la substance dissoute. Si une solution aqueuse renferme en outre l'hydrate de la substance dissoute, cet hydrate n'est pas une partie constituante indépendante particulière, puisque, dans des conditions données, la quantité de cet hydrate est déterminée par la quantité d'eau et de substance dissoute. Un système formé de $CaCO^3$, CaO et CO^2 renferme deux composants, car à une température donnée la quantité de $CaCO^3$ est complètement déterminée par les quantités de CaO et de CO^2. Lorsqu'une solution aqueuse de NaCl renferme des ions libres Na et Cl, alors NaCl, Na et Cl représentent *un seul* composant, les nombres respectifs d'ions Na et Cl ne pouvant être modifiés arbitrairement, et ces ions ne pouvant passer séparément d'une phase dans une autre. Si, dans la solution de NaCl, on dissout en outre du chlore, on a *trois composants*, dissolvant, sel et chlore.

Nous avons dit plus haut que la condition, pour qu'un système se trouve en *équilibre*, est qu'il ne se produise dans le système aucune modification ; mais nous devons distinguer plusieurs sortes d'équilibre, parmi les équilibres *stables*.

Soient p et t la pression et la température du système. Quand l'existence même du système, c'est-à-dire la présence de toutes ses parties constituantes (indépendamment de leurs relations quantitatives), est subordonnée à la réalisation *d'une température t' et d'une pression p'* déterminées, de sorte que pour d'autres valeurs de t et de p le système est impossible, on dit que l'équilibre du système est *un équilibre absolu* ou que l'on a *un équilibre en un point multiple.* Le sens de cette dernière expression sera expliqué plus loin. Trevor a proposé d'appeler *invariant* un tel système (nonvariant system).

Quand, pour une composition donnée du système, *une seule* des grandeurs p et t peut être choisie arbitrairement et que l'autre grandeur est une fonction bien déterminée de la première, on dit que le système se trouve en *équilibre complet* (vollständiges Gleichgewicht). TREVOR appelle *monovariant* un tel système.

Quand, pour une composition donnée du système, les deux grandeurs p et t peuvent être choisies arbitrairement, on dit que le système se trouve en *équilibre incomplet* (unvollständiges Gleichgewicht). TREVOR appelle *divariant* un tel système.

Passons maintenant à la *règle des phases*, qui peut être énoncée sous la forme de deux propositions. Soit n le nombre des *composants*, N le nombre des *phases* contenues dans le système.

PROPOSITION I. — *Le nombre* N *des phases ne peut dépasser de plus de deux le nombre n des composants :*

$$N \leqslant n + 2.$$

Dans aucune circonstance, un système de $N = n + 3$ phases, ou plus généralement de N phases avec $N > n + 2$, ne peut être en équilibre.

PROPOSITION II. — *Un système se trouve :*

pour $N = n + 2$, *en équilibre absolu* (*équilibre en un point multiple* ; *p et t sont complètement déterminés* ; *système invariant*) ;

pour $N = n + 1$, *en équilibre complet* (*p ou t est arbitraire* ; *système monovariant*) ;

pour $N = n$, *en équilibre incomplet* (*p et t sont arbitraires ; système divariant*).

Des démonstrations rigoureuses, mais extrêmement compliquées, de la règle des phases ont été données par GIBBS, RIECKE, DUHEM et PLANCK. Des démonstrations plus simples sont dues à MEYERHOFFER, NERNST, ROOZEBOOM, SAUREL, WIND, PERRIN, PONSOT, RAVEAU, BYK, MÜLLER, BOULOUCH (1909) et d'autres encore. Nous reproduirons ici la démonstration donnée par ROOZEBOOM.

Soit un système de N phases et n composants. La composition des phases, la pression p et la température t sont telles que le système se trouve *en équilibre*. Admettons d'abord que tous les composants se trouvent dans chaque phase, ce qui est en réalité toujours le cas, puisqu'au moins de petites quantités de chaque composant pénètrent dans chaque phase. La composition d'une phase est alors définie par $n - 1$ concentrations. Nous avons donc en tout, avec les deux grandeurs p et t,

$$N(n - 1) + 2$$

variables, pour déterminer l'état du système. Nous avons vu, page 536, que, dans l'équilibre, les potentiels doivent avoir la même valeur, pour chaque composant, dans toutes les phases du système. Ceci donne

$$n(N - 1)$$

équations entre les $N(n - 1) + 2$ variables précédentes. Désignons par F le *degré de liberté* du système, c'est-à-dire le nombre des variables qui peuvent être choisies arbitrairement. On a

$$F = N(n - 1) + 2 - n(N - 1),$$

ou

$$F = n + 2 - N.$$

Nous nous trouvons conduit à la règle des phases ; en effet, F ne peut évidemment être négatif, car nous aurions plus d'équations de condition que de variables ; N ne peut donc jamais être plus grand que $n + 2$. Lorsque $N = n + 2$, on a $F = 0$; non seulement la composition de toutes les phases, mais aussi p et t ont une valeur unique ; le système est invariant. Pour $N = n + 1$, on a $F = 1$; p ou t, ou l'une des concentrations peut être choisie arbitrairement : le système est monovariant. Pour $N = n$, on a $F = 2$ et le système est divariant, etc.

Nous avons supposé que tous les composants sont présents dans toutes les phases. Si un composant manque dans k phases, nous avons en moins k concentrations, par suite aussi en moins k variables ; mais en même temps le nombre des équations de condition diminue de k et le degré de liberté F reste par conséquent le même qu'auparavant.

Nous allons maintenant appliquer la règle des phases à une série d'exemples, que nous grouperons d'après le nombre n des composants.

I. Un seul composant : $n = 1$.

Un composant, *dans une seule phase* ($N = 1 = n$), se trouve en équilibre incomplet ; en effet, lorsqu'on est en présence d'un corps à l'état solide, ou liquide, ou gazeux, on peut faire varier à volonté p et t. Avec deux phases ($N = 2 = n + 1$), on a un équilibre complet, et avec trois phases ($N = 3 = n + 2$) un équilibre absolu ou un équilibre en un point *triple*. Un seul composant ne peut former un système en équilibre comprenant plus de trois phases.

Quelles peuvent être les deux ou les trois phases formées par *un seul* composant ? En général, dans tout système, il ne peut exister qu'une phase gazeuse. En outre, on ne connaît aucun exemple où *un seul* composant donne *deux* phases liquides ; cela ne serait possible que si une substance pouvait se trouver sous deux formes liquides non miscibles (tautomérie). Un tel cas n'a jamais été rencontré jusqu'ici. A. Smith a montré que le soufre fondu passe à 160° environ d'un état très fluide à un état visqueux. Hoffmann et Rothe (1906) ont trouvé que le liquide, durant le refroidissement, se sépare en deux parties limitées par un ménisque précis, de sorte qu'on pouvait croire qu'ici *un seul* composant formait deux phases liquides. Mais il a été reconnu que tel n'est pas le cas et qu'on n'a pas affaire à un point de transformation effectif. Plus la température change lentement et plus devient indistincte la séparation des phases ; un *état d'équilibre* avec deux phases liquides séparées, qui doivent par conséquent coexister d'une manière stable, n'est donc pas réalisé et les deux modifications liquides sont évidemment solubles l'une dans l'autre sans limite, c'est-à-dire parfaitement miscibles. Au contraire, deux ou trois phases solides peuvent très bien exister simultanément, dans les substances qui se présentent sous des formes cristallines différentes (polymorphie, Tome I). Les compositions possibles d'un système à *un seul* composant sont les suivantes (S = solide, L = liquide, G = gazeux) :

Système *monovariant*, deux phases,

$$S - S, \quad S - L, \quad S - G, \quad L - G;$$

Système *invariant*, trois phases,

$$S - S - S, \quad S - S - L, \quad S - S - G, \quad S - L - G.$$

Nous allons considérer quelques exemples.

A. *Le composant* H^2O ; *le point triple*. — Prenons pour abscisse et ordonnée respectivement la température t et la pression p (*fig.* 253). La substance H^2O peut exister dans *trois* phases : vapeur, eau et glace. A *chacune* de ces trois phases correspond, dans le plan pt, un domaine où p et t peuvent varier d'une manière quelconque ; ces domaines sont désignés sur la figure respectivement par les lettres V (vapeur), E (eau) et Gl (glace). *Deux phases* donnent un équilibre complet, où une seule des grandeurs p et t peut être choisie arbitrairement. Ainsi, dans le système vapeur-eau, on a la courbe frontière AB, qui finit au *point critique* B et dont l'équation est $p = f_1(t)$. Le système eau-glace donne la courbe AC, dont l'équation est $p = f_2(t)$. Enfin, le système glace-vapeur donne la courbe AD, dont l'équation est $p = f_3(t)$; comme nous l'avons montré à la page 730, les courbes AD et AC n'ont pas de tangente commune en A. Les trois phases ne peuvent coexister que pour une pression $p = p'$ et une température $t = t'$ déterminées ; p' est la pression de la vapeur d'eau à la température t', qui se trouve un peu *supérieure* à 0° et qui est le point de fusion de la glace sous la pression p' ; nous avons vu que $p' = 4^{mm},6$ de colonne de mercure et $t' = + 0°,0076$. A un système renfermant les trois phases, correspond le *point triple* A, c'est-à-dire un point qui appartient aux trois courbes frontières. Ainsi, dans notre figure, à *une* phase correspond une *aire* ou un *domaine*, à deux phases une *ligne*, à trois phases un *point*. Tout cela concorde parfaitement avec la règle des phases.

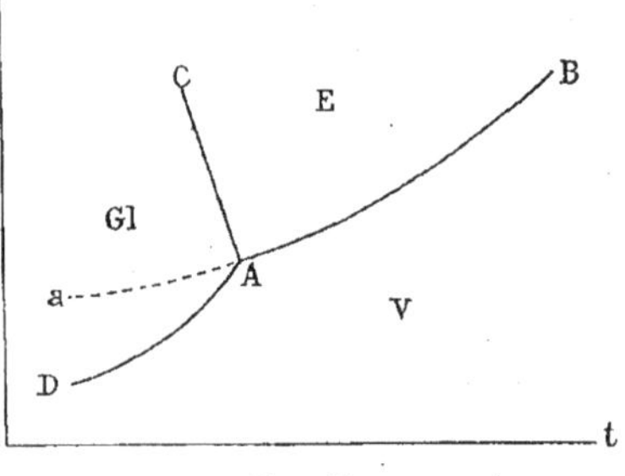

Fig. 253

La figure 253 contient encore une ligne ponctuée Aa. Cette ligne forme le prolongement de la ligne BA et correspond à l'*équilibre instable* dans lequel se trouve le système eau-vapeur au-dessous de 0°, lorsque l'eau est surfondue. Nous avons vu (page 731) que la tension de vapeur de l'eau surfondue est plus grande que celle de la glace, et que par suite Aa se trouve au-dessus de AD. D'une manière générale, quand l'une des phases α d'un système, par addition d'une petite quantité de l'un des composants qui se trouve dans une autre phase β, se transforme dans cette phase β, on dit que le système est *en équilibre instable relativement à la phase* β. Ainsi, la courbe Aa (*fig.* 253) représente les états du système qui sont instables relativement à la phase *solide*.

Nous avons supposé que l'unique composant du système était la substance H^2O. On obtient évidemment des résultats complètement analogues pour toute autre substance qui possède trois états d'agrégation. On obtient toujours trois courbes frontières, qui correspondent à des systèmes monovariants et qui se coupent en un point triple, dont la position est définie par les valeurs $p = p'$ et $t = t'$ relatives au seul système invariant possible ; mais ces trois courbes peuvent avoir une forme et une position très différentes. Pour H^2O, la tangente à la courbe AC au point A (*fig.* 253) fait un angle *obtus* avec l'axe des t, car le point de fusion de la glace baisse quand la pression croît. Pour la plupart des autres substances, la tangente à la courbe AC (solide-liquide) fait au point triple A un angle *aigu* avec l'axe des t. C'est ce cas que représente la figure 254.

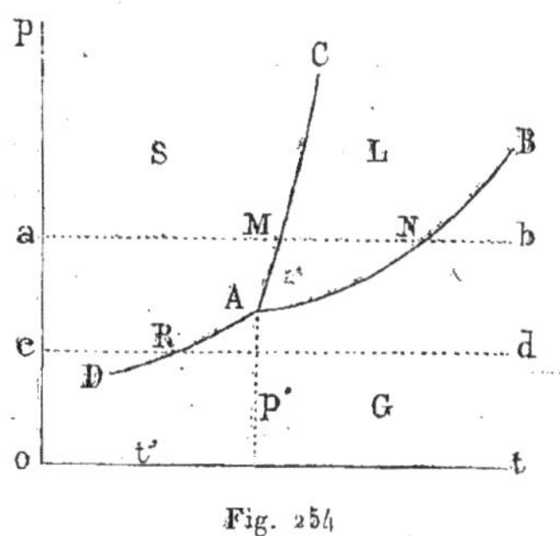

Fig. 254

De la *position du point triple*, dépendent quelques propriétés importantes de la substance, qui se manifestent dans les conditions normales, c'est-à-dire sous la pression atmosphérique. Supposons que la substance soit *échauffée sous pression constante* p. Le changement d'état est représenté par une droite parallèle à l'axe des t. Deux cas sont possibles. En premier lieu, si $p > p'$, cette droite a par exemple la position ab (*fig.* 254). On voit que la substance est solide (S) à basse température ; M est le point de fusion ; sur MN, la substance est un liquide (L), qui bout en N sous la pression *donnée* $p = Oa$ et passe à l'état gazeux (G). Mais si $p < p'$, on a le changement d'état cd. La substance à l'état solide (cR) passe au point R directement à l'état gazeux (Rd) ; *il n'y a pas en général de fusion*. Les expériences de fusion sont ordinairement effectuées sous la pression atmosphérique. Lorsque $p' < 1^{atm}$, comme par exemple pour H^2O, la fusion peut être observée ; mais si $p' > 1^{atm}$, la substance solide se vaporise sans fondre. Nous obtenons donc le résultat suivant : *une substance à l'état solide ne peut fondre en vase ouvert que si la pression* p' *au point triple est inférieure à la pression atmosphérique*. L'exemple le plus connu de substance solide, qui ne peut fondre en vase ouvert, est l'*acide carbonique solide* CO^2. Au point triple de CO^2, on a $p' = 5^{atm},1$ et $t' = -79°$; pour $p = 1^{atm}$, l'état liquide est évidemment impossible et CO^2 solide se vaporise sans fondre. Il en est de même pour C^2H^2, PH^4Cl, PH^4Br, PH^4I, PCl^5, As, AsI^3, As^2O^3, SeO^2, $AlCl^3$, AzH^4Cl, C et beaucoup de substances organiques. En vase *clos*, lorsque la pression de la vapeur peut recevoir la valeur p', une fusion est possible, comme cela a été démontré par des expériences directes pour CO^2, PH^4Cl, $AlCl^3$, As, As^2O^3, PCl^5, PH^4Br et PH^4I. D'autre part, les substances solides, pour lesquelles $p' < 1^{atm}$, se vaporisent en *vases fermés* sans fondre, quand la pression p peut être rendue plus petite que p' et que la vapeur est balayée d'une façon suffisamment rapide. Ainsi s'explique la volatilisation, mentionnée à la page 728, de la glace sous la cloche d'une machine pneumatique ; la pression p doit alors être inférieure à $p' = 4^{mm},6$.

Quand une substance peut se présenter sous N phases différentes (phase gazeuse, phase liquide et plusieurs phases solides allotropiques ou polymorphes), le nombre k des points triples possibles, par suite aussi des systèmes invariants, est égal, comme Riecke (1890) l'a montré, à

$$\frac{N(N-1)(N-2)}{1.2.3},$$

ce qui donne $k = 1$ pour $N = 3$, $k = 4$ pour $N = 4$, $k = 10$ pour $N = 5$, $k = 20$ pour $N = 6$, etc. Le nombre des courbes frontières, c'est-à-dire des systèmes diphasés, monovariants, possibles est

$$\frac{N(N-1)}{1.2}.$$

On doit à Tammann (1901) une étude intéressante des points triples.

B. *Le composant* S. — On connaît cette substance dans *quatre* phases : vapeur (V), soufre liquide (L), soufre solide orthorhombique (OR) et soufre

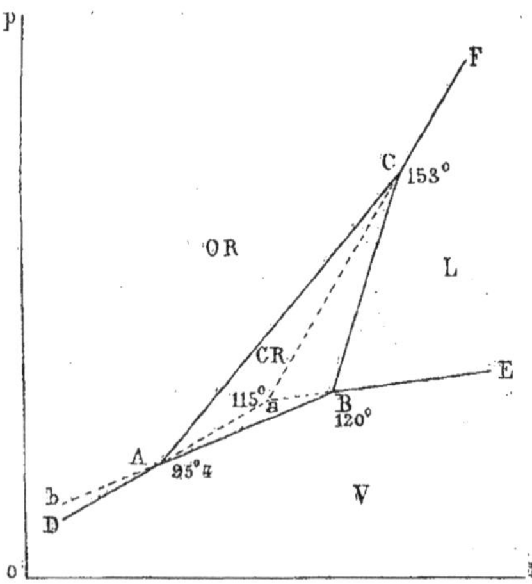

Fig. 255

solide clinorhombique (CR). D'après la règle des phases, les quatre phases ne peuvent coexister et former un système de corps *placés en contact*. Comme le nombre des phases *possibles* est *quatre*, quatre points triples sont possibles, d'après la formule de Riecke. Sur la figure 255, les lettres V, L, OR et CR désignent les quatre phases précédentes ; les lignes pleines correspondent aux systèmes stables, les lignes ponctuées aux systèmes instables de deux phases. Les points triples A, B, C, *a* correspondent à des systèmes renfermant trois phases ; le dernier d'entre eux se trouve en équilibre instable. La figure 255 est un simple schéma, où on a tracé des droites au lieu de courbes. La température t, à laquelle le soufre orthorhombique devient clinorhombique, dépend de la pression p et elle est d'autant plus élevée que p est plus grand. Pour $p = 4^{atm}$, on a $t = 95°,6$; quand $p = 12^{atm}$, on a $t = 96°,2$. La ligne DA est relative au soufre orthorhombique et à la vapeur de soufre. Au point A, s'effectue la transformation du soufre orthorhombique en soufre clinorhombique, une certaine quantité de chaleur latente étant absorbée (comme dans la fusion), qui s'élève à $2^{cal},40$ d'après les plus récentes recherches dues à Broenstedt (1906). Le soufre étant alors sous la pression p' de sa vapeur, t' ne peut être qu'une température déterminée, et nous avons ainsi au point A le premier des cas possibles d'équilibre absolu (soufre orthorhombique + soufre clinorhombique + vapeur). La ligne AB correspond au système soufre clinorhombique + vapeur ; à 118°,95 (d'après les plus récentes recherches dues à Wigand, 1909), le soufre clinorhombique fond *sous la pression de sa vapeur,* en B ; comme le point de fusion dépend de la pression, il est clair que p et t sont complètement déterminés en ce point B ; la présence de *trois phases* (soufre clinorhombique + soufre liquide + vapeur) donne le second cas d'équilibre absolu au point triple B. La ligne BC est relative au système soufre clinorhombique + soufre liquide (il y a absence de vapeur) ; t est une fonction déterminée de p. La ligne AC correspond au système soufre orthorhombique + soufre clinorhombique (il y a encore absence de vapeur) ; les coordonnées de deux points de cette ligne ont été données plus haut. Les lignes BC et AC se coupent en un point triple C, où l'on a l'équilibre stable absolu soufre orthorhombique + soufre clinorhombique + soufre fondu. Les coordonnées de ce point triple ont été évaluées, pour la première fois, par Roozeboom, à environ $t' = 131°$ et $p' = 400^{atm}$. Tammann (1899) a réussi à réaliser ce point ; il a trouvé $t' = 153°$ et $p' = 1440^{kg}$ ou en nombre rond $p' = 1400^{atm}$. Enfin, la ligne CF est relative au système soufre orthorhombique + soufre liquide ; les pressions sont très élevées et il ne se forme pas du tout de soufre clinorhombique.

Tous les systèmes considérés (six avec deux phases, trois avec trois phases) sont *stables.* Passons maintenant aux systèmes instables. Le soufre orthorhombique ne se transforme en soufre clinorhombique que lorsqu'on lui ajoute un petit morceau de soufre clinorhombique. Si on ne fait pas cette addition, on obtient, pour $t > 95°,4$, le système instable soufre orthorhombique + vapeur et la ligne Aa qui est le prolongement de la ligne AD. A 115°, le soufre orthorhombique fond sous la pression de sa vapeur. On a ainsi le quatrième point triple a, avec les trois phases soufre orthorhombique + soufre liquide + vapeur. Lorsque l'échauffement a lieu en l'absence de vapeur, le point de fusion du soufre orthorhombique dépend de la pression et on a le système instable soufre orthorhombique + soufre liquide et la ligne aC, qui doit évidemment passer par le point C et avoir pour prolongement la ligne CF. La ligne aB correspond au système instable soufre orthorhombique fondu + vapeur. Enfin, dans le refroidissement du soufre clinorhombique, auquel il n'a été ajouté aucun morceau de soufre orthorhombique, et pour $t < 95°,4$.

on obtient le système instable soufre clinorhombique + vapeur et la ligne Ab, qui est le prolongement direct de la ligne BA.

Nous voyons que, dans l'exemple que nous venons d'analyser, toutes les combinaisons possibles sont en complet accord avec la règle des phases : tout système, qui est formé de deux phases, se trouve en équilibre complet (p et t dépendent l'un de l'autre) ; trois phases donnent un équilibre absolu en l'un des points triples : un système renfermant quatre phases est impossible.

Nous avons dit plus haut que la substance S nous est connue dans quatre phases. Nous n'avons pas tenu compte des deux modifications liquides dont il a été parlé ci-dessus et du soufre amorphe. D'intéressantes recherches sur ces modifications ont été récemment publiées par A. Smith, Hoffmann et Rothe, Brœnstedt et en particulier par Wigand (1908, 1909).

Le *phosphore* (vapeur, liquide, phosphore rouge et phosphore jaune) et le *cyanogène* (gaz, liquide, cyanogène solide et forme polymère solide, paracyanogène) donnent lieu à des relations analogues à celles que l'on établit pour le soufre.

C. *Autres exemples.* — De nombreuses recherches ont été effectuées par Tammann sur les courbes frontières et les points triples de diverses substances, telles que le phénol, le chlorure de phosphonium, l'iodure de méthylène, l'azotate d'ammonium, etc.

Nous avons déjà indiqué à la page 643 les résultats trouvés pour l'*iodure de méthylène*. Cette substance peut se présenter dans *six phases* : vapeur, liquide, et quatre formes cristallines différentes. Théoriquement, il existe d'après la formule de Riecke *vingt* points triples. Parmi ceux-ci, les *six* suivants ont été réalisés par Tammann (pression en kilogrammes par centimètre carré) :

1. Vapeur, liquide, cristal I. . .	$p' = 0^{kg},0001$,	$t' = 5°,71$
2. Vapeur, cristal I et cristal IV .	$p' =$ très petit,	$t' = -6°,5$
3. Liquide, cristal I et cristal II .	$p' = 210^{kg}$,	$t' = 9°,1$
4. Cristal I, cristal II et cristal IV.	$p' = 360^{kg}$,	$t' = 10°,0$
5. Liquide, cristal II et cristal III .	$p' = 1790^{kg}$,	$t' = 43°,1$
6. Cristal II, cristal III et cristal IV.	$p' = 2020^{kg}$,	$t' = 35°,5$

Au quatrième point triple et au sixième, on a en présence *trois phases solides*. Tammann a trouvé un point triple de ce genre pour l'*azotate d'ammonium*, dont il a déjà été question à la page 641. Pour $t' = 64°,16$ et $p' = 930^{kg}$, les trois sortes de cristaux polymorphes en contact sont en équilibre.

Les recherches de Tammann, sur les diverses formes de glace indiquées à la page 644, ont donné deux points triples avec *deux phases solides et une liquide* dans chaque cas.

II. Deux composants : $n = 2$.

Deux composants *dans une seule phase* donnent un système *trivariant* ; ainsi, dans une solution, la pression, la température et la concentration peuvent changer arbitrairement. Deux composants *dans deux phases* ($N = 2 = n$) se trouvent en équilibre incomplet (système divariant, p et t peuvent être pris comme variables indépendantes) ; avec *trois phases* ($N = 3 = n + 1$), on a un équilibre complet (système monovariant, p et t sont liés par une équation) ;

avec *quatre phases* ($N = 4 = n + 2$), on obtient un équilibre absolu (système invariant) en un *point quadruple*. Un système formé de deux substances ne peut renfermer plus de quatre phases.

L'analyse des différentes circonstances qui peuvent se produire ici est parfois assez complexe et nous nous bornerons à quelques indications, notamment en ce qui concerne les solutions et divers cas de dissociation, par exemple la transformation des hydrates élevés des sels en hydrates inférieurs ou en sels anhydres. Avec quatres phases, *quatre* systèmes différents de trois phases chacun et *six* systèmes différents de deux phases chacun sont possibles. Considérons d'abord la question générale des *domaines* occupés par ces systèmes. Désignons symboliquement les quatre phases par a, b, c, d. Les quatre systèmes (abc), (abd), (acd) et (bcd) se trouvent en équilibre complet et il leur correspond quatre équations de la forme $p = f(t)$ ou quatre courbes AB, AC, AD et AE, dans le système de coordonnées p, t (*fig.* 256), qui se rencontrent

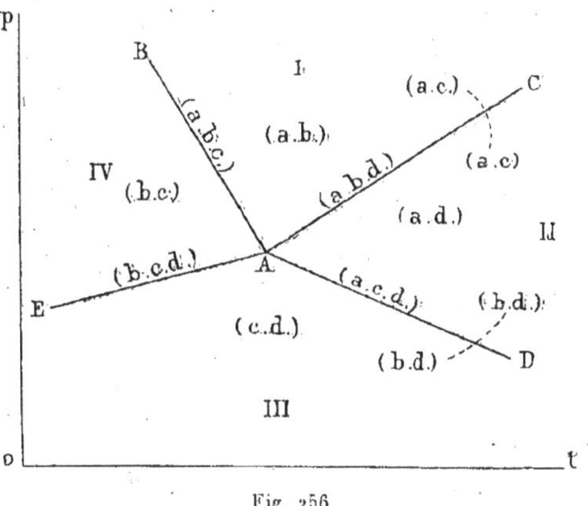

Fig. 256

au point quadruple A, relatif au système ($abcd$). Ces courbes partagent le plan en quatre domaines désignés par des chiffres romains. Deux courbes voisines quelconques ont en commun deux phases ; le domaine du système formé par ces deux phases est précisément la partie du plan limitée par ces courbes. Les systèmes (ab), (ad), (cd) et (bc), qui sont en équilibre incomplet, occupent les quatre domaines I, II, III et IV. En outre, les lignes opposées AB et AD ont en commun les phases a et c ; le système (ac) occupe par suite I + II ou III + IV. Enfin, les lignes AC et AE ont en commun les phases b et d et le système (bd) occupe les domaines II + III ou IV + I. Quelle que soit celle des deux distributions possibles qui ait lieu, on obtient toujours ce résultat (voir la figure) qu'*un* domaine donné du plan est occupé par *un* système (bc en IV), le domaine qui lui est opposé par trois systèmes (ad, ac et bd en III), les deux autres domaines chacun par deux systèmes (ab et ac en I, cd et bd en III).

Tout ce qui précède est contenu dans la proposition suivante de Roozeboom :

Deux substances dans quatre phases donnent six systèmes, qui se trouvent en équilibre incomplet; quatre d'entre eux occupent chacun un domaine, les deux autres chacun deux domaines, l'un des quatres domaines du plan étant pris toutefois par un seul système, le domaine opposé par trois, les deux autres chacun par deux systèmes. Les quatre domaines du plan sont séparés l'un de l'autre par quatre lignes, correspondant à quatre systèmes en équilibre complet et renfermant chacun trois phases.

Considérons quelques exemples.

A. *Solution aqueuse d'un sel.* — Deux substances sont en présence, sel et H^2O. Quatre phases sont possibles : vapeur (V), solution (s), glace (Gl) et sel solide (S). Les quatre systèmes (voir *fig.* 257) sel + glace + solution (S, G*l*,

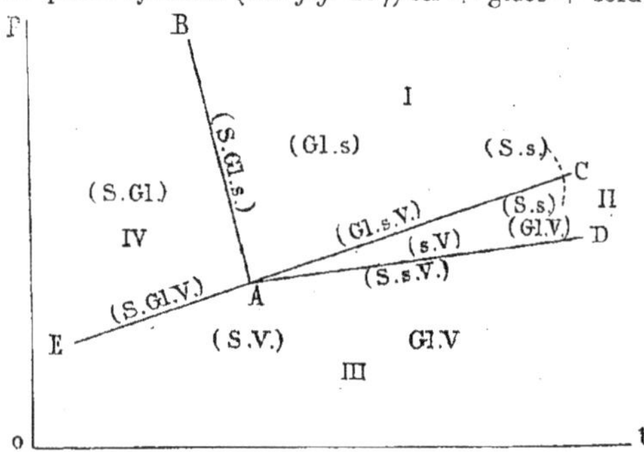

Fig. 257

s), glace + solution + vapeur (Gl, s, V), sel + solution + vapeur (S, s, V) et sel + glace + vapeur (S, Gl, V) se trouvent, conformément à la règle des phases, en *équilibre complet*, car, pour chacun de ces systèmes, on peut choisir arbitrairement *p ou t*. Les quatre lignes AB, AC, AD et AE correspondent à ces quatre systèmes; ces quatre lignes se coupent au point quadruple A, relatif au système vapeur + solution + glace + sel. C'est le *point cryohydrate* ; nous avons vu au § **2** qu'un tel système n'est en effet possible qu'à une température t' et sous une pression p' bien déterminées ; p' et t' sont les coordonnées du point A. Pour quatre phases ($N = n + 2$), on a donc effectivement un équilibre absolu au point quadruple. Les systèmes formés de deux phases sont en équilibre incomplet ; ainsi dans le système solution + vapeur (s, V en II), à une température t donnée correspondent des valeurs de p différentes, suivant la teneur en sel de la solution ; un fait analogue a lieu pour les autres systèmes renfermant deux phases. Conformément au schéma de la figure 256 et à l'exemple de Meyerhoffer, nous avons indiqué sur la figure 257 les domaines des six systèmes qui renferment deux phases chacun ; mais nous croyons qu'on doit, dans le cas considéré, exclure complètement le système glace + vapeur (Gl, V), parce qu'il ne contient qu'*une seule* substance. On a, pour ce système, $N = n + 1$ et non $N = n$ et il se trouve en équilibre complet, voir la ligne AD sur la figure 257.

B. *Sel* $Na^2SO^4 + 10H^2O$. — Ce sel peut se décomposer en sel anhydre Na^2SO^4 et en eau, de sorte qu'on a deux substances Na^2SO^4 et H^2O. Lorsqu'on chauffe l'hydrate ($H = Na^2SO^4 + 10H^2O$) dans le vide, l'eau se vaporise et il se forme le sel anhydre ($S = Na^2SO^4$). A chaque température t correspond une pression déterminée p, indépendante de l'espace occupé par la vapeur et par suite aussi de la quantité d'hydrate décomposé. Le système triphasé hydrate + sel + vapeur (H, S, V) se trouve donc en équilibre complet et il lui correspond une certaine courbe DA (*fig.* 258). Lorsque, pour une même valeur de t, on augmente la pression et on diminue le volume, une partie du sel $Na^2SO^4 + 10H^2O$ se transforme en une solution saturée du

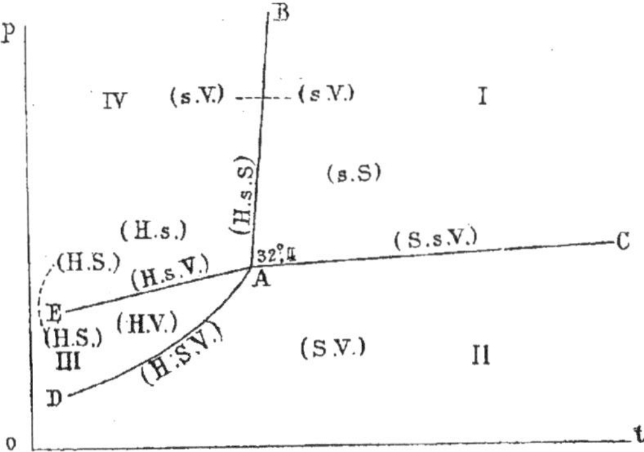

Fig. 258

sel anhydre. Quand la pression p augmente, la température t, à laquelle s'effectue cette transformation, croît aussi.

Le second système triphasé hydrate + solution + vapeur (H, s, V) se trouve également en équilibre complet ; il lui correspond la ligne EA. Les lignes EA et DA se coupent au point A, où on a les *quatre phases* hydrate + sel + solution + vapeur ; ce système ($N = n + 2$) est en équilibre absolu ; la température t' est égale à 32°,4 et la pression p' de la vapeur est entièrement déterminée (un peu moindre que la tension de vapeur au-dessus de l'eau pure à 32°,4). Le point A est un point quadruple, car deux autres lignes s'y rencontrent encore. La ligne AC est relative au système sel + solution + vapeur (S, s, V) ; l'hydrate est complètement décomposé. Enfin la ligne AB se rapporte au système hydrate + solution + sel (H, s, S) ; on constate que plus la pression est élevée, plus aussi est haute la température à laquelle l'hydrate se décompose en solution et en sel anhydre. Les systèmes diphasés, qui sont en équilibre incomplet ($N = n$) et qui occupent chacun l'un des quatre domaines du plan sont : solution + sel (s, S), sel + vapeur (S, V), hydrate + vapeur (H, V) et hydrate + solution (H, s). Les systèmes hydrate + sel (H, S, dans III et IV) et solution + vapeur (s. V, dans IV et I) occupent chacun deux domaines du plan.

Le point quadruple de transformation A, que nous avons déjà mentionné à la page 926, a fait l'objet de nombreuses recherches. LÖWENHERZ (1895) a trouvé pour ce point $t' = 32°,39$; RICHARDS et CHURCHILL (1898) ont obtenu $t' = 32°,38$; MEYERHOFFER et SAUNDERS (1898), $t' = 32°,35$; enfin RICHARDS et WELLS (1903), $t' = 32°,383 \pm 0°,001$. Cette température peut être employée comme point fixe thermométrique. Dans un travail plus récent, RICHARDS et CHURCHILL (1899) ont effectué une détermination qui n'est pas encore tout à fait exacte, pour sept sels, de la température t' (échelle à hydrogène) relative au point quadruple et ont trouvé :

	t'		t'
Chromate de sodium .	19°,63	Chlorure de manganèse .	57°,7
Carbonate de sodium .	35°,2	Phosphate trisodique. .	73°,3
Thiosulfate de sodium .	47°,9	Hydroxyde de baryum .	77°,9
Bromure de sodium. .	50°,7		

Dans leurs récentes recherches, RICHARDS et WELLS (1906) ont obtenu, pour le bromure de sodium, $t' = 50°,674$. Le chlorure de sodium ($NaCl.2H^2O$) à — 10° et le chlorure de strontium à 61°,5 pourraient peut être donner également des résultats utiles en thermométrie. TRAVERS, dans son ouvrage *Experimentelle Untersuchungen von Gasen*, Braunschweig, 1905, p. 358, donne un tableau des points de transformation, dont les indications diffèrent de celles ci-dessus de 0°,1 ; il a obtenu pour le chlorure de strontium $t' = 61°,1$.

MATIGNON (1908) a publié une étude très intéressante et très approfondie sur les systèmes monovariants.

C. *Autres exemples.* — ROOZEBOOM a encore étudié toute une série de systèmes formés de deux substances, qui peuvent donner quatre phases et plus. Tels sont les systèmes (H^2O, SO^2), (Cl^2, H^2O), (Br^2, H^2O), (HBr, H^2O), (HCl, H^2O), (Fe^2Cl^6, H^2O), (AzH^4Br, AzH^3), etc. Dans tous ces cas, il existe des phases solides ; dans le dernier, il y a même trois phases solides différentes, qui renferment respectivement 1, 3 et 6 molécules AzH^3. STORTENBECKER a fait l'étude extrêmement compliquée du système (Cl, I).

Le système (H^2O, SO^2) donne *cinq* phases : hydrate solide $SO^2 + 7H^2O$, solution de SO^2 dans l'eau, solution d'eau dans SO^2 liquide, mélange des vapeurs de SO^2 et H^2O, glace. Ces cinq phases ne peuvent coexister dans le système. Les systèmes de quatre phases se trouvent en équilibre absolu ; on connaît deux de ces systèmes, qui correspondent à deux points quadruples différents. Pour l'un : hydrate solide + solution de SO^2 dans l'eau + solution d'eau dans SO^2 liquide + mélange des vapeurs de SO^2 et de H^2O, on a le point $p' = 177^{cm},3$ en colonne de mercure, $t' = 12°,1$. L'autre : glace + hydrate solide + solution de SO^2 dans H^2O + mélange des vapeurs de H^2O et de SO^2 ne peut exister que pour $t' = -2°,6$ et $p' = 21^{cm},1$ en colonne de mercure.

Nous mentionnerons encore que le système $CaCO^3$, CaO, CO^2, qui se compose de deux substances indépendantes CaO et CO^2 ($CaCO^3$ étant une combinaison de ces deux dernières), de sorte qu'on a $n = 2$ et trois phases ($N = 3 = n + 1$), doit, conformément à la règle des phases, se trouver en équilibre complet. On sait en effet que, dans cet exemple classique de dissociation, la pression p est une fonction déterminée de la température, tant qu'en dehors du gaz CO^2 les deux phases solides sont en présence. Debray (1867), qui a étudié le premier ce système, a trouvé qu'à 440° la pression est encore insensible ; à 860° (vapeur de Cd), on a $p = 85^{mm}$ et à 1040° (vapeur de Zn), on a $p = 520^{mm}$. Si au système $CaCO^3$, CaO et CO^2 provenant de $CaCO^3$ pur, on ajoute une certaine quantité de CO^2 ou de CaO, *la pression ne change pas* tant que le système reste triphasé. Il est instructif de comparer ce système avec celui qui prend naissance dans la dissociation de AzH^4Cl et qui consiste en AzH^4Cl, HCl et AzH^3. Nous avons ici également deux composants ($n = 2$), mais seulement *deux phases* ($N = 2$), puisque HCl et AzH^3 forment seulement une phase. Le système est donc *divariant* et nous avons $p = f(t, c)$, où c est la concentration de la phase gazeuse, déterminée par les quantités relatives de HCl et AzH^3. Lorsqu'on ajoute au système, qui provient de AzH^4Cl, une certaine quantité de HCl ou de AzH^3, *la pression p change*.

Roozeboom est arrivé à des résultats extrêmement intéressants en étudiant les solutions du sel $FeCl^3$. Une application de la théorie des phases a été faite par Duhem (1900) aux métaux et par Roozeboom (1900), d'une manière plus particulière, à l'*acier*.

III. Trois et quatre composants. — Quand $n = 3$, les systèmes de quatre phases sont en équilibre complet (monovariant) ; un système de cinq phases est en équilibre absolu en un point quintuple (invariant). Ce n'est pas le lieu d'étudier ici des cas aussi compliqués ; nous nous bornerons à de très brèves indications. On peut considérer notamment les solutions aqueuses de deux sels A et B, quand la formation du sel double AB est possible. Le système formé en particulier des trois substances Na^2SO^4, $MgSO^4$ et H^2O a fait l'objet d'une étude complète. Le système de cinq phases $Na^2Mg(SO^4)^2.4H^2O$ (astrakanite) + Na^2SO^4 + $MgSO^4$ + solution + vapeur se trouve en équilibre absolu (invariant) et ne peut exister que pour $t' = 22°$ et $p' = 19^{mm},6$ de mercure.

Pour $n = 4$, on a un système invariant, lorsque le nombre des phases $N = 6$. Ainsi, les quatre substances Na^2SO^4, KCl, NaCl, H^2O forment le système KCl + $Na^2SO^4.10H^2O$ + NaCl + $NaK^3(SO^4)^2$ + solution + vapeur, qui se trouve en équilibre absolu pour $t' = 3°,5$ en un point sextuple.

De nombreux cas de systèmes avec *trois composants* ont été étudiés par Schreinemakers (1897 à 1904) en particulier, et par Roozeboom, Meerburg et d'autres encore. Plus récemment, Schreinemakers (1907-1910) a considéré toute une série de systèmes avec *quatre composants* ($n = 4$), et en particulier a envisagé le premier (1907) le système eau — alcool éthylique — sulfate de lithium — sulfate d'ammonium, qui se complique de la présence de deux phases liquides ; les deux courbes liquides se distinguent par le pourcentage en alcool et en sels. Schreinemakers a en outre étudié théoriquement d'une manière générale les différents cas possibles de systèmes avec quatre composants, et expérimentalement divers cas spéciaux, par exemple H^2O — NaCl — $BaCl^2$ — $CuCl^2$, H^2O — alcool éthylique — $AgAzO^3$ — AzH^4AzO^3, H^2O — $CuCl^2$ — $BaCl^2$ — AzH^4Cl, H^2O — $CuSO^4$ — Li^2SO^4 — $(AzH^4)^2SO^4$, H^2O — alcool éthylique — NaCl — Na^2SO^4, H^2O — Na^2O — BaO — HCl, H^2O —

$CuSO^4$ — $CuCl^2$ — $(AzH^4)^2SO^4$, H^2O — Li^2SO^4 — $FeSO^4$ — $(AzH^4)^2SO^4$ (1910).

Henry et A. Mayer (1904) ont trouvé que la règle des phases est applicable aux *solutions colloïdales*.

Nous ferons observer, pour terminer, que la forme de la règle des phases se modifie, lorsqu'en dehors de la pression p et de la température t d'autres facteurs physiques influent encore sur l'état du système ; telles sont, par exemple, les *forces capillaires*. Le degré de liberté F n'est plus alors donné par la formule $F = n + 2 - N$ (page 920), mais par l'expression plus générale

$$F = n + 2 + r - N,$$

où r désigne le nombre des facteurs physiques nouveaux.

4. Théorie thermodynamique des solutions diluées d'après Planck. — Nous entendrons par *solution diluée* une phase gazeuse, liquide ou solide renfermant plusieurs substances, mais où l'une de ces substances se trouve en quantité beaucoup plus grande que les autres. Nous nommerons cette substance le *dissolvant*, les autres les *substances dissoutes*. Soit, dans une solution diluée donnée, n_0 le nombre de molécules-grammes du dissolvant, n_1, n_2, n_3, ... les nombres respectifs de molécules-grammes des substances dissoutes ; supposons n_0 grand comparativement aux autres n_i. Les grandeurs

$$h_i = \frac{n_i}{\sum n_i} \qquad (1)$$

où $i = 0, 1, 2, 3$, etc. seront appelées les *concentrations* ; h_0 est évidemment voisin de l'unité et les autres h_i sont de *petites* fractions. On déduit de (1) :

$$\sum h_i = 1. \qquad (2)$$

Soit en outre u_0 l'énergie, v_0 le volume d'une molécule-gramme du *dissolvant* et supposons que l'énergie U et le volume V de la solution puissent être représentés par des expressions de la forme

$$U = n_0u_0 + n_1u_1 + n_2u_2 + n_3u_3 + \dots = \sum n_iu_i, \qquad (3)$$

$$V = n_0v_0 + n_1v_1 + n_2v_2 + n_3v_3 + \dots = \sum n_iv_i. \qquad (4)$$

Dans ces équations, u_i et v_i dépendent de la substance dissoute correspondante et du *dissolvant*, *mais non des autres substances dissoutes*. Cette dernière hypothèse n'est admissible que pour des solutions faibles. Lorsqu'on ajoute à la solution une molécule-gramme du dissolvant, on a $n_0 + 1$ au lieu de n_0 et on obtient, à la place de V et de U, les expressions $V + v_0$ et $U + u_0$. La première $V + v_0$ montre que la *dilution* plus grande d'une solution *faible* s'effectue sans *contraction ou dilatation* et par suite sans travail extérieur. La seconde $U + u_0$ montre que l'énergie ne varie pas non plus dans la dilution, c'est-à-dire que le travail intérieur est nul aussi. Il s'ensuit évidemment qu'*une augmentation de la dilution d'une solution faible n'est accompagnée d'aucun effet calorifique*. Lorsque la dilution de la solution produit un changement de volume ou est accompagnée d'effets calorifiques, c'est l'indice de transformations chimiques entre les molécules des substances diluées ; alors, les nombres n_1, n_2, n_3, etc., varient. Soient t la température, p la pression de la solution. *Il s'agit de déterminer les conditions d'équilibre de la solution pour des valeurs données de p et t, c'est-à-dire les conditions dans lesquelles il ne se produit dans la solution aucune transformation chimique modifiant les nombres n_i et h_i*. Plus brièvement, *il s'agit de trouver les conditions auxquelles doivent satisfaire les nombres n_i ou les concentrations h_i, pour qu'il y ait équilibre chimique dans la solution diluée, lorsque p et t sont donnés*. Nous savons que l'équation d'équilibre est $d\Phi = 0$, où $d\Phi$ est la variation du potentiel thermodynamique, produite par une variation du système (pour $t = const.$ et $p = const.$) compatible avec les relations fondamentales qui lient les grandeurs n_i (voir plus loin). On a $\Phi = U - TS + pV$, où U désigne l'énergie, T la température absolue, S l'entropie de la solution.

Comme nous l'avons déjà dit à la page 522, Planck emploie au lieu de Φ la grandeur un peu modifiée

$$-\frac{\Phi}{T} = S - \frac{U + pV}{T};$$

mais nous continuerons à faire usage du potentiel thermodynamique

$$\Phi = U - TS + pV.$$

L'équation fondamentale (63, e), page 515, donne

$$dS = \frac{dU + pdV}{T} = \frac{\sum n_i du_i + p\sum n_i dv_i}{T} = \sum n_i \frac{du_i + pdv_i}{T}.$$

Comme la dernière somme doit être une différentielle exacte, il existe des fonctions s_i de t et de p telles que

$$ds_i = \frac{du_i + pdv_i}{T}, \tag{4, a}$$

et nous avons par conséquent $dS = \sum n_i ds_i = \sum d(n_i s_i)$. On en déduit

$$S = \sum (n_i s_i + b_i), \tag{5}$$

où b_i est indépendant de t et p, mais peut dépendre de n_i. Planck admet, pour la détermination des grandeurs b_i, que, pour t suffisamment grand et p petit, toute la solution peut être transformée en un mélange de gaz parfaits. Bien qu'en réalité une telle transformation soit irréalisable sans variation des nombres n_i, cette circonstance ne peut cependant pas, d'après Planck, avoir d'influence sur l'exactitude du résultat final de notre calcul. Nous avons établi, pour l'entropie d'un mélange de gaz, la formule (47), page 586,

$$S = \sum n_i \left(c_i \log T + H \log \frac{T}{p} - H \log h_i + k_i\right), \tag{6}$$

où c_i est la chaleur spécifique à *volume* constant, H un nombre constant pour tous les gaz, égal au coefficient de la formule $pv = HT$ rapportée à une molécule-gramme de gaz; les grandeurs k_i sont des constantes indépendantes des n_i. Les termes indépendants de p et de T doivent être égaux dans (5) et (6); on en déduit $b_i = n_i(k_i - H \log h_i)$, de sorte qu'on obtient

$$S = \sum n_i(s_i + k_i - H \log h_i). \tag{7}$$

On a par suite, pour le potentiel thermodynamique $\Phi = U - TS + pV$,

$$\Phi = \sum n_i u_i - \sum n_i T(s_i + k_i - H \log h_i) + p \sum n_i v_i,$$

ou

$$\Phi = T \sum n_i \left(H \log h_i - s_i - k_i + \frac{u_i + pv_i}{T}\right). \tag{8}$$

Posons

$$s_i + k_i - \frac{u_i + pv_i}{T} = \varphi_i; \tag{8, a}$$

nous obtenons

$$\Phi = T \sum n_i(H \log h_i - \varphi_i), \tag{9}$$

où φ_i dépend de p et de T. Supposons que l'une des variations chimiques possibles soit (pour $T = const.$ et $p = const.$) déterminée par la variation δn des grandeurs n_i; l'équation $d\Phi = 0$ donne alors

$$\sum (H \log h_i - \varphi_i)\delta n_i + H \sum n_i \delta \log h_i = 0.$$

Le second terme est égal à zéro; en effet, $\sum n_i \delta \log h_i = \sum \frac{n_i}{h_i} \delta h_i$; or $\frac{n_i}{h_i} = \sum n_i$, par suite le second terme devient $\sum n_i \sum \delta h_i = \sum n_i \delta \sum h_i = 0$, puisque $\sum h_i = 1$ et que $\delta \sum h_i = 0$. Il reste donc

$$\sum (H \log h_i - \varphi_i)\delta n_i = 0. \tag{9, a}$$

Les variations δn_i ne peuvent pas être choisies arbitrairement, car les transformations chimiques ne peuvent se produire que par voie de décomposition ou de formation de molécules entières. Les grandeurs δn_i doivent être entre elles comme les *nombres entiers* ν_i, qui indiquent combien de molécules d'une substance donnée se forment ($\nu_i > 0$) ou se décomposent ($\nu_i < 0$). Ces nombres ν_i ont déjà été introduits à la page 587; les exemples donnés pages 587 à 590 expliquent suffisamment la signification de ces nombres. Remplaçons dans (9, *a*) les grandeurs δn_i par les nombre entiers ν_i qui leur sont proportionnels ; il vient

$$\sum \nu_i \log h_i = \frac{1}{H} \sum \nu_i \varphi_i. \tag{10}$$

Le second membre est indépendant des n_i ou h_i ; c'est une fonction de p et t que nous désignerons par $\log K(p, t)$ ou simplement par $\log K$. On obtient ainsi finalement la *condition d'équilibre d'une solution diluée, c'est à-dire la condition pour qu'il n'y ait pas de réaction caractérisée par les nombres* ν_i :

$$\sum \nu_i \log h_i = \log K(p, t), \tag{11}$$

ou

$$h_0^{\nu_0} h_1^{\nu_1} h_2^{\nu_2} \ldots = K(p, t). \tag{12}$$

Quand d'autres réactions sont encore possibles, on obtient une série d'équations d'équilibre analogues avec des fonctions K et des ν_i différents. L'équation (12) est appelée équation de Planck. L'équation de Gibbs, voir (52), page 588, est un cas particulier de l'équation de Planck, celui où la solution considérée est gazeuse. Il faut remarquer pourtant que l'équation de Gibbs se rapporte non seulement à des *solutions diluées*, mais aussi à un mélange quelconque de gaz ; la fonction $K(p, t)$ possède, dans l'équation de Gibbs, une forme complètement déterminée.

En même temps que varient p et t, changent aussi les conditions d'équilibre. Etablissons maintenant les expressions générales des dérivées partielles de $\log K$ par rapport à p et par rapport à t. Soit s l'*accroissement de volume*, qui est accompagné de la réaction définie par les nombres ν_i, et soit q la *quantité de chaleur* absorbée dans cette réaction. On a évidemment $s = \sum \nu_i v_i$; l'énergie augmente de $\sum \nu_i u_i$ et le travail extérieur est $ps = p \sum \nu_i v_i$. En exprimant q en *unités mécaniques*, on obtient $q = \sum \nu_i u_i + p \sum \nu_i v_i$. L'égalité $\log K = \frac{1}{H} \sum \nu_i \varphi_i$ donne

$$\frac{\partial \log K}{\partial T} = \frac{1}{H} \sum \nu_i \frac{\partial \varphi_i}{\partial T}, \qquad \frac{\partial \log K}{\partial p} = \frac{1}{H} \sum \nu_i \frac{\partial \varphi_i}{\partial p}. \tag{12, a}$$

D'après (8, *a*), on a

$$d\varphi_i = ds_i - \frac{du_i + p dv_i + v_i dp}{T} + \frac{u_i + pv_i}{T^2} dT,$$

ou, voir (4, *a*),

$$d\varphi_i = \frac{u_i + pv_i}{T^2} dT - \frac{v_i}{T} dp.$$

On en déduit

$$\frac{\partial \varphi_i}{\partial \mathrm{T}} = \frac{u_i + pv_i}{\mathrm{T}^2}, \qquad \frac{\partial \varphi_i}{\partial p} = -\frac{v_i}{\mathrm{T}},$$

et, d'après (12, a),

$$\frac{\partial \log \mathrm{K}}{\partial \mathrm{T}} = \frac{1}{\mathrm{HT}^2}\left(\sum \nu_i u_i + p \sum \nu_i v_i\right), \qquad \frac{\partial \log \mathrm{K}}{\partial p} = -\frac{1}{\mathrm{HT}} \sum \nu_i v_i,$$

ou

$$(13) \qquad \frac{\partial \log \mathrm{K}}{\partial \mathrm{T}} = \frac{q}{\mathrm{HT}^2},$$

$$(14) \qquad \frac{\partial \log \mathrm{K}}{\partial p} = -\frac{s}{\mathrm{HT}}.$$

Ces formules extrêmement remarquables montrent que, *si la réaction s'effectue sans effets thermiques* ($q = 0$), *la condition d'équilibre est indépendante de la température ; si la réaction a lieu sans variation de volume* ($s = 0$), *la condition d'équilibre est indépendante de la pression.*

Bien entendu, il faut entendre par équilibre précisément l'absence de la réaction à laquelle se rapportent les grandeurs q et s.

Les formules fondamentales (11), (12), (13) et (14) que nous venons d'établir sont relatives à une seule solution diluée, c'est-à-dire à une seule phase gazeuse, liquide ou solide. La formule (13) avait d'ailleurs été déjà donnée par Van't Hoff comme condition de l'équilibre chimique.

Passons maintenant au cas d'un *système* formé d'un nombre quelconque de phases, dont chacune représente une solution diluée, c'est-à-dire renfermant une substance en quantité beaucoup plus grande que les autres, cette substance pouvant ne pas être la même dans les différentes phases. Il peut ne pas y avoir une telle substance dominante dans la phase gazeuse. Il est facile de voir que les formules (11), (12), (13) et (14) sont aussi applicables à un tel système. En effet, nous avons, dans chaque phase, pour la grandeur Φ, une expression telle que (9) et par suite le potentiel thermodynamique de tout le système peut s'écrire

$$(14, a) \quad \Phi = \mathrm{T} \sum [n_0(\mathrm{H} \log h_0 - \varphi_0) + n_1(\mathrm{H} \log h_1 - \varphi_1) + n_2(\mathrm{H} \log h_2 - \varphi_2) + \ldots],$$

où la sommation s'étend aux N *phases du système* et renferme Nn termes, n étant le nombre des substances différentes ou des diverses sortes de molécules présentes dans le système. Ecrivons l'équation $\delta\Phi = 0$ et remplaçons tous les δn_i par les grandeurs ν_i qui leur sont proportionnelles, en observant que maintenant la variation peut être accompagnée par le passage des molécules ou de leurs parties constituantes d'une phase dans une autre. Des considérations tout à fait analogues aux précédentes donnent, au lieu de (10), (11) et (12),

$$(15) \quad \sum (\nu_0 \log h_0 + \nu_1 \log h_1 + \nu_2 \log h_2 + \ldots) = \frac{1}{\mathrm{H}} \sum \nu_i \varphi_i = \log \mathrm{K}(p, t)$$

$$(16) \qquad h_0^{\nu_0} h_1^{\nu_1} h_2^{\nu_2} \ldots = \mathrm{K}(p, t).$$

La signification du signe $\sum$ est ici la même que dans la formule (14, a). Dans l'équation (16), le nombre des facteurs à gauche est égal à Nn, et, parmi les grandeurs h_i, N — 1 au moins sont voisines de l'unité ; le système ne peut en effet renfermer qu'une seule phase gazeuze, pour laquelle les h_i ne sont soumis à aucune condition ; par suite, il y a dans le système N — 1 ou N solutions diluées, dont chacune renferme un h_i voisin de l'unité. Il est facile de voir que les formules (13) et (14), page 935,

$$\frac{\partial \log K}{\partial T} = \frac{q}{HT^2}, \tag{17}$$

$$\frac{\partial \log K}{\partial p} = -\frac{s}{HT}, \tag{18}$$

restent encore vraies pour le système actuellement considéré. *Les importantes conclusions, qui résultent de* (13) *et* (14), *s'appliquent évidemment aussi à ce système.* Planck a déduit encore une autre conséquence de l'équation (15). La fonction K restant finie, aucun h_i ne peut être nul ; par suite, *dans chaque phase, toutes les sortes de molécules, qui sont en général possibles, doivent être présentes, même en quantités petites.* C'est ce qui explique pourquoi un gaz, un liquide ou un corps solide ne peuvent jamais être absolument débarrassés des dernières traces des substances qui y sont dissoutes. Planck est arrivé en outre à la conclusion qu'entre des corps solides placés en contact, il doit toujours se produire une diffusion, quoique extrêmement lente.

Une étude critique de la théorie précédente par Cantor (1903) a donné lieu à une réponse détaillée de Planck (1903).

Une extension de la même théorie est due à Jahn (1902), qui a envisagé le cas spécial où la solution renferme un électrolyte et les ions produits par sa dissociation, de sorte que trois substances dissoutes sont contenues en tout dans le dissolvant. Jahn suppose qu'il existe encore, dans les expressions (3) et (4), page 931, de U et V, des termes dépendant de l'action mutuelle de ces trois substances et du dissolvant.

On peut encore rattacher à ce qui précède différents travaux de Helmholtz, Duhem, Oumow, etc. Schiller (1901) a développé une théorie thermodynamique des solutions *saturées*.

5. Solubilité. — Les données expérimentales, concernant la solubilité des substances à l'état solide, liquide ou gazeux, ont été indiquées dans le Tome I. Nous nous proposons, dans ce paragraphe et dans les suivants, d'étudier, parmi les phénomènes qui se manifestent dans la dissolution, ceux dont il n'a pas encore été question ; nous nous placerons surtout au point de vue *théorique* et en particulier nous ferons l'application des résultats de la thermodynamique.

La dissolution d'une substance est en général accompagnée par le dégagement ou l'absorption d'une certaine quantité de chaleur, que nous appellerons *chaleur de dissolution*. Nous considérerons cette quantité de chaleur comme *positive*, quand elle *se dégage* dans la solution ; dans la plupart des cas, la chaleur de dissolution est négative, c'est-à-dire que la dissolution est accompagnée d'un refroidissement. Nons donnons au § 7 un exposé des recherches expérimentales et théoriques concernant la chaleur de dissolution.

CLAUSIUS, ARRHENIUS et PLANCK sont les fondateurs de la théorie de la *dissociation* des solutions aqueuses d'électrolytes ; les fondements de cette théorie ont déjà été indiqués dans le Tome I.

Les substances dissoutes exercent une pression d'une nature particulière sur les parois qui leur sont imperméables, mais se trouvent perméables pour le dissolvant. Nous avons déjà parlé dans le Tome I de cette pression, appelée pression *osmotique*, qui a été étudiée pour la première fois d'une manière approfondie par PFEFFER. D'autres détails, en particulier les relations entre la pression osmotique et divers phénomènes, seront considérés plus loin.

C'est en s'appuyant sur les expériences de PFEFFER que VAN'T HOFF a proposé sa célèbre *analogie entre les substances dissoutes et les gaz*, d'après laquelle la pression osmotique d'une substance dissoute non dissociée est égale à la pression qui serait exercée si cette substance possédait à l'état gazeux le volume v et la température T de la solution. Une solution *diluée* est analogue à un gaz raréfié, qui suit les lois de BOYLE et de MARIOTTE, et par suite on peut lui appliquer l'équation

$$Pv = RT, \tag{19}$$

où P désigne la pression osmotique et R une constante, inversement proportionnelle à la densité ou au poids moléculaire de la substance dissoute occupant le volume v. Pour une solution aqueuse d'électrolyte, on a, au lieu de (19),

$$Pv = iRT, \tag{20}$$

le facteur i dépendant du degré de la dissociation. Nous avons déjà parlé dans le Tome I de la théorie de VAN'T HOFF.

La *pression* a une certaine influence sur la solubilité d'une substance (Tome I). Cette solubilité dépend aussi bien *de la nature de la substance que de celle du dissolvant* ; mais on n'a pas encore réussi à déterminer cette dépendance avec quelque généralité. Les règles trouvées par CARNELLEY et A. THOMSON relativement aux composés *isomères* forment exception.

1. Lorsqu'on ordonne en série un groupe de composés organiques *isomères*, d'une part d'après leur degré de solubilité et d'autre part d'après leur point de fusion, les deux séries sont identiques, le composé le plus facilement fusible étant en même temps le plus facilement soluble. Sur 1778 cas rassemblés par les auteurs précédents, cette règle s'est trouvée confirmée 1755 fois.

2. En outre, pour un groupe d'acides isomères, les séries, obtenues en rangeant les sels de ces acides d'après leur point de fusion et d'après leur solubilité, coïncident avec la série obtenue pour les acides eux-mêmes. Cette règle a été vérifiée dans 138 cas sur 143.

3. L'ordre de succession des isomères, dans les séries que nous venons de

mentionner, ne dépend pas de la nature du dissolvant. Sur 666 cas étudiés, cette règle s'est trouvée constamment confirmée.

4. Le rapport des solubilités de deux isomères est à peu près le même pour tous les dissolvants.

5. WALDEN (1906) avait déjà trouvé que la force de dissolution μ de divers liquides croît avec la constante diélectrique k de ces liquides. Dans un nouveau travail (1908), il a montré que la grandeur $\sqrt[3]{\mu}$, qu'il nomme la *solubilité linéaire*, est proportionnelle à k; il pose $\mu = 100n : (n + N)$, où n est le nombre des molécules de la substance dissoute dans N molécules du liquide. Il a vérifié cette règle en ce qui concerne la solubilité dans 13 liquides de l'iodure de tétréthylammonium $Az(C^2H^6)^4I$. Nous n'indiquerons que les deux valeurs extrêmes (pour 20° — 25°) :

	μ	k	$D : \sqrt[3]{\mu}$
Eau.	3,318	76,0	50,5
Benzine bromée .	0,0037	7,5	48,9

On a en moyenne $D : \sqrt[3]{\mu} = 48$; la valeur de μ peut varier de manière à devenir mille fois plus grande. Pour l'iodure de tétrapropylammonium, la constante est égale à 23.

Nous allons encore indiquer une autre règle au sujet de la solubilité des séries homologues, qui est due à L. HENRY : dans la série des acides du type $C^nO^4H^{2n-2}$ (acide oxalique $C^2O^4H^2$, acide malonique $C^3O^4H^4$, acide succinique $C^4O^4H^6$, acide pyrotartrique $C^5O^4H^8$, etc.), tous les acides, pour lesquels n est un nombre pair, sont très peu solubles dans l'eau ; tous ceux, pour lesquels n est un nombre impair, sont au contraire facilement solubles.

L'influence de la *température* sur la solubilité a été étudiée en détail dans le Tome I, et il paraît superflu de donner d'autres indications sur les faits nombreux réunis par divers auteurs : PAGGIALE, ALLUARD, MULDER, KREMERS, COPPET, THILDEN et SCHENSTONE (température supérieure à 100°), ETARD, NORDENSKJÖLD, etc.

Nous allons maintenant considérer les essais qui ont été faits, pour établir *théoriquement comment la solubilité dépend de la température*. LE CHATELIER et VAN'T HOFF (1885-1886) ont donné presque simultanément la théorie suivante. Nous avons obtenu, pour le passage de l'état solide ou liquide à l'état gazeux, la formule suivante :

$$\rho = AT(\sigma - s)\frac{\partial p}{\partial t}, \tag{21}$$

dans laquelle ρ désigne la chaleur latente de vaporisation, σ le volume spécifique de la vapeur, s le volume spécifique du corps à l'état solide ou liquide, A l'équivalent thermique du travail. En négligeant s et remplaçant la lettre σ par v, on obtient

$$\frac{\partial p}{\partial T} = \frac{\rho}{ATv}. \tag{22}$$

D'après VAN'T HOFF, la dissolution est un phénomène entièrement analogue à la vaporisation et on peut par suite appliquer aux solutions la formule (22), en remplaçant p par la pression *osmotique* P ; ρ est la chaleur négative de dissolution, de sorte que l'on a $\rho > 0$, si la dissolution est accompagnée d'une absorption de chaleur. La pression osmotique P peut évidemment servir à mesurer la solubilité, c'est-à-dire la quantité de substance distribuée dans l'unité de volume du dissolvant. La formule (22) montre que ρ et $\frac{\partial P}{\partial T}$ doivent avoir le même signe. Il en résulte que *la solubilité doit croître en même temps que la température, quand la dissolution est accompagnée d'une absorption de chaleur ; au contraire, la solubilité doit diminuer lorsque la température augmente, s'il y a dégagement de chaleur dans la dissolution.* Nous avons déjà présenté cette proposition à la page 480, comme une conséquence nécessaire du principe de LE CHATELIER et BRAUN. Le premier cas est le plus fréquent ; le second a lieu pour la chaux, le sulfate de cérium et divers autres sels. Si on porte l'expression de v déduite de (20) dans (22), il vient

$$\frac{1}{P}\frac{\partial P}{\partial T} = \frac{\partial \log P}{\partial T} = \frac{\rho}{iART^2}; \tag{23}$$

pour les solutions non dissociées, on a

$$\frac{\partial \log P}{\partial T} = \frac{\rho}{ART^2}. \tag{24}$$

Nous reviendrons au § 7 sur cette formule (24), à propos des phénomènes calorifiques qui accompagnent la dissolution et la dilution.

La question de la solubilité d'une substance solide, *dans le voisinage ou au-dessus de son point de fusion*, présente un grand intérêt. Dans certains cas, la substance est complètement soluble au point de fusion, c'est-à-dire que la substance liquide et le dissolvant se mélangent en toutes proportions. Il en est ainsi, par exemple, pour $AgAzO^3$, dont la solubilité dans l'eau a été étudiée par ETARD dans des tubes soudés à la lampe, à des températures notablement supérieures à 100°. Il a trouvé, pour la solubilité (nombre de parties de la substance dans 100 parties de la *solution*), l'expression $81 + 0{,}1328\,t$, qui donne la solubilité 100 à 198° ; or 198° est précisément le point de fusion de l'azotate d'argent. Dans d'autres cas, la substance liquide possède un degré déterminé de solubilité.

WALKER a tiré de (24) la formule remarquable

$$\lambda = RT_0\,(tg\,\alpha' - tg\,\alpha), \tag{25}$$

λ étant la chaleur latente de fusion de la substance, T_0 le point de fusion. La signification de α et α' est la suivante : si P et P′ sont les pressions osmotiques des solutions de la substance solide et de la substance liquide ou les solubilités qui leur sont proportionnelles, on constate que T log P et T log P′ sont des fonctions linéaires de T et peuvent par suite être représentés par des droites, en prenant T pour abscisse. Ces deux droites se coupent au point T_0

et α et α' sont les angles qu'elles font avec l'axe des abscisses. En étudiant les rapports de solubilité, on peut calculer λ à l'aide de (25). Walker a montré que la formule (25) présente une concordance satisfaisante avec les observations ; pour une solution d'eau dans l'éther, on obtient $\lambda = 77$ (au lieu de 80), si on admet qu'à la molécule d'eau dans l'éther correspond la formule H^4O^2.

6. Pression osmotique et diffusion dans les solutions. — La partie expérimentale des questions relatives à la pression osmotique et à la diffusion a été exposée d'une manière assez détaillée dans le Tome I pour que nous n'ayons pas à y revenir ici. Nous indiquerons seulement les bases de la théorie de ces phénomènes et plus loin les relations entre la pression osmotique et les autres faits physiques.

Nous allons montrer d'abord comment *l'équation* $Pv = RT$ *relative à la pression osmotique peut être déduite de la théorie de* Planck *exposée au* § **4**. Considérons un système composé de deux phases liquides, la première phase étant une solution *diluée* qui renferme n_1 molécules-grammes de la substance dissoute et n_0 molécules-grammes du dissolvant, la seconde phase étant formée par le dissolvant pur. Les deux phases possèdent la même température et sont séparées par une cloison semi-perméable, qui ne laisse passer que le dissolvant. Les concentrations sont les suivantes :

$$h_0 = \frac{n_0}{n_0 + n_1}, \qquad h_1 = \frac{n_1}{n_0 + n_1}, \qquad h' = 1\,;$$

les deux premières concentrations se rapportent à la première phase, la troisième à la seconde phase. Pour p et t constants, *une seule* variation est possible : le passage d'une molécule du dissolvant de la première phase dans la seconde. On a, dans ce cas,

$$\nu_0 = -1, \qquad \nu_1 = 0, \qquad \nu' = +1.$$

La formule (15) donne

$$-\log h_0 = \frac{1}{H}(-\varphi_0 + \varphi'),$$

ou

$$\log\left(1 + \frac{n_1}{n_0}\right) = \frac{1}{H}(\varphi' - \varphi_0). \tag{26}$$

Pour $\frac{n_1}{n_0}$ petit, on peut remplacer $\log\left(1 + \frac{n_1}{n_0}\right)$ par $\frac{n_1}{n_0}$. Les grandeurs φ' et φ_0 relatives au dissolvant dans les deux phases, sont des fonctions de p et t ; mais, comme la température t est la même dans les deux phases, les pressions, que nous désignerons par p_0 et p', doivent être différentes. Nous pouvons supposer dans une première approximation, voir (8, a), page 933, que l'on a

$$\varphi' = \varphi_0 + (p' - p_0)\frac{\partial\varphi}{\partial p} = \varphi_0 - (p' - p_0)\frac{v_0}{T},$$

où v_0 est le volume d'une molécule-gramme du dissolvant ; nous avons alors, au lieu de (26),

$$\frac{n_1}{n_0} = (p_0 - p') \frac{v_0}{\mathrm{HT}}.$$

La différence $p_0 - p'$ est précisément la pression osmotique P, de sorte que

$$\mathrm{P}\,\frac{n_0 v_0}{n_1} = \mathrm{HT}\,;$$

d'autre part, $n_0 v_0$ diffère très peu du volume de toute la solution et par suite $\frac{n_0 v_0}{n_1}$ est égal au volume occupé *dans la solution* par une molécule-gramme de la substance dissoute ; en désignant ce volume par v, on obtient, pour une *molécule-gramme* de la substance dissoute, $\mathrm{P}v = \mathrm{HT}$, et, pour *l'unité de poids*.

$$\mathrm{P}v = \mathrm{RT}\,;$$

c'est la formule de van't Hoff.

Wilderman (1898) a établi théoriquement qu'il doit exister aussi une loi analogue à celle de Dalton (page 803) pour la pression osmotique d'un mélange de plusieurs corps dissous.

Nous ne pouvons indiquer ici tous les détails de la bibliographie très riche relative à la pression osmotique. On doit mentionner en première ligne, après van't Hoff, les ouvrages d'Arrhénius, Nernst, Boltzmann, Duhem, Riecke, Bredig, van der Waals, Tammann, Planck, Noyes, Poynting, Grouzinetseff, Lord Rayleigh, Schreber, Barmwater, Ewan, etc.

Nernst a donné une théorie de la *diffusion* des substances dissoutes, basée sur la notion de pression osmotique, Nous n'exposerons que les éléments de cette théorie et nous laisserons de côté en particulier tout ce qui se rattache à la dépendance entre la diffusion et l'électrolyse (vitesse des ions, etc.) ; nous reviendrons sur ce sujet dans le Tome IV.

Indiquons d'abord le principe de l'ancienne théorie de la diffusion, qui est due à Fick (Tome I). Supposons qu'une solution remplisse un vase cylindrique, suivant l'axe duquel nous compterons la coordonnée x. Soit s l'aire de la section droite du vase, h la concentration dans la section x, c'est-à-dire le nombre de molécules-grammes de la substance contenues dans l'unité de volume de la solution ; on a évidemment $h = f(x)$. La quantité S de substance dissoute, qui traverse dans le temps τ la section s, est égale à

$$\mathrm{S} = -ks\tau\frac{dh}{dx}, \tag{27}$$

où k est le coefficient de diffusion et où S est exprimé en molécules-grammes. Numériquement, k est égal à la quantité de substance, qui traverse par unité de temps l'unité d'aire de la section, lorsque la concentration varie d'une unité par unité de longueur. Comme unité de temps, on choisit ordinairement le *jour* (24 heures), égal à 86 400 secondes. D'après les observations de

Scheffer, on a, par exemple, pour l'urée ($COAz^2H^4 = 60$), $k = 0,81$ à $7°,5$.

Passons maintenant à la théorie de Nernst. Soit K la force qui doit solliciter une molécule-gramme d'une substance, pour qu'elle se meuve dans la solution avec une vitesse de 1^{cm} par seconde. Dans une couche d'épaisseur dx, se trouvent $hsdx$ molécules-grammes de la substance ; cette substance est en mouvement, car des deux côtés n'agit pas la même pression osmotique : sur une section, on a la pression sP et sur l'autre, la pression $s\left(P + \frac{dP}{dx}dx\right)$. La force sollicitant la couche est donc $-s\frac{dP}{dx}dx = -sP_0\frac{dh}{dx}dx$, où P_0 est la pression osmotique pour la concentration $h = 1$. Une molécule-gramme est sollicitée par la force $-sP_0\frac{dh}{dx}dx : hsdx = -\frac{P_0}{h}\frac{dh}{dx}$, et sous son influence la substance qui se trouve dans la couche se déplace avec la vitesse $-\frac{P_0}{Kh}\frac{dh}{dx}$ centimètre par seconde. Une couche liquide de 1^{cm} d'épaisseur renferme une quantité sh de substance ; par suite, dans une seconde, la couche est traversée par $-\frac{P_0}{Kh}\frac{dh}{dx}sh = -\frac{P_0 s}{K}\frac{dh}{dx}$ molécules-grammes de la substance. En τ jours la quantité de substance qui a traversé la couche est

$$S = -86\,400\frac{P_0 s\tau}{K}\frac{dh}{dx}. \tag{28}$$

En comparant cette formule à (27), nous obtenons

$$K = \frac{86\,400\,P_0}{k}, \tag{29}$$

P_0 étant égal à la pression d'une molécule-gramme de gaz, qui remplit à une température t donnée l'unité de volume. Si on rapporte k à 1^{cmq} et si on exprime K en kilogrammes, P_0 est égal à la pression en kilogrammes par centimètre carré qui est exercée, par exemple, par 32^{gr} d'oxygène contenus dans 1^{cmc}. On sait que 32^{gr} d'oxygène à 0° et sous la pression de $1^{atm} = 1^{kg},033$ par centimètre carré occupent un volume de $22\,376^{cmc}$; on déduit $P_0 = 22\,376 \times (1 + \alpha t)$. Portons cette valeur dans (29) et nous obtenons en nombre rond

$$K = \frac{2 \cdot 10^9(1 + \alpha t)}{k}\,kg. \tag{30}$$

Cette formule remarquable permet de *calculer la force, sous l'action de laquelle la substance dissoute se meut dans le dissolvant, quand le coefficient k de diffusion est connu* ; ce dernier doit être rapporté à 1^{cmq} et à un jour pris pour unités d'aire et de temps. Nous avons dit plus haut que $k = 0,81$ pour l'urée à la température $t = 7°,5$; ceci donne $K = 2\,500$ millions de kilogrammes pour la force qui imprime à 60^{gr} d'urée, dans une solution aqueuse, une vitesse de 1^{cm} par seconde. La grandeur énorme de cette force s'explique par le fait que la substance contenue dans la solution se trouve divisée en particules très petites, qui éprouvent une très grande résistance dans leur mouvement ; il suffit de se rappeler avec quelle lenteur de petites particules de poussière tombent dans l'air.

La théorie de la diffusion joue un rôle important dans l'étude de la dissociation électrolytique et du mouvement des ions sous l'influence des forces électriques. Les recherches que l'on a faites à ce sujet et dont NERNST a été le promoteur, seront exposées dans le Tome IV.

Parmi les auteurs, qui ont apporté d'importantes contributions à la théorie de la diffusion, nous citerons WIEDEBURG, SCHEFFER, BOLTZMANN, ARRHENIUS, KAWALKI, ÖHOLM, ROSE (diffusion d'un électrolyte à deux ions avec dissociation partielle de celui-ci), ABEGG et ROSE, THOVERT, etc.

Aux phénomènes de diffusion se rattache le phénomène de LUDWIG-SORET, découvert d'abord par LUDWIG (1856), ensuite indépendamment par SORET (1879), et qui porte le plus souvent le nom de ce dernier. Il consiste en ce que dans une solution, dont les diverses parties se trouvent à des températures différentes, un déplacement de concentration se produit, *la substance dissoute se diffusant des parties les plus chaudes vers les plus froides*. VAN'T HOFF (1887) a montré que ce phénomène résulte de ce que la pression osmotique croît proportionnellement à la température absolue ; il est tout à fait analogue au phénomène correspondant que l'on connaît dans les vapeurs. Il a été étudié récemment par ABEGG (1898) et BANCROFT (1904). ABEGG a construit l'appareil représenté par la figure 259 : le vase intérieur renferme la solution, le vase extérieur est partagé en deux chambres par une paroi ; la chambre supérieure est parcourue par de la vapeur, la chambre inférieure par de l'eau froide. Avec les solutions de NaCl, KI, $CuSO^4$ (dans H^2SO^4 dilué), il se sépare, dans la chambre inférieure, des cristaux de la substance dissoute. BANCROFT a montré que, dans les mélanges de liquides, la direction de la diffusion dépend de la concentration, de sorte que, pour une concentration déterminée, aucune diffusion n'a lieu ; ceci s'est trouvé confirmé dans les mélanges d'acétone et d'eau.

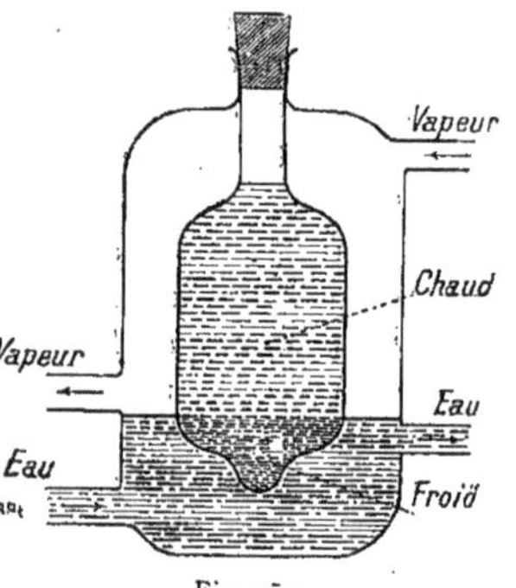

Fig. 259

Nous avons vu (page 778) que la tension de vapeur dépend de la courbure de la surface du liquide ; nous verrons plus loin que la tension de vapeur d'une solution dépend de la concentration. KAUFLER (1902) a établi, par une combinaison de ces deux propositions, que si la courbure de la surface liquide n'est pas constante, il doit se produire un déplacement de l'équilibre osmotique. Si donc une solution se trouve en partie dans un grand vase, en partie dans un tube capillaire à ménisque concave, une diffusion de la substance dissoute doit se produire vers la surface concave. KAUFLER a fait remarquer que ce phénomène doit jouer un grand rôle dans la teinture des fibres de coton ; une fibre est un tube extrêmement fin (4 μ de diamètre intérieur), où se diffuse un grand excès de la substance tinctoriale.

7. Chaleurs de dissolution et de dilution. — La dissolution d'une substance dans une autre est presque toujours accompagnée de l'absorption ou du dégagement d'une certaine quantité de chaleur ; nous considérerons comme positive la quantité de chaleur dégagée. En pénétrant plus avant dans l'étude du phénomène, on est amené à distinguer *six* quantités de chaleur différentes, liées entre elles par des relations faciles à établir. Ces quantités de chaleur sont les suivantes (nous prendrons l'eau comme dissolvant) :

1. *Chaleur de dissolution* Q, qui se dégage lorsqu'on dissout 1^{gr} de substance dans W^{gr} d'eau.

2. *Limite* Q′ *de la chaleur de dissolution* Q, qui se dégage lorsqu'on dissout 1^{gr} de substance dans une *très grande* quantité d'eau ; Q′ est la valeur de Q pour W infini.

3. *Chaleur de saturation ou chaleur intégrale de dissolution* Q_0, qui se dégage lorsqu'on dissout 1^{gr} de substance dans une quantité w_0^{gr} d'eau telle qu'on obtienne une solution saturée.

4. *Chaleur de dissolution* dq *dans une solution*, qui se dégage lorsqu'on dissout la quantité de substance $d\pi$ en poids dans w_0^{gr} d'eau, renfermant déjà π^{gr} de la substance dissoute ; on a naturellement $\pi < 1$, puisque pour $\pi = 1$ la solution doit être saturée.

5. *Chaleur de dissolution* dq_1 *dans une solution saturée*, qui se dégage lorsqu'on ajoute dans w_0^{gr} d'eau, renfermant déjà une quantité de substance dissoute voisine de 1^{gr}, le poids $d\pi$ de substance qui rend la solution saturée.

6. *Chaleur de dilution* dQ, qui se dégage lorsqu'on ajoute à une solution, qui renferme 1^{gr} de substance dissoute dans w^{gr} d'eau, la quantité d'eau dw.

Il est facile de voir quelles relations existent entre ces grandeurs. Il est clair d'abord que les quantités dq et dQ peuvent s'exprimer de la manière suivante .

$$dq = f(\pi)\,d\pi, \qquad dQ = F(w)\,dw, \tag{31}$$

puisque dq dépend de la quantité π de substance déjà dissoute dans w_0^{gr} d'eau et qu'au contraire dQ dépend de la quantité w d'eau déjà contenue dans une solution, qui renferme 1^{gr} de substance dissoute. On a en outre

$$dq_1 = f(1)\,d\pi, \quad \text{ou} \quad \frac{dq_1}{d\pi} = \lim\left(\frac{dq}{d\pi}\right)_{\pi=1}, \tag{32}$$

$$Q_0 = \int_{\pi=0}^{\pi=1} dq = \int_0^1 f(\pi)\,d\pi. \tag{33}$$

Au lieu de dissoudre 1^{gr} de substance dans W^{gr} d'eau, on peut d'abord dissoudre 1^{gr} de substance dans w_0^{gr} d'eau et diluer la solution saturée ainsi obtenue, en y ajoutant $(W - w_0)^{gr}$ d'eau ; ceci donne

$$Q = Q_0 + \int_{w=w_0}^{w=W} dQ = Q_0 + \int_{w_0}^{W} F(w)\,dw. \tag{34}$$

$$Q' = Q_0 + \int_{w_0}^{\infty} F(w)\,dw. \tag{35}$$

D'après les formules (33) et (34), on a

$$Q = \int_0^1 f(\pi)\,d\pi + \int_{w_0}^{W} F(w)\,dw. \tag{36}$$

Les grandeurs Q′ (1gr de substance dans une grande quantité d'eau) et $\frac{dq}{d\pi} = f(\pi)$ ont été déterminées surtout *expérimentalement*. La grandeur $\frac{dq_1}{d\pi} = f(1)$ présente un grand intérêt ; nous verrons qu'elle peut être déterminée théoriquement.

Un grand nombre de déterminations de la grandeur Q′ ont été faites par J. Thomsen (à 18°). Nous donnons à titre d'exemple quelques-unes des valeurs qu'il a trouvées ; toutefois elles se rapportent non à 1gr, mais à une *molécule-gramme* de substance dissoute dans une grande quantité d'eau ; les valeurs de Q′ sont exprimées en *grandes calories* :

	Q′		Q′
H^3PO^4	+ 2,69	$Na^2SO^4.10H^2O$	— 18,78
$C^2H^2O^4$ (acide oxalique)	— 2,26	$CaCl^2$	+ 17,41
$B^2O^3.3H^2O$	— 10,79	$CaCl^2.6H^2O$	— 4,34
AzH^4Cl	— 3,88	$KAl(SO^4)^2.12H^2O$	— 10,21
KCl	— 4,44	$ZnSO^4$	+ 18,43
KOH	+ 13,29	$ZnSO^4.7H^2O$	— 4,26
$KAzO^3$	— 8,52	$FeCl^4$	+ 63,36
K^2CO^3	+ 6,49	$FeSO^4.7H^2O$	— 4,51
K^2SO^4	— 6,38	$CuSO^4$	+ 15,80
$K^2Cr^2O^7$	— 16,70	$CuSO^4.5H^2O$	— 2,75
K^2MnO^4	— 20,78	$FeCl^2$	— 20,20
NaCl	— 1,18	$SnCl^4$	+ 29,92
Na^2CO^3	+ 5,64	$AgAzO^3$	— 5,44
$Na^2CO^3.10H^2O$	— 16,16		

D'autres déterminations relatives en partie à Q′ et en partie à Q (la quantité d'eau n'étant pas très grande) sont dues à Louguinine, Chroutchscheff, Berthelot, Berthelot et Jungfleisch, Favre et Valson, Sabatier, Morges, Joannis, Calderon, Van't Hoff, Ewan, Petersen, Rivals, E. Chtakelberg, Colson, Happart, Jüptner, etc. Quelques-unes de ces déterminations ont une grande importance pour la thermochimie (Chap. V, page 281), celles par exemple qui sont relatives à la dissolution des acides, des bases, des sels anhydres ou non, etc. Certains des exemples que nous avons cités mettent bien en évidence l'influence de l'eau de cristallisation sur les effets calorifiques accompagnant la dissolution. Person, Winkelmann, Staub, Scholz, Vilari-Thévenet ont étudié Q en fonction de W, c'est-à-dire de la quantité d'eau dans laquelle est dissous 1gr de substance. Les résultats de ces recherches n'ont fourni aucune relation simple, aussi nous ne les indiquerons pas. STAUB et SCHOLZ se sont servis pour leurs mesures (NaCl et $KAzO^3$) du calorimètre à glace de BUNSEN (page 185). En 1898 a été publié un travail étendu de E. CHTAKELBERG sur la détermination de la chaleur de dissolution q, dans le cas où 1 molécule de la substance est dissoute dans une *grande quantité* d'eau, renfermant déjà n molécules de la même substance pour 100 molécules d'eau ; il a trouvé que q *décroît* quand n augmente et peut être représenté par une fonction linéaire ou quadratique de n. On a, par exemple,

Chlorate de potasse.	$q = 10500 - 1625n$
Bromate de potasse.	$q = 10200 - 1400n$
Iodate de potasse	$q = 7000 - 1900n$
Perchlorate de potasse. . . .	$q = 12860 - 9200n$
Azotate de baryte	$q = 10638 - 8108n + 6080n^2$
Chlorure d'ammonium . . .	$q = 3930 - 33n - 0{,}6n^2$
Azotate de potasse (15°) . . .	$q = 9100 - 1337{,}5n + 143{,}8n^2$
» (0°) . . .	$q = 9550 - 1500n$.

GALIZKY (1899) a étudié l'influence exercée par une addition d'*alcool* sur la chaleur de dissolution de $KAzO^3$ et K^2CO^3 dans l'*eau* ; les deux sels se distinguent en ce que $KAzO^3$ se dissout dans l'eau avec absorption de chaleur, K^2CO^3 au contraire avec dégagement de chaleur. Il a constaté qu'en ajoutant de l'alcool à l'eau, la température de la solution baisse *dans les deux cas*, c'est-à-dire qu'il se produit, lorsque $KAzO^3$ se dissout dans le mélange d'eau et d'alcool, un plus grand refroidissement, et lorsque K^2CO^3 se dissout dans ce mélange, un moindre échauffement que dans la dissolution de ces sels dans l'eau pure. On trouve, dans les deux cas, en faisant varier la quantité d'alcool, un maximum très net de cet effet, qui a lieu pour $KAzO^3$ avec une proportion de 20 à 30 parties d'alcool pour 100 parties d'eau et pour K^2CO^3 avec 50 parties d'alcool.

Les *mélanges réfrigérants* sont dus à l'absorption de chaleur dans la dissolution et la fusion. Si on mélange trois parties de neige ou de glace pilée avec une partie de NaCl à 0°, la température baisse jusqu'à — 21° ; deux parties de $CaCl^2$ et une de neige donnent une température de — 42°. Ces températures ne sont autres que celles où les solutions aqueuses deviennent des cryohydrates. La question des mélanges réfrigérants a été étudiée par RÜDORFF, HANAMANN, MORITZ (alcool et neige), PFAUNDLER (acide sulfurique et neige), TOLLINGER (AzH^4AzO^3 et eau ou neige), HAMMERL ($CaCl^2.6H^2O$ et eau ou neige). Une étude très étendue de ZWERGER contient la bibliographie jusqu'en 1881.

Occupons-nous maintenant des recherches *théoriques* sur la chaleur de dissolution et en particulier des travaux de KIRCHHOFF (1858), qui a donné des formules pour la chaleur de saturation Q_0 et la chaleur de dilution dQ, et par suite aussi pour la chaleur de dissolution Q, voir (34).

I. FORMULE DE KIRCHHOFF POUR LA CHALEUR DE SATURATION Q_0, dégagée dans la formation d'une solution *saturée* de 1^{gr} de substance dans $w_0{}^{gr}$ d'eau. — Soient p_1 la tension et ϖ_1 le volume spécifique de la vapeur au-dessus de la solution *saturée* à une température donnée t^0 (voir § **8**) ; quand la température s'élève, p_1 varie, et *en même temps la concentration h de la solution.* Soient en outre p la tension et σ le volume spécifique de la vapeur au-dessus de l'eau pure à t^0, s et s_1 les volumes spécifiques de l'eau pure et de la solution. Pour déterminer Q_0, faisons parcourir un cycle *isothermique* aux w_0 parties en poids d'eau contenues dans la solution. La somme des quantités de chaleur reçues par cette eau doit être équivalente au travail qu'elle produit. Le processus total se compose de quatre parties :

1. Augmentons le volume au-dessus de la solution jusqu'à $w_0\sigma_1$; nous forçons toute l'eau à passer à l'état de vapeur. D'après (25, c), page 691, nous avons

$$\text{Chaleur reçue : } \quad AT(\sigma_1 - s_1)\frac{\partial p_1}{\partial t}w_0, \qquad \text{Travail produit : } \quad p_1(\sigma_1 - s_1)w_0.$$

2. Séparons la vapeur de la substance solide et comprimons-la jusqu'à réalisation de la tension p ; soit r le travail de compression ; nous avons

$$\text{Chaleur reçue : } \quad -Ar, \qquad \text{Travail produit : } \quad -r.$$

3. Tranformons la vapeur en eau par compression :

$$\text{Chaleur reçue : } \quad -AT(\sigma - s)\frac{\partial p}{\partial t}w_0, \qquad \text{Travail produit : } \quad -p(\sigma - s)w_0.$$

4. Dissolvons la substance dans l'eau ainsi obtenue ; nous avons, en négligeant dans ce cas le travail produit :

$$\text{Chaleur reçue : } \quad -Q_0, \qquad \text{Travail produit : } \quad 0.$$

La somme des quantités de chaleur reçues doit être égale à la somme des travaux produits, multipliée par A. En négligeant partout s et s_1, il vient :

$$ATw_0\left(\sigma_1\frac{\partial p_1}{\partial t} - \sigma\frac{\partial p}{\partial t}\right) - Ar - Q_0 = Aw_0(p_1\sigma_1 - p\sigma) - Ar,$$

d'où

$$Q_0 = Aw_0(p\sigma - p_1\sigma_1) + ATw_0\left(\sigma_1\frac{\partial p_1}{\partial t} - \sigma\frac{\partial p}{\partial t}\right). \tag{37}$$

Si la température T et la tension de la vapeur d'eau ne sont pas très élevées, on peut admettre que la vapeur suit les lois de Mariotte et de Gay-Lussac, c'est-à-dire que l'on a $p\sigma = p_1\sigma_1 = RT$. Le premier terme disparaît alors ; remplaçons σ et σ_1 par leurs expressions, dans le second terme, et nous obtenons :

$$Q_0 = ART^2w_0\left(\frac{1}{p_1}\frac{\partial p_1}{\partial t} - \frac{1}{p}\frac{\partial p}{\partial t}\right),$$

ou

$$Q_0 = ART^2\frac{\partial \log \frac{p_1}{p}}{\partial t}w_0. \tag{38}$$

C'est la *formule de* KIRCHHOFF, *pour la chaleur de saturation qui se dégage pendant la formation d'une solution saturée de* 1gr *de substance dans* $w_0$gr *d'eau.*

II. FORMULE DE KIRCHHOFF POUR LA CHALEUR DE DILUTION dQ, dégagée lorsqu'on ajoute dwgr d'eau à une solution de 1gr de substance dans $w$gr d'eau. — Soient p' et σ' la tension et le volume spécifique de la vapeur au-dessus de la solution de 1gr de substance dans $w$gr d'eau. Ce sont des fonctions de t, *la concentration h ne changeant pas lorsque t varie* ; s et s' sont les volumes spécifiques de l'eau pure et de la solution. Réalisons de nouveau un cycle *isothermique* composé des quatre parties suivantes :

1. Augmentons le volume de la vapeur de $\sigma' dw$, de sorte que la quantité dw d'eau se vaporise ; nous avons :

Chaleur reçue : $AT(\sigma' - s')\left(\frac{\partial p'}{\partial t}\right)_h dw$, Travail produit : $p'(\sigma' - s')dw$.

2. Séparons la vapeur ainsi formée et comprimons-la jusqu'à la tension p ; soit dr le travail de compression :

Chaleur reçue : $-Adr$, Travail produit : $-dr$.

3. Transformons la vapeur en eau :

Chaleur reçue : $-AT(\sigma - s)\frac{\partial p}{\partial t}dw$, Travail produit : $p(\sigma - s)dw$.

4. Ajoutons cette eau à la solution :

Chaleur reçue : $-dQ$, Travail produit : 0.

En ajoutant et en négligeant s et s', il vient

$$ATdw\left[\sigma'\left(\frac{\partial p'}{\partial t}\right)_h - \sigma\frac{\partial p}{\partial t}\right] - Adr - dQ = A(p'\sigma' - p\sigma)dw - Adr,$$

$$dQ = A(p\sigma - p'\sigma')dw + AT\left[\sigma'\left(\frac{\partial p'}{\partial t}\right)_h - \sigma\frac{\partial p}{\partial t}\right]dw. \tag{39}$$

De cette formule, on en déduit une autre approchée, en posant de nouveau $p\sigma = p'\sigma' = RT$; remplaçons, dans le second terme de (39), σ' et σ par leurs expressions, nous obtenons

$$dQ = ART^2\left(\frac{\partial \log \frac{p'}{p}}{\partial t}\right)_h dw. \tag{40}$$

C'est la *formule de* KIRCHHOFF *pour la chaleur de dilution*, qui se dégage lorsqu'on ajoute dwgr d'eau à une solution renfermant 1gr de substance pour $w$gr d'eau. Les formules (38) et (40) présentent une très grande ressemblance, bien qu'il existe entre elles une différence essentielle : dans (38), p_1 ne dépend que de t, car la concentration h de la solution *saturée* dépend elle-même de t ; lorsqu'on différentie, on ne doit donc pas oublier que h varie avec t. Au contraire, dans (40), p' dépend de t et w, ou de t et de la concentration h qui sont indépendants, et la dérivée par rapport à t est prise pour $h = const.$, ce que nous avons indiqué avec notre notation habituelle.

Jüttner (1901) a vérifié la formule (40) de Kirchhoff sur de nombreuses solutions ; il a montré que, dans les solutions aqueuses de KCl et $KAzO^3$, l'exactitude de la formule se vérifie aussi au point de vue quantitatif ; pour un grand nombre d'autres substances et dissolvants, a lieu au moins une concordance qualitative.

III. Formule de Kirchhoff pour la chaleur de dissolution Q, qui se dégage dans la dissolution de 1^{gr} de substance dans W^{gr} d'eau. — Les formules (34), (38) et (40) donnent

$$(41) \qquad Q = ART^2 \left[\frac{\partial \log \frac{p_1}{p}}{\partial t} w_0 + \int_{w_0}^{W} \left(\frac{\partial \log \frac{p'}{p}}{\partial t} \right)_h dw \right].$$

De cette formule générale de Kirchhoff, on déduit la chaleur limite de dissolution Q', en faisant $W = \infty$.

Scholz a comparé avec un très grand soin les résultats expérimentaux avec ceux que fournit la formule (41) ; la concordance a été trouvée en général satisfaisante.

D'autres recherches théoriques et expérimentales sur la chaleur de dissolution et la chaleur de dilution sont dues à Berthelot (1902), Colson (1903), Happert (1902), etc. Colson a étudié la chaleur de dissolution en fonction de la température et a montré qu'à une température déterminée, elle ne varie pas lorsque la quantité de substance dissoute change ; à cette température, la chaleur de dilution est nulle.

Schiller (1899) a élevé une objection très importante contre la théorie de Kirchhoff, en particulier contre la formule pour la chaleur de dilution, et a montré comment on peut en établir une plus exacte.

IV. Formule de Van't Hoff pour la chaleur de dissolution dq_1 dans une solution saturée. — Lorsque nous avons étudié au § 5 les solutions *saturées* et que nous leur avons appliqué la théorie de Van't Hoff (analogie entre les substances dissoutes et les gaz), nous avons établi la formule (23), page 939, que nous écrirons ici

$$(42) \qquad \rho = iART^2 \frac{\partial \log P}{\partial T}.$$

Dans cette formule, ρ est la chaleur de dissolution négative, c'est-à-dire la *chaleur absorbée* ; i est le coefficient qui entre dans l'équation fondamentale $pv = iRT$ et dépend du degré de dissociation de la substance dissoute (électrolyte) ; P est la pression osmotique pour la *saturation*. Il est facile de voir quelle est celle des grandeurs énumérées à la page 944, qui correspond à ρ dans (42). Pour établir (42), on a supposé que la dissolution de la substance s'effectue sous la pression osmotique P, puisqu'on est parti de la formule (21) pour la vapeur. Il en résulte que ρ est la *chaleur de dissolution dans une solution saturée*, rapportée à l'unité de poids de la substance dissoute et prise de signe contraire ; autrement dit

$$\rho = -dq_1 : d\pi = -f(1),$$

voir (31) et (32). On obtient ainsi

$$dq_1 = -i\text{ART}^2 \frac{\partial \log P}{\partial T} d\pi. \tag{43}$$

Pour une substance non dissociée ($i = 1$), on a

$$dq_1 = -\text{ART}^2 \frac{\partial \log P}{\partial T} d\pi. \tag{44}$$

Montrons comment la formule (44) peut être déduite de la théorie de Planck exposée au § 4. Nous remarquerons que la formule (42) n'est pas applicable aux substances facilement solubles, car, pour l'établir, nous nous sommes servi de (20), qui ne convient qu'aux solutions diluées. Considérons une solution saturée, mais *faible* d'une substance quelconque dans l'eau et un excès non dissous de cette substance dans la même eau. Le système se compose de deux phases, qui sont des solutions diluées au sens de Planck. Si nous avons n_0 molécules-grammes d'eau, n_1 molécules-grammes de substance dissoute et n' molécules-grammes de substance en excès, les concentrations sont

$$h_0 = \frac{n_0}{n_0 + n_1}, \quad h_1 = \frac{n_1}{n_0 + n_1}, \quad h' = \frac{n'}{n'} = 1.$$

Une variation théoriquement possible (pour $p = const.$ et $t = const.$) est le passage d'une molécule de la phase solide à la phase liquide ; on a dans ce cas

$$\nu_0 = 0, \quad \nu_1 = 1, \quad \nu_2 = -1.$$

La formule (15), page 935, donne

$$\log h_1 = \log K(p, t); \tag{45}$$

cette équation montre que *la concentration h_1 est une fonction de la température et de la pression*. D'après (17), page 936,

$$\frac{\partial \log h_1}{\partial T} = \frac{q}{HT^2}, \tag{45, a}$$

où H est la constante de l'équation $pv = HT$ rapportée à une molécule-gramme de gaz, q la quantité de chaleur exprimée en unités mécaniques, qui est *absorbée* par le système lorsque s'effectue la variation considérée, c'est-à-dire dans le passage d'une molécule-gramme de la phase solide à la phase liquide. Dans (45, a), on peut évidemment remplacer h_1 par une autre grandeur quelconque qui lui est proportionnelle, par exemple par la concentration h en centièmes, ou la pression osmotique P, ou le poids π de la substance dissoute dans une quantité quelconque d'eau. A droite, on doit remplacer H par R, si q est rapporté à une molécule-gramme de la substance ; lorsque q est exprimé en calories, il faut diviser en outre le second membre par A. Il est clair que, dans ce cas, la quantité de chaleur q, absorbée dans le passage de 1gr de substance dans une solution déjà saturée, n'est autre que $-dq_1 : d\pi$; (45, a) donne donc

$$\frac{\partial \log h_1}{\partial T} = \frac{\partial \log h}{\partial T} = \frac{\partial \log P}{\partial T} = \frac{\partial \log \pi}{\partial T} = -\frac{1}{ART^2}\frac{dq_1}{d\pi},$$

d'où

$$(46) \qquad dq_1 = -ART^2 \frac{\partial \log P}{\partial T} d\pi = -ART^2 \frac{\partial \log \pi}{\partial T} d\pi :$$

c'est la formule (44). Pour *un gramme*, nous obtenons la *chaleur de dissolution* ρ *dans une solution saturée :*

$$(47) \qquad \rho = \frac{dq_1}{d\pi} = -ART^2 \frac{\partial \log P}{\partial T} = -ART^2 \frac{\partial \log \pi}{\partial T}.$$

Van't Hoff s'est servi de cette formule, pour le calcul de ρ, en procédant de la façon suivante. Supposons qu'aux températures t_1 et t_2 se trouvent respectivement en dissolution, dans une certaine quantité d'eau, π_1 et π_2 unités de poids d'une substance ; on peut alors donner à (47) la forme suivante :

$$(48) \qquad \rho = -ART_1T_2 \frac{\log \pi_2 - \log \pi_1}{T_2 - T_1}.$$

En introduisant, à la place des poids π, les concentrations h qui leur sont proportionnelles, et en tenant compte que $AR = 2$ approximativement, si on prend la molécule-gramme comme unité de poids, on peut écrire (48) :

$$(48, a) \qquad \log \frac{h_2}{h_1} = \frac{\rho}{2}\left(\frac{1}{T_1} - \frac{1}{T_2}\right).$$

Pour de petits intervalles de température, on peut considérer T_1T_2 comme constant ; dans ce cas, (48, a) donne

$$(48, b) \qquad h_2 = h_1 e^{a(t_2 - t_1)},$$

où a est une grandeur indépendante de la température. La concentration d'une solution saturée croît donc à peu près suivant une loi exponentielle, comme l'a indiqué pour la première fois Nordenskjöld (voir Tome I).

Van't Hoff (1885) a vérifié la formule (48, a) sur des solutions aqueuses de non-électrolytes, tels que l'acide succinique, l'acide benzoïque, l'acide salicylique, l'acide borique, le phénol ; Schröder (1893) l'a également vérifiée sur diverses solutions, celles de naphtaline dans C^6H^5Cl et CCl^4 par exemple. La formule n'est pas valable pour les solutions alcooliques. Campetti (1901) a aussi établi la formule (48, a) et l'a vérifiée sur les solutions aqueuses d'urée et de mannite.

Pour les solutions d'*électrolytes*, la formule de VAN'T HOFF devient

$$\frac{\partial \log h}{\partial T} = -\frac{\rho}{2iT^2}; \tag{48, c}$$

mais VAN LAAR (1894) a établi une autre formule

$$\frac{\partial \log h}{\partial T} = -\frac{\rho}{2T^2}\frac{2-\alpha}{2}, \tag{48, d}$$

α étant le *degré de dissociation*, tel que $1 + \alpha = i$. Une discussion intéressante s'est produite, notamment entre NOYES et VAN LAAR, à propos des deux formules (48, c) et (48, d). GOLDSCHMIDT avait trouvé, d'après des expériences de GERTRUD VAN MAARSEVEEN, que la formule de VAN LAAR donne des valeurs exactes pour les solutions d'acide nitrobenzoïque, tandis que les deux formules sont inapplicables pour trois sels d'argent étudiés. NOYES a cherché à démontrer que les deux formules ne se contredisent pas, les chaleurs de dissolution ρ introduites par VAN'T HOFF et par VAN LAAR ayant une signification physique totalement différente : ρ, dans (48, c), correspond à la dissolution d'une molécule-gramme dans le liquide juste nécessaire pour obtenir une solution saturée, alors que ρ, dans (48, d), correspond au cas où une molécule-gramme est dissoute dans une très grande quantité de solution voisine de la saturation. WALDEN (1907), dans deux recherches très intéressantes, a vérifié les formules de VAN'T HOFF et de VAN LAAR, pour une série de dissolvants *organiques*. Il a employé, comme dissolvants, l'alcool méthylique, l'alcool éthylique, l'acétone, l'aldéhyde salycilique, l'acétonitrile, le propionitrile, le nitrométhane et l'eau ; comme substances dissoutes, $Az(C^2H^5)^4I$, $Az(C^3H^7)^4I$ et KI. La grandeur i ou $\alpha = i - 1$ a été déterminée au moyen des mesures de conductibilité (Tome IV). Une très bonne concordance s'est manifestée avec les formules (48, a) et (48, d), qui conduisent *pratiquement* aux mêmes valeurs. La chaleur de dissolution n'a pas le même signe dans des dissolvants différents ; le coefficient de température de la solubilité a chaque fois un signe contraire, comme cela doit être d'après le principe de LE CHATELIER-BRAUN. Un bon accord a été aussi constaté avec les formules de VAN'T HOFF et de VAN LAAR.

BRAUN a indiqué une intéressante relation entre la chaleur de dissolution et la solubilité considérée comme fonction de la pression et de la température.

Nous avons supposé, en établissant la formule (45), que le corps dissous, qui se trouve en excès, forme une phase solide. Le raisonnement que nous avons fait s'applique évidemment aussi au cas d'une *solution saturée de gaz*, le gaz en excès constituant la seconde phase. Nous avons encore, pour la concentration h_1,

$$\log h_1 = \log K(p, t). \tag{49}$$

Les formules (13) et (14), page 935, donnent

$$\frac{\partial \log h_1}{\partial T} = \frac{q}{HT^2}, \qquad \frac{\partial \log h_1}{\partial p} = -\frac{s}{HT}. \tag{50, a}$$

q étant de nouveau la quantité de chaleur absorbée par la dissolution d'une molécule-gramme de gaz dans une solution *saturée* et s étant la variation de volume qui accompagne cette dissolution. Pour le cas de la dissolution d'un gaz dans un liquide, on peut admettre que $-s$ est égal au volume d'une molécule-gramme de gaz. En supposant que le gaz suit les lois de MARIOTTE et de GAY-LUSSAC, on a l'équation $ps = \mathrm{HT}$; la seconde équation (50, a) devient alors $\frac{\partial \log h_1}{\partial p} = \frac{1}{p}$ et on en déduit

$$\log h_1 = \log p + const.$$

ou

$$h_1 = \mathrm{C}p. \tag{51}$$

La solubilité du gaz est proportionnelle à la pression; c'est la loi d'HENRY (Tome I), qui se trouve ainsi établie par voie thermodynamique. La grandeur C, qui peut servir à mesurer la solubilité, dépend de la *température*. La première formule (50, a) et la formule (51) donnent

$$q = \frac{\mathrm{HT}^2}{\mathrm{C}} \frac{\partial \mathrm{C}}{\partial \mathrm{T}}. \tag{52}$$

La solubilité d'un gaz diminue quand la température croît, de sorte qu'on peut poser $\mathrm{C} = \mathrm{C}_0 (1 - \beta t)$; q est donc négatif et par suite de la chaleur *se dégage* dans la dissolution d'une molécule-gramme de gaz.

Il se dégage, dans la dissolution *d'un gramme* de gaz, une quantité de chaleur qui est égale en calories à

$$\rho = -\frac{\mathrm{ART}^2}{\mathrm{C}} \frac{\partial \mathrm{C}}{\partial \mathrm{T}} = \mathrm{ART}^2 \frac{\beta}{1 - \beta t}, \tag{53}$$

Cette formule établit la relation qui existe entre la chaleur dégagée dans la dissolution d'un gaz et le coefficient thermique de solubilité du même gaz; connaissant β, on peut calculer ρ, et inversement. D'autres recherches théoriques sur la chaleur de dissolution des gaz sont dues à SCHILLER (1899).

Les phénomènes calorifiques, qui se produisent dans les *mélanges de liquides*, ont été étudiés par DUPRÉ, BUSSY et BUIGNET, GUTHRIE et en particulier par LINEBARGER (1896). Nous ne considérerons pas ici ces mélanges, où il se produit des réactions chimiques violentes, par exemple les mélanges d'eau avec H^2SO^4, $HAzO^3$, HCl, etc.

8. Dissociation et double décomposition dans les solutions. — La théorie de PLANCK exposée au § 4 permet de déterminer les conditions d'équilibre dans une solution, où se produit une dissociation ou le phénomène plus compliqué d'une double décomposition. Nous nous bornerons à quelques cas.

I. *Substance* (AB), *qui se décompose partiellement en ses parties constituantes* A *et* B. — La substance (AB) peut être le dissolvant lui-même, dans lequel les parties constituantes restent dissoutes. Supposons qu'il se trouve, dans la solution, respectivement n_1, n_2 et n_3 molécules-grammes des substances (AB), A et B ; les concentrations sont

$$h_1 = \frac{n_1}{n}, \quad h_2 = \frac{n_2}{n}, \quad h_3 = \frac{n_3}{n},$$

où $n = n_0 + n_1 + n_2 + n_3$, n_0 étant le nombre de molécules-grammes du dissolvant. On a évidemment $n_2 = n_3$ et $h_2 = h_3$. Comme variation possible, se présente la décomposition d'une molécule-gramme de la substance (AB) en ses parties constituantes A et B. On a alors $\nu_0 = 0$, $\nu_1 = -1$, $\nu_2 = 1$, $\nu_3 = 1$. La formule (12), page 934, donne

$$(54, a) \qquad \frac{h_2^2}{h_1} = \mathrm{K}(p, \mathrm{T}),$$

puisque $h_2 = h_3$. Comme K n'est pas nul, h_2 ne peut non plus être nul ; *si donc une dissociation est possible, elle doit avoir lieu à toute température*, ce qui est la confirmation thermodynamique de la théorie d'Arrhenius.

Si la dissociation est très faible, on peut poser $h_1 = 1$; alors (54, a) et (13), page 935, donnent

$$(54, b) \qquad 2\frac{\partial \log h_2}{\partial \mathrm{T}} = \frac{q}{\mathrm{HT}^2},$$

où q est la chaleur de dissociation d'une molécule-gramme de substance.

Kohlrausch et Heydweiller (1894) se sont servis des mesures de J. Thomsen, qui a trouvé à 10°,14 la valeur $q = 14\,247$ et à 24°,6 la valeur $q = 13\,627$ petites calories pour un équivalent-gramme, en déterminant d'après la théorie d'Arrhenius la chaleur de neutralisation des acides forts et des bases univalents dans les solutions diluées (Chap. V, § 4). Pour la dissociation de l'eau ($H^2O = H + HO$), la valeur de q satisfait à l'équation empirique

$$q = \frac{4045000}{\mathrm{T}} \text{ petites calories.}$$

Si on exprime q en ergs (en multipliant par $41,9 \cdot 10^6$) et H en unités C. G. S ($\mathrm{H} = 82,6 \cdot 10^6$), on obtient

$$\log h_2 = -\frac{513000}{\mathrm{T}^2} + const.,$$

ou

$$(54, c) \qquad h_2 = \mathrm{C}e^{-\frac{512\,300}{\mathrm{T}^2}} = \mathrm{C} \cdot 10^{-\frac{222\,500}{\mathrm{T}^2}}.$$

Pour déterminer h_2, Kohlrausch et Heydweiller ont mesuré la conductibilité électrique (Tome IV) de l'eau *pure* à différentes températures. D'après la mobilité connue des ions (Tome IV) de H et OH, on trouve $h_2 = 14,3 \cdot 10^{-10}$ à 18°, d'où on déduit $\mathrm{C} = 6,1 \cdot 10^{-7}$. A 0°, on a $h_2 = 6,3 \cdot 10^{-10}$ et à 50°, on a $h_2 = 44{,}7 \cdot 10^{-10}$; la dissociation augmente donc, quand la température s'élève. Le nombre h_2 indique combien de fois H grammes, ou combien de fois 17 HO grammes sont contenus dans 18 grammes d'eau. A 18°, on trouve dans un litre $m = 1\,000\, h_2 \cdot 18 = 0{,}8 \cdot 10^{-7}$ équivalent-gramme de H ou HO ; autrement dit, *la solution* $m = 0{,}8 \cdot 10^{-7}$ *est normale*. Cette solution est environ 300 fois plus diluée qu'une solution aqueuse saturée de $BaSO^4$. Néanmoins, il se trouve encore dans un millimètre cube des milliards d'atomes H et de groupes hydroxyle HO. Dans notre esprit, ou même sous le microscope, la distribution des H et des HO ne se distingue pas d'un milieu continu, car les distances entre molécules voisines sont de l'ordre des longueurs d'onde de la lumière. A 18°, il se trouve 1 H grammes et 17 HO grammes dans 12500 mètres cubes d'eau. *A 25°, la solution* $m = 1{,}07 \cdot 10^{-7}$ *est normale*.

La grandeur m a encore été obtenue d'autre manière par beaucoup d'auteurs. Voici quelques-unes des valeurs trouvées :

Arrhenius et Shields (1893).	$m = 1{,}125 \cdot 10^{-7}$	à 25°
Löwenherz (1896)	$m = 1{,}19 \cdot 10^{-7}$	à 25°
Van't Hoff et Wyss (1893)	$m = 1{,}4 \cdot 10^{-7}$	à 25°
Nernst (1894)	$m = 0{,}8 \cdot 10^{-7}$	à 18°

Ostwald, Noyes, Lundén et Wörmann ont obtenu des valeurs analogues. Lorsqu'on a trouvé m ou h_2 par une autre voie pour différentes températures, on peut calculer la chaleur de dissociation q au moyen de (54,b). Le plus récent travail dans ce sens est dû à R. Lorenz et Böhi (1909) et a été fait d'après la méthode indiquée par Ostwald pour mesurer la force électromotrice E de la chaîne liquide (Tome IV)

$$Pt \mid H^2 \mid HCl \mid 0{,}1\,KCl \mid KOH \mid H^2 \mid Pt,$$

avec diverses concentrations des solutions de HCl et KOH et à différentes températures. Au moyen des valeurs observées de E, on peut calculer la dissociation m ; les résultats suivants ont été obtenus

t	$m \cdot 10^7$	t	$m \cdot 10^7$	t	$m \cdot 10^7$
0°	0,37	40°	1,98	89°	5,92
18	0,85	50	2,96	90	7,30
25	1,10	60	3,55	99	8,49
30	1,32	70	4,61		

à l'aide de l'équation (54,b), on peut ensuite calculer la chaleur de dissociation de l'eau. Nous indiquerons seulement quelques nombres (en calories-grammes pour un équivalent-gramme) :

$t^0 =$	9	27,5	45	65	85	94,5
$q =$	14600	13690	12850	11870	10890	10420.

Noyes a donné la formule $q = 28460 - 49,5\,T$; Lunden, $q = 15426 - 88,90\,t$; Heydweiller, au moyen des observations de Wörmann, $q = 14617 - 48,5\,t$. Les nombres de R. Lorenz et Böm concordent particulièrement avec ceux de Noyes et de Wörmann.

Planck (1902) a fait d'autres applications de la Thermodynamique à la théorie de la dissociation, mais nous ne pourrons considérer d'une manière plus approfondie les phénomènes de dissociation que dans le Tome IV (conductibilité des solutions).

II. *Equilibre dans une double décomposition.* — Supposons que, dans la solution, se trouvent deux substances (AB) et (CD), telles que KCl et NaBr ou $BaSO^4$ et K^2CO^3, les substances (AD) et (BC), par exemple KBr et NaCl, ou $BaCO^3$ et K^2SO^4, pouvant se former. Cherchons les conditions d'équilibre auxquelles doivent satisfaire les concentrations h_1, h_2, h_3 et h_4 des substances (AB), (CD), (AD) et (BC). Une variation possible est la décomposition d'une molécule-gramme des substances (AB) et (CD) et la formation d'une molécule-gramme des substances (AD) et (BC). Il est clair que l'on a $\nu_1 = -1$, $\nu_2 = -1$, $\nu_3 = +1$, $\nu_4 = +1$. La formule (12), page 934, donne

$$\frac{h_3 h_4}{h_1 h_2} = K(p,\, t),$$

ou, pour p et t donnés,

$$\frac{h_3 h_4}{h_1 h_2} = const. \tag{54, d}$$

C'est la célèbre formule de Guldberg et Waage.

9. Tension de vapeur et point d'ébullition des solutions de corps non volatils. — Dans l'étude des propriétés de la vapeur d'une solution, nous devons considérer deux cas. *Premier cas* : on peut négliger la tension de vapeur de la substance *dissoute* ; autrement dit, la phase gazeuse ne se compose que de la vapeur du dissolvant ; telles sont en général les solutions de substances solides, d'acides peu volatils (par exemple $H^2SO^4 + nH^2O$), etc. *Deuxième cas* : la phase liquide et la phase gazeuse renferment l'une et l'autre deux substances ; autrement dit, au-dessus de la solution se trouve un mélange des vapeurs du dissolvant et de la substance dissoute ; tels sont les solutions et les mélanges de liquides.

Dans ce paragraphe, nous considérerons le *premier cas, où il ne se trouve au-dessus de la solution que la vapeur du dissolvant.*

La tension de vapeur p' d'une solution est plus petite que la tension de vapeur p du dissolvant pur. L'*abaissement* $p - p'$ de la *tension de vapeur* est en relation très étroite avec *l'élévation* $t' - t$ du *point d'ébullition* de la solution. A la température normale d'ébullition du dissolvant pur, la tension de vapeur de la *solution* est inférieure à une atmosphère et la solution ne commence par suite à bouillir qu'à une température plus élevée t'. Ce fait est connu depuis longtemps et déjà Faraday (1820), Griffiths (1824) et Legrand (1835) s'en étaient occupés.

La tension de vapeur des solutions a été étudiée, pour la première fois, par Gay-Lussac, Princep et en particulier par Babo (1847). Ce dernier a déduit de ses observations, faites suivant la méthode de Dalton (page 749), une loi qu'on peut traduire par la relation

$$(55) \qquad \frac{p - p'}{p} = const. ;$$

cette relation s'applique à une solution *donnée* quelconque et exprime ce qu'on appelle la loi de Babo : *l'abaissement relatif de la tension de vapeur d'une solution donnée est indépendant de la température.* De (55) résulte évidemment que le rapport

$$(55) \qquad \frac{p'}{p} = const.,$$

c'est-à-dire est aussi *indépendant de t.* La formule (40), page 948, donne, dans ce cas, $dQ = 0$, ce qui montre que la loi de Babo ne peut être exacte que pour les solutions diluées telles qu'une augmentation de la dilution ne produise aucun effet calorifique. Parmi les nombreux travaux qui ont trait à cette loi, nous mentionnerons seulement les études théoriques de Schiller (1899).

De 1858 à 1860 ont été publiés les résultats des recherches de Wüllner, faites suivant une méthode très voisine de celle de Magnus (page 752), qui permettait de mesurer directement la différence $p - p'$ à différentes températures. Son appareil se composait de six tubes verticaux fermés et élargis en haut, placés sur deux rangées parallèles de trois tubes chacune, dans une grande caisse ; celle-ci était munie de parois en verre et remplie d'eau, dont la température pouvait varier à volonté. Les tubes communiquaient entre eux à leur extrémité inférieure et avec un grand réservoir pyriforme disposé dans la même caisse ; ils étaient remplis de mercure, au-dessus duquel se trouvaient des quantités déterminées des solutions étudiées ; dans l'un des tubes se trouvait de l'eau. En pompant l'air du réservoir, on pouvait abaisser le niveau du mercure dans tous les tubes, et il se formait au-dessus du mercure de la vapeur des liquides étudiés. La différence entre les hauteurs des colonnes de mercure dans les différents tubes donnait la différence cherchée des tensions de vapeur.

Wüllner a déduit de ses observations que l'abaissement $p - p'$ est proportionnel au poids m de la substance dissoute et que, pour quelques solutions, l'abaissement relatif $(p - p') : p$ est indépendant de t (loi de Babo), que pour d'autres, au contraire, il varie avec la température, ou, ce qui revient au même, avec la pression p. Wüllner a exprimé ces résultats par l'équation

$$(56) \qquad p - p' = m\,(ap + bp^2),$$

dans laquelle a et b sont des constantes, qui dépendent de la nature de la substance dissoute (l'eau servait de dissolvant). Ostwald (1884) a montré le premier que, si on compare entre elles les différences $p - p'$ relatives aux solutions de diverses substances, qui renferment le même nombre de molécules-grammes (m est proportionnel au poids moléculaire), on trouve, à l'aide des nombres de Wüllner, que les *abaissements moléculaires*, pour les substances dissoutes considérées, sont à peu près égaux.

Tammann (1885) a déduit un résultat analogue de ses nombreuses recherches. Il a reconnu que, pour beaucoup de substances, l'abaissement relatif $(p - p') : p$ de la tension de vapeur augmente, à toute concentration, quand la température croît (par suite aussi les pressions p et p') (par exemple avec les solutions de $KAzO^3$, $NaAzO^3$, K^2SO^4, KCl, KBr, KI, $KClO^3$, etc.) ; pour d'autres substances, il diminue lorsque la température augmente (par exemple avec Na^2CO^3, $NaCl$, KFl, Na^2SO^4, $LiAzO^3$, $CaCl^2 + 6H^2O$, $CuSO^4 + 5H^2O$, $ZnSO^4 + 6H^2O$, etc.) ; enfin, il existe des substances, pour lesquelles le rapport $(p - p') : p$ décroît lorsque la température augmente, la concentration étant faible ; diminue d'abord et croît ensuite, la concentration étant plus forte ; finalement diminue constamment, la concentration étant encore plus élevée ; telles sont par exemple les solutions de *fluorure de potassium.*

D'autres recherches sont dues à Pauchon, Emden, Schüller, Moser, Nicol, Dieterici, Bremer, R. Helmholtz, Walker, etc. Tous les travaux de ces auteurs ont porté sur des solutions *aqueuses* ; leurs résultats n'ont conduit à aucune loi simple.

Raoult (1886), le premier, a pu déduire de ses observations des lois précises et en même temps très simples, dont la découverte tient surtout à ce qu'il a employé comme dissolvant *non pas l'eau, mais d'autres liquides* (comme CS^2, l'éther, la benzine, le chloroforme, l'alcool méthylique, etc.) et à ce qu'il a dissous dans ces liquides, et ensuite aussi dans l'eau, différentes substances organiques, mais aucun sel, ni acide, c'est-à-dire *aucun électrolyte.* Pour de telles solutions, Raoult a établi les quatre lois suivantes ;

1. *Pour une solution donnée, le rapport* $\frac{p - p'}{p}$ *est indépendant de la température.*

2. *Pour une substance soluble donnée, le rapport* $\frac{p - p'}{p}$ *est proportionnel à la concentration.* Nous appellerons *abaissement moléculaire relatif* la valeur que prend ce rapport, lorsque la solution contient une molécule-gramme de la substance dissoute.

3. *L'abaissement moléculaire relatif est indépendant de la nature de la substance dissoute ;* autrement dit, le même nombre de molécules-grammes de substances différentes, dissoutes dans des quantités égales d'un même dissolvant, produit à une température donnée le même abaissement $p - p'$ de la tension de vapeur.

4. *On obtient, dans des dissolvants différents, le même abaissement moléculaire, lorsqu'on prend le même nombre de molécules-grammes du dissolvant pour des quantités égales de substances dissoutes.* En d'autres termes, le rapport $\frac{p - p'}{p}$ ne dépend que du rapport du nombre n_1 de molécules-grammes de la substance dissoute au nombre n_0 de molécules grammes du dissolvant.

Dans la suite, Raoult a modifié légèrement la quatrième loi et l'a énoncée ainsi :

4, *a. L'abaissement relatif* $\frac{p - p'}{p}$ *est proportionnel au rapport du nombre* n_1 *de molécules-grammes de la substance dissoute à la somme* $n_0 + n_1$, *dans laquelle* n_0 *est le nombre de molécules-grammes du dissolvant.*

Les lois de RAOULT se résument dans l'équation

$$\frac{p - p'}{p} = c \frac{n_1}{n_0 + n_1}, \tag{57}$$

où la constante c ne dépend ni de la température, ni de la nature du dissolvant, ni de la nature de la substance dissoute. Pour les solutions *très diluées*, on peut conserver le premier énoncé de la quatrième loi, c'est-à-dire écrire

$$\frac{p - p'}{p} = c \frac{n_1}{n_0}. \tag{57, a}$$

Il a été reconnu que la valeur numérique de la constante c *diffère peu de l'unité*, de sorte que

$$\frac{p - p'}{p} = \frac{n_1}{n_0 + n_1}; \tag{58}$$

c'est la célèbre équation de RAOULT qui, pour des solutions très diluées, devient

$$\frac{p - p'}{p} = \frac{n_1}{n_0}. \tag{58, a}$$

Nous remarquons encore qu'on déduit de (58) :

$$\frac{p'}{p} = \frac{n_0}{n_0 + n_1}. \tag{58, b}$$

L'équation (58) peut être établie théoriquement, comme nous le verrons plus loin. *Elle permet de déterminer le poids moléculaire m de la substance dissoute*, connaissant le poids moléculaire M du dissolvant. Supposons en effet que g grammes de substance soient dissous dans G grammes du dissolvant ; (58) donne alors

$$\frac{p - p'}{p} = \frac{\frac{g}{m}}{\frac{G}{M} + \frac{g}{m}} = \frac{gM}{Gm + gM},$$

d'où

$$m = \frac{Mg}{G} \cdot \frac{p'}{p - p'}. \tag{59}$$

La branche de la Physique, qui s'occupe de la théorie de la tension de vapeur des solutions et des méthodes de mesure de cette tension, s'appelle la *tonométrie* ; RAOULT, qui en est le fondateur, a donné une exposition excellente de la question dans *Scientia*, n° 8, 1900. La détermination de m, au moyen de mesures de la tension de vapeur de la solution, est d'ailleurs assez difficile ; il est beaucoup plus commode, comme nous le verrons plus loin, de se servir de la méthode dynamique, c'est-à-dire de déterminer la *température d'ébullition de la solution (ébulliométrie)*.

Ni les lois de Raoult, ni par suite l'équation (58), ne sont applicables aux solutions *d'électrolytes dans l'eau*, car, comme nous l'avons déjà dit plusieurs fois, dans de telles solutions une partie de la substance dissoute est dissociée. On a dans ce cas, au lieu de (58),

$$\frac{p - p'}{p} = i \frac{n_1}{n_0 + n_1}, \tag{59, a}$$

où i dépend aussi bien de la nature de la substance dissoute que de la concentration de la solution. Tammann (1887) a montré comment le degré de dissociation peut être déterminé à l'aide de la tension de vapeur observée dans une solution.

Parmi les travaux plus récents relatifs à la détermination du facteur i, il faut mentionner ceux de Smits (1902 et 1905), qui a étudié les solutions aqueuses de H^2SO^4, KOH, $CuSO^4$, NaCl, $KAzO^3$ et de diverses autres substances et qui a déterminé comment i dépend de la concentration ; il a trouvé que, pour les solutions de NaCl et KCl, i possède un minimum ayant lieu pour NaCl avec la concentration 0,5 de solution normale (0,5 molécule-gramme dans 1 litre de solution).

Lorsque la substance est soumise à une *hydratation* dans la solution, on doit aussi observer un écart relativement à l'équation de Raoult. Poynting (1896) a même émis l'opinion qu'un tel écart peut toujours s'expliquer par une combinaison chimique entre la substance dissoute et le dissolvant.

Dieterici a publié, dans deux mémoires (1897, 1899), des recherches très précises sur l'abaissement de la tension de vapeur des solutions aqueuses, *particulièrement à 0°* ; Abegg a élevé des objections contre le premier de ces mémoires.

Il résulte de l'équation (58) que, dans une *solution d'une molécule-gramme de substance pour 100 molécules-grammes de dissolvant*, l'abaissement relatif $(p-p'):p$ de la tension de vapeur doit être égal à 0,01, lorsque la *substance dissoute* se comporte comme un corps normal (de sorte que la formule (58) est exacte). On a trouvé en effet à peu près cette valeur pour de nombreux dissolvants, parmi lesquels l'eau, le chloroforme, la benzine, l'éther, l'acétone, l'alcool méthylique et l'alcool éthylique, CCl^4, CS^2, etc. ; mais des anomalies se rencontrent aussi, telles que

	$\frac{p-p'}{p}$
Acide acétique	0,0163
Acide formique	0,0155

Ces liquides possèdent aussi une *densité de vapeur anomale*. Soit d la densité de vapeur théorique, c'est-à-dire $d = m : 28,9$, m étant le poids moléculaire (Tome I), et d' la densité anomale observée : RAOULT et RECOURA (1890) ont montré qu'en général on peut appliquer l'équation

$$(59, b) \qquad \frac{p - p'}{p} = 0{,}01 \frac{d'}{d},$$

qu'ils ont vérifiée sur une série d'exemples.

C'est un fait particulièrement intéressant que les *solutions de métaux dans le mercure*, c'est-à-dire les amalgames, suivent également les lois de RAOULT, comme l'a montré RAMSAY (1889). Si on calcule, à l'aide de la formule (59), les poids moléculaires m des métaux dissous, on trouve qu'ils sont généralement voisins des poids atomiques μ de ces métaux, ce qui indique que les molécules des métaux dissous dans le mercure ne renferment plus, en général, qu'un atome ; Ba et Ca, pour lesquels les m calculés sont égaux à $0{,}5\,\mu$ environ, et K, pour lequel m est égal à $0{,}75\,\mu$ environ, forment une exception remarquable.

Nous avons déjà dit que l'abaissement $p - p'$ de la tension de vapeur d'une solution est en relation étroite avec l'*élévation* $t' - t$ du *point d'ébullition* de la solution. GRIFFITHS (1824), LEGRAND (1835), KREMERS (1856), GERLACH (1887) et d'autres encore ont mesuré cette élévation. Nous indiquerons quelques-uns des nombres donnés par GERLACH, pour la température d'ébullition t' d'une solution aqueuse renfermant s parties en poids de la substance dissoute pour 100 parties d'*eau*.

	s	t'		s	t'
AzH^4Cl	87,1	114°,8	$CuSO^4.5H^2O$	240	104°,2
AzH^4AzO^3	17000	230	LiCl	151	168
$(AzH^4)^2SO^4$	115,3	108	$Na^2CO^3.10H^2O$	1053	105
$CaCl^2$	305	178	NaCl	40,7	108,8
K^2CO^3	202,5	133,5	NaHO	22200	310
$KClO^3$	69,2	104,4	$NaAzO^3$	222	120
KCl	57,4	108,5	$ZnSO^4.7H^2O$	464	105
KHO	623,6	340	Acide oxalique	50000	125
$KAzO^3$	338,5	115	Acide tartrique	40000	169
K^2SO^4	31,6	102,1			

La température de la vapeur, qui se dégage de ces solutions à la température t', est aussi égale à t', comme l'a montré MAGNUS par des expériences directes. L'idée très répandue, que la température de la vapeur est égale à t (100° sous 760^{mm}), n'est pas juste.

Il est facile de déterminer la relation qui existe entre $p - p'$ et $t' - t$. Une solution bout à une certaine température t', sous une pression H (ordinairement la pression atmosphérique) qui correspond à la tension de vapeur $p' = H$ de la solution à la température t'. D'après les tables de tension de vapeur, le dissolvant pur bout à la température t', quand il se trouve sous une certaine pression $p > p'$. Sous la pression $H = p'$, il bout à une température t, qui est précisément la température d'ébullition du dissolvant. *Il en résulte évidemment que t et t' ($t' > t$) sont respectivement les points d'ébullition du dissolvant sous les pressions p' et p ($p > p'$).* Lorsque p et t sont connus et qu'on observe t', on trouve p' dans les tables et on a ainsi la différence $p - p'$, qui peut servir à la détermination du poids moléculaire m de la substance dissoute, voir (59), page 959. De telles mesures font aussi partie de la *tonométrie*.

On peut, pour les solutions *diluées*, établir une formule très simple donnant l'élévation du point d'ébullition $\Delta t = t' - t$. Nous avons vu que t' et t sont respectivement les points d'ébullition du dissolvant aux pressions p et p'. Sans commettre une grande erreur, on peut admettre que

$$\frac{\partial p}{\partial t} = \frac{p - p'}{t' - t} = \frac{p - p'}{\Delta t}.$$

On a, pour les solutions diluées, voir (58, a),

$$p - p' = p \frac{\frac{g}{m}}{\frac{G}{M}} = \frac{pMg}{mG},$$

où m et M sont les poids moléculaires de la substance dissoute et du dissolvant, g et G le nombre de grammes de l'un et de l'autre dans la solution. Les deux dernières équations donnent

$$(60) \qquad \Delta t = \frac{p - p'}{\frac{\partial p}{\partial t}} = \frac{Mgp}{mG \frac{\partial p}{\partial t}}.$$

Mais on a, voir (25, c), page 691, l'équation $\rho = AT(\sigma - s) \frac{\partial p}{\partial t}$, où ρ désigne la chaleur latente de vaporisation, σ et s les volumes spécifiques de la vapeur et du liquide. En négligeant s et en admettant comme exacte l'équation $p\sigma = RT$, on obtient $\frac{\partial p}{\partial t} = \frac{\rho}{AT\sigma} = \frac{p\rho}{ART^2}$. Portons cette expression dans (60), il vient

$$(60, a) \qquad \Delta t = \frac{MARgT^2}{mG\rho} = \frac{ART^2}{\rho} \cdot \frac{n_1}{n_0}.$$

On a $MAR = 2$ (plus exactement 1,987) ; en effet, $R = 29,27 : \delta$, $A = \frac{1}{425}$, $M = 28,88\delta$, où δ est le poids spécifique de la vapeur par rapport à l'air ; par conséquent

$$(61) \qquad \Delta t = \frac{2gT^2}{mG\rho}.$$

Soit E l'élévation du point d'ébullition, *dans le cas où une molécule-gramme de substance* ($g = m$) *est dissoute dans* 100^{gr} *du dissolvant* ($G = 100$) ; (61) donne

$$(62) \qquad E = \frac{0{,}02\, T^2}{\rho}.$$

Lorsque g^{gr} *de la substance sont dissous dans* 100^{gr} *du dissolvant*, et lorsque l'élévation du point d'ébullition est Δt, on déduit de (61) que le poids moléculaire m de la substance est égal à

$$(63) \qquad m = E \cdot \frac{g}{\Delta t}.$$

La grandeur E peut être déterminée soit d'après (63), en mesurant *l'élévation du point d'ébullition* Δt et en supposant m connu, soit directement d'après la formule (62), ρ étant connu et exprimé en petites calories pour 1^{gr} de dissolvant. Nous indiquerons quelques uns des nombres trouvés d'après la formule (63), c'est-à-dire par voie *ébullioscopique*, qui sont dus principalement à Walden (1906) :

Dissolvant	E	Dissolvant	E
Benzine	24,3	Nitréthane	26,0
Chloroforme	36,6	Alcool méthylique	8,4
Bromure d'éthyle	25,3	Alcool éthylique	11,5
Bromure d'éthylène	63,2	Tétrachlorure de carbone	48
Ether éthylique	21,1	Nitrométhane	19,5
Aniline	32,2	Acide formique	23,1
Iodure de méthyle	41,9	Phénol	30,4
Sulfure de carbone	23,7	Acétone	16,7
Acide acétique	31,4	Anhydride sulfureux	15
Pyridine	27,1	Eau	5,2

Beckmann (1907) a trouvé $E = 29{,}9$ pour l'acide acétique ; $E = 24{,}0$, pour l'acide formique. Walden a montré que les valeurs de E calculées par la formule théorique (62) sont toujours un peu plus grandes, de 8 % environ en moyenne. Les expériences de Beckmann ont donné $E = 16{,}5$ pour le chlore liquide, $E = 52$ pour le brome. Tsakolotos (1907) a calculé $E = 2{,}9$ pour l'oxygène liquide, au moyen des expériences d'Hunter. Lorsqu'on connaît E, (63) peut servir à déterminer m. Beckmann (1890) a obtenu, par exemple, d'après cette méthode, pour une solution de I dans l'éther, $m = 251$, ce qui correspond à une molécule I^2 ; il a trouvé en outre, pour une solution de P dans le sulfure de carbone, $m = 124 = P^4$; pour une solution de S dans le sulfure de carbone, m a oscillé, suivant la concentration, entre 245 et 318 ($S^8 = 256$).

Des mesures de la tension de vapeur et de la température d'ébullition de solutions dans différents dissolvants, principalement en vue de déterminer l'action dissociante de ces derniers, ont été faites par de nombreux auteurs.

Nous citerons RAOULT (éther) et JONES (alcool méthylique et alcool éthylique) ; ce dernier a trouvé que, dans l'alcool éthylique, la dissociation est moindre que dans l'eau (par exemple, pour une solution normale 0,1 de KI, les valeurs numériques de la dissociation sont 88,52 et 25 %).

Les *dissolvants inorganiques* ont été étudiés par BRUNI et BERTI (Az^2O^4 liquide), TOLLOCZKO ($SbCl^3$), BOUTY ($AzHO^3$), WALDEN ($SbCl^3$, $AsCl^3$, $AsBr^3$, SO^2, ClOH, H^2SO^4, etc.), FRANKLIN et KRAUS (AzH^3), GARELLI ($SnBr^4$), TSENTNERSCHWER (cyanogène et cyanure d'hydrogène), WALDEN et TSENTNERSCHWER (anhydride sulfureux liquide). Les recherches de ces deux derniers auteurs présentent un intérêt tout particulier. L'élévation moléculaire E du point d'ébullition, calculée à l'aide de la formule (62), est égale à 15, et cette valeur a été confirmée par des mesures de la température d'ébullition sur les solutions de toluène, de naphtaline, de triphénylméthane $CH(C^6H^5)^3$ et autres *non-électrolytes*. Mais à l'encontre de la théorie, des valeurs moléculaires *trop élevées* ont été trouvées pour des électrolytes, ce qui indique que dans SO^2 liquide, en dehors de la dissociation, a encore lieu une association entre les molécules du corps dissous (polymérisation) et entre celles-ci et les molécules du dissolvant. Ecrivons la formule (63) *pour les électrolytes*,

$$m = \frac{E}{i} \frac{g}{\Delta t}; \tag{63, a}$$

on constate, relativement au facteur i, que pour les solutions de KI, NaI, RbI, AzH^4I, KCAzS, AzH^4CAzS et pour les chlorures à bases ammoniacales primaires et secondaires, on a $i < 1$; pour AzH^4CAzS, par exemple, on obtient $i = 0,29$. D'autres groupes de corps donnent la valeur normale $i = 1$, et deux corps seulement $Az(CH^3)^4Br$ et $Az(C^2H^5)^4Br$ donnent $i > 1$. Quand la dilution augmente, i se rapproche de la valeur limite $i = 1$.

Une solution, qui renferme simultanément *plusieurs sels*, présente un point d'ébullition *plus bas* que celui auquel on devrait s'attendre d'après la simple règle de sommation. LE BLANC et NOYES ont montré que ce phénomène peut s'expliquer dans beaucoup de cas par la formation de sels doubles.

Les poids moléculaires ont aussi été déterminés d'après la méthode d'ébullition par TURBABA (détermination de i), ODDO et SERRA, ODDO, SPEYERS et d'autres encore.

Les solutions aqueuses *colloïdales* possèdent, comme TAMMANN (1887) l'a montré sur la gélatine et la gomme, par exemple, presque la même tension de vapeur et le même point d'ébullition que l'eau pure, ce qui conduit à l'hypothèse d'un poids moléculaire extrêmement grand pour les colloïdes. Il est très remarquable qu'une solution concentrée de *savon* a aussi exactement le même point d'ébullition et la même tension de vapeur que l'eau pure, tandis que les solutions diluées présentent, pour $p - p'$ et Δt, des valeurs mesurables. KRAFFT, KAHLENBERG et SCHREINER, et enfin SMITS (1903) se sont occupés de cette question.

La grande importance de la *tonométrie* et de l'*ébulliométrie*, pour la détermination des poids moléculaires et la recherche de l'état moléculaire des substances dissoutes (dissociation, polymérisation, association), a amené un grand perfectionnement dans les méthodes expérimentales de mesure de la tension de vapeur et de la température d'ébullition des solutions et la construction de nombreux appareils. MICHAILENKO (1901) a publié une exposition systématique excellente de toutes ces méthodes ; ce travail renferme aussi des indications sur toutes les recherches faites par des méthodes particulières et une énumération complète des substances dont les solutions ont été étudiées ; nous allons en donner un résumé succinct.

A. DÉTERMINATION DE LA TENSION DE VAPEUR.

I. *Méthode barométrique* (page 748). Nombreux travaux dus à REGNAULT, WÜLLNER, KONOWALOFF, TAMMANN, RAOULT.

II. *Méthode manométrique*. Un manomètre en forme d'U renferme de l'huile d'olive, par exemple ; l'une des branches est mise en communication avec un vase qui contient la solution, puis les deux branches sont purgées d'air et scellées à la lampe : BAKHUIS ROOZEBOOM, VRIENS, KOURILOFF.

III. *Méthode différentielle*. Sur un manomètre aussi sensible que possible, on mesure directement la différence entre les tensions de vapeur de la solution et du dissolvant pur. A cette méthode se rattachent les appareils et les recherches de MOSER, LORD KELVIN, BREMER, SMITS, DIETERICI, TÖPLER, BECKMANN, LÖB, HERING (1906) et RUD. MAIER (1910).

B. DÉTERMINATION DU POINT D'ÉBULLITION.

I. *Point d'ébullition sous la pression atmosphérique (ébulliométrie)*. Nombreux appareils, qui ont été perfectionnés notamment par RAOULT et BECKMANN, en outre par HITE, LANDSBERGER, MAC COY, etc.

II. *Point d'ébullition sous une pression quelconque*, produite à l'aide d'une pompe à air. Cette méthode a été particulièrement étudiée par KAHLBAUM ; ROLOFF, NOYES et ABBOT, GOODWIN et BURGERS, MICHAILENKO et d'autres encore l'ont aussi utilisée. Une variante des appareils que cette méthode comporte est constituée par les *appareils distillatoires* qu'ont employés LEHFELD, ZAWIDSKI et SCHREINEMAKERS pour les solutions de substances *volatiles*. Dans ces derniers, on distille une quantité de vapeur suffisante pour l'analyse et la détermination de la *composition de la vapeur*.

III. *Méthode différentielle*. WADE a fait bouillir le dissolvant pur et la solution sous la même pression et a déterminé, au moyen de deux thermomètres en platine (pages 60 et 66), la différence entre les points d'ébullition.

C. AUTRES MÉTHODES.

I. *Méthode hygrométrique*. La vapeur de la solution (aqueuse) est refroidie par détente adiabatique (R. HELMHOLZ) ou par évaporation d'éther (CHARPY), jusqu'à ce qu'on observe le point de rosée ; cette méthode a été utilisée par EWAN et ORMANDY.

II. *Méthode de pesée*. Le poids d'un volume connu de vapeur est mesuré dans un vase absorbant ou par la perte de poids de la solution. La pression est calculée à l'aide des lois des gaz. WALKER, WILL et BREDIG, KONOWALOFF, LINEBARGER, DOLEZALEK et GAHL (HCl) ont employé cette méthode.

III. La tension de vapeur peut être calculée, comme nous le verrons plus loin, lorsqu'on a mesuré la *pression osmotique* ou le *point de congélation* de la solution.

Occupons-nous maintenant, *au point de vue théorique*, de la *question de la tension de vapeur* des solutions, et en particulier de l'analyse de ce problème que l'on doit à Planck et à van't Hoff.

Montrons d'abord comment la formule (58, *a*), page 959, donnée par Raoult pour les solutions diluées, peut être déduite de la théorie générale de Planck exposée au § 4 (page 931). Supposons qu'une solution renferme n_0 molécules-grammes de dissolvant et n_1 molécules-grammes de substance dissoute et que dans la phase gazeuse se trouvent n_2 molécules-grammes de vapeur. Les concentrations sont $h_0 = \frac{n_0}{n_0 + n_1}$, $h_1 = \frac{n_1}{n_0 + n_1}$, $h_2 = 1$. Une modification possible est le passage d'une molécule du dissolvant de la solution dans la vapeur ; dans ce cas, on a $\nu_0 = -1$, $\nu_1 = 0$, $\nu_2 = +1$. La formule (10), page 934, donne (nous écrivons φ' au lieu de φ) :

$$-\log h_0 = -\frac{1}{H}(\varphi_0' - \varphi'_2), \tag{64}$$

où H est la constante de l'équation $pv = HT$ rapportée à une molécule-gramme de gaz ; φ'_0 et φ'_2 sont deux fonctions de p et T, qui se rapportent à une molécule-gramme du dissolvant liquide (φ'_0) et du dissolvant gazeux (φ'_2). La forme générale de ces fonctions a été indiquée dans (8, *a*), page 933. Transformons maintenant (64). Nous avons d'abord

$$-\log h_0 = \log\left(1 + \frac{n_1}{n_0}\right) = \frac{n_1}{n_0},$$

pour une valeur petite du dernier rapport. Les fonctions φ'_0 et φ'_2 se rapportent à la pression p' sous laquelle se trouvent la solution et la vapeur. Pour le dissolvant pur, la tension de la vapeur est égale à p ; soient φ_0 et φ_2 les valeurs des fonctions pour le dissolvant et sa vapeur ; l'équation (64) montre que $\varphi_0 = \varphi_2$. Pour $p - p'$ petit, on peut poser

$$\varphi'_0 = \varphi_0 + \frac{\partial\varphi_0}{\partial p}(p' - p), \qquad \varphi'_2 = \varphi_2 + \frac{\partial\varphi_2}{\partial p}(p' - p),$$

d'où

$$\varphi'_0 - \varphi'_2 = (p' - p)\left(\frac{\partial\varphi_0}{\partial p} - \frac{\partial\varphi_2}{\partial p}\right).$$

Soient σ et s les volumes spécifiques de la vapeur et du liquide ; (8, *a*), page 933, donne $\frac{\partial\varphi_0}{\partial p} = -\frac{s}{T}$, $\frac{\partial\varphi_2}{\partial p} = -\frac{\sigma}{T}$, de sorte que

$$\varphi'_0 - \varphi'_2 = (p' - p)\frac{\sigma - s}{T}.$$

L'équation (64) prend donc la forme

$$\frac{n_1}{n_0} = \frac{\sigma - s}{HT}(p - p').$$

En négligeant s et en supposant que $p\sigma = \text{HT}$, on obtient

(65) $$\frac{p - p'}{p} = \frac{n_1}{n_0}.$$

C'est l'équation de RAOULT pour les solutions diluées, qui se trouve ainsi déduite des principes fondamentaux de la Thermodynamique.

VAN'T HOFF a établi autrement l'équation plus générale (58) ; son raisonnement conduit à la relation qui existe entre la *pression osmotique* P et l'abaissement $p - p'$ de la tension de vapeur. Nous reproduisons la démonstration de cette équation, sous la forme intéressante que lui a donnée ARRHENIUS. Supposons que la solution se trouve dans le vase L (fig. 260), séparée du dissolvant pur F par une paroi semi-perméable ; elle s'élève dans le tube jusqu'à une certaine hauteur $ba = h$. Conformément à la théorie de la pression osmotique, on a l'équation

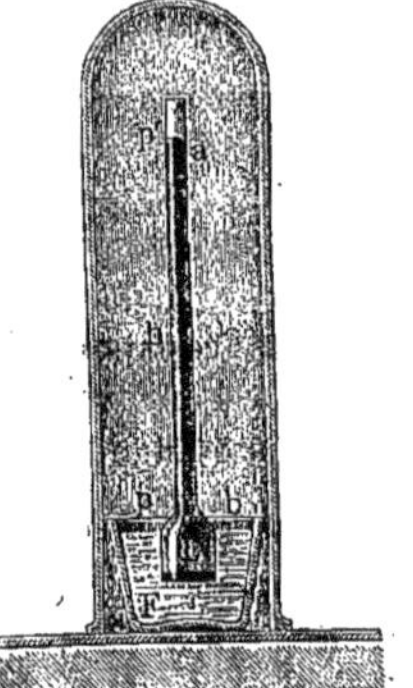

Fig. 260

(66) $$\text{P} = \text{D}h,$$

où D est la densité de la solution, qu'on peut prendre égale à la densité du dissolvant. La tension de vapeur en b est égale à p ; en a, au-dessus de la solution, elle est égale à p'. Il est évident qu'à l'extérieur du tube et au niveau a, la tension de vapeur doit être aussi égale à p'. La densité δ et la tension π de la vapeur, qui se trouve au-dessus de F, varient en fonction de la hauteur x au-dessus du niveau b ; pour $x = 0$ et $x = h$, on a respectivement $\pi = p$ et $\pi = p'$. Lorsque x augmente de dx, la tension de vapeur π diminue d'une quantité égale à la pression d'une couche de vapeur d'épaisseur dx ; on a donc $d\pi = -\delta dx$. Si M est le poids moléculaire du dissolvant (et de la vapeur), on a $\delta = \text{M} : v$, où v est le volume d'une molécule-gramme de vapeur et en supposant que $\pi v = \text{HT}$, on obtient $\frac{d\pi}{\pi} = -\frac{\text{M}}{\text{HT}} dx$; en intégrant de $x = 0$ à $x = h$, c'est-à-dire de $\pi = p$ à $\pi = p'$, on a

$$\log \frac{p}{p'} = \frac{\text{M}h}{\text{HT}}.$$

Si la différence $p - p'$ est petite, on peut écrire

$$\log \frac{p}{p'} = \log\left(1 + \frac{p - p'}{p'}\right) = \frac{p - p'}{p'},$$

de sorte que

(66, a) $$\log \frac{p}{p'} = \frac{p - p'}{p'} = \frac{\text{M}h}{\text{HT}}.$$

Supposons, comme précédemment, que la solution renferme n_0 molécules-grammes de dissolvant et n_1 molécules-grammes de substance dissoute. Le volume v de la solution est égal à $v = \frac{n_0 M}{D}$; il renferme n_1 molécules-grammes de la substance dissoute ; par suite, une molécule-gramme occupe le volume $w = \frac{n_0 M}{n_1 D}$. D'après l'analogie de VAN'T HOFF entre les propriétés des gaz et celles des substances dissoutes, on a $wP = HT$, ou

$$(66,\ b) \qquad \frac{n_0 M}{n_1 D} P = HT.$$

En portant l'expression (66) de P dans (66, *b*) et en comparant à (66, *a*), on obtient immédiatement $\frac{p - p'}{p'} = \frac{n_1}{n_0}$, ou

$$(66,\ c) \qquad \frac{p - p'}{p} = \frac{n_1}{n_0 + n_1}.$$

C'est l'équation de RAOULT, pour une solution de concentration quelconque. Les équations que nous venons d'établir permettent de trouver la relation existant entre la pression osmotique P et les tensions p et p' des vapeurs du dissolvant et de la solution. Dans (66, *b*), remplaçons $\frac{n_1}{n_0}$ par $\frac{p - p'}{p'}$ ou, plus exactement, par $\log \frac{p}{p'}$; nous obtenons alors

$$P = \frac{HTD}{M} \log \frac{p}{p'}.$$

Mais H : M est la constante R de l'équation $pv = RT$, rapportée à 1^{gr} de vapeur du dissolvant ; introduisons d'autre part le volume s d'un gramme du dissolvant liquide, lequel est égal à $\frac{1}{D}$: il vient

$$(67) \qquad P = \frac{RT}{s} \log \frac{p}{p'} = \frac{RT}{s} \cdot \frac{p - p'}{p'} ;$$

la seconde expression de P se rapportant aux solutions diluées, on peut au dénominateur remplacer p' par p. Pour la commodité des calculs, il convient de réintroduire le poids moléculaire M et la densité $D = 1 : s$ du dissolvant. Lorsqu'on choisit, comme unités de volume et de pression, le mètre cube et la pression de 1^{kg} par mètre carré, on a $R = 29,27 : \delta$, où δ est la densité du gaz par rapport à l'air (voir Tome I) ; on a en outre $M = 28,88\ \delta$ et par suite $R = 29,27 \times 28,88 : M = 849 : M$. Si on veut calculer la pression osmotique P en kilogrammes par mètre carré, il faut prendre partout une molécule-kilogramme, au lieu d'une molécule-gramme ; $D = \frac{1}{s}$ est alors le nombre de kilogrammes que pèse un mètre cube de dissolvant ; on a d'ailleurs

$D = 1000\,D_0$, où D_0 est la densité du dissolvant par rapport à l'eau. Remplaçons R et s par leurs valeurs, il vient

$$P = \frac{849\,T \,.\, 1000\,D_0}{M} \,.\, \frac{p - p'}{p}\,\frac{\text{kilogr.}}{\text{m. car.}} = \frac{849\,T \,.\, 1000\,D_0}{10333\,M} \,.\, \frac{p - p'}{p}\ \text{atm.},$$

ou enfin

$$(67,\ a) \qquad P = 82{,}2\,\frac{TD_0}{M} \,.\, \frac{p - p'}{p}\ \text{atm.},$$

P *étant la pression osmotique,* D_0 *la densité du dissolvant par rapport à l'eau,* M *le poids moléculaire du dissolvant,* p *et* p' *les tensions de vapeur du dissolvant et de la solution à la température* T. La mesure de P est donc remplacée par celle de p et p' ou, en pratique, ainsi que nous l'avons vu, par la détermination des points d'ébullition t et t'.

Exprimons maintenant la pression osmotique P en fonction de l'élévation du point d'ébullition Δt. Les formules (60, a) et (66, b) donnent $P = \frac{D\rho}{AT}\,\Delta t$ ou, en introduisant $s = 1 : D$,

$$(67,\ b) \qquad P = \frac{\rho}{ATs}\,\Delta t.$$

En posant de nouveau $1 : s = D = 1000\,D_0$ et $A = \frac{1}{426}$, on obtient P en kilogrammes par mètre carré; si on divise le second membre par 10333, il vient

$$(67,\ c) \qquad P = \frac{41{,}1\,D_0\,\rho}{T}\,\Delta t\ \text{atm.},$$

P *étant la pression osmotique,* D_0 *la densité du dissolvant par rapport à l'eau,* ρ *la chaleur latente de vaporisation d'un gramme de dissolvant exprimée en petites calories,* T *la température absolue d'ébullition du dissolvant,* Δt *l'élévation de la température d'ébullition de la solution.*

Pour les solutions *aqueuses*, on a $D_0 = 1$, $M = 18$, $\rho = 536$ et, dans (67, c), $T = 373$; par conséquent

$$(67,\ d) \qquad P = 4{,}57\,T\,\frac{p - p'}{p}\ \text{atm.},$$

$$(67,\ e) \qquad P = 59{,}2\,\Delta t\ \text{atm.}$$

Noyes et Abbot ont apporté quelques corrections à la formule (67, d).

D'autres recherches théoriques sur les questions étudiées dans ce paragraphe sont dues à Planck, Duhem, Schiller, Arons, Wildermann, Gahl, Noyes et d'autres encore.

10. Sur les solutions de liquides. — Avant de nous occuper de la tension et de la composition de la vapeur des solutions de liquides, il convient que nous considérions de près les phénomènes observés dans le mélange de deux liquides. Nous avons déjà vu dans le Tome I qu'on doit distinguer trois cas :

1. Les deux liquides restent complètement séparés, plus exactement leur solubilité mutuelle est extrêmement faible (mercure et alcool, huile et eau).

2. Les deux liquides se mélangent en toutes proportions (eau et alcool, chloroforme et sulfure de carbone).

3. Les deux liquides sont, jusqu'à un certain degré, solubles l'un dans l'autre ; il se forme deux couches, dont chacune est une solution saturée de l'un des liquides dans l'autre. L'exemple le plus typique est fourni par l'éther et l'eau.

Nous allons envisager particulièrement ce *troisième cas*. Si A parties du premier liquide sont mélangées à B parties du second et si α et β sont les coefficients de solubilité des deux liquides, de sorte que, par exemple, une partie du premier liquide dissout β parties du second, l'une des couches est constituée par

$$A_1 = \frac{A - \alpha B}{1 - \alpha\beta} \tag{67, f}$$

parties du premier liquide, où sont dissoutes βA_1 parties du second. L'autre couche est constituée par

$$B_1 = \frac{B - \beta A}{1 - \alpha\beta} \tag{67, g}$$

parties du second liquide, où sont dissoutes αB_1 parties du premier. On a d'ailleurs $A = A_1 + \alpha B_1$, $B = B_1 + \beta A_1$.

Nous avons un système *diphasé*, renfermant *deux composants* ; le système est donc *divariant* (page 919) et on peut faire varier arbitrairement la tempé-

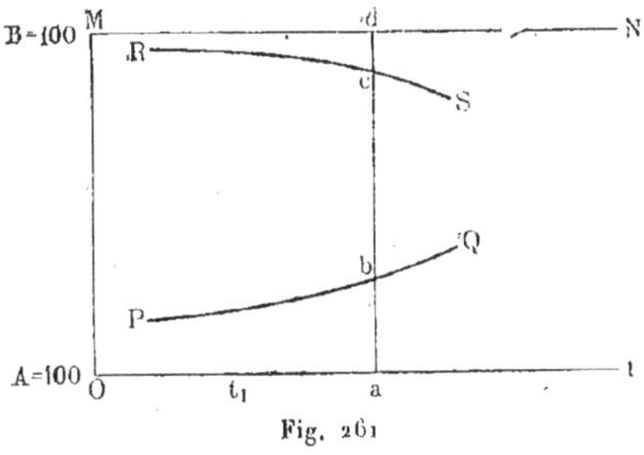

Fig. 261

rature t et la pression p ; mais, pour p et t donnés, les concentrations se trouvent entièrement fixées, autrement dit des valeurs uniques de α et β sont déterminées par p et t.

Dans la plupart des cas, α et β croissent en même temps que la température. Les rapports correspondant aux divers mélanges et aux différentes températures peuvent se représenter *graphiquement* de la façon suivante. Soit Ot (*fig.* 261) l'axe des températures ; portons sur l'axe rectangulaire OM le rapport en centièmes des liquides A et B dans le système, O désignant le liquide pur A (100 parties de A) et M le liquide pur B (100 parties de B). Lorsque B est ajouté progressivement à A, on obtient d'abord des solutions *non saturées* de B dans A. A la température $t_1 = OA$, les points du segment *ab* correspondent à ces solutions. Pour une certaine teneur en B, la solution devient *saturée* ; soit *b* le point qui correspond à cette teneur. Si on fait varier la température *t*, on obtient la courbe PQ, qui représente la solubilité de B dans A en fonction de *t*. La courbe RS représente de même la solubilité de A dans B, le segment *dc* correspondant aux solutions non saturées et la concentration de la solution saturée étant déterminée par la distance du point *c* de la courbe RS à MN. On a donc au-dessous de PQ et au-dessus de RS des systèmes monophasés de solution non saturée. Les points situés entre PQ et RS correspondent aux systèmes diphasés, dont il a été question plus haut. Sur chaque isotherme *bc*, les concentrations des deux couches restent invariables et sont égales aux concentrations aux points *b* et *c* ; A et B varient dans (67, *f*) et (67, *g*), tandis que α et β ne changent pas.

Quand la température augmente, les deux courbes se rapprochent et le domaine du système diphasé devient de plus en plus étroit ; en même temps, la différence entre la composition des deux phases diminue. Dans beaucoup de cas, les courbes se poursuivent jusqu'à se rejoindre, la représentation gra-

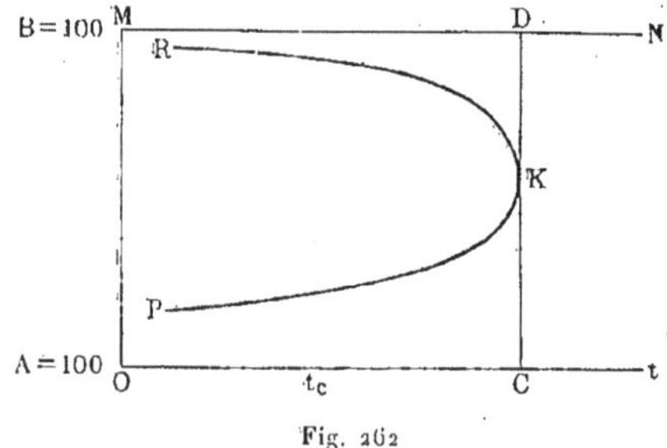

Fig. 262.

phique prenant alors la forme indiquée sur la figure 262. A une température déterminée $t = OC$, les deux phases deviennent identiques, le système est *monophasé* et on obtient un mélange homogène, dont la composition est déterminée par la position du point K sur la droite CD. *Au-dessus de la température t_c, les liquides sont miscibles en toutes proportions.* Le domaine total des états possibles comprend donc trois parties : à l'intérieur de la courbe PKR, on a des systèmes qui se composent de deux phases liquides ; à l'extérieur de PKR, les systèmes sont monophasés, et à gauche de CD on a des solutions non saturées de B dans A (au-dessous de PK) ou de A dans B (au-dessus de PK), à droite de CD des mélanges homogènes des deux liquides en proportions quelconques.

Frankenheim (1835) a observé le premier, sur un exemple, que des liquides, non miscibles à la température ordinaire, le deviennent à des températures plus élevées, et il a prévu que c'était là un phénomène tout à fait général.

ABASCHEFF (1857), auquel sont dues les premières recherches sur les solutions de liquides, a émis la même idée.

Des expériences un peu étendues ont été faites pour la première fois par ALÉXÉIEFF (1876 à 1886) ; il a observé le premier les phénomènes relatifs à la figure 262 sur 14 couples de liquides : mélanges d'eau et de phénol, d'aniline, de créosote, d'acide salicylique etc., mélanges de soufre liquide et d'aniline, de benzine, de toluène, de chlorure de benzine et d'huile essentielle de moutarde. ALÉXÉIEFF a aussi reconnu les mêmes phénomènes sur les couples de métaux Zn — Pb et Ag — Bi ; SPRING et ROMANOFF ont trouvé que t_c était compris entre 800° et 900° pour Zn — Bi.

LEHMANN (1888) a indiqué le premier l'analogie que présentent ces phénomènes avec les phénomènes critiques ; ORME MASSON et NERNST ont développé d'une façon plus précise cette analogie.

La courbe PKR (*fig.* 262) rappelle de très près la courbe AKB de la figure 245, page 858, à l'intérieur de laquelle on a également un système diphasé (liquide-vapeur). A la température critique, les deux phases deviennent identiques, exactement comme à la température t_c de la figure 262. Même extérieurement, les phénomènes manifestent des analogies remarquables.

Lorsque les deux liquides se trouvent dans un tube étroit, un ménisque convexe ou concave vers le haut se remarque à la surface limite des deux couches. Ce ménisque s'aplatit quand la température s'élève et finalement disparaît à la température t_c. On appelle par suite t_c la *température critique de dissolution* pour le couple donné de liquides et K (*fig.* 262) le *point critique de dissolution*. Nous avons déjà parlé à la page 880 des phénomènes d'*opalescence* que l'on observe dans la couche limite au voisinage de la température critique de dissolution.

ROTHMUND (1898) a dessiné la courbe PKR et déterminé la température critique de dissolution, pour neuf couples de liquides, parmi lesquels le phénol et l'eau ($t_c = 69°$), le furfurol et l'eau ($t_c = 122°$), l'hexane et l'alcool méthylique ($t_c = 42°,5$), le sulfure de carbone et l'alcool méthylique ($t_c = 40°$), la résorcine et la benzine ($t_c = 109°$), le méthyléthylcétone ($t_c = 151°$), etc. Il a trouvé en outre que la *loi du diamètre rectiligne*, qui, ainsi que nous l'avons vu, joue un grand rôle dans les phénomènes critiques, se vérifie ici également dans tous les cas : les points milieux des segments d'ordonnées (isothermes) entre KP et KR se trouvent en ligne droite (LK, *fig.* 263).

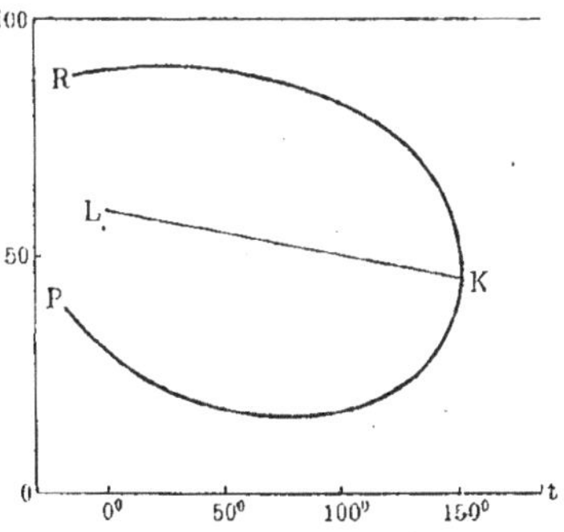

Fig. 263

ALÉXÉIEFF a observé sur quelques liquides l'existence d'un *minimum* de solubilité : les deux courbes se rapprochent, non seulement quand la température s'élève, mais aussi lorsqu'elle s'abaisse à partir de la température correspondant à ce minimum. Rothmund a aussi découvert ce minimum sur le couple méthyléthylcétone et eau, dont la figure 263 représente la courbe.

Les *mélanges d'eau et d'éther* ont été étudiés par Klobbie et d'autres, mais *il n'a pas été possible* d'atteindre la température critique de dissolution. Kuenen et Robson ont trouvé, comme nous le verrons plus loin, une explication complète de ce fait. Guthrie a obtenu, pour l'alcool éthylique et le sulfure de carbone, la température critique de dissolution très basse de — 14°,4.

Nous arrivons maintenant à un phénomène remarquable, découvert par Guthrie et par Aléxéieff : pour beaucoup de couples de liquides, la solubilité *croît* lorsque la température *s'abaisse*, jusqu'à ce qu'enfin un *point critique inférieur de dissolution* K (*fig.* 264) soit atteint. A ce point correspond une *température critique de dissolution* t_c = OC, *au-dessous* de laquelle les deux liquides sont complètement miscibles. Guthrie a observé ce phénomène sur

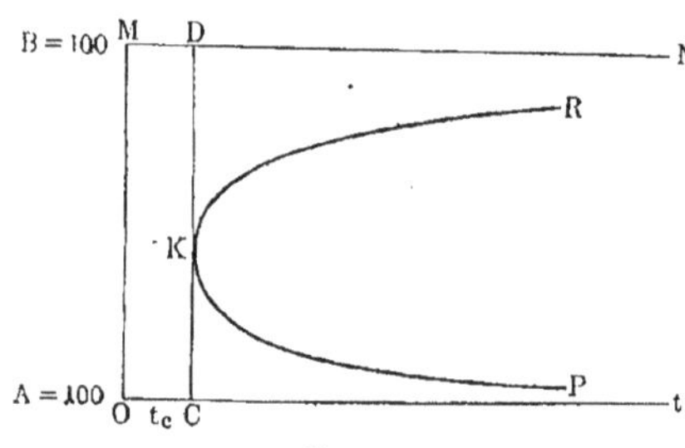

Fig. 264

l'eau et la diéthylamine, l'eau et la triéthylamine, Aléxéieff sur les mélanges d'eau et de quelques alcools secondaires. Lattey (1905) a étudié de nouveau le système diéthylamine et eau et a trouvé 124° pour le point critique inférieur et 19 °/₀ de diéthylamine. Büchner (1906) a observé un point critique inférieur dans les solutions de divers dérivés nitrés et halogènes des carbures aromatiques (uréthane, nitrobenzine, etc.) avec CO^2 liquide, Walden et Tsentnerschwer dans les solutions de KI dans SO^2, où une combinaison de ces deux substances joue le rôle du second liquide. La *loi du diamètre rectiligne* n'est *pas* valable pour les couples liquides qui possèdent une température critique inférieure.

Rothmund a trouvé un autre exemple intéressant, dans les mélanges d'eau avec la triméthylpyridine (collidine β) symétrique ; *au-dessous* de 6°, ces liquides sont complètement miscibles. Aux températures plus élevées, la solubilité commence à croître lentement et les deux branches de courbe se rapprochent. Le phénomène est donc exactement l'inverse de celui que représente la figure 263. Des cas analogues ont été reconnus par Flaschner (1908), dans les mélanges d'eau et de méthylpipéridine (température critique inférieure de 48°,3) ou d'éthylpipéridine (7°,45).

Ces observations ont conduit à penser que, *dans tout couple de liquides, la courbe de solubilité est fermée* et qu'il *existe par suite toujours deux températures critiques de dissolution, l'une supérieure et l'autre inférieure.* A l'intérieur de cette courbe fermée se trouve le domaine du système diphasé.

Une telle courbe fermée a été réalisée pour la première fois par BRUNI (1899) non avec deux, mais avec *trois* liquides. Il a ajouté au couple de liquides, eau et méthyléthylcétone, découvert par ROTHMUND, environ 1,5 % d'alcool éthylique. Au-dessus de 148° et au-dessous de 16°, les mélanges sont parfaitement homogènes. Un deuxième cas a été étudié par HUDSON (1904), celui des mélanges *de nicotine et d'eau*, où il est possible qu'un hydrate se forme, qui joue le rôle du troisième liquide dans l'exemple précédent. Les résultats sont représentés sur la figure 265 ; la teneur en centièmes de nicotine est indiquée sur OM. Au-dessus de 210° et au-dessous de 60°, les deux liquides sont miscibles en toutes proportions. A l'intérieur de la courbe fermée KPLQK, on a partout deux couches. Les deux solutions saturées ont

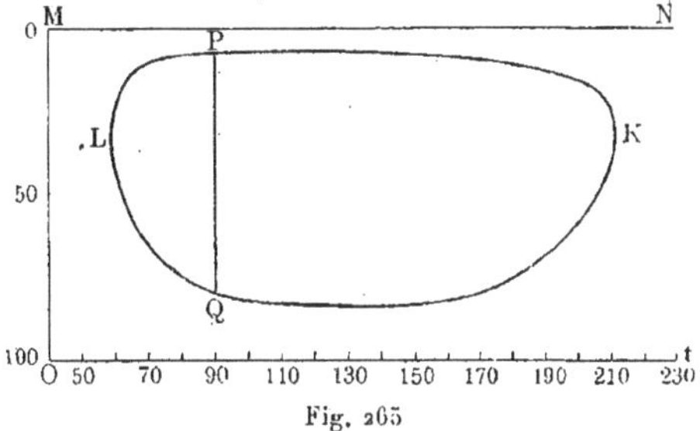

Fig. 265

même densité à 90° ; au-dessus de 90°, la solution d'eau dans la nicotine est plus légère que la solution de nicotine dans l'eau, au-dessous de 90° la couche d'eau est la plus légère. Dans le domaine PKQP, la nicotine se trouve au-dessus, dans le domaine PLQP elle se trouve au-dessous. Un changement de situation des deux couches a lieu à 90°, si le système est refroidi à partir d'une température plus élevée. FLASCHNER a trouvé une courbe presque fermée, dans le mélange mentionné ci-dessus d'eau et de méthylpipéridine.

Par addition d'une *troisième substance*, on peut provoquer des phénomènes très intéressants. Deux liquides, qui se mélangent parfaitement, peuvent alors former deux couches séparées ; SMIRNOFF a observé un tel cas, en ajoutant divers sels à un mélange d'eau et d'acide isobutyrique. Les recherches les plus étendues ont été faites par TIMMERMANS (1907) ; il a trouvé un point critique supérieur et un point critique inférieur, par conséquent une *courbe fermée*, en ajoutant KCl, par exemple, à un mélange d'eau et d'alcool propylique. DOLGOLENKO (1908) croit que les mélanges *binaires* ne donnent jamais de courbes fermées et ne possèdent aucun point critique *inférieur* et que les phénomènes que l'on observe sont dus à des impuretés, c'est-à-dire à la présence d'un troisième corps.

La *pression* extérieure agit sur la position de la température critique de dissolution. VAN DER LEE a montré que, pour les mélanges de phénol et d'eau, cette température croît en même temps que la pression, conformément aux prévisions théoriques.

Nous rencontrerons, dans le prochain paragraphe, d'autres travaux sur les mélanges de liquides, qui se rattachent plus particulièrement à la question de la tension de vapeur de ces mélanges.

11. Tension et composition de la vapeur des mélanges de liquides ; température d'ébullition. — Nous avons parlé au § 9 des propriétés de la vapeur des solutions de substances *non volatiles* (solides) et, dans le paragraphe précédent, des solutions et mélanges de *liquides*. Nous allons maintenant étudier les propriétés de la vapeur de ces solutions et mélanges. Il se présente ici cette circonstance que *la vapeur est formée de deux composants*, de sorte qu'en dehors de la question de la *tension de vapeur* surgit encore celle de la *composition* ou de la *concentration* de la vapeur.

Nous allons rappeler encore une fois, mais dans un ordre un peu différent, les trois cas qui peuvent se présenter dans le contact des liquides et que nous avons mentionnés au § **10**.

Premier cas : les liquides se dissolvent extrêmement peu l'un dans l'autre (eau et huile).

Deuxième cas : il se produit deux solutions *saturées* (eau et éther).

Troisième cas : les liquides se mélangent en toutes proportions (eau et alcool éthylique) ; on peut rattacher aussi à ce troisième cas les solutions *non saturées*.

Au-dessus du mélange se trouve de la vapeur. Dans les deux premiers cas, on a un système triphasé avec deux composants, par suite *monovariant* ; des trois grandeurs : *pression, température* et *concentration, une seule* peut être choisie arbitrairement. Dans le troisième cas, on a deux phases avec deux composants ; le système est *divariant* et, parmi les trois grandeurs ci-dessus, *deux* peuvent être choisies arbitrairement.

Les plus importantes recherches sur la *tension de vapeur des mélanges de liquides* sont dues à Konowaloff (1881) ; auparavant, la question avait été étudiée principalement par Magnus, Regnault et Wüllner ; après Konowaloff, de nombreux travaux ont été publiés, dont nous citerons les auteurs plus loin.

Regnault a trouvé, pour les *mélanges de première espèce*, que la tension de vapeur est égale à la somme des tensions des vapeurs des deux liquides non miscibles ; il a étudié les mélanges d'eau avec CS^2, CCl^4 et avec la benzine et il a reconnu que la loi se trouve confirmée à peu près dans la même mesure que l'est la loi identique de Dalton pour les gaz (page 803). Regnault n'a considéré, pour les *mélanges de seconde espèce*, que le mélange d'eau et d'éther ; il a trouvé que la tension p de la vapeur du mélange diffère peu de la tension de vapeur de l'éther pur. Pour les *mélanges de la troisième espèce*, il a trouvé que p est compris entre les tensions p_1 et p_2 des vapeurs des parties constituantes. Des relations plus compliquées ont été obtenues par Wüllner, qui a montré que p est très souvent plus grand que p_1 et que p_2 ;

ROSCOE a trouvé, pour un mélange d'eau avec l'acide formique, que p est au contraire plus petit que p_1 et que p_2.

Nous allons considérer d'une manière particulière les *mélanges de deuxième espèce*, où l'on a affaire à *deux solutions saturées*. Dans un travail remarquable, KONOWALOFF (1881) a étudié le premier de telles solutions d'une façon précise et a établi la loi suivante :

La tension de vapeur des deux solutions saturées est la même, bien que la composition des solutions soit tout à fait différente. Ainsi, dans les mélanges d'eau et d'éther, l'une des solutions est formée d'eau avec 10 % d'éther, l'autre d'éther avec 3 % d'eau.

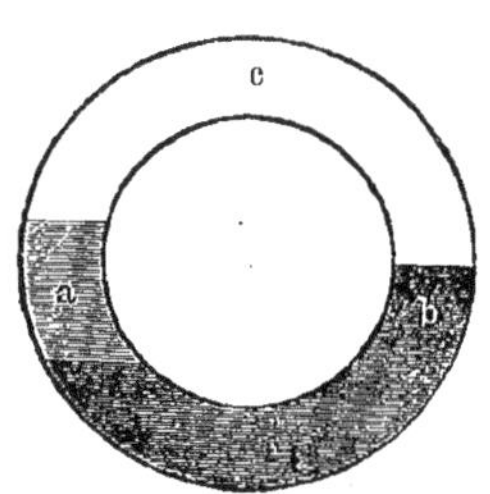

Fig. 266

On peut d'ailleurs démontrer comme il suit que les tensions de vapeur des deux solutions doivent être égales. Considérons un tube en forme d'anneau (*fig.* 266), qui contient les deux solutions saturées en a et b. La tension de vapeur en c doit évidemment être la même au-dessus de a et au-dessus de b, car autrement il se produirait une distillation continue et nous pourrions construire un *perpetuum mobile*. Nous avons déjà invoqué, à la page 779, une considération analogue.

Une objection de CANTOR contre la loi de KONOWALOFF a été réfutée par ZAWIDSKI (1900), p. 158 du travail indiqué dans la bibliographie.

Il n'est pas superflu de signaler que la tension de vapeur envisagée ici *est indépendante de la proportion, suivant laquelle les deux liquides sont mélangés*, c'est-à-dire des quantités A et B des formules (67,f) et (67,g), page 970, en supposant A_1 et B_1 plus grands que zéro et par conséquent le système triphasé. Comme nous l'avons vu, les quantités relatives des deux phases liquides seules, mais non leur *composition*, dépendent des grandeurs A et B ; à la même composition (saturée), correspond bien entendu aussi la même tension de vapeur et la même composition de tension de vapeur. Ces relations ont été exposées très clairement pour la première fois par OSTWALD (1897).

La tension de vapeur de la solution saturée est toujours *plus petite* que la somme des tensions de vapeur des deux liquides et se trouve plus voisine de celle de la substance la plus volatile. Ainsi que nous l'avons mentionné ci-dessus, ce résultat a été obtenu par REGNAULT pour le mélange éther–eau, et confirmé par KONOWALOFF pour le mélange alcool isobutylique-eau. Beaucoup d'autres couples ont été étudiés par LEHFELDT, par exemple les mélanges phénol-eau, aniline-eau, alcool-toluène.

La *composition* de la vapeur des deux solutions *saturées* a été étudiée pour la première fois par KUENEN et ROBSON (1899), dans un travail intéressant. Ils ont distingué quatre cas, représentés graphiquement sur les figures 267 à 270. Comme dans les figures 261 à 265, les températures sont portées sur l'axe Ot et les quantités relatives des deux liquides, dans le *système total*, sur l'axe rectangulaire OM.

Le *premier cas*, figure 267, correspond à la figure 262, page 971 ; RKP est la courbe de dissolution, OC la température critique de dissolution, K le point critique. La composition de la vapeur correspondant aux différentes valeurs de t est représentée par la courbe ab, située *en dehors* de RKP ; la vapeur renferme donc moins d'un des composants que la solution saturée de ce composant dans l'autre liquide. La courbe de vapeur finit à la température critique, car à une température plus élevée tous les mélanges sont possibles et à chacun correspond une composition spéciale de la vapeur.

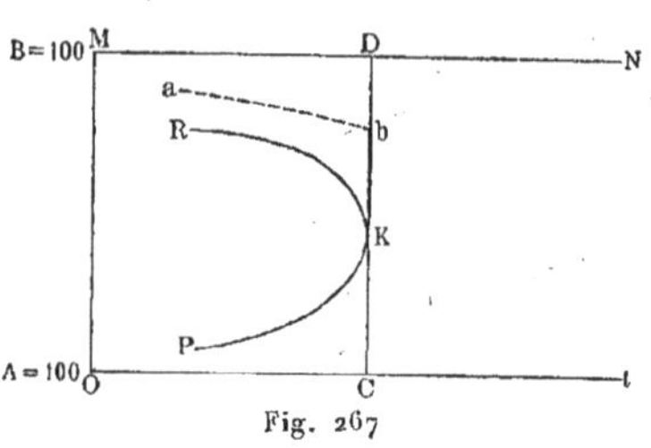

Fig. 267

Dans le *deuxième cas* (*fig.* 268), la courbe de vapeur est à l'intérieur de la courbe de dissolution et présente cette particularité qu'elle finit exactement au point critique K ; la vapeur et le liquide ont donc ici la même composition. A ce cas se rattachent les mélanges d'alcool méthylique ou d'alcool éthylique avec le sulfure de carbone et ceux de phénol ou d'aniline avec l'eau.

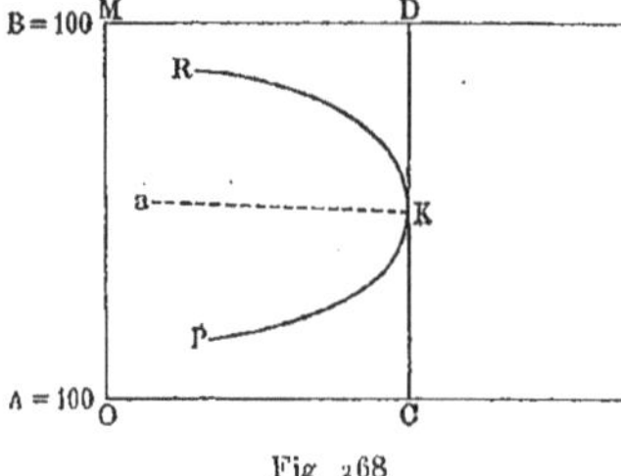

Fig 268

Le *troisième cas* (*fig.* 269) est très intéressant : à une certaine température OC le système est *diphasé*. Tel est le mélange d'éther et d'eau (page 973), pour lequel il n'existe pas par suite de température critique de dissolution (point de rencontre des courbes PQ et Rb). Pour OC = 201°, l'une des deux phases liquides disparaît. La courbe de vapeur se trouve *à l'intérieur* de la courbe de dissolution.

Le *quatrième cas* (*fig.* 270) se distingue essentiellement du troisième en ce que la courbe de vapeur aR est en dehors de la courbe de dissolution. Dans ce cas, se rangent les mélanges d'éthane avec les alcools éthylique, propylique, isopropylique et butylique normal. Selon toute apparence, il en est de même des mélanges, qui possèdent une température critique *inférieure* de dissolution. Le système n'est triphasé qu'à l'intérieur de la courbe RKP.

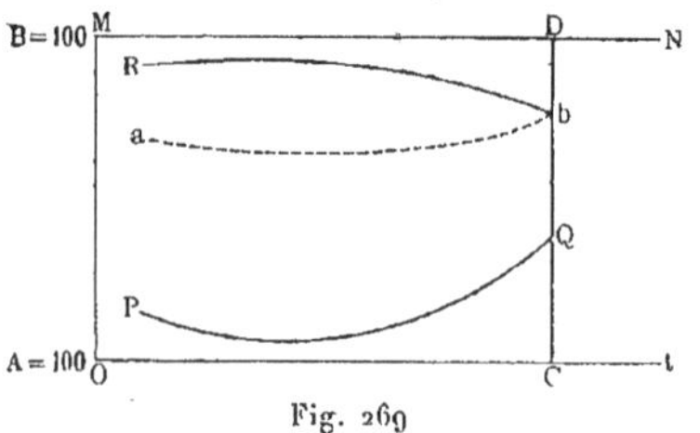

Fig. 269

Nous passons maintenant aux *mélanges de liquides de troisième espèce*, qui forment avec la vapeur un système *diphasé*. Il s'agit ici des couples de liquides, qui se mélangent en proportions quelconques, par suite aussi de ceux de seconde espèce *au-dessus* de la température critique de dissolution. Il faut encore ajouter les solutions *non saturées*, car ce qui est actuellement caractéristique est évidemment qu'on n'a *qu'une phase liquide* de deux composants volatils, le rapport des quantités des deux composants étant variable. Nous emploierons, aussi bien pour les mélanges que pour les solutions non saturées, l'expression de *concentration* pour le rapport des quantités de ces deux composants. Comme des trois grandeurs : concentration, pression p et température t, *deux* peuvent être choisies arbitrairement, *trois questions différentes* se posent.

La *première* est la suivante : comment varie, pour un mélange de *concentration donnée*, la tension de vapeur en fonction de la température ? Soient p_A, p_B et p_{AB} les tensions de vapeur des composants et du mélange ; soit en outre $\mu = p_{AB} : (p_A + p_B)$. Les expériences de Wüllner et Konowaloff ont montré que, pour les mélanges d'eau avec les alcools méthylique, éthylique, propylique et isobutylique, la grandeur μ est presque constante, c'est-à-dire à peu près indépendante de la température. Ainsi, pour 1 eau + 8 alcool éthylique, $\mu = 0{,}68$; pour 1 eau + 1 alcool, $\mu = 0{,}59$. Mais, dans les mélanges d'*eau* avec les *acides*, μ dépend de la température.

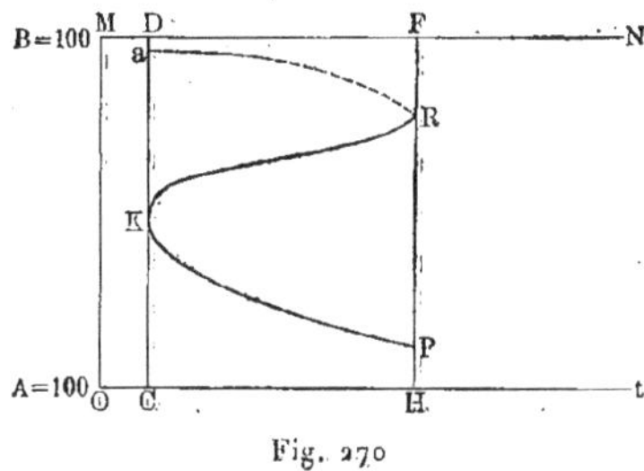

Fig. 270

Pour les mélanges dans le rapport 1 à 1, on a par exemple :

	Acide formique	Acide acétique	Acide propionique	Acide butyrique
t	17° à 65°,2	16°,5 à 100°	16° à 99°,5	15° à 99°
μ	0,28 à 0,42	0,45 à 0,61	0,63 à 0,75	0,75 à 0,89

La variation de μ est presque la même dans les quatre cas.

La *seconde question* est : comment, à une *température donnée*, varie la tension de vapeur en fonction de la concentration ?

Enfin on peut encore poser la *troisième question* : comment, sous une *pression donnée*, varie la température en fonction de la concentration, ou, ce qui revient évidemment au même, comment, sous une *pression donnée*, la *température d'ébullition* du mélange dépend-elle de la concentration ?

A ces questions s'en ajoute encore une autre tout particulièrement intéressante, celle de la *composition* (*concentration*) de la vapeur dans chaque cas.

Nous nous bornerons ici au plus important ; nous parlerons d'abord des travaux fondamentaux de Konowaloff, ensuite de la question de la concentration de la vapeur, et nous mentionnerons enfin les résultats de quelques-unes des recherches les plus récentes.

Konowaloff (1881), a étudié les mélanges d'eau *avec les alcools et les acides*.

Quelques-uns de ses résultats sont représentés graphiquement sur les figures 271 à 273. La tension de vapeur p du mélange, à la température indiquée sur chacune des courbes, est prise pour ordonnée ; les abscisses donnent la teneur en centièmes (en *poids*) de la substance contenue dans le mélange avec l'eau, de sorte que l'ordonnée de l'extrémité gauche de la courbe représente la tension de vapeur p_1 de l'eau pure et l'ordonnée de l'extrémité droite la tension de vapeur p_2 de la substance pure ajoutée à l'eau.

Konowaloff a distingué *trois types de courbes*.

A. La *tension de vapeur p est comprise entre p_1 et p_2*, pour toutes les concentrations.

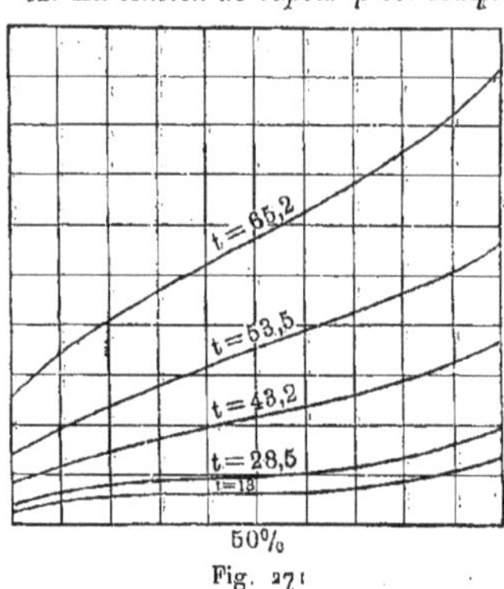

Fig. 271

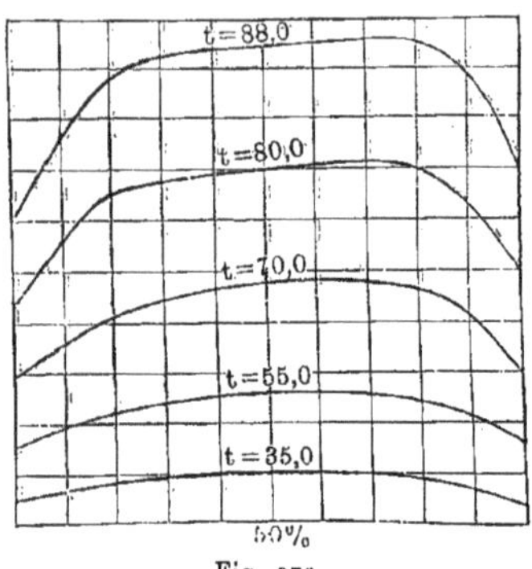

Fig. 272

Il en est ainsi pour les mélanges d'alcool méthylique (*fig.* 271), d'alcool éthylique, d'acide acétique et d'acide propionique avec l'eau.

B. *La tension de vapeur p est plus grande que p_1 et que p_2*. Il en est ainsi pour les mélanges d'alcool propylique (*fig.* 272), d'alcool isobutylique et d'acide butyrique avec l'eau. Pour un mélange déterminé, p est *maximum*.

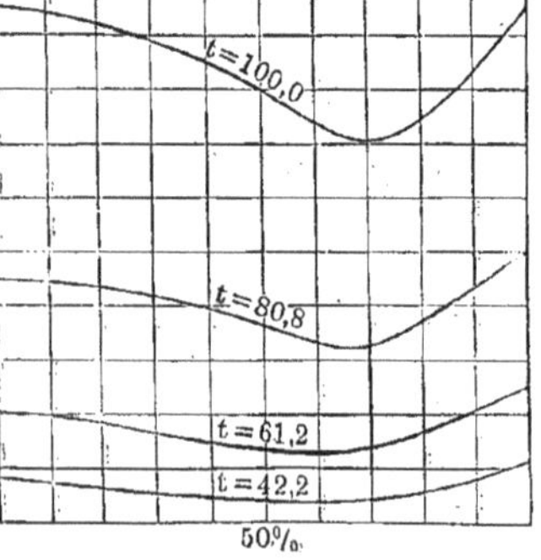

Fig. 273

C. *La tension de vapeur p est moindre que p_1 et p_2*. L'unique exemple trouvé par Konowaloff est un mélange d'acide formique avec l'eau (*fig.* 273). Pour un mélange déterminé p est *minimum*.

Il est facile de voir que lorsqu'on a obtenu les courbes de pression p pour $t = const.$, on peut aussitôt construire les courbes de température t pour $p = const.$, c'est-à-dire les *courbes d'ébullition*. Supposons que, dans chacune des trois figures 271 à 273, on trace une droite $p = const.$ parallèle à l'axe des abscisses ; on voit immédiatement comment la température doit varier en fonction de la concentration, pour une pression constante. En allant de la gauche vers la droite, t baissera constamment *dans le premier cas* (*fig.* 271) ;

les courbes d'ébullition n'ont donc ni maximum, ni minimum, mais descendent du haut à droite vers le bas à gauche. *Dans le second cas*, (*fig*. 272), t possède évidemment un *minimum* ; *dans le troisième cas* (*fig*. 273), un *maximum*. Les courbes d'ébullition ont donc une forme, opposée par son caractère général de celle des courbes correspondantes de tension de vapeur.

Konowaloff a aussi étudié, au moins partiellement, la question de la composition de la vapeur et il a établi une proposition importante, qui a pris aujourd'hui les noms de Gibbs et de Konowaloff, car il s'est trouvé qu'elle était déjà contenue dans les travaux de Gibbs.

Proposition de Gibbs et de Konowaloff. — *Lorsque la tension de vapeur (ou la température d'ébullition), considérée comme fonction de la concentration, possède un maximum ou un minimum pour une concentration déterminée, la composition de la vapeur est identique à celle du liquide pour cette dernière concentration.* Pour les autres concentrations, la composition du liquide et celle de la vapeur sont différentes.

Les relations en question sont remarquablement représentées graphiquement par les *lignes de rosée* que Duhem (1902) a introduites. Soient (*fig*. 274) PNQ, PMQ et PM'Q les trois courbes de tension de vapeur p, qui correspondent aux trois figures 271 à 273. Les abscisses sont ici les concentrations du *liquide* et nous supposerons ces dernières exprimées par le rapport, multiplié par 100, des nombres de *molécules-grammes* des deux composants. Considérons la tension de vapeur p comme fonction de la *concentration de la vapeur*. Les points correspondant aux différents systèmes possibles sont alors déplacés *latéralement* et on obtient les trois nouvelles courbes PabQ, qui sont les *lignes de rosée*. Elles passent évidemment par P et Q et en outre, d'après la proposition de Gibbs et de Konowaloff, par les points M et M' de maximum et de minimum. Duhem a montré que la courbe de rosée est toujours située *au-dessous* de la courbe de pression. Les points c et d correspondent *au même système*, dont la tension de vapeur est donnée par l'ordonnée commune de ces deux points.

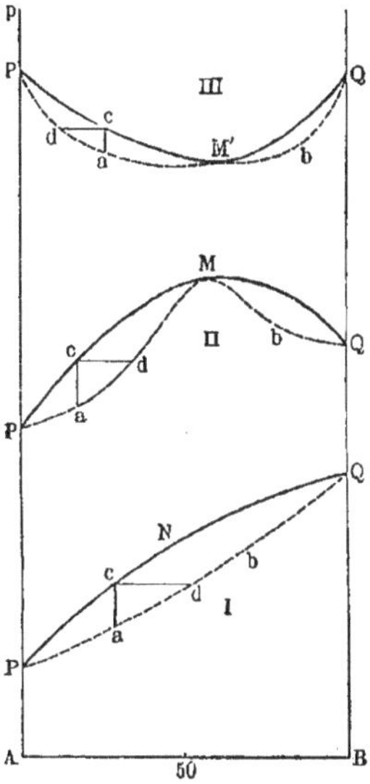

Fig. 274

Mais, si on choisit deux systèmes *différents*, de façon que la composition du *liquide* dans un système soit celle de la *vapeur* dans le second, alors la tension de vapeur dans le premier système est, ainsi que Duhem l'a établi, toujours plus grande que dans le second (le point a est toujours au-dessous du point c).

La question, de grande importance pratique, de la *distillation des mélanges binaires* est en très étroite relation avec ce qui précède. La figure 274 indique la composition de la vapeur et on peut par suite déterminer immédiatement, dans chaque cas particulier, à quel résultat conduira la distillation d'un mélange poussée jusqu'au bout.

I. *Courbe* PNQ (*fig.* 274). — La vapeur renferme, plus que le liquide, la substance B la plus volatile. Pour une *température* maintenue constante, la tension de vapeur devient de plus en plus faible; pour une *pression* constante, la température d'ébullition s'élève de plus en plus, jusqu'à ce qu'enfin il ne subsiste que le composant A le moins volatil. Dans la distillation fractionnée, le produit de la distillation s'enrichit de plus en plus du composant le plus volatil B.

II. *Courbe* PMQ. — La tension de vapeur a un maximum, la température d'ébullition un minimum. Selon la concentration, on a deux cas à distinguer :

1. Arc PM ; le mélange renferme plus de substance A qu'au point M. La vapeur renferme plus de substance B que le mélange et il reste finalement le composant A.

2. Arc MQ ; la vapeur renferme plus de substance A que le mélange et il reste finalement le composant B.

Le point d'ébullition s'élève dans les deux cas, quand la distillation a lieu sous pression constante. Le mélange correspondant au point M se vaporise, sans modification de concentration, à un point d'ébullition très bas, mais le phénomène a un caractère *instable*, comme on le voit immédiatement. Dans la distillation fractionnée, on obtient finalement, comme produit de la distillation, le mélange correspondant au point M avec température d'ébullition minima. Holley (1902) a trouvé un assez grand nombre de tels mélanges. Noyes et Warfel (1901) ont fait l'intéressante découverte que le mélange de 96 % en poids d'alcool éthylique avec 4 % d'eau possède une température d'ébullition minima de 78°,174, tandis que l'alcool pur bout à 78°,300. On ne pourrait donc obtenir, par distillation fractionnée, d'un mélange renfermant plus d'eau, un produit de distillation contenant plus de 96 % d'alcool.

III. *Courbe* PM'Q. — La tension de vapeur possède un minimum. On voit immédiatement que la concentration du mélange se rapproche, dans tous les cas, pendant la vaporisation, de celle qui correspond au point M'. Lorsque ce point est atteint, *le liquide se vaporise sans changement de concentration*. La température d'ébullition est ici maxima ; mais la composition du liquide, qui se vaporise sans modification de concentration, dépend de la pression extérieure donnée p. Avec les mélanges de HCl et d'eau, on obtient, par exemple, lorsque $p = 5^{cm}$ de mercure, un produit de distillation constant qui renferme 23,2 % de HCl et qui, lorsque $p = 250^{cm}$, n'en renferme que 18 %.

Parmi les nombreuses recherches qui ont été faites sur la *tension de vapeur* des mélanges, nous mentionnerons encore celles de Young, v. Laar, Kuenen, Kohnstamm, Caubet, Schreinemakers et Sapojnikoff. Young a trouvé une série de mélanges (chlorure de benzine et bromure de benzine, par exemple), pour lesquels la courbe de pression (PNQ sur la figure 274) est une ligne droite ; v. Laar (1904) a étudié le mélange iode + brome, Sapojnikoff le mélange $AzHO^3 + H^2SO^4$.

Passons maintenant à la question de la *composition de la vapeur*, qui a été traitée théoriquement par Planck, Nernst, Duhem et Margules. Nous allons d'abord établir la formule donnée par Planck, qui s'applique seulement aux solutions *diluées* d'un liquide B dans un liquide A.

Supposons que, dans la solution, se trouvent n_0 molécules-grammes du liquide A et n_1 molécules-grammes du liquide B ; soient n'_0 et n'_1 les nombres correspondants dans la vapeur ; en outre, supposons que n_1 et n'_1 soient petits comparativement à n_0 et n'_0. Les concentrations sont

$$h_0 = \frac{n_0}{n_0 + n_1}, \qquad h_1 = \frac{n_1}{n_0 + n_1}, \qquad h'_0 = \frac{n'_0}{n'_0 + n'_1}, \qquad h'_1 = \frac{n'_1}{n'_0 + n'_1}.$$

Les variations possibles sont :

1. Le passage d'une molécule-gramme de la subtance A de la solution dans la vapeur. Dans ce cas, on a

$$\nu_0 = 1, \qquad \nu_1 = 0, \qquad \nu'_0 = +1, \qquad \nu'_1 = 0.$$

L'équation (11), page 934, donne

$$\log \frac{h'_0}{h_0} = \log K(p, T). \tag{68}$$

2. Le passage d'une molécule-gramme de la substance B de la solution dans la vapeur. Dans ce cas, on a

$$\nu_0 = 0, \qquad \nu_1 = -1, \qquad \nu'_0 = 0, \qquad \nu'_1 = +1,$$

et l'on obtient

$$\log \frac{h'_1}{h_1} = \log K(p, T). \tag{68, a}$$

Or, on a

$$\log \frac{h'_0}{h_0} = \log\left(1 + \frac{n_1}{n_0}\right) - \log\left(1 + \frac{n'_1}{n'_0}\right) = \frac{n_1}{n_0} - \frac{n'_1}{n'_0},$$

ce qui diffère peu de $h_1 - h'_1$; on peut donc écrire

$$h_1 - h'_1 = \log K(p, T). \tag{68, b}$$

Soit p_0 la tension de vapeur au-dessus du liquide pur A ; on a alors

$$h_1 - h'_1 = \log K(p, T) = \log K(p_0, T) + (p - p_0)\frac{\partial \log K(p_0, T)}{\partial p_0}.$$

Pour le dissolvant pur B, on a évidemment $h_1 = h'_1 = 0$ et $p = p_0$; par suite $\log K(p_0, T) = 0$ et on obtient ainsi

$$h_1 - h_1' = (p - p_0)\frac{\partial \log K(p_0, T)}{\partial p_0},$$

et la formule (18), page 936, donne

$$h_1 - h_1' = -(p - p_0)\frac{\varepsilon}{RT}, \tag{68, c}$$

où s est la variation de volume accompagnant le passage relatif à l'équation (68); mais s est évidemment le volume d'une molécule-gramme de la vapeur du liquide A et, en admettant l'équation $p_0 s = HT$, (68, c) devient

$$(69). \qquad h_1 - h_1' = \frac{p_0 - p}{p_0}.$$

Dans cette formule, h_1 *et* h_1' *sont les concentrations de la substance dissoute* B *respectivement dans la solution diluée et dans la vapeur ;* p_0 *est la tension de vapeur du liquide* A *et* p *la tension de vapeur de la solution.* La formule (69) montre que les différences $h_1 - h_1'$ et $p_0 - p$ ont toujours le même signe, résultat facile à traduire en langage ordinaire. WINKELMANN (1890) a étudié la composition de la vapeur d'un mélange d'alcool propylique et d'eau et a trouvé une concordance satisfaisante avec la formule (69) de PLANCK.

On peut modifier la formule (69) de PLANCK, en introduisant les *pressions partielles* π_0 et π_1 des composants A et B ; la tension de vapeur de la solution est

$$(69, a) \qquad p = \pi_0 + \pi_1.$$

Pour appliquer au cas présent l'équation (58) de RAOULT, page 959, on doit remplacer p par p_0 et p' par π_0, ce qui donne

$$(69, b) \qquad h_1 = \frac{n_1}{n_0 + n_1} = \frac{p_0 - \pi_0}{p_0},$$

d'où, d'après (69)

$$(69, c) \qquad h'_1 = \frac{p - p_0}{p_0} + \frac{p_0 - \pi_0}{p_0} = \frac{p - \pi_0}{p_0}.$$

En faisant, dans (69), $h_1 = n_1 : (n_0 + n_1)$, il vient

$$(69, d) \qquad h'_1 = \frac{p - p_0}{p_0} + \frac{n_1}{n_0 + n_1} = \frac{p(n_0 + n_1) - p_0 n_0}{p_0(n_0 + n_1)}.$$

NERNST (1891) a établi une formule un peu différente, en supposant que seule la phase liquide, mais non la phase gazeuse est une solution très diluée. Sa formule est

$$(70) \qquad h'_1 = \frac{\pi_1}{p},$$

h'_1 étant comme ci-dessus la concentration et π_1 la pression partielle de la substance dissoute B dans la vapeur, p la tension de vapeur totale, qui est égale à $\pi_0 + \pi_1$, voir (69, a). On a donc

$$(70, a) \qquad h'_1 = \frac{p - \pi_0}{p};$$

en comparant à (69, c), on voit que p remplace p_0 au dénominateur. Pour les solutions *très* diluées, la différence est extrêmement faible. Au lieu de $(69, d)$, on obtient maintenant

$$h_1' = \frac{p(n_0 + n_1) - p_0 n_0}{p(n_0 + n_1)}, \tag{70, b}$$

et au lieu de (69)

$$h_1 - h_1' = \frac{p_0 - p}{p_0} \frac{\pi_0}{p}. \tag{70, c}$$

Gerber (1892) a vérifié les formules de Planck et de Nernst, pour une série de mélanges, et a trouvé que le domaine de validité de la seconde formule est plus étendu que celui de la première.

Pour les *mélanges quelconques* (c'est-à-dire pas seulement pour les solutions diluées), Duhem (1887) d'abord et plus tard Margules (1895) ont établi une équation importante. Comme les composants A et B jouent maintenant le même rôle, introduisons, au lieu des indices 0 et 1, les indices 1 et 2. Soient alors h_1 et h_2 les *concentrations* des composants dans la phase *liquide* ; soient en outre π_1 et π_2 les *pressions partielles* des composants dans la phase *gazeuse*. L'intéressante équation de Duhem et Margules est

$$\frac{h_1}{\pi_1} \frac{\partial \pi_1}{\partial h_1} = \frac{h_2}{\pi_2} \frac{\partial \pi_2}{\partial h_2}, \tag{71}$$

ou

$$\frac{\partial \log \pi_1}{\partial \log h_1} = \frac{\partial \log \pi_2}{\partial \log h_2}. \tag{71, a}$$

On a évidemment

$$h_1 + h_2 = 1, \tag{71, b}$$

de sorte qu'on peut aussi écrire

$$\frac{h_1}{\pi_1} \frac{\partial \pi_1}{\partial h_1} = - \frac{1 - h_1}{\pi_2} \frac{\partial \pi_2}{\partial h_1}. \tag{71, c}$$

Margules a fait une étude détaillée de l'équation (71) et a établi des expressions générales, pour les pressions partielles π_1 et π_2 en fonction de h_1 ; nous ne pouvons entrer ici dans l'exposé de ces recherches. Dans des cas particulièrement simples, on obtient l'équation suivante :

$$\frac{\dfrac{\pi_1}{\pi_2}}{\dfrac{h_1}{1 - h_1}} = \frac{p_1}{p_2} = const., \tag{71, d}$$

p_1 et p_2 étant les tensions de vapeur des liquides *purs* A et B. D'après cette équation, *le rapport de la concentration dans la phase gazeuse à celle dans la phase liquide serait constant.*

ZAWIDSKI a vérifié l'équation de DUHEM et MARGULES sur 13 mélanges et a montré qu'elle était applicable aussi bien aux liquides avec tension de vapeur normale qu'aux liquides avec tension de vapeur anormale. Dans deux cas (benzine avec chlorure d'éthylène et bromure de propylène avec bromure d'éthylène), l'équation (71, *d*) s'est vérifiée.

KONOWALOFF (1907) a donné d'autres formules pour les pressions partielles dans les mélanges binaires. Soit $\varkappa$ le nombre de molécules de l'un des liquides, $1 - \varkappa$ le nombre de molécules de l'autre, p la pression partielle de la vapeur du premier liquide et P la même pression pour le liquide pur ($\varkappa = 1$). Dans ce cas, on a en général

$$(71, e) \qquad p = P\varkappa + k(1 - \varkappa)^m \varkappa^n,$$

où k, m et n sont des constantes. Au moyen des observations, on peut trouver la valeur $\varkappa = \varkappa_0$, pour laquelle $p - P\varkappa$ est maximum ; on a alors $m : n = (1 - \varkappa_0) : \varkappa_0$. Dans beaucoup de cas, $(1 - \varkappa_0) : \varkappa_0 = 2$ et on a l'équation

$$(71, f) \qquad p = P\varkappa + k_2\varkappa(1 - \varkappa)^2.$$

Il en est ainsi, par exemple, dans les mélanges acétone-chloroforme ($k = -0,725$), éther-nitrobenzine ($k = +1,063$). Pour le mélange de bromure d'éthyle et d'acide butyrique, $n : m = 1$ et on a la formule plus simple

$$p = P\varkappa + k_1 P\varkappa(1 - \varkappa),$$

où $k_1 = 0,723$. Dans d'autres cas, m et n ont d'autres valeurs, mais une expression de la forme (71, *e*) se trouve applicable, quand les liquides sont *normaux*. Avec des liquides associés, les expressions sont plus compliquées et par exemple de la forme (isopentane — acide butyrique)

$$p = P\varkappa + k_1 P\varkappa(1 - \varkappa) + k_2 P\varkappa(1 - \varkappa)^2$$

ou

$$p = P\varkappa + k_1 P\varkappa(1 - \varkappa)^2 + k_2\varkappa^4(1 - \varkappa)^4.$$

Au voisinage de la température critique de dissolution, k doit être considéré comme une fonction de $\varkappa$ et on doit poser, dans (71, *f*),

$$k_2 = k'_2\left[\varkappa^2 + n^2(1 - \varkappa)^2\right].$$

D'autres recherches théoriques et expérimentales sont dues à LEHFELDT, DOLEZALEK, LUTHER, GAHL, ROSE, GAY (1909), ROSANOFF et EASLEY (1910), RUD. PLANCK (1910) et d'autres encore.

Si l'étude des mélanges de deux liquides se heurte déjà à de grandes difficultés théoriques et expérimentales, on conçoit que ces difficultés doivent croître dans des proportions extraordinaires pour les *mélanges de trois liquides*. Parmi les anciennes recherches, on peut citer celles de DUCLAUX, TRAUBE et NEUBERG, PFEIFFER, BANCROFT, CRISMER et LINEBARGER.

OSTWALD (1900) a fait le premier une étude théorique approfondie des mélanges *ternaires*. SCHREINEMAKERS a ensuite étudié théoriquement et expérimentalement les mélanges ternaires, dans une longue série de mémoires; en particulier, il a étudié complètement les trois mélanges suivants : eau + phénol + aniline, eau + acétone + phénol, benzine + tétrachlorure de carbone + alcool éthylique.

Nous avons supposé, dans ce paragraphe, que le mélange est formé par deux composants *liquides*. Différents auteurs ont récemment montré que la théorie peut s'étendre à des *mélanges de substances solides*, c'est-à-dire à des solutions solides, des mélanges de sels isomorphes, etc. Nous mentionnerons ici les travaux de ROOZEBOOM (1900), HOLLMANN (1901), MEYERHOFFER (1903), qui a introduit la notion de *lignes de givre* (analogues aux lignes de rosée, page 980) et SPERANSKI (1903 et 1905).

12. Congélation des solutions. Cryoscopie. — Les substances dissoutes abaissent le point de congélation du dissolvant; autrement dit, la température à laquelle le dissolvant devenu solide (glace, par exemple) se trouve en équilibre avec la solution liquide, est inférieure au point de congélation du dissolvant pur. L'étude de ce phénomène et ses applications font l'objet de la *cryoscopie*. La loi fondamentale, à laquelle obéit ce phénomène, avait déjà été découverte par BLAGDEN (1788), qui montra que l'*abaissement* Δt_1 *du point de congélation d'une solution est proportionnel à la quantité* m *de substance dissoute*. Lorsque la solution contient plusieurs substances, l'abaissement Δt_1 est égal à la somme des abaissements produits séparément par chacune des substances dissoutes. BLAGDEN avait d'ailleurs remarqué que dans quelques cas il se produit des écarts relativement à la loi de proportionnalité rigoureuse. Le travail de BLAGDEN était tombé dans l'oubli, lorsque COPPET (1871) rappela l'attention sur ces anciennes recherches, après que RÜDORFF (1861), qui ne les connaissait pas, eût de nouveau découvert la loi de BLAGDEN sur la proportionnalité de l'abaissement de température Δt_1 à la quantité m de substance dissoute. RÜDORFF trouva en outre que, dans la dissolution de certains sels anhydres dans l'eau, on n'obtient la proportionnalité entre Δt_1 et m que lorsqu'on admet qu'il se forme dans la solution des hydrates déterminés ($CaCl^2.6H^2O$, par exemple) et lorsqu'on prend pour m le nombre des parties en poids de l'hydrate dissous dans 100 parties en poids d'eau, c'est-à-dire quand on tient compte de ce qu'en continuant à ajouter du sel anhydre, la quantité d'eau, qui joue le rôle de dissolvant libre, diminue. DE COPPET (1871) a confirmé les résultats principaux de RÜDORFF; il a introduit le premier la notion d'*abaissement moléculaire* et a comparé entre eux les abaissements produits par des substances différentes, dont on prenait des quantités non pas égales en poids, mais proportionnelles aux poids moléculaires. Il a trouvé, par exemple, que l'abaissement moléculaire, produit par une molécule-gramme de substance dans 100 parties d'eau, est à peu près le même pour les sels chimiquement semblables.

Raoult (1882 à 1884) est allé plus loin que ses prédécesseurs, en ce sens qu'il a mieux précisé les lois du phénomène considéré, de même qu'il a établi le premier les lois relatives à l'abaissement de tension de vapeur dû aux substances dissoutes. Dans le cas présent aussi, il a étudié d'abord les solutions non aqueuses et, parmi les solutions aqueuses, celles de non-électrolytes. Avant tout, il a confirmé que l'abaissement moléculaire est indépendant de la nature de la substance dissoute, mais diffère suivant le dissolvant. Nous indiquerons ici les nombres qu'il a donnés, pour l'abaissement σ produit par 1 molécule-gramme de substance dans 100gr de dissolvant : on obtient deux nombres pour l'eau : 18°,6 environ pour les solutions d'alcool, de glycérine, de sucre, de phénol, d'éther, d'aniline, d'acide formique, d'acide oxalique et d'acide tartrique, etc. ; 37 environ pour les électrolytes tels que NaCl, AzH^4Cl, KCl, $HAzO^3$, KCAz, KOH, l'acide phosphorique, l'acide arsénique, etc.

Dissolvant	σ	Dissolvant	σ
Eau	37° et 18°,6	Benzine.	49°
Acide formique	28°	Nitrobenzine	70°,5
Acide acétique.	39°	Bromure d'éthylène . . .	117°

Beckmann (1909) a trouvé $\sigma = 210°$ pour l'*iode*.

Ces nombres n'ont bien entendu en pratique que le rôle de facteurs dans la formule

$$\Delta t_1 = n\sigma, \tag{72}$$

où n désigne le nombre de molécules-grammes dissoutes dans 100gr du dissolvant ; $n = 1$ est en fait irréalisable, au moins dans la plupart des cas. Au début, Raoult pensait qu'il existe, pour l'abaissement du point de congélation, une dépendance à l'égard du *dissolvant*, analogue à celle qui a lieu pour l'abaissement de la tension de vapeur ; en d'autres termes, que la grandeur σ est inversement proportionnelle au poids moléculaire du dissolvant et que, par suite, l'abaissement Δt_1, produit par exemple par une molécule-gramme de substance dissoute dans 100 molécules-grammes du dissolvant, ne dépend ni du dissolvant, ni de la substance dissoute, et est égal à 0°62 environ. Mais Raoult a abandonné dans la suite cette manière de voir et nous verrons qu'en effet elle n'est pas d'accord avec les résultats de l'application des principes de la Thermodynamique à la question de la congélation des solutions.

La loi de la constance de l'abaissement moléculaire, *pour un dissolvant donné*, ne se vérifie pas dans quelques cas. Ainsi, avec une solution d'acide acétique dans la benzine, on obtient un abaissement deux fois plus petit que celui auquel on doit s'attendre, d'après la loi précédente ; en d'autres termes, l'abaissement correspond non au poids moléculaire 60 ($C^2H^4O^2$), mais au poids moléculaire 120. Un tel écart indique une polymérisation, un doublement des molécules de l'acide acétique dissous dans la benzine. On rencontre des écarts en sens contraire dans les solutions aqueuses d'électrolytes, lesquels se dissocient, ainsi que nous l'avons déjà dit plusieurs fois ; nous reviendrons sur ce point plus loin.

Des appareils pour la détermination du point de congélation des solutions ont été construits par RAOULT, PONSOT, HOLEMANN, AUVERS, EYKMANN, FABINYI, KLOBOUKOFF, BECKMANN, ROLOFF, HAUSRATH, PRYTZ, etc. La figure 275 représente l'ancien appareil de BECKMANN. La solution à étudier est versée dans le vase AA par le tube latéral A'. Le vase A renferme un agitateur en platine *r* et un thermomètre D de BECKMANN, du système WALFERDIN, extrêmement sensible ; la disposition de la partie supérieure *c* de ce thermomètre a été indiquée sur la figure 19, page 55. Le vase A se trouve à l'intérieur d'un vase plus large B, qui contient de l'air ; enfin le vase B est placé dans un vase en verre C, rempli d'un mélange réfrigérant, qu'on peut remuer au moyen d'un grand agitateur annulaire.

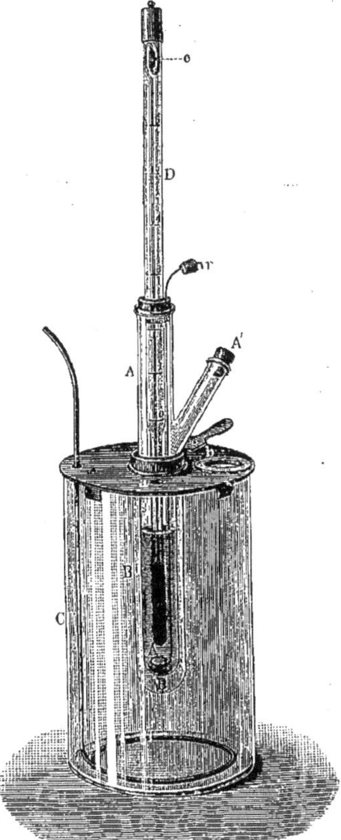

Fig. 275

BECKMANN a modifié souvent son appareil et finalement lui a donné (1903) une forme extrêmement perfectionnée.

Le *cryoscope* de RAOULT (*fig.* 276) est disposé d'une manière tout à fait différente. Le vase en verre B, entouré de corps mauvais conducteurs, est fermé hermétiquement par un couvercle en cuivre, qui porte un tube de même métal fermé en bas. Dans ce tube, se trouve le vase à refroidir C, qui renferme la solution étudiée ; *l* est le thermomètre, auquel est fixé en bas un agitateur hélicoïdal, recevant un mouvement de rotation au moyen d'une petite turbine. Le vase B est rempli d'éther, traversé constamment par un courant d'air sec, produit par l'aspiration d'une pompe (voir à gauche de la figure). L'air parvient par *or* à un tube annulaire percé de nombreux petits trous ; la vapeur d'éther se condense dans A. Lorsque la température du bain doit être élevée, de l'éther est refoulé du vase D dans B, au moyen de la poire en caoutchouc E. La température du vase à refroidir est amenée à 0°,1 *au-dessous* de la température de congélation cherchée, qui est approximativement connue par des expériences préliminaires plus simples, et une petite surfusion de la solution a lieu. On ajoute alors, dans le vase à refroidir, une petite parcelle du dissolvant solide, de sorte que le dissolvant se congèle en partie, le thermomètre indiquant pendant une durée assez longue la valeur exacte cherchée de la température de congélation.

Chrouschtschoff (1902) a modifié sur différents points l'appareil de Raoult et a en particulier remplacé le thermomètre à mercure par un thermomètre électrique en platine (pages 60 et 67).

Les diverses circonstances dont il faut tenir compte, dans les mesures cryoscopiques, ont été discutées d'abord par Nernst et Abegg (1894), puis

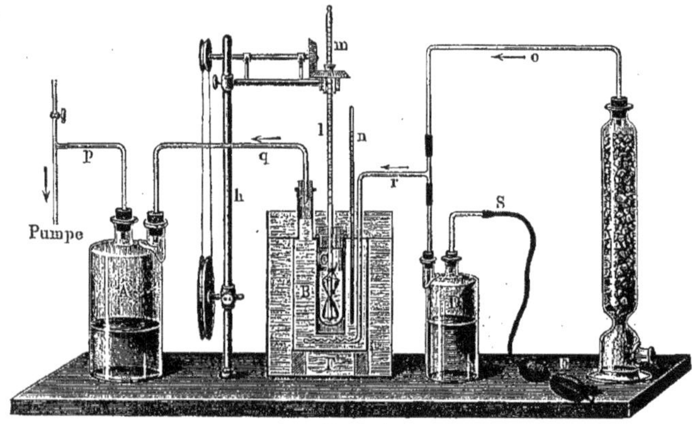

Fig 276

encore une fois avec détail par Abegg (1898) ; d'autres études ont en outre été publiées par Meyer, Wildermann et Loomis.

Pour les *solutions très diluées*, Hausrath a employé, d'après les indications de Nernst, une *méthode différentielle*, qui consiste à refroidir simultanément, dans le même bain, deux vases renfermant l'un la solution, l'autre le dissolvant pur. Quand on arrive à la séparation du dissolvant solide dans les deux vases, la différence de température, par conséquent l'abaissement du point de congélation, se mesure au moyen d'un couple thermo-électrique.

Une méthode due également à Nernst, qui peut aussi être utilisée pour les solutions *concentrées*, a été étudiée par Roloff. D'autres variantes ont été proposées par Prytz (1902) et Richards (1903).

Pfaundler et Schnegg (1875), Pictet (1894), Hillmayr (1898) et Knietsch (1901) se sont occupés de la question intéressante de la congélation des solutions aqueuses d'acide sulfurique.

Nous allons maintenant établir *théoriquement* la relation qui existe entre la composition de la solution et l'*abaissement* Δt_1 *du point de congélation*, ainsi que la relation entre Δt_1 et la pression osmotique P. Parmi les équations auxquelles on est arrivé, se trouve la formule fondamentale de van't Hoff, qu'il a déduite de l'analyse d'un cycle ; nous préférons l'obtenir au moyen de la théorie générale de PLANCK exposée au § 4.

Considérons un système formé d'une solution, contenant n_1 molécules-grammes d'une substance quelconque dans n_0 molécules-grammes de dissolvant, et d'un *dissolvant solide*; la température T du système est la température de congélation de la solution. Les concentrations sont

$$h_0 = \frac{n_0}{n_0 + n_1}, \quad h_1 = \frac{n_1}{n_0 + n_1}, \quad h_2 = 1.$$

Une modification possible, pour p et T donnés, est le passage d'une molécule du dissolvant solide dans la solution ; on a, dans ce cas,

$$\nu_0 = 1, \quad \nu_1 = 0, \quad \nu_2 = -1.$$

Les équations (10) et (11), page 934, donnent

$$(73) \qquad \log h_0 = \frac{1}{H}(\varphi_0 - \varphi_2) = \log K(p, T) ;$$

mais on a $\log h_0 = -\log\left(1 + \frac{n_1}{n_0}\right) = -\frac{n_1}{n_0}$, de sorte que

$$(73, a) \qquad \frac{n_1}{n_0} = \frac{1}{H}(\varphi_2 - \varphi_0).$$

φ_2 et φ_0 sont des fonctions de la pression et de la température et se rapportent au dissolvant solide et au dissolvant liquide, dans le cas où la substance dissoute est présente et où *par suite* le système possède la température T. Si $n_1 = 0$, la substance dissoute fait défaut et la température est égale à la température de congélation T_0 du dissolvant pur ; on a alors, au lieu de $\varphi_2 - \varphi_0$, une grandeur que nous désignerons par $(\varphi_2 - \varphi_0)_0$. Pour $T - T_0 = \Delta t_1$ petit, on a

$$(73, b) \qquad \varphi_2 - \varphi_0 = (\varphi_2 - \varphi_0)_0 + (T - T_0)\frac{\partial(\varphi_2 - \varphi_0)_0}{\partial t}.$$

D'après (73, a), on a $(\varphi_2 - \varphi_0)_0 = 0$; en outre (73) et (17), page 936, donnent

$$\frac{\partial(\varphi_2 - \varphi_0)_0}{\partial t} = -H\frac{\partial \log K(p, T_0)}{\partial t} = -\frac{Hq}{HT_0^2} = -\frac{q}{T_0^2},$$

où q est la quantité de chaleur cédée au système dans la modification considérée, exprimée en unités mécaniques. Soit ρ_1 la chaleur latente de fusion de 1gr du dissolvant, exprimée en petites calories ; on a $q = \frac{M\rho_1}{A}$, M étant le poids moléculaire du dissolvant et A l'équivalent thermique de travail. Les formules (73, b) et (73, a) donnent maintenant

$$\varphi_2 - \varphi_0 = (T_0 - T)\frac{M\rho_1}{AT_0},$$

$$\frac{n_1}{n_0} = \frac{M\rho_1}{AHT_0^2}\Delta t_1.$$

puisque $T_0 - T = \Delta t_1$; on a donc

$$(74) \qquad \Delta t_1 = \frac{AHT_0^2}{M\rho_1} \cdot \frac{n_1}{n_0}.$$

En faisant $n_0 = \frac{G}{M}$ et $n_1 = \frac{g}{m}$, où g et G sont respectivement les nombres de grammes de la substance dissoute et du dissolvant, m le poids moléculaire de la substance dissoute, on obtient

$$(74, a) \qquad \Delta t_1 = \frac{AHT_0^2 g}{mG\rho_1} = \frac{2g\,T_0^2}{mG\rho_1},$$

en tenant compte de $AH = 2$ (page 962). Soit E_1 l'abaissement du point de congélation, quand 1 molécule-gramme de substance ($g = m$) est dissoute dans 100gr du dissolvant ($G = 100$) ; on a alors

$$(75) \qquad E_1 = \frac{0{,}02\,T_0^2}{\rho_1}$$

$$(75, a) \qquad \Delta t_1 = \frac{g}{m} E_1$$

$$(75, b) \qquad m = E_1 \frac{g}{\Delta t_1}.$$

La dernière formule peut servir à déterminer le poids moléculaire m de la substance dissoute (ggr dans 100gr de dissolvant), au moyen de l'observation de l'abaissement Δt_1 du point de congélation de la solution. Les formules (75) et (75, *b*) ont été données par VAN'T HOFF ; elles sont tout à fait analogues aux formules (62) et (63), page 963. La grandeur E_1 est calculée une fois pour toutes ; nous donnons quelques exemples.

Dissolvant	E_1	Dissolvant	E_1
Benzine.	53	Naphtaline.	69,4
Eau.	18,6	Phénol	76
Acide formique	28,4	Nitrobenzine	69,5
Acide acétique.	38,8	Bromure d'éthylène . . .	119

LOOMIS a déterminé E_1 pour différentes solutions aqueuses et a trouvé, pour la plupart, $E_1 = 18{,}6$.

Les solutions d'alcool méthylique ($E_1 = 18{,}2$), d'alcool éthylique (18,4), d'acétamide (18,3) et d'éther (15,0) forment exception. ROTH (1908) a trouvé, pour les solutions aqueuses de substances non dissociées, non associées et non hydratées, $E_1 = 18{,}58$.

La formule (74) donne

$$(76) \qquad \frac{n_1}{n_0} = \frac{M\rho_1\,\Delta t_1}{AHT_0^2} = \frac{M\rho_1\,\Delta t_1}{2T_0^2} = \frac{M}{100\,E_1}\,\Delta t_1.$$

Pour les solutions aqueuses ($M = 18$, $E_1 = 18,9$), on a

$$\frac{n_1}{n_0} = \frac{\Delta t_1}{105}. \tag{77}$$

Occupons-nous maintenant de la relation entre *l'abaissement Δt_1 du point de congélation et la pression osmotique*. D'après (66, *b*), page 968,

$$P = \frac{HTD}{M} \frac{n_1}{n_0}. \tag{78}$$

Comme la pression P se rapporte à une solution diluée, dont le point de congélation T diffère peu de T_0, on peut, dans (74) remplacer T_0 par T. Les formules (74) et (78) donnent, en introduisant le volume spécifique s du dissolvant ($s = 1 : D$),

$$P = \frac{\rho_1}{ATs} \Delta t_1. \tag{79}$$

En posant $1 : s = D = 1000\, D_0$ et $A = \frac{1}{426}$, on obtient P en kilogrammètres ; en divisant en outre le second membre par 10333, il vient

$$P = \frac{41,1\, D_0 \rho_1}{T} \Delta t_1 \text{ atm.} \tag{80}$$

Dans cette formule, P *est la pression osmotique,* D_0 *la densité du dissolvant rapportée à l'eau,* ρ_1 *la chaleur latente de fusion de* 1gr *du dissolvant exprimée en petites calories,* T *la température de congélation du dissolvant,* Δt_1 *l'abaissement du point de congélation de la solution.*

Pour les solutions aqueuses, on a $D_0 = 1$, $\rho_1 = 79$, $T = 273$ et

$$P = 12,07\, \Delta t_1 \text{ atm.} \tag{81}$$

Les formules (79), (80) et (81) sont tout à fait analogues aux formules (67, *b*), (67, *c*) et (67, *e*) de la page 969, qui sont relatives à l'élévation Δt du point d'ébullition. Les formules (67), page 968, et (79) donnent

$$\Delta t_1 = \frac{2T^2}{M\rho_1} \cdot \frac{p - p'}{p}. \tag{82}$$

Cette formule exprime la dépendance, qui existe entre l'abaissement $p - p'$ *de la tension de vapeur et l'abaissement* Δt_1 *du point de congélation* T *d'un liquide, dont le poids moléculaire et la chaleur latente de fusion sont respectivement* M *et* ρ_1, *lorsqu'une substance quelconque est dissoute dans ce liquide ;* p et p' se rapportent bien entendu l'un et l'autre à la température T. Lengfeld (1901) a donné une autre démonstration de la formule précédente.

Pour les solutions *aqueuses* ($T = 273$, $M = 18$, $\rho_1 = 79$), on a

$$\Delta t_1 = 105 \frac{p' - p}{p}; \tag{83}$$

on obtient le même résultat, en combinant (81) avec (67, *d*), où il faut faire $T = 273$; il y a également complète concordance avec la combinaison des formules (65), page 967, et (77).

Les formules de van't Hoff ont été soumises à une vérification expérimentale, en particulier pour les *non-électrolytes*, par van't Hoff lui-même et ensuite par Eykmann, Raoult, Beckmann, Ramsay, Ponsot, Abegg, Jones, Loomis, Wildermann, Battelli et Stefanini, Bodländer, Auwers et Orton, Pickering, Hausrath, Chrouschtschoff, Roth et beaucoup d'autres encore.

Nous n'indiquerons pas les résultats des mesures effectuées par ces auteurs; ils s'accordent d'une manière très satisfaisante avec les formules de van't Hoff.

Les solutions aqueuses *d'électrolytes* donnent lieu, comme il fallait s'y attendre, à des écarts notables. L'abaissement Δt_1 est alors i fois plus grand qu'il ne devrait être d'après la formule de van't Hoff. Arrhenius a montré comment i peut être déterminé par la mesure de la conductibilité électrique de la solution (voir Tome IV). La grandeur i, déterminée de cette manière et à l'aide d'observations de l'abaissement du point de congélation (rapport du Δt_1 observé au Δt_1 calculé), a accusé un très bon accord. Les mesures de Meyer-Wildermann ont donné la même concordance.

Dans ces derniers temps, les solutions d'électrolytes ont été spécialement étudiées par Mc Gregor, Jones et Getman, Jahn, etc.

Osaka (1903) a étudié les solutions de plusieurs substances (mélange) ; il a trouvé que l'abaissement Δt_1 du mélange est presque égal à la somme des abaissements relatifs à chacune des parties constituantes.

Tammann (1889), Heycock et Neville (1889-1890) et d'autres encore ont déterminé l'abaissement du point de congélation des solutions de métaux dans Hg ($E_1 = 388$), Na ($E_1 = 360$) et Sn ($E_1 = 408$).

Les métaux dissous dans Hg et Sn semblent s'y trouver sous la forme de molécules monoatomiques ; dans Na, au contraire, la structure des molécules des métaux dissous est plus complexe et elles renferment probablement quatre atomes (les E_1 observés sont de 100 et moins).

Les formules établies ci-dessus s'appliquent aussi peu aux solutions concentrées que les lois de Boyle et de Gay-Lussac aux gaz voisins du point de liquéfaction. Bredig et Noyes ont élargi la théorie des solutions, en partant de l'hypothèse que la pression osmotique, le volume et la température de la solution sont liés par une équation identique à celle de van der Waals. Ewan (1899) et Wind (1901) ont fait des recherches dans la même voie. Dans ces dernières années, beaucoup d'études expérimentales et théoriques ont été publiées sur les solutions *non diluées* et sur les solutions *saturées*. Nous mentionnerons les travaux de Coppet (1904), Jones (1906), Berkeley (1907), Callendar (1908), Porter (1908), Sackur (1910). Les recherches de ces savants ne peuvent entrer dans le cadre de notre ouvrage. Jahn a établi en 1902 une théorie plus générale des solutions *diluées* et l'a appliquée à différents phénomènes, notamment à la congélation des solutions. La formule obtenue par Jahn pour Δt_1 a été vérifiée par Roth (1903) et ensuite par Jahn lui-même (1904) sur diverses solutions concentrées.

13. L'interprétation mécanique des lois de déplacement de l'équilibre [1]. — Nous allons revenir, pour terminer ce Chapitre, sur les lois du déplacement de l'équilibre, en précisant plus complètement la signification de ces lois par des analogies mécaniques. Nous montrerons, en particulier, que les difficultés que l'on peut rencontrer dans l'application du principe de LE CHATELIER-BRAUN tiennent surtout à ce qu'il faut faire d'une façon correcte la distinction entre les facteurs d'intensité et d'extensité, introduits dans la Thermodynamique par HELM et OSTWALD (Chap. VIII, § **14**, p. 502). Cette distinction que F. BRAUN n'a pas faite, dans sa démonstration théorique, rend cette dernière inacceptable, d'après P. EHRENFEST (1909).

L'exemple mécanique le plus simple que l'on puisse donner d'une application du principe de LE CHATELIER-BRAUN est dû à C. RAVEAU (1909). Considérons un fil extensible fixé en deux points A et B, qui est soumis en un troisième point C, situé au-delà de B, à une traction. On *libère* ensuite le point B. Si l'on veut laisser à AC la même longueur totale, il faut diminuer la traction exercée sur le fil. Si, au contraire, on laisse cette traction constante, le fil subit un nouvel allongement. Le facteur d'intensité est ici la traction, le facteur d'extensité est l'allongement ; les facteurs d'intensité, dans les deux cas envisagés, satisfont bien à la loi d'opposition de LE CHATELIER ; les facteurs d'extensité obéissent à une loi contraire.

P. EHRENFEST (1909) a indiqué, en même temps que C. RAVEAU, une analogie mécanique presque identique. Considérons une tige élastique à *section finie* ; l'une des sections extrêmes est fixe, l'autre est soumise à un effort de traction. La surface latérale de la tige est d'abord fixe, c'est-à-dire que le *déplacement* d'un point quelconque de cette surface est nul. On la *libère* ensuite, de sorte que c'est l'*effort* en un point quelconque de la surface latérale qui devient nul. Si l'on veut laisser à la tige la même longueur totale, il faut diminuer la traction exercée sur la section extrême. Si, au contraire, on laisse cette traction constante, la tige subit un nouvel allongement. On se rend compte que tel est bien l'effet réel qui se produit, par un raisonnement du genre de celui que nous avons donné dans le Tome I (6e Partie, Chap. III, § **9**). Les facteurs d'intensité sont ici les *efforts*, les facteurs d'extensité les *déplacements*.

La solution rigoureuse du problème de P. EHRENFEST n'est pas connue, dans l'état actuel de la théorie de l'élasticité, mais voici une analogie mécanique encore plus instructive, qui est très facilement accessible au calcul. Ainsi que nous l'avons dit (Chap. VIII, § **21**, p. 541), BOLTZMANN a indiqué le régulateur de WATT comme une excellente illustration des principes de la Thermodynamique. Cet appareil bien connu fournit, en particulier, une analogie mécanique complète des lois du déplacement de l'équilibre. Soit ω la vitesse angulaire du régulateur, l l'écartement des boules ; A étant un facteur constant, l'énergie cinétique du système est

$$T = \frac{A}{2} l^2 \omega^2 ; \tag{84}$$

[1] Ce paragraphe a été ajouté à l'édition française, (note du TRADUCTEUR).

le moment de quantité de mouvement étant

$$p = A l^2 \omega.$$

on peut aussi écrire

$$(85) \qquad T = \frac{1}{2A} \frac{p^2}{l^2}.$$

La force *apparente* qu'on appelle force centrifuge et qui tend à écarter les deux boules est

$$P = A l \omega^2 = \frac{1}{A} \frac{p^2}{l^3}.$$

Lorsqu'il y a un couple extérieur qui maintient *la vitesse* ω *constante*, la force centrifuge tend à *augmenter* T, d'après (84) ; dans ce cas, il faut *dépenser du travail*, qui est emprunté au couple extérieur. Quand il n'y a pas de couple extérieur, c'est-à-dire *lorsqu'aucun travail n'est emprunté à l'extérieur, le moment de quantité de mouvement* p *est constant* et la force centrifuge tend à *diminuer* T, parce que, dans l'équation (85), l est au dénominateur. La vitesse ω et l'énergie cinétique (analogue à la température) sont ici les facteurs d'extensité ; le moment de quantité de mouvement p et le travail extérieur (analogue à la quantité de chaleur) sont les facteurs d'intensité.

Nous venons d'obtenir une analogie mécanique où il y a quatre paramètres, la vitesse angulaire, le moment de quantité de mouvement, l'énergie cinétique, le travail extérieur. Le rapprochement est immédiat avec l'état d'un gaz, qui est aussi caractérisé par quatre paramètres, le volume v, la pression p, la température T et l'entropie S. Dans ce dernier cas, les lois du déplacement de l'équilibre se résument dans le tableau suivant :

Variation donnée	Inégalité
δv	$\delta_T p < \delta_S p$
δp	$\delta_T v > \delta_S v$
δT	$\delta_v S < \delta_p S$
δS	$\delta_v T > \delta_p T$

et, d'après ce qui précède, on les retrouve toutes dans le régulateur de WATT.

Nous pouvons généraliser les analogies mécaniques, que nous venons d'indiquer, de la manière suivante qui est due à H. POINCARÉ.

Considérons un système, dont la position est définie par un certain nombre de *coordonnées généralisées* $q_1, q_2, \dots q_k$. Soient, dans la notation de NEWTON que nous adopterons pour abréger l'écriture, $\dot{q}_1, \dot{q}_2, \dots \dot{q}_k$ les dérivées des coordonnées généralisées par rapport au temps, que nous appellerons *vitesses généralisées*. Désignons l'énergie cinétique du système par T et par $\delta Q = \sum P_\alpha \delta q_\alpha$ le travail virtuel des forces extérieures au système, pour des variations virtuelles δq_α des coordonnées q_α. Les équations de LAGRANGE s'écrivent, s'il n'y a pas de forces intérieures,

$$(86) \qquad \frac{d}{dt}\left(\frac{\partial T}{\partial \dot{q}_\alpha}\right) - \frac{\partial T}{\partial q_\alpha} = P_\alpha \qquad (\alpha = 1, 2, \dots k).$$

Comme HELMHOLTZ, dans sa théorie des systèmes monocycliques (Chap. VIII, § **21**, p. 540), nous distinguerons deux sortes de coordonnées q_α, les coordonnées q_a à variation lente et les coordonnées q_b à variation rapide. Nous supposerons que T ne dépend pas des q_b, mais seulement de leurs dérivées $\dot{q}_b$, les vitesses $\dot{q}_b$ étant beaucoup plus grandes que les vitesses $\dot{q}_a$; T dépendra donc des q_a et des $\dot{q}_a$, $\dot{q}_b$ et sera une fonction homogène du second degré à l'égard de ces dernières vitesses. Les équations de LAGRANGE se réduisent alors, en ce qui concerne les q_b, à

$$(87) \qquad \frac{d}{dt}\left(\frac{\partial T}{\partial \dot{q}_b}\right) = P_b;$$

les *quantités de mouvement généralisées* du système étant $p_\alpha = \dfrac{\partial T}{\partial \dot{q}_\alpha}$, l'équation (87) peut aussi s'écrire

$$\frac{dp_b}{dt} = P_b.$$

Cela posé, envisageons deux cas.

1. *Les* P_b *sont nuls*; on a

$$(88) \qquad p_b = const.,$$

par suite, lorsqu'il n'y a pas de force extérieure tendant à faire varier la vitesse $\dot{q}_b$, la quantité de mouvement correspondante est constante. Supposons maintenant que les forces extérieures P_a soient choisies de façon à maintenir constantes les coordonnées q_a. Les vitesses $\dot{q}_a$ sont alors nulles; or les premiers membres des équations (88) dépendent des $\dot{q}_b$, des q_a qui sont constants et des $\dot{q}_a$ qui sont nuls: ces équations (88), dont le nombre est égal à celui des $\dot{q}_b$, montrent donc que les vitesses $\dot{q}_b$ sont constantes. Le système se trouve ainsi dans une sorte d'état stationnaire de mouvement, c'est-à-dire d'*équilibre apparent*, et les P_a font connaître les forces extérieures qu'il faut appliquer au système pour maintenir cet équilible apparent. Comme $\dfrac{\partial T}{\partial \dot{q}_a}$ ne dépend que des q_a, $\dot{q}_a$, $\dot{q}_b$, qui sont nuls ou constants, cette quantité est également constante, de sorte que $\dfrac{d}{dt}\left(\dfrac{\partial T}{\partial \dot{q}_a}\right) = 0$; l'équation de LAGRANGE relative à q_a se réduit par conséquent à

$$(89) \qquad -\frac{\partial T}{\partial q_a} = P_a.$$

Les $\dot{q}_a$ étant nuls, T ne dépend plus que des q_a, $\dot{q}_b$; comme c'est une fonction homogène du second degré par rapport aux $\dot{q}_b$, on a

$$2T = \sum \dot{q}_b \frac{\partial T}{\partial \dot{q}_b} = \sum p_b \dot{q}_b.$$

Exprimons T en fonction des q_a et des p_b et soient $\left[\frac{\partial T}{\partial q_a}\right]$, $\left[\frac{\partial T}{\partial p_b}\right]$ les dérivées par rapport aux variables nouvelles ; on aura alors

$$(90) \quad \left\{ \begin{aligned} dT &= \sum \frac{\partial T}{\partial q_a} dq_a + \sum \frac{\partial T}{\partial \dot{q}_b} d\dot{q}_b = \sum \frac{\partial T}{\partial q_a} dq_a + \sum p_b d\dot{q}_b, \\ dT &= \sum \left[\frac{\partial T}{\partial q_a}\right] dq_a + \sum \left[\frac{\partial T}{\partial p_b}\right] dp_b, \\ 2dT &= \sum p_b d\dot{q}_b + \sum \dot{q}_b dp_b. \end{aligned} \right.$$

La comparaison de la première et de la dernière équation (90) donne

$$dT = \sum \dot{q}_b dp_b - \sum \frac{\partial T}{\partial q_a} dq_a.$$

La comparaison de cette équation avec la seconde équation (90) donne

$$\dot{q}_b = \left[\frac{\partial T}{\partial p_b}\right], \qquad \left[\frac{\partial T}{\partial q_a}\right] = -\frac{\partial T}{\partial q_a},$$

de sorte que (89) devient

$$(91) \qquad \left[\frac{\partial T}{\partial q_a}\right] = P_a.$$

Ces équations sont vraies, quand on suppose les q_a et $\dot{q}_a$ constants ; mais elles le sont encore approximativement, si on suppose que les q_a varient d'une façon excessivement lente. Alors, les q_b varieront d'une façon excessivement lente, mais ils varieront, tandis que les p_b seront rigoureusement constants, les P_b étant nuls.

2. *Les P_b ne sont pas nuls.* Supposons qu'ils aient des valeurs telles que les $\dot{q}_b$ demeurent rigoureusement constants, tandis que les p_b et les q_a varieront d'une façon excessivement lente. Il convient, dans ce cas, de prendre pour variables, non plus les p_b et les q_a, mais les $\dot{q}_b$ et les q_a et de revenir à l'équation (89).

Dans cet état de mouvement stationnaire ou quasi-stationnaire, c'est-à-dire dans cet état d'équilibre apparent, le système semble soumis à certaines forces apparentes, égales et contraires aux forces extérieures qu'on est obligé d'appliquer pour maintenir l'équilibre.

Quand on donne aux q_a des accroissements virtuels δq_a, le travail virtuel de ces forces extérieures est $\sum P_a \delta q_a$; le travail virtuel des forces apparentes qui leur font équilibre est donc $-\sum P_a \delta q_a$.

Il suffit maintenant de faire les remarques suivantes, pour compléter l'analogie mécanique des lois du déplacement de l'équilibre thermodynamique.

Si les quantités de mouvement p_b sont maintenues constantes, l'équation (91) nous donne pour le travail virtuel des forces apparentes

$$-\sum \left[\frac{\partial T}{\partial q_a}\right] \delta q_a = -\delta T.$$

Cela signifie que ces forces apparentes tendent à *diminuer* l'énergie T du système, comme dans le régulateur de WATT.

Au contraire, *si les vitesses $\dot{q}_b$ sont maintenues constantes*, l'équation (89) nous donne pour ce travail virtuel

$$\sum \frac{\partial T}{\partial q_a} \delta q_a = \delta T.$$

Cela veut dire que les forces apparentes tendent à *augmenter* l'énergie T du système ; mais, pour maintenir les $\dot{q}_b$ constants, il faut que les P_b ne soient pas nuls, c'est-à-dire qu'il faut faire intervenir une force extérieure, ce qui entraîne une *dépense de travail*.

BIBLIOGRAPHIE

1. — Introduction.

GIBBS. — *Trans. of the Connecticut Academy*, **2**, pp. 309, 382, 1873 ; **3**, pp. 108, 343, 1876-1878 ; *Thermodynamische Studien*, traduction d'OSTWALD, Leipzig, 1892 ; *Equilibre des systèmes chimiques*, traduction de LE CHATELIER, Paris, 1899. *Scientific Papers*, London, 1909.

ROOZEBOOM. — *Recueil Trav. Pays-Bas*, **5**, p. 335, 1886 ; **6**, pp. 266, 304, 1887 ; *Zeitschr. f. phys. Chem.*, **2**, 1888 ; **8**, p. 521, 1891.

PLANCK. — *W. A.*, **13**, p 535, 1881 ; **19**, p. 358, 1883 ; **30**, p. 562 ; **31**, p. 189 ; **32**, p. 462, 1887 ; **34**, p. 139, 1888.

RIECKE. — *Zeitschr. f. phys. Chem*, **6**, pp. 268, 411, 1890 ; **7**, pp. 97, 115, 1891.

NERNST. — *Zeitschr. f. phys. Chem*, **8**, p. 110, 1891.

LE CHATELIER. — *C. R.* **99**, p. 786, 1884.

DUHEM. — *Mécanique chimique*, 1897-1899 ; *Thermodynamique et Chimie*, Paris, 1re éd., 1902, 2e éd., 1910.

VAN'T HOFF. — *Zeitschr. f. phys. Chem.*, **1**, p. 481, 1887 ; *Vorlesungen über theoret. und physikal. Chemie*, Braunschweig, 1898.

PASSALSKI. — *Equilibre des substances en contact* (en russe), Odessa, 1895.

2. — Les cryohydrates.

GUTHRIE. — *Phil. Mag.*, (4), **49**, pp. 1, 206, 266, 1875 ; (5), **1**, pp. 49, 354, 446 ; **2**, p. 211, 1876 ; **17**, p. 462, 1884.

PFAUNDLER. — *Chem. Ber.*, **20**, p. 2223, 1877.

OFFER. — *Wien. Ber.*, **81**, II, p. 1058, 1880.

BOGORODSKI. — *Journ. de la Soc. russe phys.-chim.*, **27**, Sect. chim., p. 516, 1895.

PONSOT. — *Bull. de la Soc. Chim.*, (3), **13**, 1895 ; *J. de Phys.*, (3), **4**, p. 337, 1896 ; *Ann. de chim. et phys.*, (7), **10**, p. 79, 1897 ; *Thèse de doctorat*, Paris, 1897.

Roloff. — *Zeitschr. f. phys. Chem.*, **17**, p. 325, 1895.
Coppet. — *Ann. de chim. et phys*, (7), **16**, p. 275, 1899.
Charpy. — *Journ. de Phys.*, (3), **7**, p. 504, 1898.
Gages. — *Les alliages métalliques* (Encycl. scientif. des aide-mémoire), Paris, p. 106.

3. — Règle des phases.

Meyerhoffer. — *Die Phasenregel*, Leipzig, 1893.
Bancroft. — *The Phase Rule*, New-York, 1897.
Gorboff. — *Dictionn. encycl. de Brockhaus-Ephron*, **24**, p. 852, St-Pétersb., 1898.
Trevor et Bancroft. — *The Phase Rule*, p. 4.
Bakhuis Roozeboom. — *Die Bedeutung der Phasenlehre*, Leipzig, 1900. *Die heterogenen Gleichgewichte vom Standpunkte der Phasenlehre.* Première partie, Braunschweig, 1901.
Van Laar. — *Lehrbuch der mathem. Chemie*, 1901.
Duhem. — *Traité élémentaire de mécanique chimique fondée sur la thermodynamique*, 1897-1899 ; *Thermodynamique et Chimie*. Paris, 1re éd., 1902, 2e éd., 1910.
Nernst. — *Chimie Générale*, trad. Corvisy, Chapitre sur la règle des phases.
Planck. — *Thermodynamik*, Leipzig, 1897, p. 163.
Meyerhoffer. — *Die Phasenregel*, Leipzig, 1893, p. 67.
Wald. — *Zeitschr. f. phys. Chem.*, **18**, p. 337, 1895.
Roozeboom. — *Heterogene Gleichgewichte I*, Braunschweig, 1901, p. 16.
Perrin. — *Traité de Chimie physique. Les principes*, Paris, 1903, p. 228.
Wegscheider. — *Zeitschr. f. phys. Chem.*, **43**, pp. 89, 93, 376, 1903 ; **45**, pp. 496, 697, 1903 ; **50**, p. 357, 1904 ; **52**, p. 170, 1905.
Nernst. — *Zeitschr. f. phys. Chem.*, **43**, p. 113, 1903.
Van Laar. — *Zeitschr. f. phys. Chem.*, **43**, p. 741, 1903 ; **47**, p. 228, 1904.
Byk. — *Zeitschr. f. phys. Chem.*, **45**, p. 465, 1903 ; **47**, p. 223, 1904.

Démonstration de la règle des phases.

Riecke. — *Zeitschr. f. phys. Chem.*, **6**, p. 272, 1890.
Duhem. — *Journ. phys. Chem.*, **2**, pp. 1, 91, 1898
Saurel. — *Journ. phys. Chem.*, **3**, p. 137, 1899 ; **5**, p. 21, 1901.
Wind. — *Zeitschr. f. phys. Chem.*, **31**, p. 390, 1899.
Roozeboom. — *Die heterogenen Gleichgewichte*, Braunschweig, 1901, p. 25.
Planck. — *Thermodynamik*, Leipzig, 1897, p. 168.
Perrin. — *Traité de Chimie physique. Les principes*, Paris, 1903, p. 266.
Ponsot. — *C. R.*, **138**, p. 803, 1904.
Raveau. — *C. R.*, **138**, p. 621, 1904.
Meyerhoffer. — *Die Phasenregel*, Leipzig, 1893, p. 67.
Nernst. — *Theoretische Chemie*, 2e éd., Stuttgart, 1898, p. 564, (et trad. française, Tome II).
Byk. — *Zeitschr. f. phys. Chemie*, **55**, p. 250, 1906.
Mueller. — *C. R.*, **146**, p. 866, 1908.
Boulouch. — *C. R.*, **149**, pp. 449, 1377, 1909.

A. Smith. — *Edinb. Proc.*, **25**, p. 588, 1905 ; *Zeitschr. f. phys. Chem.*, **52**, p. 602, 1905 ; **61**, p. 200, 1907.
Hoffmann et Rothe. — *Zeitschr. f. phys. Chem.*, **56**, p. 113, 1906 ; **59**, p. 448, 1907.

RIECKE. — *Zeitschr. f. phys. Chem.*, **6**, p. 411, 1890.

BROENSTEDT. — *Kgl. danske Vidensk. Selsk. Skrifter II*, **3**, 1904; *Zeitschr. f. phys. Chem.*, **55**, p. 371, 1906.

WIGAND. — *Ztschr. f. phys. Chem.*, **63**, p. 273, 1908; **65**, p. 442, 1909; *Annal. d. Phys.*, (4), **29**, pp. 1, 32, 39, 53, 1909.

TAMMANN. — (Sur les points triples). *D. A.*, **6**, p. 65, 1901.

TAMMANN. — (Soufre). *W. A.*, **68**, p. 554, 1899; *Krystallisieren und Schmelzen*, Leipzig, 1903, p. 269; (Iodure de méthylène). *D. A.*, **6**, p. 74, 1901.

LÖWENHERZ. — *Zeitschr. f. phys. Chem.*, **18**, p. 70, 1895.

RICHARDS et CHURCHILL. — *Zeitschr. f. phys. Chem.*, **26**, p. 690, 1898; **28**, p. 313, 1899; *Proc. Amer. Acad.*, **34**, p. 277, 1899.

MEYERHOFFER et SAUNDERS. — *Zeitschr. f. phys. Chem.*, **27**, p. 367, 1898.

RICHARDS et WELLS. — *Zeitschr. f. phys. Chem.*, **43**, p. 465, 1903; **56**, p. 348, 1906; *Proc. Amer. Acad.*, **38**, p. 431, 1902; **41**, p. 435, 1906.

MATIGNON. — *Ann. de chim. et phys.*, (8), **14**, p. 5, 1908.

DEBRAY. — *C. R.*, **64**, p. 603, 1867.

DUHEM. — *Zeitschr. f. phys. Chem.*, **34**, pp. 312, 683, 1900.

ROOZEBOOM. — (Acier). *Zeitschr. f. phys. Chem.*, **34**, p. 437, 1900.

SCHREINEMAKERS. — *Zeitschr. f. phys. Chem.*, **22**, pp. 93, 515, 1897; **23**, p. 417, 1898; **25**, pp. 305, 543, 1898; **26**, p. 237, 1898; **27**, p. 95, 1898; **29**, p. 577, 1899; **30**, p. 460, 1899; **33**, pp. 74, 78, 1900; **36**, pp. 257, 413, 710, 1901; **37**, p. 129, 1901; **38**, p. 227, 1901; **39**, p. 485, 1902; **40**, p. 440, 1902; **41**, p. 331, 1902; **47**, p. 445, 1904; **48**, p. 257, 1904; *Arch. Néerl.*, (2), **7**, pp. 99-265, 1902.

SCHREINEMAKERS. — (Systèmes quaternaires). *Zeitschr. f. phys. Chem.*, **59**, p. 641, 1907; **65**, pp. 553, 586, 1909; **66**, pp. 687, 699, 1909; **67**, p. 551, 1909; **68**, p. 83, 1909; **69**, p. 557, 1909; **71**, p. 109, 1910; *Versl. K Ad. van Wetensk.*, **15**, p. 580, 1907; **16**, p. 843, 1908; **17**, pp. 136, 586, 1908.

MEERBURG. — *Zeitschr. f. phys. Chem.*, **40**, p. 641, 1902.

HENRY et A. MAYER. — *C. R.*, **138**, p. 757, 1904.

PONSOT. — *C. R.*, **138**, p. 803, 1904.

STORTENBECKER. — *Zeitschr. f. phys. Chem*, **3**, p. 11, 1888; **10**, p. 182, 1892.

4. — Théorie thermodynamique des solutions diluées.

PLANCK. — *Zeitschr. f. phys. Chem.*, **1**, p. 577, 1887; *W. A.*, **34**, p. 139, 1888; *Thermodynamik*, Leipzig, 1897, p. 210; 2e éd., 1905, p. 217; *Acht Vorlesungen über theoretische Physik*, Leipzig, 1910, pp. 22-39.

HELMHOLTZ. — *Ges. Abhandl.*, **2**, p. 987.

DUHEM. — *Le potentiel thermodynamique*, p. 32.

OUMOFF. — *Journ. de la Soc. russe phys.-chim.*, **21**, p. 103, 1889.

CANTOR. — *D. A.*, **10**, p. 205, 1903.

PLANCK. — *D. A.*, **10**, p. 436, 1903.

JAHN. — *Zeitschr. f. phys. Chem.*, **41**, p. 257, 1902.

SCHILLER. — *D. A.*, **5**, p. 326, 1901.

VAN'T HOFF. — *Vorles. über theoret. Chemie*, **1**, p. 228, 1898.

5. — Solubilité.

CLAUSIUS. — *Pogg. Ann.*, **101**, p. 338, 1857.

ARRHENIUS. — *Zeitschr. f. phys. Chem.*, **1**, p. 631, 1887; **3**, p. 115, 1889.

Planck. — *Zeitschr. f. phys. Chem.*, **1**, p. 577, 1887.
Van't Hoff. — *Zeitschr. f. phys. Chem.*, **1**, p 481, 1887.
Pfeffer. — *Osmotische Untersuchungen*, Leipzig, 1877.
Carnelley et A. Thomson. — *Journ. Chem. Soc.*, 1888, p. 782.
Walden. — *Zeitschr. f. phys. Chem.*, **55**, p. 683, 1906 ; **61**, p. 633, 1908.
L. Henry. — *C. R.*, **99**, p. 1157, 1884.
Le Chatelier. — *C. R.*, **100**, p. 441, 1885.
Van't Hoff. — *Arch. Néerl.*, **20**, p. 53, 1886.
Etard. — *C. R.*, **108**, p. 176, 1889.
Walker. — *Zeitschr. f. phys. Chem.*, **5**, p. 193, 1890.

6. — Pression osmotique et diffusion dans les solutions.

Wildermann. — *Zeitschr. f. phys. Chem.*, **25**, p. 711, 1898.
Arrhenius. — *Zeitschr. f. phys Chem.*, **1**, p. 632, 1887 ; **3**, p. 119, 1889.
Van't Hoff. — *Zeitschr. f. phys. Chem.*, **1**, p. 485, 1887 ; **9**, p. 485, 1892.
Nernst. — *Zeitschr. f. phys. Chem.*, **2**, p. 613, 1888 ; **4**, p. 129, 1889.
Boltzmann. — *Zeitschr. f. phys. Chem.*, **6**, p. 474, 1890 ; **7**, p. 88, 1891.
Riecke. — *Id.*, **6**, p. 564, 1890.
Bredig. — *Id.*, **5**, p. 113, 1890.
Van der Waals. — *Id.*, **4**, p. 444, 1889.
Tammann. — *Id.*, **10**, p. 263, 1892.
Noyes. — *Id.*, **5**, p. 53, 1890.
Planck. — *Id.*, **6**, p 189, 1890 ; **42**, p. 584, 1902.
Schreber. — *Id.*, **28**, p. 79, 1899.
Barwater. — *Id.*, **28**, p. 115, 1899.
Ewan. — *Id.*, **31**, p. 22, 1899.
Lord Rayleigh — *Nature* (en anglais), **55**, p. 253, 1897.
Duhem. — *Journ. de Phys.*, (2), **6** p. 397, 1887.
Grouzintseff. — *Communicat. de la Soc. math. de Karkhoff* (en russe), **4**, 1884.
Poynting. — *Phil. Mag.*, (5), **42**, p. 289, 1896.
Nernst. — *Zeitschr. f. phys Chem.*, **2**, p. 613, 1888 ; **4**, p. 154, 1889.
Scheffer. — *Id.*, **2**, p. 390, 1888.
Wiedeburg. — *Id.*, **9**, p. 143, 1892 ; **10**, p. 509, 1892 ; **30**, p. 586, 1899 ; *W. A.*, **41**, p. 675, 1890.
Boltzmann. — *Zeitschr. f. phys. Chem.*, **6**, p. 474, 1890 ; **7**, p. 88, 1891.
Arrhenius. — *Zeitschr. f. phys. Chem.*, **10**, p 51, 1892.
Kalwalki. — *W. A.*, **52**, pp. 166, 300, 1894.
Öholm. — *Elektrolyters hydrodiffusion, Inaug.-Diss.*, Helsingfors, 1902 ; *Zeitschr. f. phys. Chem.*, **50**, p. 309, 1904.
Bose. — *Zeitschr. f. phys. Chem*, **29**, p. 658, 1899.
Abegg et Bose. — *Phys. Zeitschr.*, **1**, p. 17, 1900.
Thovert. — *Recherches sur la diffusion*, Thèse de Lyon, Paris, 1902 ; *Ann. de chim. et phys.*, (7), **26**, p. 366, 1902 ; *Journ. de Phys.*, (4), **1**, p. 771, 1902 ; *C. R.*, **137**, p. 1249, 1903.
Weinstein. — *Thermodynamik*, **2**, pp. 123-136, Braunschweig, 1903.
Ludwig — *Wien. Ber.*, **20**, p. 539, 1856.
Soret. — *Arch. sc. phys. et nat.*, (3), **2**, p. 48, 1879 ; *Ann. de chim. et phys.*, (5), **22**, p. 293, 1881.
Van't Hoff. — *Zeitschr. f. phys, Chem.*, **1**, p. 487, 2887.
Abegg. — *Id.*, **26**, p. 161, 1898.

BANCROFT. — BOLTZMANN, *Jubelband*, p. 553, 1904.
KAUFLER. — *Wien. Ber.*, **111**, p. 935, 1902 ; *Zeitschr. f. phys. Chem.*, **43**, p. 686, 1903.

7. — Chaleurs de dissolution et de dilution.

J. THOMSEN. — *Thermochemische Untersuchungen*, **3**, Leipzig, 1883.
LOUGUININE. — *C. R.*, **86**, p. 1393, 1878.
CHROUSCHTSCHOFF. — *C. R.*, **89**, 1879.
BERTHELOT. — *C. R.*, **73**, p. 672, 1871 ; **77**, p. 26, 1873 ; **80**, p. 512, 1875 ; **85**, p. 9, 1877 ; **87**, p. 574, 1878 ; **88**, p. 716, 1879 ; **91**, p. 1025, 1880 ; **93**, p. 214, 1881 ; *Ann. de chim. et phys.*, (5), **10**, p. 389, 1877 ; *Méc. chim.*, **1**, p. 545, 1879.
BERTHELOT et JUNGFLEISCH. — *C. R.*, **78**, p. 711, 1874.
FAVRE et VALSON. — *C. R.*, **74**, p. 1156, 1872.
SABATIER. — *C. R.* **89**, p. 43, 1879 ; **91**, p. 42, 1880.
MORGES. — *C. R.* **86**, p. 1445, 1878.
JOANNIS. — *C. R.* **92**, p. 1338, 1881.
CALDERON. — *C. R.* **85**, p. 149, 1877.
VAN'T HOFF. — *Kongl. Sv. Vet. Akad. Handl.*, **21**, n° 17, p. 13.
EWAN. — *Zeitschr. f. phys. Chem.*, **14**, p. 418, 1894.
PETERSEN. — *Id.*, **11**, p. 174, 1892.
RIVALS. — *Id.*, **24**. p. 608, 1897.
CHTACKELBERG. — *Id.*, **20**, p. 159, 1896 ; **26**, p. 533, 1898.
PERSON. — *Ann. de chim. et phys.*, (3), **33**, p. 449, 1851.
WINKELMANN. — *Pogg. Ann.*, **149**, p. 1, 1873.
GALIZKI. — *Journ. de la Soc. russe phys.-chim.*, **31**, Part. chim., p. 536, 1899.
COLSON. — *C. R.*, **132**, p. 585, 1901 ; *Ann. de chim. et phys.*, (7), **29**, p. 276, 1903.
VILARI-THÉVENET. — *Nuov Cim.*, (4), **4**, p 186, 1902.
STAUB. — *Dissert.*, Zürich, 1890.
SCHOLZ. — *W. A.*, **45**, p. 193, 1892.
RÜDORFF. — *Pogg. Ann.*, **122**, p. 337, 1864 ; **136**, p. 276, 1869 ; *Ann. de chim. et phys.*, (4), **3**, p. 496, 1864.
HANAMANN. — *Dingl. Journ.*, **173**, p. 314, 1864.
MORITZ. — *Chem. Zeitung*, **6**, II, p. 1374, 1882 ; *Chem. Centralbl.*, (3), **14**, p. 95, 1883.
PFAUNDLER. — *Wien. Ber.*, **71**, II, p. 509, 1875.
TOLLINGER. — *Wien. Ber.*, **72**, II, p. 535, 1875.
HAMMERL. — *Wien. Ber.*, **78**, II, p. 59, 1878.
ZWERGER. — *Über Kältemischungen*, München, 1881.
KIRCHHOFF. — *Pogg. Ann.*, **103**, p. 177, 1858 ; **104**, p. 612, 1858 ; *Ges. Abhandlung.*, p. 454.
JÜTTNER. — *Zeitschr. f. phys. Chem.*, **38**, p. 76, 1901.
BERTHELOT. — *C. R.*, **134**, p. 804, 1902.
HAPPART. — *Mém. de la Soc. roy. des Sc. de Liège*, (3), **4**, 1902.
SCHILLER. — *J. de la Soc. russe phys.-chim.*, **30**, p. 160, 1898 ; **31**, p. 93, 1899 ; *W. A.*, **67**, p. 292, 1899.
NORDENSKJÖLD. — *Pogg. Ann.*, **136**, p. 309, 1869.
VAN'T HOFF. — *Lois de l'équilibre, etc.*, 1885, p. 37 ; *Kongl. Svenska Akad. Handl.*, 1886, p 38 ; *Zeitschr. f. phys. Chem.*, **17**, pp. 147, 546, 1895.
SCHRÖDER. — *Zeitschr. f. phys. Chem.*, **10**, p. 450, 1893.

CAMPETTI. — *Rend. R. Acc. d. Lincei*, (5), **10**, 2° Sem., p. 99, 1901 ; *N. Cim.*, (5), **2**, p. 125, 1901.
VAN LAAR. — *Zeitschr. f. phys. Chem.*, **15**, p. 472, 1894 ; **17**, p. 545, 1895 ; **25**, p. 82, 1898 ; **27**, p. 337, 1898 ; **29**, p. 159, 1899 ; **35**, p. 11, 1900 ; **36**, p. 222, 1901.
GOLDSCHMIDT et Mlle GERTRUD VAN MARSEVEEN. — *Id.*, **25**, p. 91, 1898.
NOYES. — *Zeitschr. f. phys. Chem.*, **26**, p. 699, 1898 ; **28**, p. 431, 1899.
NOYES et SAMMET. — *Zeitschr. f. phys. Chem.*, **43**, p. 513, 1903.
WALDEN. — *Zeitschr. f. phys. Chemie*, **58**, p. 479, 1907 ; **59**, p. 192, 1907.
BRAUN. *W. A.*, **30**, p. 250, 1887 ; **36**, p. 591, 1889 ; WEINSTEIN, *Thermodynamik*, **2**, p. 503, Braunschweig, 1903.
SCHILLER. — (Chaleur de dissolution des gaz). *W. A.*, **67**, p. 299, 1899.
DUPRÉ. — *Proc. R. Soc.*, **20**, p. 336, 1872.
BUSSY et BUIGNET. — *Ann. de chim. et phys.*, (4), **4**, p. 5, 1865.
GUTHRIE. — *Phil. Mag.*, (4), **18**, p. 495, 1884.
LINEBARGER. — *Phys. Rev.*, **3**, p. 418, 1896.

8. — Dissociation et double décomposition dans les solutions.

GULDBERG et WAAGE. — *Journ. f. prakt. Chem.*, (2), **19**, p. 69, 1879 ; *Études sur les affinités chimiques*, Christiana, 1867.
PLANCK — *Zeitschr. f. phys. Chem.*, **41**. p. 212, 1902.
KOHLRAUSCH et HEYDWEILLER. — *W. A.*, **53**, p. 209, 1894 ; *Zeitschr. f. phys. Chem.*, **14**, p. 317, 1894.
J. THOMSON. — *Thermochem. Untersuch.*, **1**, p. 63, 1882.
ARRHENIUS et SHIELDS. — *Zeitschr. f. phys. Chem.*, **11**, p. 823, 1893.
LUNDÉN. — *Journ. Chim. Phys.*, **5**, p. 574, 1907.
NOYES. — *The electr. conductiv. of aqueous solutions*, WASHINGTON, Carnegie Inst. 1907.
OSTWALD — *Zeitschr. f. phys. Chem.*, **11**, p. 521, 1893.
NERNST. — *Zeitschr. f. phys. Chem.*, **14**, p. 155, 1894.
LÖWENHERZ. — *Zeitschr. f. phys. Chem.*, **20**, p. 283, 1896.
VAN'T HOFF et WYSS. — *Zeitschr. f. phys. Chem.*, **12**, p. 514, 1893.
WOERMANN. — *Ann. de Phys.*, (4), **18**, p. 775, 1905.
R. LORENZ et BÖHI. — *Zeitschr. f. phys. Chem.*, **66**, p. 733, 1909.

9. — Tension de vapeur et point d'ébullition des solutions.

FARADAY. — *Ann. de chim. et phys.*, **20**, p. 324, 1822.
GRIFFITHS. — *Pogg. Ann.*, **2**, p. 227, 1824 ; *Journ. of Science*, **78**, p. 90.
LEGRAND. — *Ann. de chim. et phys.*, (2), **53**, p. 423, 1833 ; **59**, p. 423, 1835 ; *Journ. f. prakt. Chem.*, **6**, p. 56, 1835 ; *Pogg. Ann.*, **37**, p. 379, 1836.
BABO. — *Über die Spannkraft des Wasserdampfes in Salzlösungen*, Freiburg, 1847.
WÜLLNER. — *Pogg. Ann.* **103**, p. 529, 1858 ; **105**, p. 85, 1858 ; **110**, p. 564, 1860.
TAMMANN. — *W. A.*, **24**, p. 523, 1885 ; **36**, p. 692, 1889.
SCHILLER. — *W. A.*, **67**, p. 303, 1899 ; *J. de la Soc. russe phys.-chim.*, **30**, p. 171, 1898.
RAOULT. — Tonométrie, Collection Scientia, *Phys.-math.*, n° 8, 1900.
OSTWALD. — *Lehrb. d. allgem. Chem.*, **1**, p. 709, Leipzig, 1891.
PAUCHON. — *C. R.*, **89**, p. 752, 1879.
EMDEN. *W. A.*, **31**, p. 145, 1887.
SCHÜLLER. — *Progr. d. Kaiser Karl Gymnas. zu Aachen*, 1890-91.

MOSER. — *W. A.*, **14**, p. 72, 1881.
NICOL. — *Phil. Mag.*, (5), **22**, p. 502, 1886.
DIETERICI. — *W. A.*, **42**, p. 513, 1891 ; **50**, p. 47, 1892.
BREMER. — *Rec. Trav. Pays-Bas*, **6**, p. 122, 1887.
R. HELMHOLTZ. — *W. A.*, **27**, p. 568, 1886.
WALKER. — *Zeitschr. f. phys. Chem.*, **2**, p. 602, 1888.
RAOULT. — *C. R.*, **103**, p. 1125, 1886 ; **104**, pp. 976, 1430, 1887 ; **107**, p. 442, 1888 ; *Zeitschr. f. phys. Chem.*, **2**, p. 353, 1888 ; *Ann. de chim. et phys.*, (6), **15**, p. 375, 1888.
SMITS. — *Zeitschr. f. phys. Chem.*, **39**, p. 385, 1902 ; **51**, p. 33, 1905.
POYNTING. — *Phil. Mag.*, (5), **42**, p. 289, 1896.
DIETERICI. — *W. A.*, **62**, p. 616, 1897 ; **67**, p. 859, 1899.
ABEGG. — *W. A.*, **64**, p. 500, 1898.
RAOULT et RECOURA. — *C. R.*, **110**, p. 402, 1890.
BRUNI et BERTI. — *Gazz. chim. Ital.*, **30**, II, p. 151, 1900.
TOLLOCZKO. — *Zeitschr. f. phys. Chem.*, **30**, p. 705, 1899.
WALDEN. — *Zeitschr. f. anorgan. Chem.*, **25**, p. 209, 1900 ; **29**, p. 371, 1902 ; *Zeitschr. f. phys. Chem.*, **55**, p. 281, 1906.
GARELLI. — *Zeitschr. f. phys. Chem.*, **28**, p. 572, 1899.
TSENTNERSCHWER. — *Zeitschr. f. phys. Chem.*, **39**, p. 217, 1902.
WALDEN et TSENTNERSCHWER. — *Zeitschr. f. phys. Chem.*, **39**, p. 513, 1902 ; **55**, p. 321, 1906 ; *Bull. de l'Acad. de St-Pétersbourg*, **15**, p. 83, 1901.
HUNTER. — *Journ. of phys. Chem.*, **4**, p. 348, 1906.
TSACALOTOS. — *C. R.*, **144**, p. 1104, 1907.
FRANKLIN et KRAUS. — *Amer. Chem. Journ*, **20**, p. 841, 1898.
LE BLANC et NOYES. — *Zeitschr. f. phys. Chem.*, **6**, p. 385, 1890.
SPEYERS. — *Journ. Phys. Chemistry*, **2**, pp. 347, 362, 1898.
ODDO et SERRA. — *Gazz. chim. Ital.*, **29**, II, p. 343, 1899 ; *Rendic. R. Acc. dei Lincei*, (5), **8**, II, p. 281, 1899.
ODDO. — *Gazz. chim. Ital.*, **31**, II, p. 222, 1901.
TAMMANN. — *Mém. de l'Acad. de St-Pétersbourg*, **35**, n° 9, 1887.
KRAFFT. — *Ber. d. deutsch. chem. Ges.*, **27**, p. 1747, 1894 ; **28**, p. 2566, 1895 ; **29**, p. 1328, 1896 ; **32**, p. 1584, 1899.
KAHLENBERG et SCHREINER. — *Zeitschr. f. phys. Chem.*, **27**, p. 552, 1898.
SMITS. — *Zeitschr. f. phys. Chem.*, **45**, p. 608, 1903.
MICHAÏLENKO. — *Journ. de l'Univ. de Kieff*, **41**, n° 8, pp. 1-48, 1901.
BAKHUIS ROOZEBOOM. — *Zeitschr. f. phys. Chem.*, **2**, p. 449, 1888 ; **4**, p. 41, 1889.
VRIENS. — *Zeitschr. f. phys. Chem.*, **7**, p. 194, 1891.
KOURILOFF. — *Journ. de la Soc. russe phys.-chim.*, **25**, p. 170, 1893.
SMITS. — *Arch. Néerl.*, (2), **1**, 1897 ; *Zeitschr. f. phys. Chem.*, **25**, p. 574, 1898 ; **33**, p. 339, 1900 (Compte rendu) ; **39**, p. 385, 1902.
DIETERICI. — *W. A.*, **50**, p. 47, 1893 ; **62**, p. 616, 1897 ; **67**, p. 859, 1899.
LÖB. — *Zeitschr. f. phys. Chem.*, **2**, p. 606, 1888.
BREMER. — *Zeitschr. f. phys. Chem.*, **1**, p. 424, 1887.
LORD KELVIN. — *Nature* (en anglais), nos 1421, 1422, 1897.
HITE. — *Amer. Chem. Journ.*, **17**, p. 517, 1895.
RAOULT. — *Ann. de chim. et phys.*, (6), **20**, p. 361, 1890 ; *C. R.*, **122**, p. 1175, 1896.
BECKMANN. — *Zeitschr. f. phys. Chem.*, **4**, p. 532, 1889 ; **5**, p. 76, 1890 ; **6**, p. 437, 1890 ; **8**, p. 223, 1891 ; **17**, p. 107, 1895 ; **18**, p. 473, 1895 ; **21**, p. 239, 1896 ;

40, p. 129, 1902 ; **44**, p. 161, 1903 ; **53**, p. 137, 1905 ; **57**, p. 129, 1906 ; **63**, p. 177, 1908 ; *Zeitschr. f. anorg. Chemie*, **63**, p. 63, 1909.

HERING. — *Diss.*, Tübingen, 1906.

RUD. MAIER. — *Ann. d. Phys.*, (4), **31**, p. 423, 1910.

MAC COY. — *Chem. Centrabl.*, **1**, p. 1186, 1900.

LANDSBERGER. — *Ber. chem. Ges.*, **31**, p. 458, 1898.

ROLOFF. — *Zeitschr. f. phys. Chem.*, **11**, p. 7, 1893.

NOYES et ABBOT. — *Zeitschr. f. phys. Chem.*, **23**, p. 56, 1897.

GOODWIN et BURGERS. — *Zeitschr. f. phys. Chem.*, **28**, p. 99, 1899.

MICHAÏLENKO. *Journ. de l'Univ. de Kieff*, 1901.

WADE. — *Proc. R. Soc.*, **62**, p. 376, 1898.

R. HELMHOLTZ. — *W. A.*, **27**, p. 508, 1886.

CHARPY. — *C. R.*, **111**, p. 102, 1890.

EWAN et ORMANDY. — *Journ. Chem. Soc.*, **61**, p. 769, 1892.

WALKER. — *Zeitschrift f. phys. Chem.*, **2**, p. 602, 1888

KONOWALOFF. — *Journ. de la Soc. russe phys.-chim.*, **30**, p. 367, 1898 ; **31**, p. 910, 1899.

DOLEZALEK. — *Zeitschr. f. phys. Chem.*, **26**, p. 321, 1898.

LINEBARGER. — *Journ. Amer. Chem., Soc.*, **17**, pp. 615, 690, 1895.

GAHL. — *Zeitschr. f. phys. Chem.*, **33**, p. 178, 1900.

VAN'T HOFF. — *Zeitschr. f. phys. Chem.*, **1**, p. 481, 1887.

SCHILLER. — *Arch. Néerl.*, (2), **5**, p. 118, 1900 ; **6**, p. 497, 1901.

WILDERMANN. — *Zeitschr. f. phys. Chem.*, **42**, p. 481, 1903.

ARONS. — *W. A.*, **25**, p. 408, 1885.

NOYES. — *Zeitschr. f. phys. Chem.*, **35**, p. 707, 1900.

10. — Sur les solutions de liquides.

FRANKENSTEIN. — *Lehre von der Kohäsion*, p. 199, Breslau, 1835.

ABASCHEFF. — *Bull. de la Soc. imp. des naturalistes de Moscou*, **30**, p. 271, 1857.

ALÉXÉIEFF. — *Journ. de la Soc. russe phys.-chim.*, 1876-1885 ; *Ber. d. deutsch. chem. Ges.*, **9**, **10**, **12**, **15**, **16**, **17** et **18** ; *Journ. f. prakt. Chem.*, **25**, p. 518, 1882, *W. A.*, **28**, p. 305, 1886.

SPRING et ROMANOFF. — *Zeitschr. f. anorg. Chem.*, **13**, p. 29, 1897.

LEHMANN. — *Molekularphysik*, **2**, p. 208, Leipzig, 1888.

ORME MASSON. — *Zeitschr. f. phys. Chem.*, **7**, p. 500, 1891.

NERNST. — *Zeitschr. f. phys. Chem.*, **4**, p. 150, 1889.

ROTHMUND. — *Zeitschr. f. phys. Chem.* **26**, p. 433, 1898.

KLOBBIE. — *Zeitschr. f. phys. Chem.* **24**, p. 618, 1897.

GUTHRIE. — *Phil. Mag.*, (5), **18**, pp. 29, 499, 1884.

LATTEY. — *Phil. Mag.* (6), **10**, p. 397, 1905.

BÜCHNER. — *Zeitschr. f. phys. Chem.*, **54**, p. 665, 1906.

WALDEN et TSENTNERSCHWER. — *Zeitschr. phys. Chem.*, **42**, p. 452, 1903.

TIMMERMANS. — *Zeitschr. f. phys. Chem.*, **58**, p. 129, 1907.

FLASCHNER. — *Zeitschr. f. phys. Chem.* **62**, p. 493, 1908.

FLASCHNER et MAC EWEN. — *J. Chem. Soc.*, **93**, p. 1000, 1908.

DOLGOLENKO. — *Zeitschr. f. phys. Chem.*, **62**, p. 499, 1908 ; *Journ. de la Soc. russe phys.-chim.*, **39**, p. 841, 1907.

SMIRNOFF. — *Journ. de la Soc. russe phys.-chim.*, **39**, p. 78, 1907 ; *Zeitschr. f. phys. Chem.*, **58**, p. 667, 1907.

Bruni. — *Rendic. R. Acc. dei Lincei*, (5), **8**, 2e Sem., p. 141, 1899; *Gazz. chim. Ital.*, 1900, p. 25.

Hudson. — *Zeitschr. f. phys. Chem.*, **47**, p. 113, 1904.

Van der Lee. — *Dissert.*, Amsterdam, 1898; *Phys. Zeitschr.*, **1**, p. 14, 1900; *Zeitschr. f. phys. Chem.*, **33**, p. 622, 1900.

11. — Tension et composition de la vapeur des mélanges de liquides.

Magnus. — *Pogg. Ann.*, **38**, p. 488, 1836.

Regnault. — *Rel. des Expér.*, **2**, p. 715; *Pogg. Ann.*, **93**, p. 537, 1854.

Wüllner. — *Pogg. Ann.*, **129**, p. 353, 1866.

Konowaloff. — *Journ. de la Soc. russe phys.-chim.*, **16**, Sect. chim., p. 10, 1884; *W. A.*, **14**, pp. 34, 219, 1881.

Cantor. — *W. A.*, **67**, p. 685, 1899.

Ostwald. — *W. A.*, **63**, p. 336, 1897.

Lehfeldt. — *Phil. Mag.*, (5), **40**, p. 397, 1895; **46**, p. 42, 1898; **47**, p. 284, 1899; **48**, p. 215, 1899; *Zeitschr. f. phys. Chem.*, **29**, p. 498, 1899.

Kuenen et Robson. — *Zeitschr. f. phys. Chem.*, **28**, p. 342, 1899; *Phil. Mag*, (5), **48**, p. 180, 1899.

Duhem. — (Lignes de rosée). *Thermodynamique et Chimie*, Paris, 1902, pp. 254, 352; voir aussi Meyerhoffer, *Zeitschr. f. phys. Chem.*, **46**, p. 379, 1903.

Holley. — *Journ. Amer. chem. Soc.*, **24**, p. 448, 1902.

Noyes et Warfel. — *Journ. Amer. Chem. Soc.*, **23**, p. 463, 1901.

Young. — *Proc. Chem. Soc*, **18**, p. 107, 1902; *Journ. Chem. Soc.*, **83**, **84**, pp. 45, 68, 1903.

Van Laar. — *Zeitschr. f. phys. Chem.*, **47**, p. 129, 1904.

Kuenen. — *Phil. Mag.*, (6), **6**, p. 637, 1903.

Sapojnikoff. — *Journ. de la Soc. russe phys.-chim.*, **35**, Part. chim., p. 1100, 1903; *Zeitschr. f. phys. Chem.*, **51**, p. 609, 1905.

Kohnstamm. — *Zeitschr. f. phys. Chem.*, **36**, p. 41, 1901.

Planck. — *Zeitschr. f. phys. Chem*, **2**, p. 405, 1888; *W. A.*, **32**, p. 489, 1887.

Winkelmann. — *W. A.*, **39**, p. 1, 1890.

Nernst. — *Zeitschr., f. phys. Chem.*, **8**, p. 1, 1891.

Blümcke. — *Zeitsch. f. phys. Chem.*, **6**, p. 153, 1890.

Gerber. — *Zusammensetzung des Dampfes von Flüssigkeitsgemischen, Dissert.*, Iéna, Wolfenbüttel, 1892.

Duhem. — *Ann. de l'Ecole norm. sup.*, (3), **4**, p. 9, 1887; **6**, p. 153, 1889; *Dissolutions et mélanges*, III, Chap. V, 1894; *Traité élémentaire de Mécanique chimique*, T. IV, Livre VIII, Chap. VII, 1899; *Zeitschr. f. phys. Chem.*, **35**, p. 483, 1900; **36**, p. 226, 1901.

Margules. — *Wien. Ber.*, **104**, p. 1243, 1895.

Zawidski. — *Zeitschr. f. phys. Chem*, **35**, pp. 129, 722, 1900; **46**, p. 21, 1903.

Konowaloff. — *Journ. de la Soc. russe phys.-chim.*, **39**, pp. 54, 315, 1907; *Journ. Chim. phys.*, **5**, pp. 1, 237, 1907; *Journ. de Phys.*, (4), **7**, p. 907, 1908.

Lehfeldt. — *Phil. Mag.*, (5), **40**, p. 402, 1895; *Zeitschr. f. phys. Chem.*, **29**, p. 498, 1899.

Dolezalek. — *Zeitschr. f. phys. Chem.*, **26**, p. 321, 1898; **64**, p. 737, 1909; **71**, p. 191, 1910.

Luther. — Voir Ostwald, *Lehrb. d. allegem. Chem.*, 2e éd., **3**, p. 639.

Gahl. — *Zeitschr. f. phys. Chem.*, **33**, p. 178, 1900.

Gay. — *C. R.*, **149**, p. 670, 1909.

Bose. — *Phys. Zeitschr.*, **8**, pp. 353, 951, 1907.
Story. — *Zeitschr. f. phys. Chem.*, **71**, p. 129, 1910.
Rosanoff et Easley. — *Zeitschr. f. phys. Chem.*, **68**, p. 641, 1910.
Rud. Planck. — *Phys. Zeitschr.*, **11**, p. 49, 1910.
Duclaux. — *Ann. de chim. et phys.*, (5), **7**, p. 264, 1876.
Traube et Neuberg. — *Zeitschr. f. phys. Chem.*, **1**, p. 509, 1887.
Pfeiffer. — *Zeitschr. f. phys. Chem.*, **9**, p. 444, 1892.
Bancroft. — *Proc. Amer. Acad. of arts and sc.*, **30**, p. 324, 1894 ; *Journ. of phys. Chem.*, **1**, p. 34, 1896.
Crismer. — *Bull. Acad. R. de Belg.*, **30**, p. 97, 1895.
Linebarger. — *Amer. chem. Journ.*, **14**, p. 380, 1892.
Ostwald. — *Abh. d. Königl. Sächs. Ges. d. Wiss.*, **25**, p. 413, 1900.
Schreinemakers. — *Zeitschr. f. phys. Chem.*, **29**, p. 577, 1899 ; **30**, p. 460, 1899 ; **35**, p. 458, 1900 ; **36**, pp. 257, 413, 710, 1901 ; **37**, p. 129, 1901 ; **38**, p. 227, 1901 ; **39**, p. 485, 1902 ; **40**, p. 440, 1902 ; **41**, p. 331, 1902 ; **47**, p. 445, 1904 ; **48**, p. 257, 1904 ; *Arch. Néerl.*, (2), **9**, p. 279, 1904.
Hollmann. — *Zeitschr. f. phys. Chem.*, **37**, p. 193, 1901.
Roozeboom. — *Arch. Néerl.*, **5**, p. 360, 1900.
Meyerhoffer. — *Zeitschr. f. phys. Chem.*, **46**, p. 379, 1903.
Speranski. — *Zeitschr. f. phys. Chem.*, **46**, p. 70, 1903 ; **51**, p. 45, 1905 ; *Journ. de la Soc. russe phys.-chim.*, **37**, p. 186, 1905.
Küster. — *Zeitschr. f. phys Chem.*, **51**, p. 222, 1905.

12. — Cryoscopie.

Blagden. — *Phil. Trans.*, **78**, pp. 143, 277, 311, 1788.
Coppet. — *Ann. de chim. et phys.*, (4), **23**, p. 366, 1871 ; **25**, p. 502, 1872 ; **26**, p. 98, 1872.
Rüdorff. — *Pogg. Ann.*, **114**, p. 63, 1861 ; **116**, p. 55, 1862 ; **145**, p. 599, 1871 ; *Ann. de chim. et phys.*, (4), **17**, p. 480, 1869.
Beckmann. — (Iode). *Zeitschr. f. anorg. Chem.*, **63**, p. 63, 1909.
Raoult. — *C. R.*, p. 1517, 1882 ; **95**, pp. 108, 1030, 1882 ; **101**, p. 1056, 1885 ; **125**, p. 751, 1897 ; *Ann. de chim. et phys.*, (5), **28**, p. 137, 1883 ; (6), **2**, p. 66, 1884 ; **4**, p. 401, 1885 ; **8**, p. 289, 1886 ; **9**, p. 93, 1886 ; *Zeitschr. f. phys. Chem.*, **2**, p. 488, 1888 ; **9**, p. 343, 1892 ; **20**, p. 601, 1896 : Exposition détaillée de la cryoscopie : *Zeitschr. f. phys. Chem.*, **27**, pp. 617-661, 1898 ; *Ann. de chim. et phys.*, (7), **16**, pp. 162-220, 1899 ; Cryoscopie, *Scientia phys.-math.*, n° 13, 1901.
Ponsot. — Voir § **2**.
Hollmann. — *Chem. Ber.*, **21**, p. 860, 1888.
Auvers. — *Chem. Ber.*, **21**, pp. 536, 701, 1888.
Eykmann — *Zeitschr. f. phys. Chem.*, **2**, p. 964, 1888 ; **3**, p. 203, 1889 ; **4**, p. 517, 1889.
Fabinyi. — *Zeitschr. f. phys. Chem.*, **2**, p. 964, 1888 ; **3**, p. 38, 1889.
Kloboukoff. — *Zeitschr. f. phys. Chem.*, **4**, p. 10, 1889.
Beckmann. *Zeitschr. f. phys. Chem.*, **2**, p. 639, 1888 ; **7**, p. 324, 1891 ; **21**, p. 240, 1896 ; **22**, p. 617, 1897 ; **44**, p. 169, 1903.
Hausrath. — *W. A.*, p. 522, 1902 ; *Inaug.-Dissert.*, Göttingen, 1901.
Prytz — *W. A.*, **7**, p. 88, 1902.
Roloff. — *Zeitschr. f. phys. Chem.*, **18**, p. 572, 1895.
Nernst et Abegg. — *Zeitschr. f. phys. Chem.*, **15**, p. 681, 1894.
Wildermann. — *Zeitschr. f. phys. Chem.*, **15**, p. 337, 1894 ; **19**, p. 63, 1896 ; **30**, p. 359, 1899 ; **32**, p. 288, 1900 ; *Phil. Mag.*, (5), **44**, p. 459, 1897 ; *D. A.*, **16**, p. 410, 1905.

LOOMIS. — *Zeitschr. f. phys. Chem.*, **32**, p. 587, 1900 ; **37**, p. 407, 1901 ; *Chem. Ber.*, **26**, p. 797, 1893 ; *Phys. Rev.*, **3**, p. 270, 1896 ; **4**, p. 274, 1897 ; **9**, p. 257, 1899 ; **11**, p. 220, 1901 ; *W. A.*, **51**, p. 500, 1894 ; **57**, p. 495, 1896 ; **60**, p. 523, 1897.

RICHARDS. — *Zeitschr. f. phys. Chem.*, **44**, p. 563, 1903.

KNIETSCH. — *Berl. Ber.*, **34**, p. 4069, 1901.

LENGFELD. — *Journ. phys. Chem.*, **5**, p. 499, 1901.

PFAUNDLER et SCHNEGG. — *Wien. Ber.*, **71**, 1875.

PICTET. — *C. R.*, **119**, p. 642, 1894.

HILLMAYR. — *Wien. Ber.*, **106**, p. 5, 1897.

VAN'T HOFF. — *Zeitschr. f. phys. Chem.*, **1**, p. 481, 1887.

RAMSAY. — *Zeitschr. f. phys. Chem*, **3**, p. 359, 1889 ; **5**, p. 222, 1890.

ABEGG. — *Zeitschr. f. phys. Chem.*, **15**, p. 209, 1894 ; **20**, p. 207, 1896 ; *W. A.*, **64**, p. 486, 1898.

BATTELLI et STEFANINI. — *Nuov. Cim.*, (4), **9**, p. 5, 1899 ; *Ann. de chim. et de phys.*, (7), **20**, p. 64, 1900.

JONES. — *Phil. Mag.*, (5), **40**, p. 383, 1896.

AUVERS et ORTON. — *Zeitschr. f. phys. Chem.*, **18**, p. 595, 1895 ; **21**, p. 337, 1896.

BODLÄNDER. — *Zeitschr. f. phys. Chem.*, **21**, p. 378, 1896.

PICKERING. — *Journ. chem. Soc.*, **63**, pp. 141, 890, 1893.

CHROUSCHTSCHOFF. — *Journ. de la Soc. russe phys.-chim.*, **34**, Part. chim., pp. 153, 323, 1902.

MC. GREGOR. — *Phil. Mag.*, (5), **50**, p. 505, 1900.

JONES et GETMAN. — *Zeitschr. f. phys. Chem.*, **46**, p. 244, 1903 ; **49**, p. 385, 1904 ; *Phys. Rev.*, **18**, p. 146, 1904 ; *Amer. Chem. Journ.*, **31**, p. 303, 1904.

OSAKA. — *Zeitschr. f. phys. Chem.*, **41**, p. 560, 1903.

TAMMANN. — *Zeitschr. f. phys. Chem.*, **3**, p. 441, 1889.

HEYCOCK et NEVILLE. — *Journ. Chem. Soc.*, 1888 et suiv. ; *Chem. Centralblatt*, 1889 et suiv. ; *Proc. R. Soc.*, **68**, p. 171, 1901 ; voir le compte-rendu dans BODLÄNDER, *Berg.-u. Hüttenmänn. Ztg.*, 1897, n°s 34 et 39.

BREDIG. — *Zeitschr. f. phys. Chem*, **4**, p. 444, 1889.

NOYES. — *Zeitschr. f. phys. Chem.*, **5**, p. 53, 1890.

EWAN. — *Zeitschr. f. phys. Chem.*, **31**, p. 22, 1899.

WIND. — *Arch. Néerl.*, (2), **6**, p. 714, 1901.

JAHN. — *Zeitschr. f. phys. Chem.*, **41**, p. 257, 1902 ; **50**, p. 129, 1904.

ROTH. — *Zeitschr. f. phys. Chem.*, **43**, p. 539, 1903.

COPPET. — *Journ. Phys. Chem.*, **8**, p. 531, 1904.

JONES. — *Zeitschr. f. phys. Chem.*, **55**, p. 385, 1906.

BERKELEY. — *Proc. R. Soc.*, **79**, p. 125, 1907 ; *Zeitschr. f. phys. Chem.*, **60**, p. 359, 1907.

PORTER. — *Phys. Zeitschr.*, **9**, p. 24, 1908.

SACKUR. — *Zeitschr. f. phys. Chem.*, **70**, p. 477, 1910.

13. — L'interprétation mécanique des lois du déplacement de l'équilibre.

C. RAVEAU. — *Analogies mécaniques des lois du déplacement de l'équilibre. C. R.*, **148**, p. 1093, 26 avril 1909.

P. EHRENFEST. — *Le principe de* LE CHATELIER-BRAUN *et les lois thermodynamiques de réciprocité* (en russe). *J. de la Soc. russe phys.-chim.*, **41**, p. 347, Septembre 1909.

F. BRAUN. — *Wied. Ann.*, **33**, p. 337, 1888.

H. POINCARÉ. — *Electricité et Optique*, 2e éd., pp. 616-621, Paris, 1901.

P. DUHEM. — *Traité d'Energétique ou de Thermodynamique générale*, **1**, pp. 456-524, Paris, 1911.

A LA MÊME LIBRAIRIE

SAINT-AMAND, CHER. — IMPRIMERIE BUSSIÈRE

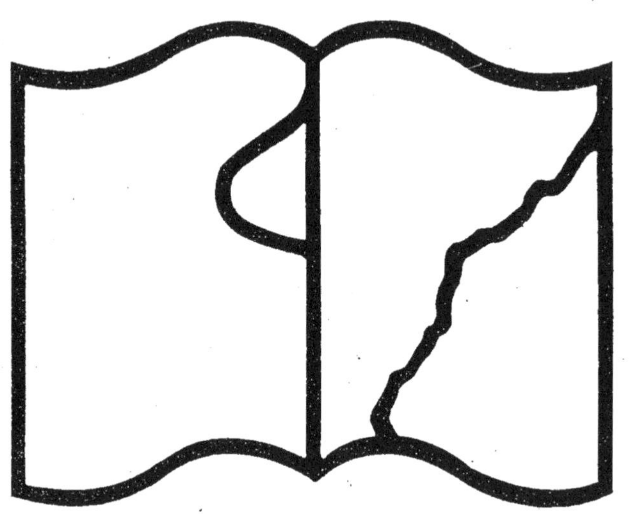

Texte détérioré — reliure défectueuse

NF Z 43-120-11

www.ingramcontent.com/pod-product-compliance
Ingram Content Group UK Ltd.
Pitfield, Milton Keynes, MK11 3LW, UK
UKHW021904260726
13966UKWH00006B/503

9 782013 669757